Netzplantechnik

Willi Küpper, *1942, Dipl.rer.pol. (techn.), Dr.rer.pol. (1972). 1967–1969 Assistent an der Universität Karlsruhe, ab 1969 Assistent an der Universität Hamburg (Seminar für Allgemeine Betriebswirtschaftslehre), 1974 Habilitationsstipendium der Deutschen Forschungsgemeinschaft.

Klaus Lüder, *1935, Techn. Dipl.-Volksw., Dr.rer.pol.(1964). 1968 Habilitation an der Technischen Universität Karlsruhe (Betriebswirtschaftslehre). 1969 ordentl. Professor an der Universität Hamburg, Seminar für Allgemeine Betriebswirtschaftslehre – Planung und Organisation in der öffentlichen Verwaltung.

Lothar Streitferdt, *1941, Dipl.-rer.pol. (techn.), Dr.rer.pol. (1972). 1969–1973 Assistent, 1973 Dozent (Betriebswirtschaftslehre) an der Universität Hamburg, Seminar für Allgemeine Betriebswirtschaftslehre.

Willi Küpper – Klaus Lüder – Lothar Streitferdt

Netzplantechnik

Physica-Verlag · Würzburg - Wien

1975

ISBN 3 7908 0139 9

© Physica-Verlag, Rudolf Liebing KG, Würzburg 1975
Satz: Gerda Ruff, Würzburg
Druck: repro-druck „Journalfranz" Arnulf Liebing, Würzburg

Printed in Germany

ISBN 3 7908 0139 9

INHALTSVERZEICHNIS

1. Einführung

Die Netzplantechnik ist heute eines der für die Praxis bedeutsamsten Gebiete des Operations Research. Ihre Methoden, insbesondere der Struktur- und Zeitplanung, werden bei vielen Planungen mit Erfolg angewendet. Dazu hat die Entwicklung der Verfahren „Critical Path Method" (CPM), „Program Evaluation and Review Technique" (PERT) und „Metra Potential Methode" (MPM) zweifellos entscheidend beigetragen. Es ist deshalb nicht verwunderlich, daß sich der Aufbau der meisten Bücher zur Netzplantechnik an diesen Verfahren orientiert [so z.B. *Wille, Gewald* und *Weber*, 1972; *Thumb*, 1968; *Zimmermann*, 1971] oder daß sich die Autoren von vornherein auf die Darstellung eines der drei Verfahren beschränken [*Heeg*, 1965; *Miller*, 1965; *Wolff*, 1967]. Dem vorliegenden Buch liegt eine solche Konzeption nicht zugrunde, da wir von der Überlegung ausgehen, daß der Planer in die Lage versetzt werden sollte, die Verfahren der Netzplantechnik flexibel anzuwenden, d.h. sie der jeweiligen Planungsaufgabe bestmöglich anzupassen. Um ihn mit dem dazu erforderlichen Wissen auszustatten, kann es nicht zweckmäßig sein, ihn etwa mit den Einzelheiten aller oder auch nur einiger der inzwischen mehr als 30 Verfahren der Struktur- und Zeitplanung vertraut machen zu wollen. Es erscheint sinnvoller zu versuchen, die grundlegenden Gemeinsamkeiten der Verfahren zur Lösung eines Problems herauszuarbeiten und einige spezielle Verfahren als Sonderfälle eines allgemeinen Verfahrens zu behandeln. Dieser Weg wird hier beschritten.

Abgesehen von der Grundkonzeption unterscheidet sich dieses Buch von vielen anderen Veröffentlichungen auf dem Gebiet der Netzplantechnik durch

— den Versuch einer **systematischen, integrierten Darstellung des gegenwärtigen Wissens** auf dem Gebiet der Netzplantechnik (Strukturplanung, Zeitplanung, Kosten- und Beschäftigungsplanung) einschließlich der graphentheoretischen Grundlagen;

— den breiten Raum, der den graphentheoretischen Grundlagen und zwar insbesondere der Darstellung der **für die Netzplantechnik relevanten Verfahren zur Ermittlung spezieller Wege und spezieller Flüsse** in Graphen, eingeräumt wird. Das ist erforderlich, weil auf diese Verfahren sowohl bei der Zeitplanung als auch bei der Kosten- und Beschäftigungsplanung Bezug genommen werden muß;

— die **exakte Darstellung der Verfahren** und eine **ergänzende anschauliche Erläuterung** durch Beispiele. Dies erleichtert vor allem dem mathe-

matisch weniger geschulten Leser den Nachvollzug der einzelnen Ver-
fahrensschritte. Auf exakte mathematische Beweisführungen wird in
diesem Zusammenhang weitgehend verzichtet;
— das Bestreben, wenn immer möglich, **Aussagen zur Effizienz** der angegebenen Verfahren zu machen.

Zum Abschnitt 3.4 „Kosten- und Beschäftigungsplanung" erscheint
noch eine Bemerkung erforderlich: Kostenplanung und Beschäftigungsplanung werden hier zusammengefaßt. Da die Kosten eine Zielvariable,
die Beschäftigung aber eine Entscheidungsvariable darstellen, empfiehlt
sich die in der Literatur häufig vorzufindende Trennung zwischen Kostenplanung und Beschäftigungsplanung nicht. Sie läßt sich allenfalls dann
rechtfertigen, wenn man im Rahmen der Kostenplanung nur Probleme
betrachtet, bei denen die Beschäftigung keine Entscheidungsvariable ist
und im Rahmen der Beschäftigungsplanung nur Probleme, bei denen die
Projektkosten nicht Zielvariable sind. Das ist jedoch hier nicht der Fall.

Im Verhältnis zur Netzplantechnik bei deterministischer Vorgangsfolge
wird die Netzplantechnik bei stochastischer Vorgangsfolge nur relativ
kurz behandelt. Der wesentliche Grund dafür ist darin zu sehen, daß das
Gebiet der Netzplantechnik bei stochastischer Vorgangsfolge auch für die
Forschung in hohem Maße noch Neuland darstellt und daß die Praktika-
bilität der hier bisher entwickelten Verfahren noch hinter der Praktikabi-
lität anderer Verfahren der Netzplantechnik zurückbleibt. Es werden aber
im wesentlichen alle Verfahren behandelt, die in anderen Veröffentlichungen zu diesem speziellen Gebiet vorliegen.

Die folgende Abbildung zeigt die Grob-Struktur des behandelten Stoff-
gebietes und die wesentlichen Beziehungen zwischen einzelnen Teilgebie-
ten. Ein zwischen zwei Abschnitten bestehender Pfeil bedeutet, daß der
Abschnitt, von dem der Pfeil ausgeht, wesentliche Voraussetzungen für
das Verständnis des Abschnittes enthält, in welchen der Pfeil mündet.

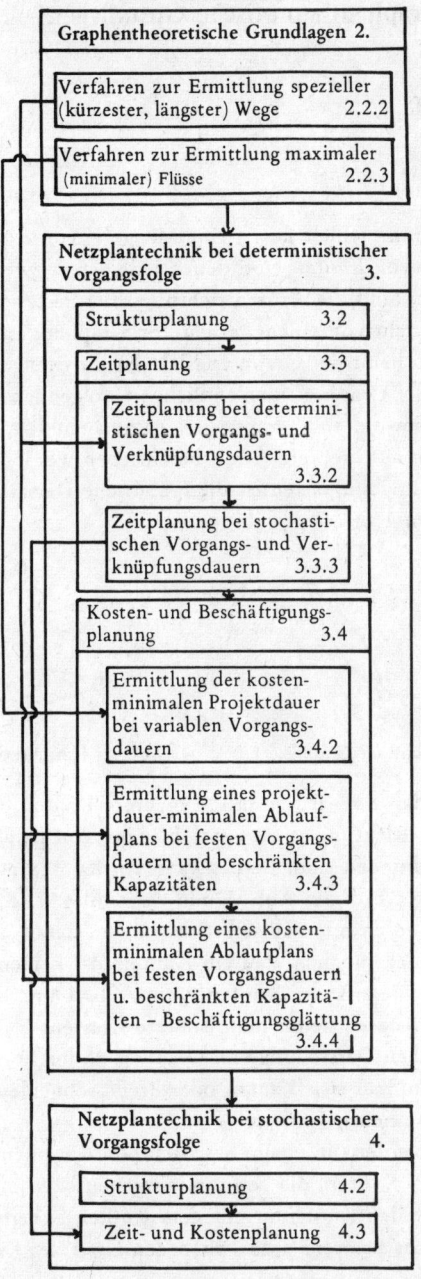

Graphentheoretische Grundlagen 2.

Verfahren zur Ermittlung spezieller
(kürzester, längster) Wege   2.2.2

Verfahren zur Ermittlung maximaler
(minimaler) Flüsse   2.2.3

Netzplantechnik bei deterministischer
Vorgangsfolge   3.

Strukturplanung   3.2

Zeitplanung   3.3

Zeitplanung bei deterministischen Vorgangs- und
Verknüpfungsdauern
                         3.3.2

Zeitplanung bei stochastischen Vorgangs- und Ver-
knüpfungsdauern   3.3.3

Kosten- und Beschäftigungsplanung   3.4

Ermittlung der kosten-
minimalen Projektdauer
bei variablen Vorgangs-
dauern   3.4.2

Ermittlung eines projekt-
dauer-minimalen Ablauf-
plans bei festen Vorgangsdauern und beschränkten
Kapazitäten   3.4.3

Ermittlung eines kosten-
minimalen Ablaufplans
bei festen Vorgangsdauern
u. beschränkten Kapazitä-
ten – Beschäftigungsglättung
                         3.4.4

Netzplantechnik bei stochastischer
Vorgangsfolge   4.

Strukturplanung   4.2

Zeit- und Kostenplanung 4.3

2. Graphentheoretische Grundlagen

2.1 Grundbegriffe

2.1.1 Graphen

Ein *Graph* ist gekennzeichnet durch eine Menge V von *Knoten* (Ecken) und eine Menge X von *Kanten,* von denen jede genau zwei Knoten miteinander verbindet. Sind die Kanten richtungsorientiert, so nennt man sie *Pfeile* und man spricht von einem gerichteten Graphen. Ist die Menge der Knoten endlich, so heißt der Graph endlich. Ist die Menge der Kanten endlich, so heißt der Graph gamma-endlich. Im folgenden betrachten wir nur Graphen, die sowohl endlich als auch gamma-endlich sind.

Graphen können auf mehrere Arten beschrieben werden. Eine der anschaulichsten Beschreibungsarten ist die graphische Darstellung, wie sie in den Abbildungen 1 und 2 gewählt wurde.

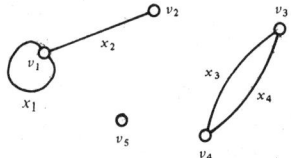 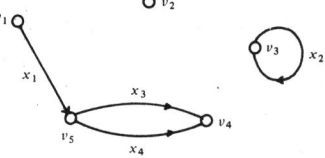

Abb. 1: Ungerichteter Graph   Abb. 2: Gerichteter Graph

Es ist zugelassen, daß zwei Ecken durch mehrere Kanten bzw. durch mehrere Pfeile gleicher Richtung — man spricht dann von parallelen Kanten bzw. Pfeilen — verbunden sind. Ferner kann ein Knoten mit sich selbst verbunden sein wie z.B. v_1 in Abb. 1 und v_3 in Abb. 2. Kanten oder Pfeile, die einen Knoten mit sich selbst verbinden, nennt man *Schleifen.* Schließlich ist es auch möglich, daß ein Knoten mit keinem anderen Knoten verbunden ist, wie z.B. der Knoten v_5 in Abb. 1 und der Knoten v_2 in Abb. 2. Solche Knoten nennt man isolierte Knoten.

Bei der graphischen Darstellung von Graphen in der Ebene läßt es sich oft nicht vermeiden, daß sich Kanten oder Pfeile schneiden. Solche Schnittpunkte bilden keine neuen Knoten.

Als *Grad eines Knotens* in einem ungerichteten Graphen bezeichnet man die Anzahl der Kanten, die von ihm ausgehen bzw. in ihm münden. Eine Kante, welche den Knoten v_i mit dem Knoten v_j verbindet, erhöht sowohl den Grad des Knotens v_i, als auch den Grad des Knotens v_j jeweils um eins. Eine Kantenschleife erhöht den Grad des betreffenden Knotens um zwei: So ist z.B. der Grad des Knotens v_1 in der Abb. 1 gleich 3.

Beträgt die Anzahl der Knoten vom Grade i in einem ungerichteten Graphen n_i und besitzt der Graph n_v Knoten und n_x Kanten, so gilt

$$\sum_i n_i = n_v \qquad \text{und} \qquad \sum_i i \cdot n_i = 2n_x.$$

Für den Graphen in Abb. 1 gilt z.B.: $n_0 = 1, n_1 = 1, n_2 = 2, n_3 = 1$.

$$\sum_{i=0}^{3} n_i = 1+1+2+1 = 5 \qquad \text{und} \qquad \sum_{i=0}^{3} i \cdot n_i = 0 \cdot 1+1 \cdot 1+2 \cdot 2+3 \cdot 1 = 8$$

In einem gerichteten Graphen ist der *Eingangsgrad* eines Knotens gleich der Anzahl der Pfeile, die in dem Knoten münden und der *Ausgangsgrad* ist gleich der Anzahl der Pfeile, die von dem Knoten ausgehen. Knoten mit dem Eingangsgrad null nennt man *Quellen* und Knoten mit dem Ausgangsgrad null *Senken*.

Ein *Kantenweg* in einem ungerichteten Graphen ist eine alternierende Folge von Knoten und Kanten, die mit einem Knoten beginnt, mit einem Knoten endet und in der jede Kante die in der Folge links und rechts von ihr stehenden Knoten miteinander verbindet. So ist z.B. die Folge $v_1 x_1 v_1$-$x_2 v_2 x_2 v_1$ ein Kantenweg im Graphen der Abb. 1.

Einen Kantenweg, der keine Kante zweimal enthält, nennt man einen *einfachen Kantenweg*. Einen Kantenweg, der keinen Knoten zweimal enthält, nennt man einen *elementaren Kantenweg*. Ist der Anfangsknoten eines Kantenweges gleich seinem Endknoten, so nennt man diesen Kantenweg einen *Kantenzykel*. Einen Kantenzykel, der nur den Anfangsknoten zweimal enthält, bezeichnet man als *elementaren Kantenzykel*. Jede Schleife in einem ungerichteten Graphen ist beispielsweise ein elementarer Kantenzykel.

Ein *Pfeilweg* in einem gerichteten Graphen ist eine alternierende Folge von Knoten und Pfeilen, die mit einem Knoten beginnt, mit einem Knoten endet und bei der für jeden Pfeil gilt, daß er von dem in der Folge vor ihm stehenden Knoten ausgeht und in dem hinter ihm stehenden Knoten mündet. Die Folge $v_1 x_1 v_5 x_4 v_4$ ist z.B. ein Pfeilweg im Graphen der Abb. 2.

Analog zu den verschiedenen Kantenwegen bei ungerichteten Graphen unterscheidet man bei gerichteten Graphen: *einfache Pfeilwege, elementare Pfeilwege, Pfeilzykel und elementare Pfeilzykel*. Die allgemeinen Definitionen der Kantenwege und der Pfeilwege können vereinfacht werden, wenn die betrachteten Graphen keine parallelen Kanten bzw. keine parallelen Pfeile enthalten. In solchen Graphen ist jede Kante x_k durch die beiden Knoten v_i, v_j, welche sie verbindet, eindeutig gekennzeichnet, d.h.

jedem Index k entspricht eindeutig ein Indexpaar i, j. Ebenso ist jeder Pfeil x_k durch seinen Ausgangsknoten v_i und seinen Eingangsknoten v_j eindeutig bestimmt. Man kann dann den Kantenweg $v_1 x_1 v_1 x_2 v_2 x_2 v_1$ auch durch die Folge der Knoten die er durchläuft — $v_1 v_1 v_2 v_1$ — beschreiben. Dasselbe gilt analog für Pfeilwege und läßt sich auf einfache Wege, elementare Wege, Zykel und elementare Zykel entsprechend übertragen. In der Netzplantechnik hat man es fast ausschließlich mit Graphen ohne parallele Kanten oder parallele Pfeile zu tun. Man beschreibt deshalb Kanten- und Pfeilwege meist auf diese einfachere Art.

Man bezeichnet einen *Graphen* als *zusammenhängend*, wenn jeder seiner Knoten von allen anderen Knoten aus auf einem Kantenweg erreicht werden kann. Will man bei einem gerichteten Graphen feststellen, ob er zusammenhängend ist oder nicht, so muß man ebenfalls Kantenwege betrachten, d.h. die Richtungen der Pfeile bleiben unbeachtet. Die Graphen in Abb. 1 und Abb. 2 sind nicht zusammenhängend, weil in Abb. 1 z.B. der Knoten v_5 und in Abb. 2 z.B. der Knoten v_2 von den anderen Knoten nicht erreicht werden kann.

Ist ein Graph für gewisse Teilmengen seiner Knotenmenge V zusammenhängend, so nennt man diese Teilmengen *Zusammenhangskomponenten*. Die Graphen in Abb. 1 und Abb. 2 bestehen aus je 3 Zusammenhangskomponenten, nämlich $\{v_1, v_2\}$, $\{v_3, v_4\}$, $\{v_5\}$ bzw. $\{v_1, v_4, v_5\}$, $\{v_2\}$, $\{v_3\}$.

Ein gerichteter Graph heißt *streng zusammenhängend*, wenn jeder Knoten von allen anderen Knoten auf einem Pfeilweg erreicht werden kann. Die Komponente $\{v_1, v_4, v_5\}$ im Graphen der Abb. 2 ist zusammenhängend, aber nicht streng zusammenhängend. Denn es gibt z.B. keinen Pfeilweg von v_4 nach v_1.

Ein Graph — gleichgültig ob gerichtet oder ungerichtet — heißt ein *vollständiger Graph*, wenn zwischen je zwei beliebigen Knoten mindestens ein Pfeil bzw. eine Kante existiert. Auf die Richtung des Pfeiles kommt es dabei nicht an. Man überlegt sich leicht, daß ein vollständiger Graph zusammenhängend sein muß und daß er bei n_v Knoten mindestens $\frac{n_v (n_v - 1)}{2}$ Kanten oder Pfeile besitzen muß.

Gerichtete, zusammenhängende Graphen, die keinen Pfeilzykel enthalten, nennt man *progressive Graphen*. Ein progressiver Graph, der genau eine Quelle und genau eine Senke besitzt, heißt ein *Netz*. Als *Partialgraphen* eines Ausgangsgraphen bezeichnet man jeden Graphen, der alle Knoten aber nur einige der Kanten oder Pfeile des Ausgangsgraphen enthält. Die *Subgraphen* eines Ausgangsgraphen enthalten dagegen nur einige Knoten und alle Kanten bzw. Pfeile die im Ausgangsgraphen zwischen diesen

Knoten existieren. Der Graph in Abb. 3 ist ein Beispiel für einen Partialgraphen des Graphen in Abb. 1. Der Graph in Abb. 4 ist ein Subgraph
desselben Graphen.

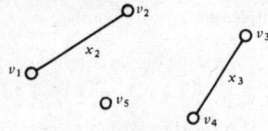 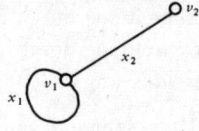

Abb. 3: Partialgraph zum Graphen der Abb. 1   **Abb. 4:** Subgraph zum Graphen der Abb. 1

Die graphische Darstellung von Graphen ist, wie die Abbildungen zeigen, weitgehend unbestimmt, d.h. ein Graph kann durch mehrere verschiedene graphische Darstellungen veranschaulicht werden. Man nennt
Graphen, die sich nur durch ihre graphische Darstellung unterscheiden,
isomorphe Graphen.

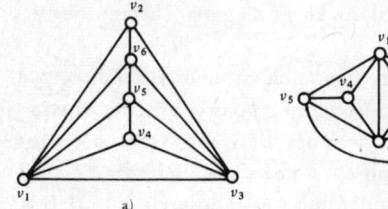 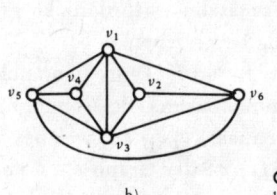 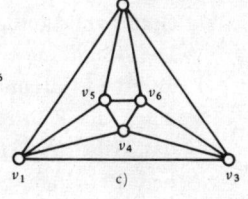

Abb. 5: Isomorphie

Von den Graphen in Abb. 5 sind die Graphen *a)* und *b)* isomorph. Der
Graph *c)* ist nicht isomorph zu den beiden anderen Graphen. Es liegt nahe
zu vermuten, daß Graphen genau dann isomorph sind, wenn sie die gleiche
Anzahl von Knoten aller Grade haben. Dies ist aber nur eine notwendige,
keine hinreichende Bedingung für die Isomorphie wie das folgende Beispiel zeigt:

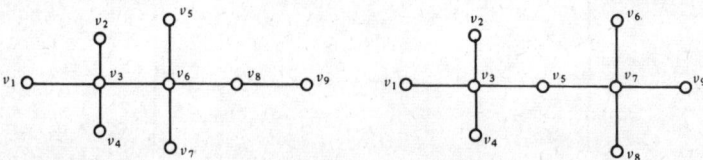

Abb. 6: Nicht isomorphe Graphen

Die beiden Graphen in Abb. 6 haben je 6 Knoten vom Grad 1, je einen
Knoten vom Grad 2 und je zwei Knoten vom Grad 4. Sie sind jedoch offensichtlich nicht isomorph.

Neben der graphischen Darstellung sind noch weitere Arten der Beschreibung von Graphen gebräuchlich:

a) Die Beschreibung durch Abbildungen
b) Die Beschreibung durch Kanten oder Pfeillisten
c) Die Beschreibung durch die Adjazenzmatrix
d) Die Beschreibung durch die Inzidenzmatrix

Zu a) Ist V die Menge der Knoten und X die Menge der Kanten eines ungerichteten Graphen, dann kann man mit Hilfe der beiden Abbildungen $f_1 : X \to V; f_2 : X \to V$; jeder Kante aus X die beiden Knoten aus V zuordnen, welche die Kante verbindet. Bei einem gerichteten Graphen muß man zusätzlich festlegen, ob die Abbildung f_1 jedem Pfeil aus X den Ausgangsknoten und die Abbildung f_2 den Eingangsknoten zuordnen soll oder umgekehrt.

Durch das Quadrupel (X,V,f_1,f_2) und im Falle des gerichteten Graphen durch die zusätzlich erforderliche Festlegung ist dann der Graph vollständig beschrieben. [1]

Die Abbildungen f_1 und f_2 kann man auch zu einer Abbildung f_3 : $X \to V \times V$ zusammenfassen. Die Abbildung f_3 ordnet jeder Kante aus X das Knotenpaar (v_i, v_j) zu, welches die Kante verbindet. Durch das Tripel (X,V,f_3) ist der Graph dann ebenfalls eindeutig beschrieben. Bei einem gerichteten Graphen muß man zusätzlich festlegen, welcher der Knoten im Knotenpaar Ausgangsknoten sein soll.

Beispiel: Pfeilmenge $X = \{x_1,x_2,x_3,x_4,x_5,x_6,x_7\}$;
Knotenmenge $V = \{v_1,v_2,v_3,v_4,v_5\}$;

Die Abbildung f_1 ordnet jedem Pfeil aus X den Ausgangsknoten zu und die Abbildung f_2 den Eingangsknoten.

$$f_1 : \begin{cases} x_1 \to v_1 \\ x_2 \to v_2 \\ x_3 \to v_4 \\ x_4 \to v_5 \\ x_5 \to v_5 \\ x_6 \to v_4 \\ x_7 \to v_3 \end{cases} \qquad f_2 : \begin{cases} x_1 \to v_5 \\ x_2 \to v_1 \\ x_3 \to v_1 \\ x_4 \to v_2 \\ x_5 \to v_4 \\ x_6 \to v_3 \\ x_7 \to v_2 \end{cases}$$

Dieser Graph kann durch das folgende Schaubild dargestellt werden:

---

1) Man beachte, daß ein ungerichteter Graph durch mehrere, verschiedene Abbildungen f_1 , f_2 beschrieben werden kann.

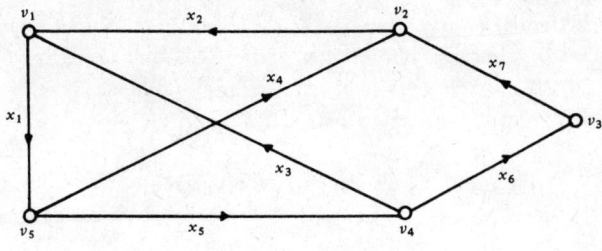

Abb. 7: Graph

Faßt man die beiden Abbildungen f_1 und f_2 zusammen, so erhält man

$$f_3: \begin{cases} x_1 \rightarrow (v_1, v_5) \\ x_2 \rightarrow (v_2, v_1) \\ x_3 \rightarrow (v_4, v_1) \\ x_4 \rightarrow (v_5, v_2) \\ x_5 \rightarrow (v_5, v_4) \\ x_6 \rightarrow (v_4, v_3) \\ x_7 \rightarrow (v_3, v_2) \end{cases}$$

Dabei gibt jeweils die erste Komponente im Knotenpaar den Ausgangsknoten an.

Zu b) Die Beschreibung von Graphen durch Kanten- oder Pfeillisten ist eine vereinfachte Schreibweise für die in a) definierte Abbildung f_3. Dabei wird auf gesonderte Kanten-oder Pfeilbezeichnungen verzichtet. Parallele Kanten oder Pfeile können dann voneinander nicht mehr unterschieden werden. Diese Art der Beschreibung ist deshalb nur bei Graphen ohne parallele Kanten oder Pfeile sinnvoll.
Kanten oder Pfeillisten können nach verschiedenen Systematisierungskriterien aufgebaut werden. Von den beiden nachstehenden Pfeillisten für den Graphen in Abb. 7 ist die linke nach Ausgangsknoten, die rechte nach Eingangsknoten geordnet.

(v_1, v_5)	(v_2, v_1)
(v_2, v_1)	(v_4, v_1)
(v_3, v_2)	(v_3, v_2)
(v_4, v_1)	(v_5, v_2)
(v_4, v_3)	(v_4, v_3)
(v_5, v_2)	(v_5, v_4)
(v_5, v_4)	(v_1, v_5)

Zu c) Gerichtete Graphen ohne parallele Pfeile können durch eine *Adjazenzmatrix* beschrieben werden. Jeder Zeile und jeder Spalte dieser $n_v \times n_v$ -Matrix ist genau ein Knoten des Graphen zugeordnet. Die Elemente a_{ij} der Adjazenzmatrix A sind wie folgt definiert

$$a_{ij} = \begin{cases} 1 & \text{falls ein Pfeil von } v_i \text{ nach } v_j \text{ führt} \\ & (i, j = 1, \ldots, n_v) \\ \\ 0 & \text{sonst} \end{cases}$$

Die Elemente der Matrix geben also an, ob vom Knoten v_i zum Knoten v_j ein Pfeil führt oder nicht.

Ungerichtete Graphen ohne parallele Kanten kann man durch eine Adjazenzmatrix beschreiben, wenn man jede Kante durch zwei entgegengesetzt gerichtete Pfeile ersetzt. Man erhält dann eine symmetrische Adjazenzmatrix.

Die Zeilensumme der Adjazenzmatrix gibt den Ausgangsgrad, die Spaltensumme den Eingangsgrad des jeweiligen Knotens an. Die Summe der Zeilensummen muß gleich sein der Summe der Spaltensummen und gleich der Anzahl n_x der Pfeile des Graphen. Vertauscht man bei einer Adjazenzmatrix entsprechende Zeilen und Spalten simultan, dann bedeutet dies lediglich eine Umnumerierung der Knoten des Graphen.

Beispiel: Adjazenzmatrix des Graphen von Abb. 7:

	v_1	v_2	v_3	v_4	v_5	Zeilensummen
v_1	0	0	0	0	1	1
v_2	1	0	0	0	0	1
$A = v_3$	0	1	0	0	0	1
v_4	1	0	1	0	0	2
v_5	0	1	0	1	0	2
Spaltensummen	2	2	1	1	1	

Die Summe der Zeilensummen ist gleich der Summe der Spaltensummen und gleich der Anzahl der Pfeile $n_x = 7$.

Zu d) Gerichtete Graphen ohne Schleifen können durch eine Inzidenzmatrix Q beschrieben werden. Jeder Zeile dieser $n_x \times n_v$-Matrix ist genau ein Pfeil und jeder Spalte genau ein Knoten zugeordnet. Die Elemente q_{kj} von Q sind wie folgt definiert:

$$q_{kj} = \begin{cases} -1 & \text{falls der Pfeil } x_k \text{ vom Knoten } v_j \text{ ausgeht} \\ & \qquad (k = 1, \ldots, n_x; j = 1, \ldots, n_v) \\ +1 & \text{falls der Pfeil } x_k \text{ im Knoten } v_j \text{ mündet} \\ & \qquad (k = 1, \ldots, n_x; j = 1, \ldots, n_v) \\ 0 & \text{sonst} \end{cases}$$

Da jeder Pfeil nur einen Ausgangsknoten und nur einen Eingangsknoten hat, müssen die Zeilensummen bei der Inzidenzmatrix alle gleich null sein. Die Spaltensummen geben die Differenz zwischen dem Eingangsgrad und dem Ausgangsgrad des jeweiligen Knotens an. Die Summe der Spaltensummen muß gleich null sein. Im Gegensatz zur Adjazenzmatrix können mit Hilfe der Inzidenzmatrix auch Graphen mit parallelen Pfeilen beschrieben werden.

Beispiel: Inzidenzmatrix des Graphen der Abb. 7:

	v_1	v_2	v_3	v_4	v_5	Zeilensummen
x_1	-1	0	0	0	1	0
x_2	1	-1	0	0	0	0
x_3	1	0	0	-1	0	0
x_4	0	1	0	0	-1	0
x_5	0	0	0	1	-1	0
x_6	0	0	1	-1	0	0
x_7	0	1	-1	0	0	0
Spaltensummen	1	1	0	-1	-1	

$Q =$

Aus den Spaltensummen ist zu ersehen, daß bei dem Knoten v_1 und v_2 der Eingangsgrad den Ausgangsgrad um 1 übersteigt. Bei den Knoten v_4 und v_5 übersteigt hingegen der Ausgangsgrad den Eingangsgrad um 1.

2.1.2 Netzwerke

Ordnet man durch eine Abbildung von X in den $\mathbb{R}^n$ den Pfeilen oder den Kanten eines Graphen Zahlen zu, dann bezeichnet man den Graphen zusammen mit dieser Abbildung, die man auch die Wertcharakteristik des Graphen nennt, als *Netzwerk*. Die Bedeutung der zugeordneten Zahlenwerte richtet sich nach dem vorliegenden Planungsproblem. Bedeuten zum Beispiel die Knoten des Graphen geographische Orte und die Pfeile Wege zwischen diesen Orten, so können im einfachsten Fall, d.h. bei einer Abbildung von X in den $\mathbb{R}^1$, die Zahlen etwa Entfernungen oder durchschnittliche Fahrzeiten zwischen den Orten angeben.

Im folgenden betrachten wir nur gerichtete Graphen ohne parallele Pfeile. In diesem Fall kann jede Abbildung f_4 von X in den $\mathbb{R}^1 \cup \{\infty\}$ durch eine $n_v \times n_v$–Matrix E mit den Elementen

$$e_{ij} = \begin{cases} f_4\,(x_k) & \text{wenn der Pfeil } x_k \text{ vom Knoten } v_i \text{ zum Knoten } v_j \\ & \text{führt } (i,j = 1,\ldots,n_v;\, k = 1,\ldots,n_x) \\[2mm] \infty & \text{wenn zwischen den Knoten } v_i \text{ und } v_j \text{ kein Pfeil} \\ & \text{existiert.} \end{cases}$$

beschrieben werden. Die Matrix E wird als *Entfernungsmatrix*[1] bezeichnet. Der Begriff der „Entfernung" ist dabei aber nicht auf die geographische Entfernung beschränkt, sondern kann auch Zeitentfernung, Kostenentfernung usw. bedeuten. Wichtig ist, daß die Entfernungsmatrix nur direkte Entfernungen enthält, also nur die Längen von Wegen, die aus genau einem Pfeil bestehen. Wege, die zwei Knoten über mehrere Pfeile verbinden, können kürzer, gleich lang oder länger sein als die direkten Verbindungen. Allgemein ist die *Länge eines Weges* gleich der Summe der Entfernungen der Pfeile, die er enthält.

Beispiel: Abb. 8 zeigt ein Netzwerk mit einfacher Wertcharakteristik und zugehöriger Entfernungsmatrix.

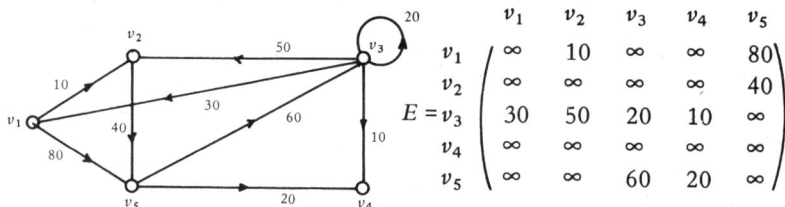

$$E = \begin{array}{c|ccccc} & v_1 & v_2 & v_3 & v_4 & v_5 \\ \hline v_1 & \infty & 10 & \infty & \infty & 80 \\ v_2 & \infty & \infty & \infty & \infty & 40 \\ v_3 & 30 & 50 & 20 & 10 & \infty \\ v_4 & \infty & \infty & \infty & \infty & \infty \\ v_5 & \infty & \infty & 60 & 20 & \infty \end{array}$$

Abb. 8: Netzwerk mit Entfernungsmatrix

---

1) Bei den hier zu behandelnden Netzwerken besitzen alle Pfeile eine endliche Entfernung. Deshalb kann man für den Fall, daß zwischen zwei Knoten kein Pfeil existiert, das Symbol ∞ verwenden.

Die Länge des Weges $v_1 v_2 v_5 v_3 v_4$ ist z.B.:

$l(v_1 v_2 v_5 v_3 v_4) = e_{12} + e_{25} + e_{53} + e_{34} = 10 + 40 + 60 + 10 = 120.$ [1]

Bei *Kapazitätsnetzwerken* besteht die Wertcharakteristik des Graphen aus einer Abbildung $f_5 : X \to \mathbb{R}^2$. Durch diese Abbildung wird jedem Pfeil x_k ein Intervall $[a_k, b_k]$, $(a_k \leq b_k)$ zugeordnet, welches man als die Kapazität des Pfeiles bezeichnet. Man kann sich z.B. vorstellen, daß der Pfeil x_k eine Rohrleitung zwischen zwei Orten symbolisiert, durch die Gas in Mengen e_k mit $a_k \leq e_k \leq b_k$ strömen kann. Kapazitätsnetzwerke werden durch die Matrix der Kapazitäten eindeutig beschrieben. Elemente dieser Matrix sind die entsprechenden Intervalle. In vielen praktischen Fällen kann man $a_k = 0$, $\forall\ k = 1, \ldots, n_x$ setzen. Es genügt dann natürlich, in der *Kapazitätsmatrix* nur die oberen Schranken b_k anzugeben.

Für Kapazitätsnetzwerke mit genau einer Quelle und einer Senke läßt sich neben der Abbildung $f_5 : X \to \mathbb{R}^2$, die jedem Pfeil eine Kapazität zuordnet, eine Abbildung $f_6 : X \to \mathbb{R}^1$ definieren, die man als „*Fluß*" im Kapazitätsnetzwerk bezeichnet. Für die Abbildung f_6 muß dabei gelten:

a) $f_6(x_k) \in [a_k, b_k]\ \forall\ k = 1, \ldots, n_x$
Die Werte von $f_6(x_k)$ (Fluß–Entfernungen) müssen bei jedem Pfeil innerhalb der gegebenen Kapazitätsschranken liegen.

b) $\bar{f}_6(h) = \sum\limits_{i=1}^{n_v} f_6(x_{ih}) - \sum\limits_{j=1}^{n_v} f_6(x_{hj}) = \begin{cases} -w, \text{ wenn } v_h \text{ die Quelle} \\ \quad\quad \text{ des Netzes ist} \\ w, \text{ wenn } v_h \text{ die Senke} \\ \quad\quad \text{ des Netzes ist} \\ o, \text{ für alle übrigen Knoten} \\ \quad\quad \text{ des Netzwerkes} \end{cases}$

Es ist $\sum\limits_{i=1}^{n_v} f_6(x_{ih})$ die Summe der Zuflüsse zum Knoten h,

$\sum\limits_{j=1}^{n_v} f_6(x_{hj})$ die Summen der Abflüsse vom Knoten h und $\bar{f}_{6h}$ der Nettozufluß. (Da keine parallelen Pfeile zugelassen sind, kann jeder Index k einer Kante durch ein Indexpaar (i,j) zweier Knoten eindeutig gekennzeichnet werden.)

Der Nettozufluß $\bar{f}_6(h)$ muß für alle Knoten, die nicht Quelle oder Senke sind, gleich Null sein. Der Abfluß von der Quelle muß gleich dem Zufluß zur Senke sein. Diesen bezeichnet man auch als den *Wert des Flusses* (w).

Ein Fluß kann durch eine $n_v \times n_v$-*Flußmatrix* D beschrieben werden, deren Elemente d_{ij} wie folgt definiert sind

---

[1] Für die Addition soll $a + \infty = \infty + a = \infty + \infty = \infty$ und für die Multiplikation $a \cdot \infty = \infty$ für $a > 0$ und $a \cdot \infty = -\infty$ für $a < 0$ gelten.

$$d_{ij} = \begin{cases} f_6(x_k), & \text{wenn der Pfeil } x_k \text{ vom Knoten } v_i \text{ zum Knoten } v_j \text{ führt und } f_6(x_k) \in [a_k, b_k] \text{ ist} \\ \\ - & \text{sonst} \end{cases}$$

Beispiel: Abb. 9 zeigt ein Kapazitätsnetzwerk mit zugehöriger Kapazitätsmatrix K und einer Flußmatrix D.

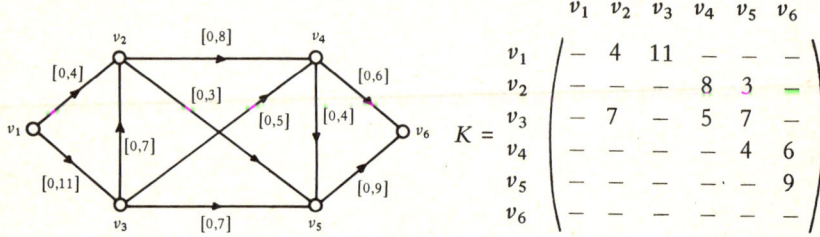

$$K = \begin{array}{c c} & \begin{array}{c c c c c c} v_1 & v_2 & v_3 & v_4 & v_5 & v_6 \end{array} \\ \begin{array}{c} v_1 \\ v_2 \\ v_3 \\ v_4 \\ v_5 \\ v_6 \end{array} & \left(\begin{array}{c c c c c c} - & 4 & 11 & - & - & - \\ - & - & - & 8 & 3 & - \\ - & 7 & - & 5 & 7 & - \\ - & - & - & - & 4 & 6 \\ - & - & - & - & - & 9 \\ - & - & - & - & - & - \end{array} \right) \end{array}$$

Abb. 9: Kapazitätsnetzwerk

$D =$	v_1	v_2	v_3	v_4	v_5	v_6	Zeilensumme
v_1	−	4	11	−	−	−	15
v_2	−	−	−	4	0	−	4
v_3	−	0	−	5	6	−	11
v_4	−	−	−	−	3	6	9
v_5	−	−	−	−	−	9	9
v_6	−	−	−	−	−	−	0
Spaltensummen	0	4	11	9	9	15	

In Matrix D ist der Zufluß zu einem Knoten gleich der entsprechenden Spaltensumme D [1], der Abfluß von einem Knoten gleich der entsprechenden Zeilensumme. Die Flußentfernungen aller Pfeile liegen innerhalb der gegebenen Kapazitäten. Bei den Knoten v_2, v_3, v_4, v_5 sind die Zuflüsse gleich den Abflüssen. Der Wert des Flusses beträgt 15. Dies entspricht dem Abfluß von der Quelle v_1 bzw. dem Zufluß zur Senke v_6.

Daß Flüsse nur für Graphen mit genau einer Quelle und einer Senke definiert sind, bedeutet keine wesentliche Einschränkung. Denn man kann durch einen zusätzlichen Knoten und zusätzliche Pfeile mehrere Quellen zu einer Quelle bzw. mehrere Senken zu einer Senke zusammenfassen.

---

1) Für die Addition soll gelten: −: = 0.

Bei Festlegung der Kapazitäten der neu hinzugenommenen Pfeile ist darauf zu achten, daß sie keine zusätzlichen Flußbeschränkungen darstellen.

Beispiel: Abb. 10a) zeigt ein Kapazitätsnetzwerk mit 3 Quellen und 3 Senken. Durch Einführung der zusätzlichen Knoten v_1 und v_8 sowie der zusätzlichen Pfeile x_{12}, x_{13}, x_{14} und x_{58}, x_{68}, x_{78} erhält man ein Netzwerk mit einer Quelle und einer Senke (10b).

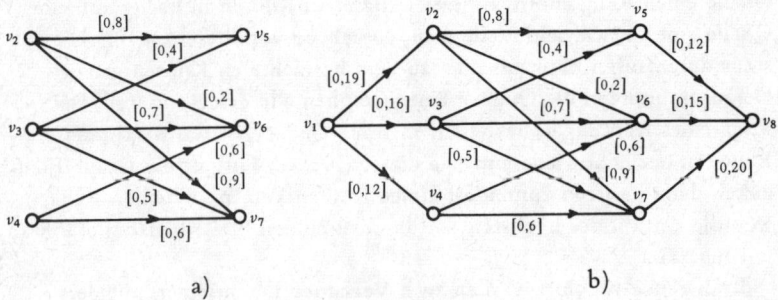

Abb. 10: Die Zusammenfassung von Quellen und Senken

Die Festlegung der Kapazitäten für die neuen Pfeile soll am Beispiel x_{12} erläutert werden. Die untere Kapazitätsschranke dieses Pfeiles darf nicht höher sein als der niedrigste zulässige Abfluß von Knoten v_2 (= 0). Die obere Kapazitätsschranke darf nicht niedriger sein als der höchstmögliche Abfluß von Knoten v_2 (= 19).

Man kann einen Fluß als eine Abbildung von X in den $\mathbb{R}^3$ auffassen, die jedem Pfeil seine Kapazität und seine Flußentfernung zuordnet. Ordnet man den Pfeilen zusätzlich noch Kosten c_k zu, welche durch den Fluß einer Einheit im Pfeil x_k verursacht werden, so hat man eine Wertcharakteristik von der Dimension vier. Jedem Pfeil x_k wird eine Kapazität $[a_k, b_k]$, eine Kostengröße c_k und eine Flußentfernung d_k zugeordnet. Unter den *Kosten eines Flusses* versteht man dann die Größe

$$C = \sum_{k=1}^{n_x} c_k \cdot f_6(x_k)$$

also die Summe der Kosten, für die den einzelnen Pfeilen zugeordneten Flußentfernungen.

2.2   Verfahren (Algorithmen)

2.2.1 *Verfahren zur Prüfung der Zykelfreiheit und zur Bestimmung des Ranges der Knoten in einem Graphen*

Bei vielen praktischen Problemen ist es wichtig zu wissen, ob ein gerichteter Graph Pfeilzykel enthält oder ob er pfeilzykelfrei ist. Bei pfeilzykelfreien Graphen kann man allen Knoten des Graphen in bezug auf jede Quelle einen Rang zuordnen. Der *Rang* eines Knoten in bezug auf eine Quelle gibt an, wieviele Pfeile man, ausgehend von dieser Quelle, höchstens durchlaufen muß, bis man zu dem betrachteten Knoten gelangt. Demnach besitzen die Quellen eines Graphen alle den Rang null. Der Rang eines Knotens in bezug auf mehrere Quellen ist das Maximum der Ränge in bezug auf jede einzelne dieser Quellen. Enthält ein Graph Pfeilzykel, dann besitzen zumindest einige Knoten keinen endlichen Rang, weil die Anzahl der höchstens zu durchlaufenden Pfeile beliebig erhöht werden kann.

In diesem Abschnitt werden zwei Verfahren beschrieben, mit deren Hilfe man prüfen kann, ob ein Graph pfeilzykelfrei ist und die zugleich die Rangbestimmung der Knoten ermöglichen. Beide Verfahren basieren auf folgender Überlegung: Weder eine Quelle, noch eine Senke, noch die von den Quellen ausgehenden und die in den Senken mündenden Pfeile eines gerichteten Graphen können Elemente eines Pfeilzykels sein. Reduziert man den Graphen um diese Elemente, d.h. bildet man den Subgraphen, der sich durch die Elimination der Senken und Quellen ergibt, dann hat man mit Sicherheit keinen Pfeilzykel eliminiert. Der ermittelte Subgraph enthält daher alle Pfeilzykel, die der Ausgangsgraph enthalten hat. Im nächsten Schritt des Verfahrens entfernt man nun die Quellen und Senken des reduzierten Graphen und erhält so einen Subgraphen des reduzierten Graphen. Diese Reduktion des jeweils ermittelten Subgraphen wird fortgesetzt, bis einer der beiden folgenden Fälle eintritt:

a) Es konnten sukzessive alle Knoten und Pfeile des Graphen eliminiert werden, d.h. es wurden keine Subgraphen mit Pfeilzyklen gefunden. Damit ist auch der Ausgangsgraph pfeilzykelfrei, wie sich aus den obigen Überlegungen unmittelbar ergibt.

b) Einer der zu reduzierenden Graphen besitzt weder eine Quelle noch eine Senke. In diesem Fall kann man von jedem Knoten ausgehend entweder über eine Schleife zu diesem zurück oder, wenn eine Schleife nicht existiert, über einen Pfeil zu einem Nachbarknoten gelangen. Mit einer Schleife hat man einen Pfeilzykel gefunden. Kommt man zu einem Nachbarknoten, so kann man — da der Graph keine Senke besitzt — von diesem Knoten entweder zum Ausgangsknoten zurückgehen, oder zu einem anderem Nachbarknoten weitergehen usf. Von jedem Knoten kommt man zu einem anderen weiter. Da aber der Graph endlich ist, muß irgendwann ein Knoten zum zweitenmal angelaufen werden, d.h. es existiert ein Pfeilzykel.

Die beiden Verfahren zur Prüfung der Zykelfreiheit und zur Rangbestimmung unterscheiden sich durch die Art der Reduktion des Ausgangsgraphen.

Verfahren A: Sukzessive Elimination der Quellen und der von ihnen ausgehenden Pfeile

Bei diesem Verfahren sucht man zunächst die Quellen des Ausgangsgraphen. Man ermittelt dazu die Eingangsgrade aller Knoten. Die Knoten mit dem Eingangsgrad null sind die Quellen. Sie erhalten den Rang Null. Die Quellen des Ausgangsgraphen und die von ihnen ausgehenden Pfeile werden sodann eliminiert. Dazu betrachtet man alle Pfeile, die von den Quellen ausgehen und vermindert die Eingangsgrade der Knoten, in denen diese Pfeile münden.

Man bestimmt nun die Quellen des gefundenen 1. Subgraphen. Ihnen wird der Rang 1 zugeordnet.

Das Verfahren der Ermittlung weiterer Subgraphen und der Rangbestimmung ihrer Quellen wird fortgesetzt, bis man einen Pfeilzykel festgestellt oder (bei pfeilzykelfreien Graphen) alle Senken eliminiert hat. Sind insgesamt m Reduktionen erforderlich, um einen Knoten zu eliminieren, so besitzt er den Rang $m-1$.

Beispiel: Der in Abb. 11a) beschriebene Graph soll auf Zykelfreiheit überprüft und es sollen die Ränge seiner Knoten bestimmt werden.

	v_1	v_2	v_3	v_4	v_5	v_6	v_7	AG
v_1	0	0	1	0	1	0	1	3
v_2	1	0	1	1	0	0	0	3
v_3	0	0	0	1	0	0	0	1
$A = v_4$	0	0	0	0	0	0	0	0
v_5	0	0	0	1	0	0	0	1
v_6	1	0	1	0	1	0	1	4
v_7	0	0	0	1	0	0	0	1
EG	2	0	3	4	2	0	2	

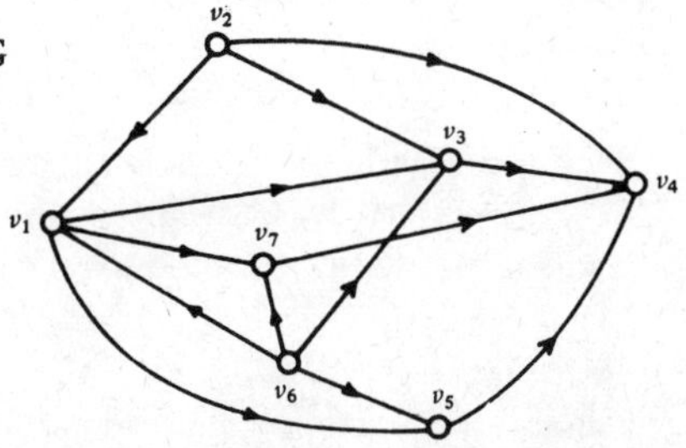

Abb. 11a): Ausgangsgraph

Aus dem Vektor der Eingangsgrade (EG) erkennt man, daß v_2 und v_6 Quellen des Graphen sind. Sie erhalten den Rang Null. Reduziert man nun den Ausgangsgraphen durch Entfernen der Knoten v_2 und v_6 und der Pfeile $x_{21}, x_{23}, x_{24}, x_{61}, x_{63}, x_{65}, x_{67}$, so erhält man den in Abb. 11b) dargestellten ersten Subgraphen.

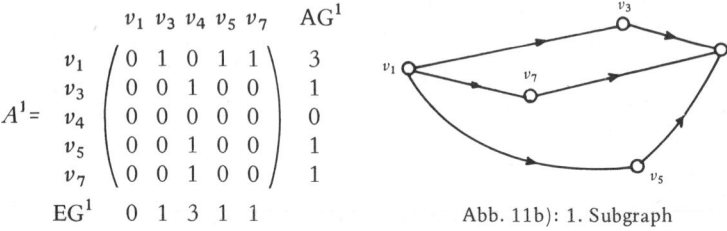

$$A^1 = \begin{array}{c} \\ v_1 \\ v_3 \\ v_4 \\ v_5 \\ v_7 \end{array} \begin{array}{c} v_1\ v_3\ v_4\ v_5\ v_7 \\ \begin{pmatrix} 0 & 1 & 0 & 1 & 1 \\ 0 & 0 & 1 & 0 & 0 \\ 0 & 0 & 0 & 0 & 0 \\ 0 & 0 & 1 & 0 & 0 \\ 0 & 0 & 1 & 0 & 0 \end{pmatrix} \end{array} \begin{array}{c} AG^1 \\ 3 \\ 1 \\ 0 \\ 1 \\ 1 \end{array}$$

$$EG^1 \quad 0 \ 1 \ 3 \ 1 \ 1$$

Abb. 11b): 1. Subgraph

Quelle des 1. Subgraphen ist v_1. v_1 erhält demnach den Rang 1. Reduziert man den 1. Subgraphen durch Elimination von v_1 und x_{13}, x_{15}, x_{17}, so erhält man den in Abb. 11c) dargestellten 2. Subgraphen.

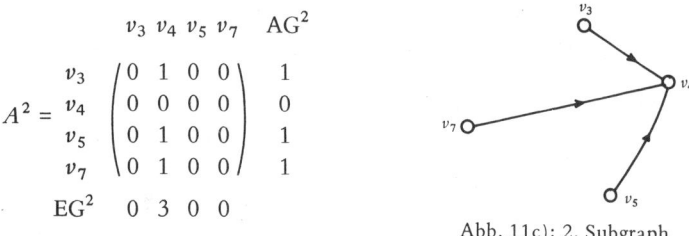

$$A^2 = \begin{array}{c} \\ v_3 \\ v_4 \\ v_5 \\ v_7 \end{array} \begin{array}{c} v_3\ v_4\ v_5\ v_7 \\ \begin{pmatrix} 0 & 1 & 0 & 0 \\ 0 & 0 & 0 & 0 \\ 0 & 1 & 0 & 0 \\ 0 & 1 & 0 & 0 \end{pmatrix} \end{array} \begin{array}{c} AG^2 \\ 1 \\ 0 \\ 1 \\ 1 \end{array}$$

$$EG^2 \quad 0 \ 3 \ 0 \ 0$$

Abb. 11c): 2. Subgraph

Quellen des 2. Subgraphen sind v_3, v_5, v_7. Sie erhalten den Rang 2. Reduziert man den 2. Subgraphen durch Elimination von v_3, v_5, v_7 sowie x_{34}, x_{54}, x_{74}, so verbleibt der Knoten v_4. Es handelt sich dabei um die im 4. Reduktionsschritt zu eliminierende Senke des Ausgangsgraphen. Sie erhält den Rang 3. Der Ausgangsgraph ist pfeilzykelfrei.

Verfahren B: Simultane Elimination von Quellen und Senken und der von ihnen ausgehenden bzw. in sie mündenden Pfeile

Bei diesem Verfahren sucht man zunächst die Quellen und Senken des Ausgangsgraphen. Man ermittelt dazu die Eingangsgrade und die Ausgangsgrade aller Knoten. Die Knoten mit dem Eingangsgrad null sind die Quellen. Die Knoten mit dem Ausgangsgrad null sind die Senken. Die Quellen des Ausgangsgraphen und die von ihnen ausgehenden Pfeile sowie die Senken und die in ihnen mündenden Pfeile werden sodann eliminiert. Dazu vermindert man die Eingangsgrade und die Ausgangsgrade der Knoten ent-

sprechend. Man bestimmt nun wiederum die Quellen und Senken des gefundenen 1. Subgraphen und nimmt anschließend die zweite Reduktion
vor usf. Ist der Ausgangsgraph pfeilzyklefrei, so ist er nach der letzten,
der $\overline{m}$-ten Reduktion, vollständig eliminiert. Werden bei der $\overline{m}$-ten Reduktion auch Pfeile eliminiert, so erhalten die Quellen, die bei der m-ten Reduktion ($m = 1, \ldots, \overline{m}$) eliminiert werden, den Rang m-1 und die Senken,
die bei der m-ten Reduktion eliminiert werden, den Rang $2\,\overline{m} - m$. Werden
bei der $\overline{m}$-ten Reduktion nur Knoten eliminiert, so erhalten diese Knoten
den Rang $\overline{m}$-1, die bei der m-ten Reduktion eliminierten Quellen den
Rang m-1 und die bei der m-ten Reduktion eliminierten Senken den Rang
$2\overline{m}$-m-1. Natürlich lassen sich die Ränge der Senken erst nach Abschluß
des Reduktionsprozesses angeben.

Kann der Ausgangsgraph nicht vollständig eliminiert werden, so muß
er einen Pfeilzykel enthalten.

Beispiel: Der in Abb. 11a) beschriebene Graph soll auf Pfeilzyklefreiheit
überprüft und es sollen die Ränge seiner Knoten bestimmt werden. Aus
den Vektoren der Ausgangsgrade erkennt man, daß v_2 und v_6 Quellen
des Graphen sind. Sie erhalten den Rang Null. v_4 ist seine Senke. Reduziert man nun den Ausgangsgraphen durch Entfernen der Knoten v_2, v_6,
v_4 und der zugehörigen Pfeile $x_{21}, x_{23}, x_{24}, x_{61}, x_{63}, x_{65}, x_{67}, x_{34}, x_{54}, x_{74}$,
so erhält man den in Abb. 11d) dargestellten 1. Subgraphen

$$
\hat{A}^1 = \begin{array}{c} \\ v_1 \\ v_3 \\ v_5 \\ v_7 \end{array}
\begin{array}{cccc}
v_1 & v_3 & v_5 & v_7 \\
\left(\begin{array}{cccc} 0 & 1 & 1 & 1 \\ 0 & 0 & 0 & 0 \\ 0 & 0 & 0 & 0 \\ 0 & 0 & 0 & 0 \end{array}\right)
\end{array}
\begin{array}{c} \hat{A}G^1 \\ 3 \\ 0 \\ 0 \\ 0 \end{array}
$$

$\hat{E}G^1 \quad 0 \quad 1 \quad 1 \quad 1$

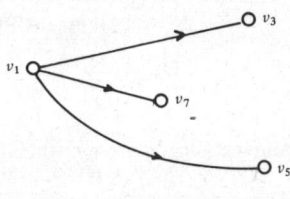

Abb. 11d): 1. Subgraph

Reduziert man den 1. Subgraphen weiter, so sind alle Knoten und Pfeile
entfernt, d.h. der Ausgangsgraph ist vollständig reduziert.

Die Anzahl der erforderlichen Reduktionen betrug $\overline{m} = 2$. Da im letzten Reduktionsschritt Pfeile und Knoten eliminiert wurden, ergibt sich
als Rang für die Senke des Ausgangsgraphen v_4, die bei der ersten Reduktion eliminiert wurde, $2\overline{m}$-$m = 3$. Die Senken des 1. Subgraphen (v_3, v_5, v_7),
die bei der 2. Reduktion eliminiert wurden, erhalten den Rang $2\overline{m}$-$m = 2$.
Die Quellen v_2 und v_6 erhalten den Rang 0. v_1 erhält den Rang 1. Damit sind die Ränge aller Knoten des Graphen bestimmt. Er ist pfeilzykelfrei.

Numeriert man die Knoten eines pfeilzykelfreien Graphen in der Weise, daß die Knoten eines höheren Ranges auch höhere Nummern besitzen, dann erreicht man dadurch, daß für alle Pfeile x_{ij} des Graphen gilt: $i < j$. Dabei kann man die Knoten innerhalb eines Ranges in beliebiger Reihenfolge numerieren, weil zwischen ihnen ja kein Pfeil existiert. Die bei der geänderten Numerierung zur Beschreibung des Graphen verwendete Adjazenzmatrix hat unterhalb der Hauptdiagonalen nur Nullelemente. Ist ein Graph pfeilzykelfrei, dann kann man seine Adjazenzmatrix durch Vertauschung von Zeilen und Spalten immer in eine solche Dreiecksform bringen. Zur Feststellung der Zykelfreiheit eignet sich dieser Sachverhalt jedoch nicht, weil sich keine allgemeine Vertauschungsregel angeben läßt, aus deren Versagen die Existenz von Pfeilzykeln folgt.

2.2.2 Verfahren zur Ermittlung spezieller Wege in Netzwerken

2.2.2.1 Wege- und Längenmatrizen

Pfeilwege in einem gerichteten Netzwerk können durch eine $n_v \times n_v$-Wegematrix S beschrieben werden, deren Elemente s_{ij} Pfeilwege von dem Knoten v_i zu dem Knoten v_j angeben. Man definiert

$$S = \begin{cases} s_{ij} & \text{einer der Pfeilwege von } v_i \text{ nach } v_j, \text{ falls mindestens ein Pfeilweg existiert} \\ \\ s_{ij} = 0, \text{ sonst} \end{cases}$$

Die allgemeine Wegematrix enthält stets nur einen der Pfeilwege von v_i nach v_j.
Zu jeder Wegematrix S gibt es eine Längenmatrix

$$L(S) = \begin{cases} l_{ij} = \text{Länge des Weges } s_{ij}, \text{ falls } s_{ij} \neq 0 \\ \\ l_{ij} = \infty, \text{ falls } s_{ij} = 0 \end{cases}$$

Bei gegebener Entfernungsmatrix kann man für jede Wegematrix die zugehörige Längenmatrix berechnen.
In der Praxis interessiert man sich häufig für die Wege- und Längenmatrizen der kürzesten oder der längsten Wege zwischen Knoten des Netzwerkes. Die Wegematrizen der kürzesten und der längsten Wege haben eine be-

sondere Eigenschaft, die es ermöglicht, sie auf einfachere Weise zu schreiben als die allgemeinen Wegematrizen. Führt nämlich der kürzeste Weg zum Knoten v_i zum Knoten v_j über den Knoten v_h, dann muß der kürzeste Weg von v_i nach v_h ein Teilweg des kürzesten Weges von v_i nach v_j sein. Wäre dies nicht der Fall, dann gäbe es einen noch kürzeren Weg von v_i nach v_h, durch den aber auch der Weg von v_i nach v_j noch verkürzt werden könnte. Entsprechendes gilt für längste Wege. Wegen dieses Sachverhalts ist man gezwungen, gleichzeitig mit dem kürzesten (längsten) Weg von v_i nach v_j auch die kürzesten (längsten) Wege von v_i zu all den Knoten zu ermitteln, die auf dem gesuchten kürzesten (längsten) Weg liegen. Bei Verwendung dieser Eigenschaft ist es nicht erforderlich, in einer Matrix der kürzesten (längsten) Wege als Elemente der Matrix die vollständigen Wege anzugeben. Es genügt vielmehr eine *Vorgängermatrix* der Art:

$$P = \begin{cases} p_{ij} = h, & \text{wenn } x_{hj} \text{ der letzte Pfeil im kürzesten} \\ & \text{(längsten) Weg von } v_i \text{ nach } v_j \text{ ist} \\ \\ p_{ij} = 0, & \text{wenn zwischen den Knoten } v_i \text{ und } v_j \\ & \text{kein kürzester (längster) Weg existiert} \end{cases}$$

Sucht man lediglich die kürzesten (längsten) Wege von einem Knoten zu allen anderen Knoten des Netzwerkes, so erhält man eine einzeilige Vorgängermatrix (Vorgängervektor).
Anstelle der Vorgängermatrix kann man auch eine Nachfolgermatrix verwenden.

Beispiel: Bestimmung des kürzesten Weges von v_1 nach v_3 für das in Abb. 12 wiedergegebene Netzwerk und Beschreibung mit Hilfe einer Vorgängermatrix.

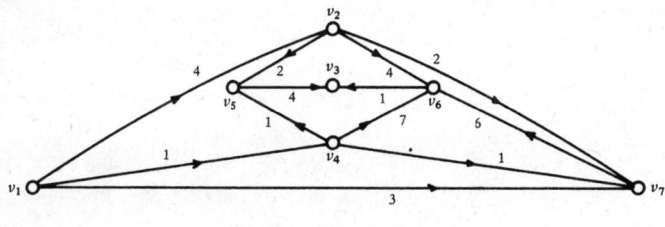

Abb. 12: Netzwerk

Durch Probieren findet man alle 7 Wege, die von v_1 nach v_3 führen. Es sind dies:

$$s_{13}^1 = v_1 v_4 v_5 v_3 \qquad\qquad l_{13}^1 = 6$$

$$s_{13}^2 = v_1 v_4 v_6 v_3 \qquad\qquad l_{13}^2 = 9$$

$$s_{13}^3 = v_1 v_4 v_7 v_6 v_3 \qquad\quad l_{13}^3 = 9$$

$$s_{13}^4 = v_1 v_7 v_6 v_3 \qquad\qquad l_{13}^4 = 10$$

$$s_{13}^5 = v_1 v_2 v_5 v_3 \qquad\qquad l_{13}^5 = 10$$

$$s_{13}^6 = v_1 v_2 v_6 v_3 \qquad\qquad l_{13}^6 = 9$$

$$s_{13}^7 = v_1 v_2 v_7 v_6 v_3 \qquad\quad l_{13}^7 = 13$$

Der kürzeste dieser Wege ist der Weg $s_{13}^1 = v_1 v_4 v_5 v_3$ mit der Länge 6. Daraus folgt, daß der kürzeste Weg von v_1 nach v_5 der Weg $s_{15}^1 = v_1 v_4 v_5$ mit $l_{15}^1 = 2$ und der kürzeste Weg von v_1 nach v_4 der Weg $s_{14}^1 = v_1 v_4$ mit $l_{14}^1 = 1$ sein muß. Dieselben Wege erhält man aber auch, wenn man weiß, daß der Vorgängerknoten des Endknotens v_3 auf dem kürzesten Weg von v_1 nach v_3 der Knoten v_5 ist, der Vorgängerknoten des Endknotens v_5 auf dem kürzesten Weg von v_1 nach v_5 der Knoten v_4 und der Vorgängerknoten des Endknotens v_4 auf dem kürzesten Weg von v_1 nach v_4 der Knoten v_1. Man kann demnach für die kürzesten Wege vom Knoten v_1 zu allen anderen Knoten im Netzwerk der Abb. 11 folgenden Vorgängervektor angeben:

	v_1	v_2	v_3	v_4	v_5	v_6	v_7
$P_1^k = v_1 \, ($	0	1	5	1	4	7,4,2	4 $)$

Soll mit Hilfe dieses Vektors etwa der kürzeste Weg von v_1 nach v_7 ermittelt werden, so geht man zur Spalte v_7 und findet als Vorgänger von v_7 auf dem kürzesten Weg von v_1 nach v_7 den Knoten v_4. Als Vorgänger von v_4 findet man in der Spalte 4 den Knoten v_1. Der kürzeste Weg von v_1 nach v_7 ist daher der Weg $s_{17}^1 = v_1 v_4 v_7$. Die drei Zahlen 2, 4, 7 in der Spalte 6 bedeuten, daß es von v_1 nach v_6 drei gleich lange kürzeste Wege gibt, von denen der eine den Pfeil x_{26}, der andere den Pfeil x_{46} und der dritte den Pfeil x_{76} enthält. Sind nicht alle kürzesten Wege gesucht, so genügt die Angabe eines dieser drei Knoten.

2.2.2.2 Verfahren zur Bestimmung kürzester Wege von einem Knoten
zu allen anderen Knoten

2.2.2.2.1 Vorbemerkungen

Lösungsverfahren für die Bestimmung kürzester Wege von einem Knoten
zu allen anderen Knoten eines Graphen wurden von verschiedenen Autoren
in größerer Zahl entwickelt. Die bekanntesten dieser Algorithmen stammen
von *Bellman* [1958, S. 87 ff.], *Dantzig* [1960, S.187 ff.], *Dijkstra* [1959,
S.269 ff.], *d'Esopo* [*Pollack* und *Wiebenson*, 1960, S.224 ff.], *Ford* [*Kaufmann*, 1967, S.255 f.], *Moore* [1959, S.285 ff.], *Nicholson* [1966, S.275 ff.].
Untersuchungen über die rechnerische Effizienz und den Speicherbedarf
einiger dieser Verfahren wurden von *Pape* [1971] und von *Domschke*
[1972] veröffentlicht. Die Ergebnisse dieser Untersuchungen zeigen im wesentlichen, daß die Verfahren von *Dijkstra, Nicholson* und *d'Esopo* mindestens keinem der übrigen Verfahren unterlegen sind. Von diesen drei Verfahren wiederum hat dasjenige von *Dijkstra* wohl die größte Verbreitung
erfahren. Aus diesem Grunde wird es hier ausführlich dargestellt.

2.2.2.2.2 Das Verfahren von *Dijkstra*

Mit Hilfe des Verfahrens von *Dijkstra* können die kürzesten Wege von
einem beliebigen Knoten v_i eines Netzwerkes zu allen übrigen Knoten
gefunden werden. Vorausgesetzt werden muß, daß das betrachtete Netzwerk keine Pfeile negativer Länge enthält. Unter dieser Voraussetzung ist
die Existenz von Schleifen für die Bestimmung kürzester Wege ohne Bedeutung. Ist die Schleifenlänge positiv, so können kürzeste Wege keine
Schleifen enthalten; ist die Schleifenlänge hingegen Null, so können beliebig viele, gleich lange kürzeste Wege angegeben werden.

Zu Beginn des Verfahrens wird festgelegt, daß der kürzeste Weg von
v_i zu sich selbst Null sein soll ($l_{ii} = 0$). Die Ausgangsvektoren des Problems lauten dann: Vorgängervektor $P_i = (0, \ldots, 0)$ Längenvektor
$L_i = (\infty, \ldots, l_{ii} = 0, \ldots, \infty)$.

Man betrachtet zunächst die von v_i ausgehenden Pfeile. Der kürzeste
dieser Pfeile ist ein kürzester Weg vom Knoten v_i zum Endknoten v_h dieses Pfeiles, weil keine Pfeile negativer Länge zugelassen sind.

Im nächsten Schritt ermittelt man die Längen der von v_h ausgehenden
Pfeile und addiert die Länge des kürzesten Weges von v_i nach $v_h(l_{ih})$. Man
betrachtet nun die Wegelängen zwischen v_i und denjenigen Knoten, zu
denen im Laufe des Verfahrens zwar Wege, aber noch nicht mit Sicher-

heit kürzeste Wege gefunden wurden. Der Weg mit der minimalen der betrachteten Längen führe zu einem Knoten v_k. Dann muß dieser Weg ein kürzester Weg sein. Somit hat man einen kürzesten Weg zu einem zweiten Knoten des Netzwerkes (v_k) bestimmt. Von v_k ausgehend wird das Verfahren fortgesetzt bis zu allen, von v_i aus erreichbaren Knoten kürzeste Wege ermittelt sind. Findet man zu einem Knoten des Netzwerkes einen Weg oder einen kürzeren als den bisher kürzesten Weg, so werden die Vektoren P_i und L_i entsprechend geändert.

Bei der Durchführung des Dijkstra-Verfahrens kann man entweder eine Liste sämtlicher Pfeile des Netzwerks (Pfeilversion des Verfahrens) oder die Entfernungsmatrix verwenden (Matrixversion des Verfahrens) [*Streitferdt*, 1972]. Beide Versionen unterscheiden sich vor allem durch die Anzahl der durchzuführenden Operationen und den Speicherbedarf. Wegen der größeren Anschaulichkeit dürfte bei Handrechnung wohl stets die Matrixversion zu empfehlen sein. Bei maschineller Rechnung kann man sagen, daß die Pfeilversion um so vorteilhafter ist, je geringer die relative Pfeildichte $\dfrac{n_x}{n_v(n_v-1)}$ ist.

1. Pfeilversion

Die Pfeilversion des Dijkstra-Verfahrens kann durch folgende Schritte beschrieben werden:

Schritt 0: Es seien K die Indexmenge derjenigen Knoten, zu denen bereits Wege, aber noch nicht mit Sicherheit kürzeste Wege gefunden wurden

G die Indexmenge derjenigen Knoten, zu denen bereits ein kürzester Weg gefunden wurde

v_i der Anfangsknoten

Liste die Pfeile des Netzwerks nach Ausgangsknoten

Setze $K := \{i\}$; $G = \emptyset$
$P_i = (0, \ldots, 0)$; $L_i = (\infty, \ldots, l_{ii} = 0, \ldots, \infty)$

Schritt 1: Wähle aus K den Index h, für den gilt:

$$l_{ih} = \min_{j \in K} l_{ij}$$

Führe für alle von v_h ausgehenden und in v_j, $j \notin G$, mündenden Pfeile die folgenden Operationen durch:

a) Ermittle $l_{ij}^h = l_{ih} + e_{hj}$

b) Ist $l_{ij}^h < l_{ij}$ (j-te Komponente des letzten ermittelten Vektors L_i), dann ersetze l_{ij} durch l_{ij}^h und p_{ij} (j-te Komponente des letzten ermittelten Vektors P_i) durch h.

Gibt es Knoten v_j, für welche die substituierten $l_{ij} = \infty$ waren, so erweitere K um diese Knoten. Setze also
$$K: = K \cup \{j\}$$

Schritt 2: Vermindere K um h und erweitere G um h, setze also
$$K: = K \setminus \{h\}; G: = G \cup \{h\}$$

Ist $K \neq \emptyset$, so gehe zu Schritt 1

Ist $K = \emptyset$, so ist der zuletzt ermittelte Vektor P_i ein Vektor P_i^k — er gibt kürzeste Wege von v_i zu allen von v_i aus erreichbaren Knoten des Netzwerks an. Der zugehörige Längenvektor L_i^k enthält die Längen der kürzesten Wege.

Beispiel: Gegeben sei das durch die folgende Entfernungsmatrix und die graphische Darstellung beschriebene Netzwerk.

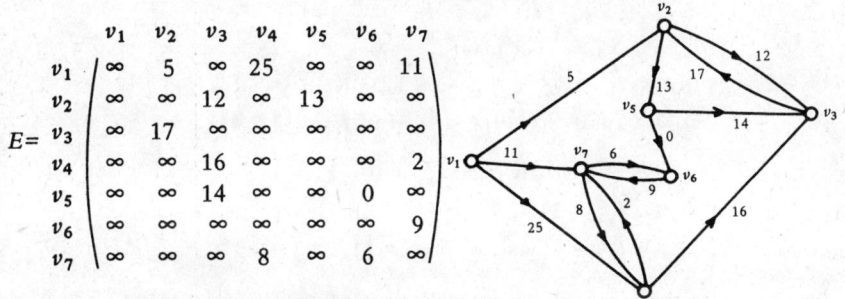

$$E = \begin{array}{c|ccccccc} & v_1 & v_2 & v_3 & v_4 & v_5 & v_6 & v_7 \\ \hline v_1 & \infty & 5 & \infty & 25 & \infty & \infty & 11 \\ v_2 & \infty & \infty & 12 & \infty & 13 & \infty & \infty \\ v_3 & \infty & 17 & \infty & \infty & \infty & \infty & \infty \\ v_4 & \infty & \infty & 16 & \infty & \infty & \infty & 2 \\ v_5 & \infty & \infty & 14 & \infty & \infty & 0 & \infty \\ v_6 & \infty & \infty & \infty & \infty & \infty & \infty & 9 \\ v_7 & \infty & \infty & \infty & 8 & \infty & 6 & \infty \end{array}$$

Abb. 13: Beispiel zur Ermittlung kürzester Wege

Gesucht sind kürzeste Wege von v_1 zu allen übrigen Knoten. Die Aufgabe soll mit Hilfe der Pfeilversion des Dijkstra-Algorithmus gelöst werden.

Schritt 0: Liste der Pfeile nach Ausgangsknoten

$x_{12}(e_{12}=5)$ $x_{23}(e_{23}=12)$ $x_{32}(e_{32}=17)$ $x_{43}(e_{43}=16)$ $x_{53}(e_{53}=14)$ $x_{67}(e_{67}=9)$
$x_{14}(e_{14}=25)$ $x_{25}(e_{25}=13)$ $\qquad\qquad\qquad\qquad$ $x_{47}(e_{47}=2)$ $x_{56}(e_{56}=0)$
$x_{17}(e_{17}=11)$

$x_{74}(e_{74}=8)$
$x_{76}(e_{76}=6)$
$K: = \{1\}$; $G = \emptyset$

Knoten	Vorgängervektoren P_1 in der Reihenfolge ihrer Ermittlung							Längenvektoren L_1 in der Reihenfolge ihrer Ermittlung						
	1	2	3	4	5	6	7	1	2	3	4	5	6	7
v_1	0							0						
v_2	0							∞						
v_3	0							∞						
v_4	0							∞						
v_5	0							∞						
v_6	0							∞						
v_7	0							∞						

Schritt 1:　Es wird als erster zu prüfender Knoten v_1 gewählt ($h=1$)

a) Für den Pfeil x_{12} erhält man: $l^1_{12} = 0 + 5 = 5$.

b) Da $l^1_{12} = 5 < l_{12} = \infty$, wird $l_{12} = 5$ und $p_{12} = 1$.
 Da zusätzlich $l_{12} = \infty$, wird $K := \{1,2\}$;

a) Für x_{14} erhält man: $l^1_{14} = 0 + 25 = 25$.

b) Da $l^1_{14} = 25 < l_{14} = \infty$, wird $l_{14} = 25$ und $p_{14} = 1$.
 Da zusätzlich $l_{14} = \infty$, wird $K := \{1,2,4\}$;

a) Für x_{17} erhält man: $l^1_{17} = 0 + 11 = 11$.

b) Da $l^1_{17} = 11 < l_{17} = \infty$, wird $l_{17} = 11$ und $p_{17} = 1$.
 Da $l_{17} = \infty$ war, wird $K := \{1,2,4,7\}$;

Knoten	Vorgängervektoren P_1 in der Reihenfolge ihrer Ermittlung							Längenvektoren L_1 in der Reihenfolge ihrer Ermittlung						
	1	2	3	4	5	6	7	1	2	3	4	5	6	7
v_1	0	0						0	0					
v_2	0	1						∞	5					
v_3	0	0						∞	∞					
v_4	0	1						∞	25					
v_5	0	0						∞	∞					
v_6	0	0						∞	∞					
v_7	0	1						∞	11					

Schritt 2: $K: = \{2,4,7\}$; $G: = \{1\}$;

Da $K \neq \emptyset$ ist mit Schritt 1 fortzufahren. Die sukzessive ermittelten Vorgänger- und Längenvektoren sind in dem folgenden Tableau eingetragen:

Knoten	Vorgängervektoren P_1 in der Reihenfolge ihrer Ermittlung							Längenvektoren L_1 in der Reihenfolge ihrer Ermittlung						
	1	2	3	4	5	6	7	1	2	3	4	5	6	7
v_1	0	0	0	0	0	0	0	0	0	0	0	0	0	0
v_2	0	1	1	1	1	1	1	∞	5	5	5	5	5	5
v_3	0	0	2	2	2	2	2	∞	∞	17	17	17	17	17
v_4	0	1	1	7	7	7	7	∞	25	25	19	19	19	19
v_5	0	0	2	2	2	2	2	∞	∞	18	18	18	18	18
v_6	0	0	0	7	7	7	7	∞	∞	∞	17	17	17	17
v_7	0	1	1	1	1	1	1	∞	11	11	11	11	11	11

Die gefundenen kürzesten Wege mit ihren Längen sind in den Spalten 7 des Tableaus enthalten. Das Ergebnis ist wie folgt zu interpretieren:

Der kürzeste Weg von v_1 nach v_2 ist der Weg $v_1 v_2$ mit $l_{12}^k = 5$

,, ,, ,, ,, v_1 ,, v_3 ,, $v_1 v_2 v_3$ mit $l_{13}^k = 17$

,, ,, ,, ,, v_1 ,, v_4 ,, $v_1 v_7 v_4$ mit $l_{14}^k = 19$

,, ,, ,, ,, v_1 ,, v_5 ,, $v_1 v_2 v_5$ mit $l_{15}^k = 18$

,, ,, ,, ,, v_1 ,, v_6 ,, $v_1 v_7 v_6$ mit $l_{16}^k = 17$

,, ,, ,, ,, v_1 ,, v_7 ,, $v_1 v_7$ mit $l_{17}^k = 11$

2. Matrixversion

Die Matrixversion des Dijkstra-Verfahrens kann durch folgende Schritte beschrieben werden:

Schritt 0: Es seien r die Anzahl der Knoten, zu denen bereits ein kürzester Weg von v_i aus bestimmt worden ist.

U ein Vektor, dessen Komponenten u_{r+1} bis u_{n_v} die Indizes derjenigen Knoten sind, zu denen noch keine Wege oder keine mit Sicherheit kürzesten Wege von v_i aus ermittelt wurden.

$$\text{Setze} \quad r: = 1 \; ; \; U = (1,2,\ldots,i,\ldots,n_v)$$
$$P_i = (0,\ldots,0) \; ; \; L_i = (\infty,\ldots,l_{ii} = 0,\ldots,\infty)$$

Schritt 1: Wähle aus U eine Komponente u_h, für die gilt:

$$l_{iu_h} = \text{Min } l_{iu_j}$$
$$r \leqslant j \leqslant n_v$$

Setze $q: = u_h$; $u_h: = u_r$; $r: = r+1$

Schritt 2: Bestimme für alle u_j $(r \leqslant j \leqslant n_v)$

$$s: = l_{iq} + e_{qu_j}$$

Falls $s < l_{iu_j}$, setze $l_{iu_j}: = s$ und $p_{iu_j}: = q$

Schritt 3: Ist $r < n_v$, so gehe zu Schritt 1

Ist $r = n_v$, so ist der zuletzt ermittelte Vektor P_i ein Vektor P_i^k — er gibt kürzeste Wege von v_i zu allen von v_i aus erreichbaren Knoten des Netzwerks an. Der zugehörige Längenvektor L_i^k enthält die Längen der kürzesten Wege

Beispiel: Gegeben ist das in Abb. 13 dargestellte Netzwerk. Gesucht sind die kürzesten Wege von v_1 zu allen übrigen Knoten. Die Aufgabe soll mit Hilfe der Matrixversion des Dijkstra-Algorithmus gelöst werden.

Schritt 0: $r:=1$; $U = (1,2,3,4,5,6,7)$

Zur manuellen Durchführung des Verfahrens empfiehlt sich die Definition einer Längenmatrix L_i^r. Für $r=1$ unterscheidet sich diese Längenmatrix von der Entfernungsmatrix dadurch, daß ihre Hauptdiagonale den Vektor $L_i = (\infty,\ldots,l_{ii} = 0,\ldots,\infty)$ enthält. In der Längenmatrix L_i^r werden sukzessive Zeilen und Spalten gestrichen — die Hauptdiagonale enthält stets den letzten ermittelten Längenvektor.

$$
\begin{array}{c}
\begin{array}{ccccccc}
v_1 & v_2 & v_3 & v_4 & v_5 & v_6 & v_7
\end{array} \\
L_1^1 = \begin{array}{c} v_1 \\ v_2 \\ v_3 \\ v_4 \\ v_5 \\ v_6 \\ v_7 \end{array}
\left(\begin{array}{ccccccc}
0 & 5 & \infty & 25 & \infty & \infty & 11 \\
\infty & \infty & 12 & \infty & 13 & \infty & \infty \\
\infty & 17 & \infty & \infty & \infty & \infty & \infty \\
\infty & \infty & 16 & \infty & \infty & \infty & 2 \\
\infty & \infty & 14 & \infty & \infty & 0 & \infty \\
\infty & \infty & \infty & \infty & \infty & \infty & 9 \\
\infty & \infty & \infty & 8 & \infty & 6 & \infty
\end{array}\right)
\end{array}
$$

$$
\begin{array}{ccccccc}
 & v_1 & v_2 & v_3 & v_4 & v_5 & v_6 & v_7
\end{array}
$$
$$
P_1^1 = v_1 \quad (0, \quad 0, \quad 0, \quad 0, \quad 0, \quad 0, \quad 0)
$$

Schritt 1: $\quad l_{\mathrm{iu}_h} = \operatorname{Min} l_{\mathrm{iu}_j} = l_{11} = 0$

$$1 \leqslant j \leqslant 7$$

$$q: = 1 \; ; u_1: = \; u_1 = 1 \; ; r: = 2 \; ; U = (1,2,3,4,5,6,7)$$

Schritt 2: $\quad j: = 2. \; s: = l_{11} + e_{12} = 0+5=5.$ Da $5 < \infty$ wird $l_{12} = 5$ u. $p_{12} = 1$

$\qquad j: = 3. \; s: = l_{11} + e_{13} = 0+\infty=\infty.$ Es ändert sich nichts.

$\qquad j: = 4. \; s: = l_{11} + e_{14} = 0+25=25.$ Da $25 < \infty$ wird $l_{14} = 25$ u. $p_{14} = 1.$

$\qquad j: = 5. \; s: = l_{11} + e_{15} = 0+\infty=\infty.$

$\qquad j: = 6. \; s: = l_{11} + e_{16} = 0+\infty=\infty.$

$\qquad j: = 7. \; s: = l_{11} + e_{17} = 0+11=11.$ Da $11<\infty$ wird $l_{17}=11$ u. $p_{17}=1.$

$$
\begin{array}{c}
\begin{array}{ccccccc}
v_1 & v_2 & v_3 & v_4 & v_5 & v_6 & v_7
\end{array} \\
L_1^2 = \begin{array}{c} v_1 \\ v_2 \\ v_3 \\ v_4 \\ v_5 \\ v_6 \\ v_7 \end{array}
\left(\begin{array}{ccccccc}
0 & 5 & \infty & 25 & \infty & \infty & 11 \\
\infty & 5 & 12 & \infty & 13 & \infty & \infty \\
\infty & 17 & \infty & \infty & \infty & \infty & \infty \\
\infty & \infty & 16 & 25 & \infty & \infty & 2 \\
\infty & \infty & 14 & \infty & \infty & 0 & \infty \\
\infty & \infty & \infty & \infty & \infty & \infty & 9 \\
\infty & \infty & \infty & 8 & \infty & 6 & 11
\end{array}\right)
\end{array}
$$

$$
\begin{array}{ccccccc}
 & v_1 & v_2 & v_3 & v_4 & v_5 & v_6 & v_7
\end{array}
$$
$$
P_1^2 = v_1 \quad (0, \quad 1, \quad 0, \quad 1, \quad 0, \quad 0, \quad 1)
$$

Schritt 3: $\quad r = 2 < n_v = 7.$ Es ist mit Schritt 1 fortzufahren.

Schritt 1:　$l_{iu_h} = \text{Min } l_{iu_j} = l_{12} = 5$

$$2 \leqslant j \leqslant 7$$

$$q := 2 \; ; u_2 := u_2 = 2 \; ; r := 3 \; ; U = (1,2,3,4,5,6,7)$$

Schritt 2:

　　　$j := 3. \; s := l_{12} + e_{23} = 5 + 12 = 17.$ Da $17 < \infty$, wird $l_{13} = 17$ u. $p_{13} = 2.$

　　　$j := 4. \; s := l_{12} + e_{24} = 5 + \infty = \infty$.

　　　$j := 5. \; s := l_{12} + e_{25} = 5 + 13 = 18.$ Da $18 < \infty$, wird $l_{15} = 18$ u. $p_{15} = 2.$

　　　$j := 6. \; s := l_{12} + e_{26} = 5 + \infty = \infty$.

　　　$j := 7. \; s := l_{12} + e_{27} = 5 + \infty = \infty$.

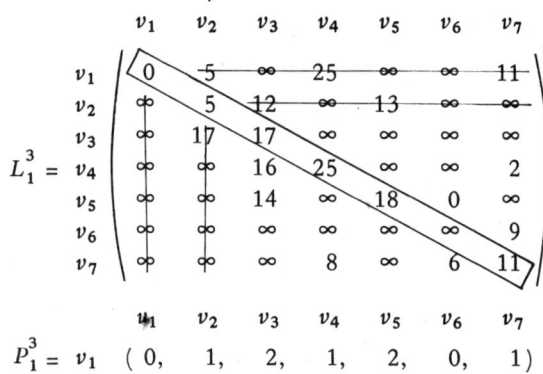

Schritt 3:　$r = 3 < n_v = 7.$ Es ist mit Schritt 1 fortzufahren.

Schritt 1:　$l_{iu_h} = \text{Min } l_{iu_j} = l_{17} = 11$

$$3 \leqslant j \leqslant 7$$

$$q := 7 \; ; u_7 := u_3 = 3 \; ; r := 4 \; ; U = (1,2,3,4,5,6,3)$$

Schritt 2:

　　　$j := 4. \; s := l_{17} + e_{74} = 11 + 8 = 19.$ Da $19 < 25$, wird $l_{14} = 19$ u. $p_{14} = 7.$

　　　$j := 5. \; s := l_{17} + e_{75} = 11 + \infty = \infty$.

　　　$j := 6. \; s := l_{17} + e_{76} = 11 + 6 = 17.$ Da $17 < \infty$, wird $l_{16} = 17$ u. $p_{16} = 7.$

　　　$j := 7. \; s := l_{17} + e_{73} = 11 + \infty = \infty$.

$$L_1^4 = \begin{array}{c} \\ v_1 \\ v_2 \\ v_3 \\ v_4 \\ v_5 \\ v_6 \\ v_7 \end{array}
\begin{array}{ccccccc}
v_1 & v_2 & v_3 & v_4 & v_5 & v_6 & v_7 \\
0 & 5 & \infty & 25 & \infty & \infty & 11 \\
\infty & 5 & 12 & \infty & 13 & \infty & \infty \\
\infty & 17 & 17 & \infty & \infty & \infty & \infty \\
\infty & \infty & 16 & 19 & \infty & \infty & 2 \\
\infty & \infty & 14 & \infty & 18 & 0 & \infty \\
\infty & \infty & \infty & \infty & \infty & 17 & 9 \\
\infty & \infty & \infty & 8 & \infty & 6 & 11
\end{array}$$

$$P_1^4 = v_1 \quad \begin{array}{ccccccc} v_1 & v_2 & v_3 & v_4 & v_5 & v_6 & v_7 \\ (\ 0, & 1, & 2, & 7, & 2, & 7, & 1\ ) \end{array}$$

Aus der Längenmatrix ersieht man sofort, daß auch zu den Knoten v_3, v_4, v_5, v_6 keine kürzeren als die bisher gefundenen Wege existieren. P_1^4 enthält demnach kürzeste Wege von v_1 zu den übrigen Knoten; die zugehörigen Längen sind der Hauptdiagonale von L_1^4 zu entnehmen.

Der Vollständigkeit halber wird das Lösungsverfahren — allerdings ohne die Längenmatrizen — zu Ende geführt.

Schritt 3: $r = 4 < n_v = 7$. Es ist mit Schritt 1 fortzufahren.

Schritt 1: $l_{iu_h} = \text{Min } l_{iu_j} = l_{13} = l_{16} = 17$

$\qquad 4 \leqslant j \leqslant 7$

Es wird v_3 mit $l_{13} = 17$ gewählt

$q := 3 ; u_7 := u_4 = 4 ; r = 5 ; U = (1,2,3,4,5,6,4)$

Schritt 2: $j := 5. \ s := l_{13} + e_{35} = 17 + \infty = \infty$.

$\qquad j := 6. \ s := l_{13} + e_{36} = 17 + \infty = \infty$.

$\qquad j := 7. \ s := l_{13} + e_{34} = 17 + \infty = \infty$.

$\qquad P_1^5 = (0,1,2,7,2,7,1)$

$\qquad \hat{L}_1^5 = (0,5,17,19,18,17,11)$

Schritt 3: $r = 5 < n_v = 7$. Es ist mit Schritt 1 fortzufahren.

Schritt 1: $l_{iu_h} = \text{Min } l_{iu_j} = l_{16} = 17$

$$5 \leqslant j \leqslant 7$$

$q: = 6$; $u_6: = u_5 = 5$; $r = 6$; $U = (1,2,3,4,5,5,4)$

Schritt 2: $j: = 6$. $s: = l_{16} + e_{65} = 17 + \infty = \infty$.

$j: = 7$. $s: = l_{16} + e_{64} = 17 + \infty = \infty$.

$P_1^6 = (0,1,2,7,2,7,1)$

$\hat{L}_1^6 = (0,5,17,19,18,17,11)$

Schritt 3: $r = 6 < n_v = 7$. Es ist mit Schritt 1 fortzufahren.

Schritt 1: $l_{iu_h} = \text{Min } l_{iu_j} = l_{15} = 18$.

$$6 \leqslant j \leqslant 7$$

$q: = 5$; $u_6 = u_6 = 5$; $r = 7$; $U = (1,2,3,4,5,5,4)$

Schritt 2: $j: = 7$; $s: = l_{15} + e_{54} = 18 + \infty = \infty$.

$P_1^7 = (0,1,2,7,2,7,1)$

$\hat{L}_1^7 = (0,5,17,19,18,17,11)$

Schritt 3: $r = 7 = n_v$. Das Verfahren ist beendet.

2.2.2.2.3 Effizienz des Verfahrens

Um einen Anhaltspunkt für die Effizienz des Verfahrens zu erhalten, schätzt man die Zahl der erforderlichen Rechenoperationen und den Speicherbedarf.

1. Bei der Pfeil-Version wird für jeden Pfeil geprüft, ob er zu einem Knoten führt, der bereits betrachtet wurde. Das ergibt insgesamt n_x Vergleiche. Für die Pfeile, die zu noch nicht betrachteten Knoten führen — das sind $\alpha \cdot n_x$ ($0 \leqslant \alpha \leqslant 1$) Pfeile — muß zusätzlich je eine Addition und ein weiterer Vergleich durchgeführt werden. Schließlich muß jeweils der als nächster zu prüfende Knoten ermittelt werden. Dazu sind beim erstenmal höchstens $n_v - 2$, beim zweitenmal höchstens $n_v - 3$ usw.

Vergleiche sind erforderlich. Insgesamt höchstens $n_V - 2 + n_V - 3 + \ldots + 1 = \frac{(n_V - 1) \cdot (n_V - 2)}{2} \approx \frac{n_V^2}{2}$ Vergleiche.

Als Gesamtzahl der bei der Pfeil-Version erforderlichen Operationen erhält man damit $n_X(1+\alpha) + \frac{n_V^2}{2}$ Vergleiche und $\alpha \cdot n_X$ Additionen. Die Anzahl n_X der zu prüfenden Pfeile kann höchstens $n_V(n_V-1)$ sein. Dann kann allerdings nur die Hälfte dieser Pfeile zu noch nicht betrachteten Knoten führen ($\alpha = 0,5$). Ist $\beta = \frac{n_X}{n_V(n_V-1)} \approx \frac{n_X}{n_V^2}$ die relative Pfeildichte des Netzwerkes, so kann man die Anzahl der erforderlichen Vergleiche und Additionen auch schreiben als $n_V^2 (\beta + \alpha \cdot \beta + 0,5)$ Vergleiche und $\alpha \cdot \beta \cdot n_V^2$ Additionen. Unterscheidet man nicht zwischen Vergleichen und Additionen, so ergeben sich $n_V^2(\beta + 2\alpha \cdot \beta + 0,5)$ Operationen.

Für $\alpha > 0,5$ ist folgende Abwandlung der oben angegebenen Pfeilversion vorteilhaft. Man prüft nicht, ob ein Pfeil zu einem Knoten führt, der bereits betrachtet wurde. Dadurch spart man pro Pfeil einen Vergleich, insgesamt n_X Vergleiche. Man muß dann aber jeden Pfeil prüfen, also für jeden Pfeil eine Addition und einen Vergleich durchführen. Waren ohne diese Abwandlung nur je $\alpha \cdot n_X$ Additionen und Vergleiche erforderlich, so sind es jetzt n_X Additionen und Vergleiche. Um die n_X Vergleiche sparen zu können, sind daher $(1-\alpha) \cdot n_X$ Additionen und ebensoviele Vergleiche zusätzlich erforderlich. Für $\alpha > 0,5$ ist dies vorteilhaft. Leider muß man aber zur Ermittlung von α in der Regel den gesuchten kürzesten Weg kennen. Nur von symmetrischen, vollständigen und ungerichteten Graphen weiß man, daß α gerade 0,5 ist.

2. Bei der Matrix-Version des Verfahrens muß für $\frac{n_V(n_V-1)}{2} \approx \frac{n_V^2}{2}$ Matrixelemente jeweils eine Addition und ein Vergleich durchgeführt werden. Für die Bestimmung der Reihenfolge, in der die Knoten geprüft werden, sind auch hier etwa $\frac{n_V^2}{2}$ Vergleiche erforderlich. Damit wird im Umtauschvektor U jeweils der als nächster zu betrachtende Knoten ermittelt.

Als Gesamtzahl der bei der Matrix-Version erforderlichen Operationen erhält man damit n_V^2 Vergleiche und $\frac{n_V^2}{2}$ Additionen.

3. Zur Ermittlung des Speicherplatzbedarfs bei der Pfeil-Version müssen für alle von einem Knoten ausgehenden Pfeile die Pfeillängen und die Eingangsknoten berücksichtigt werden. Das ergibt insgesamt mindestens $2 \cdot n_X$ erfor-

derliche Speicherplätze. Bei der Matrix-Version braucht man etwa n_v^2 Speicherplätze für die Speicherung der Matrix.

4. Vergleicht man die Anzahl der erforderlichen Rechenoperationen, so er- erhält man, daß für $n_v^2 (\beta + 2\alpha \cdot \beta + 0,5) < 1,5\, n_v^2 \Leftrightarrow \beta (1 + 2\alpha) < 1$ die Pfeil-Version weniger Operationen erfordert als die Matrix-Version. Diese Bedingung ist für $\beta < 0,5$ selbst dann erfüllt, wenn $\alpha = 1$ ist.
Vergleicht man den Bedarf an Speicherplatz, so findet man, daß für $\beta > 0,5$ die Matrix-Version, für $\beta < 0,5$ die Pfeil-Version weniger Speicherplatz erfordert.

2.2.2.3 Verfahren zur Bestimmung längster Wege von einem Knoten zu allen anderen Knoten

2.2.2.3.1 Vorbemerkungen

Zur Bestimmung längster Wege in einem Netzwerk kann man grundsätz- lich die Verfahren zur Bestimmung kürzester Wege heranziehen. Multipli- ziert man nämlich die Pfeillängen des Ausgangsnetzwerkes mit −1 und be- rechnet dann mit den so geänderten Pfeillängen kürzeste Wege, dann sind die gefundenen Wege für das Ausgangsnetzwerk längste Wege.
Da sich das Dijkstra-Verfahren zur Ermittlung kürzester Wege nur bei nichtnegativen Pfeillängen anwenden läßt, können mit diesem Verfahren längste Wege nur dann berechnet werden, wenn alle Pfeillängen des Aus- gangsnetzwerkes nichtpositiv sind. Diese Voraussetzung ist beispielsweise bei den Netzwerken, mit denen man es in der Netzplantechnik zu tun hat, in der Regel nicht erfüllt.
Netzpläne sind zwar nicht ausschließlich, aber überwiegend pfeilzykel- freie Netzwerke mit positiv bewerteten Pfeilen. Daraus ergibt sich, daß dem Dijkstra-Verfahren in seiner ursprünglichen Form bei der Bestimmung längster Wege in der Netzplantechnik kaum Bedeutung zukommt. Aller- dings läßt sich dieses Verfahren dahingehend abwandeln, daß es wenig- stens zur Bestimmung längster Wege von der Quelle zu allen anderen Kno- ten eines pfeilzykelfreien Netzwerkes mit nur einer Quelle verwendet wer- den kann. Da gerade in der Netzplantechnik die Voraussetzungen für eine Anwendung des abgewandelten Dijkstra-Verfahrens häufig gegeben sind, besitzt dieses effiziente Verfahren große praktische Bedeutung.
Sind bei einem Netzwerk die Voraussetzungen für eine Anwendung des abgewandelten Dijkstra-Algorithmus nicht erfüllt, dann wendet man zur Bestimmung längster Wege solche Verfahren zur Bestimmung kürzester

Wege an, die auch negative Pfeillängen zulassen. Die Ergebnisse der Arbeit von *Domschke* [1972, S. 61 u. 103] zeigen, daß in diesem Fall das Verfahren von Ford besonders geeignet ist.

2.2.2.3.2 Das abgewandelte Dijkstra-Verfahren

Beim Dijkstra-Verfahren werden sukzessive Verlängerungen bereits gefundener kürzester Wege geprüft. Die Übertragung dieses Prinzips auf die Ermittlung längster Wege bedeutet, daß man sukzessive Verlängerungen bereits gefundener längster Wege prüft. Längste Wege findet man in pfeilzykelfreien Netzwerken mit einer Quelle — ausgehend von der Quelle — wie folgt: Wegen des Fehlens von Pfeilzyklen kann mindestens ein Knoten v_h von der Quelle v_i aus ausschließlich über einen einzigen Pfeil erreicht werden. Dieser Pfeil muß dann der längste Weg von v_i zu diesem Knoten (v_h) sein. v_h besitzt im Netzwerk den Rang 1. Prüft man nun alle Verlängerungen des Weges $v_i v_h$, die aus nur einem Pfeil bestehen, so findet man wieder für mindestens einen weiteren Knoten seine größte Entfernung von der Quelle usf.. Gleichzeitig mit der Ermittlung der längsten Wege führt man eine Rangbestimmung durch. Läßt sich die Rangbestimmung nicht weiterführen, dann muß das Netzwerk einen Pfeilzyklus enthalten.

Ob ein Weg von der Quelle zu einem Knoten des Netzwerkes ein längster Weg ist, kann mit Hilfe des Eingangsgrades dieses Knotens festgestellt werden. Jedem Knoten wird zu Beginn des Verfahrens sein Eingangsgrad zugeordnet. Wird nun im Laufe des Verfahrens ein in einem beliebigen Knoten mündender Pfeil betrachtet (geprüft), so vermindert man den Eingangsgrad des Knotens um Eins. Sind alle in diesen Knoten mündende Pfeile geprüft, d.h. ist der Eingangsgrad auf Null vermindert, dann ist ein längster Weg zwischen der Quelle und dem Knoten gefunden. Im weiteren Verlauf können dann Verlängerungen dieses längsten Weges geprüft werden.[1]

Das geschilderte Verfahren kann durch folgende Schritte beschrieben werden:

Schritt 0: Es seien K die Indexmenge der noch nicht geprüften Knoten. Das sind diejenigen Knoten, zu denen längste Wege von v_i aus bekannt sind, von denen aus jedoch noch keine Verlängerungen betrachtet wurden.

---

[1] Sind die Ränge der Knoten schon vor der Bestimmung längster Wege bekannt, dann genügt es, die Knoten in einer Reihenfolge aufsteigender Ränge zu betrachten und die jeweils möglichen Verlängerungen zu prüfen.

G die Indexmenge der geprüften Knoten. Das sind diejenigen Knoten, zu denen längste Wege von v_i aus bekannt sind, und deren Verlängerungen bereits betrachtet wurden.

$Z = (z_1, \ldots, z_i = 0, \ldots, z_{n_v})$ ein Vektor, dessen Komponenten die Zahl der in jedem Knoten $v_j (j = 1, \ldots, n_v)$ mündenden noch nicht geprüften Pfeile angeben. Für die Quelle v_i ist $z_i = 0$.

z_j^o der Eingangsgrad des Knotens v_j $(j = 1, \ldots, n_v)$

Liste die Pfeile des Netzwerkes nach Ausgangsknoten

Setze $K := \{i\}$; $G := \emptyset$

$$P_i = (0, \ldots, 0) \; ; L_i = (-\infty, \ldots, l_{ii} = 0, \ldots, -\infty)$$

$$Z = (z_1^o, \ldots, 0, \ldots, z_{n_v}^o)$$

Schritt 1:   Wähle einen beliebigen Index $h \in K$.

Führe für alle vom Knoten v_h ausgehenden Pfeile die folgenden Operationen durch:

a) Ermittle $l_{ij}^h = l_{ih} + e_{hj}$ [1)]

    Setze $z_j := z_j - 1$

    Ist $z_j = 0$, dann setze $K_i = K \cup \{j\}$

b) Ist $l_{ij}^h > l_{ij}$, dann setze $p_{ij} := h$ in P_i

    und $l_{ij} := l_{ij}^h$ in L_i

Schritt 2:   Vermindere K um h und erweitere G um h

Ist $K \neq \emptyset$, so ist mit Schritt 1 fortzufahren.

Ist $K = \emptyset$, so ist der zuletzt ermittelte Vorgängervektor $P_i = P_i^l$, der zuletzt ermittelte Längenvektor $L_i = L_i^l$. P_i^l gibt längste Wege zwischen v_i und allen von v_i aus erreichbaren Knoten des Netzwerkes an.

L_i^l enthält die zugehörigen Weglängen.

---

1)   Ist $e_{hj} = \infty$, so ist $l_{ij}^h = l_{ih} - \infty = -\infty$ zu setzen.

Beispiel: Gegeben ist das in der folgenden Abb. 14 durch die Entfernungsmatrix und die graphische Darstellung beschriebene, pfeilzykelfreie Netzwerk mit einer Quelle.

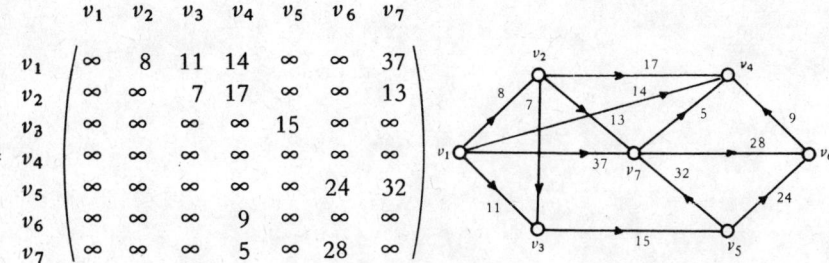

Abb. 14: Beispiel zur Ermittlung längster Wege mit dem abgewandelten
Dijkstra-Verfahren

Es sollen längste Wege von der Quelle v_1 zu den übrigen Knoten des Netzwerkes mit Hilfe des abgewandelten Dijkstra-Verfahrens bestimmt werden.

Schritt 0:   Liste der Pfeile nach Ausgangsknoten

$x_{12}(e_{12}=8)$ $x_{23}(e_{23}=7)$ $x_{35}(e_{35}=15)$ $x_{56}(e_{56}=24)$ $x_{64}(e_{64}=9)$ $x_{74}(e_{74}=5)$

$x_{13}(e_{13}=11)$ $x_{24}(e_{24}=17)$ $\phantom{x_{35}(e_{35}=15)}$ $x_{57}(e_{57}=32)$ $\phantom{x_{64}}$ $x_{76}(e_{76}=28)$

$x_{14}(e_{14}=14)$ $x_{27}(e_{27}=13)$

$x_{17}(e_{17}=37)$

$$K: = \{1\}; \quad G = \emptyset;$$

Knoten	Vorgängervektoren P_1 in der Reihenfolge ihrer Ermittlung							Längenvektoren L_1 in der Reihenfolge ihrer Ermittlung							Z-Vektoren in der Reihenfolge ihrer Ermittlung						
	1	2	3	4	5	6	7	1	2	3	4	5	6	7	1	2	3	4	5	6	7
v_1	0							0							0						
v_2	0							$-\infty$							1						
v_3	0							$-\infty$							2						
v_4	0							$-\infty$							4						
v_5	0							$-\infty$							1						
v_6	0							$-\infty$							2						
v_7	0							$-\infty$							3						

Schritt 1: $h: = 1$

a) $l_{12}^1 = 0 + 8 = 8,$ $z_2: = 1-1=0,$ $K: = \{1,2\}$

b) $l_{12}: = 8,$ $p_{12} = 1$

a) $l_{13}^1 = 0 + 11 = 11,$ $z_3: = 2-1=1,$

b) $l_{13} = 11, p_{13} = 1$

a) $l_{14}^1 = 0 + 14 = 14,$ $z_4: = 4-1=3,$

b) $l_{14} = 14, p_{14} = 1$

a) $l_{17}^1 = 0 + 37 = 37,$ $z_7: = 3-1=2,$

b) $l_{17} = 37, p_{17} = 1,$

Knoten	Vorgängervektoren P_1 in der Reihenfolge ihrer Ermittlung							Längenvektoren L_1 in der Reihenfolge ihrer Ermittlung							Z-Vektoren in der Reihenfolge ihrer Ermittlung						
	1	2	3	4	5	6	7	1	2	3	4	5	6	7	1	2	3	4	5	6	7
v_1	0	0						0	0						0	0					
v_2	0	1						-∞	8						1	0					
v_3	0	1	·					-∞	11						2	1					
v_4	0	1						-∞	14						4	3					
v_5	0	0						-∞	-∞						1	1					
v_6	0	0						-∞	-∞						2	2					
v_7	0	1						-∞	37						3	2					

Schritt 2: $K: = \{1,2\} - \{1\} = \{2\}$; $G: = \emptyset \cup \{1\} = \{1\}$;

Es ist mit Schritt 1 fortzufahren. Die sukzessive ermittelten Vorgänger-, Längen- und Z-Vektoren sind im folgenden Tableau eingetragen.

Knoten	Vorgängervektoren P_1 in der Reihenfolge ihrer Ermittlung							Längenvektoren L_1 in der Reihenfolge ihrer Ermittlung							Z-Vektoren in der Reihenfolge ihrer Ermittlung						
	1	2	3	4	5	6	7	1	2	3	4	5	6	7	1	2	3	4	5	6	7
v_1	0	0	0	0	0	0	0	0	0	0	0	0	0	0	0	0	0	0	0	0	0
v_2	0	1	1	1	1	1	1	$-\infty$	8	8	8	8	8	8	1	0	0	0	0	0	0
v_3	0	1	2	2	2	2	2	$-\infty$	11	15	15	15	15	15	2	1	0	0	0	0	0
v_4	0	1	2	2	2	7	6	$-\infty$	14	25	25	25	67	99	4	3	2	2	2	1	0
v_5	0	0	0	3	3	3	3	$-\infty$	$-\infty$	$-\infty$	30	30	30	30	1	1	1	0	0	0	0
v_6	0	0	0	0	5	7	7	$-\infty$	$-\infty$	$-\infty$	$-\infty$	54	90	90	2	2	2	2	1	0	0
v_7	0	1	1	1	5	5	5	$-\infty$	37	37	37	62	62	62	3	2	1	1	0	0	0

Die gefundenen längsten Wege mit ihren Längen sind in den Spalten 7 der Vorgänger- und Längenvektoren des Tableaus enthalten. Das Ergebnis ist wie folgt zu interpretieren:

Der längste Weg von v_1 nach v_2 ist der Weg $v_1 v_2$ mit $l^1_{12} = 8$

" " " " v_1 " v_3 " " " $v_1 v_2 v_3$ " $l^1_{13} = 15$

" " " " v_1 " v_4 " " " $v_1 v_2 v_3 v_5 v_7 v_6 v_4$ " $l^1_{14} = 99$

" " " " v_1 " v_5 " " " $v_1 v_2 v_3 v_5$ " $l^1_{15} = 30$

" " " " v_1 " v_6 " " " $v_1 v_2 v_3 v_5 v_7 v_6$ " $l^1_{16} = 90$

" " " " v_1 " v_7 " " " $v_1 v_2 v_3 v_5 v_7$ " $l^1_{17} = 62$

2.2.2.3.3 Das Verfahren von *Ford*

Mit Hilfe des Verfahrens von *Ford* können längste Wege von einem beliebigen Knoten eines Netzwerkes zu allen anderen Knoten bestimmt und etwa vorhandene Pfeilzykel positiver Länge gefunden werden. Die beim abgewandelten Dijkstra-Verfahren erforderlichen, einschränkenden Voraussetzungen müssen hier nicht gemacht werden.

Zu Beginn des Verfahrens zur Bestimmung längster Wege vom Ausgangsknoten v_i setzt man $P_i = (0, \ldots, 0)$ und $L_i = (-\infty, \ldots, l_{ii} = 0, \ldots, -\infty)$. Die 1. Iteration besteht in der Ermittlung der von v_i ausgehenden 1–Pfeil–Wege und ihrer Längen. Bei der 2. Iteration betrachtet man die von v_i ausgehenden und über die Endknoten der 1-Pfeil-Wege führenden 2-Pfeil-Wege. In diesem Zusammenhang führt man den folgenden Prüfschritt durch:

Gibt es zu allen erreichbaren Knoten 1-Pfeil-Wege, die länger sind als 2-Pfeil Wege?

a) Ist das der Fall, so sind die längsten Wege zu allen von v_i aus erreichbare Knoten des Netzwerkes 1-Pfeil-Wege. Denn alle Verlängerungen dieser Wege führen zu Knoten, zu denen bereits ein längerer 1-Pfeil-Weg bekann ist.

b) Ist das nicht der Fall, dann gibt es Knoten, die über einen 2-Pfeil-Weg erreicht werden können, der länger ist als der 1–Pfeil–Weg und/oder Knoten die von v_i aus zwar nicht über einen 1-Pfeil-Weg, aber über einen 2–Pfeil-We erreicht werden können. Man setzt dann das Verfahren mit der 3. Iteration fort. Das heißt, man prüft alle 3-Pfeil-Wege daraufhin, ob sie länger sind als die längsten der bisher gefundenen Wege, oder ob sie zu noch nic erreichten Knoten führen. Ist das nicht der Fall, dann hat man längste We von v_i zu allen erreichbaren Knoten gefunden. Andernfalls prüft man alle 4–Pfeil-Wege usf.

Das Verfahren wird fortgesetzt, bis entweder keine Verlängerungen der gefundenen Wege mehr erforderlich sind – man hat dann längste Wege gefunden – oder bis die Existenz eines Pfeilzykels positiver Länge festgestellt wurde. Da ein Netzwerk mit n_v Knoten pfeilzykelfreie Wege mit höchstens n_v-1 Pfeilen besitzen kann, hat man spätestens nach n_v-1 Iterationen alle längsten Wege gefunden. Stellt sich bei der n_v-ten Iteration heraus, daß eine weitere Verlängerung möglich ist, so kann man einen Weg mit n_v Pfeilen finden, der länger ist als ein Weg mit weniger Pfeilen. Das aber bedeutet, daß das Netzwerk einen Pfeilzykel mit positiver Länge enthalten muß.

Auch bei diesem Verfahren verwendet man in Abhängigkeit von der relativen Pfeildichte $\dfrac{n_x}{n_v(n_v-1)}$ zweckmäßig entweder die Pfeilversion oder Matrixversion. Die im folgenden gegebene Verfahrensbeschreibung gilt für beide Versionen:

Schritt 0: Es seien r die Anzahl der durchgeführten Iterationen

K^r die Indexmenge der Knoten, von denen aus Wegverlängerungen während der r-ten Iteration geprüft werden

G^r die Indexmenge der Knoten, zu denen im Laufe der r-ten Iteration längere Wege gefunden werden.

Setze $r: = 1$; $K^1: = \{i\}$; $G^1 = \emptyset$

$P_i = (0, \ldots, 0)$; $L_i = (-\infty, \ldots, l_{ii} = 0, \ldots, -\infty)$

Schritt 1: Wähle nacheinander alle $h \in K^r$ und führe für alle von den v_h ausgehenden Pfeile folgende Operationen durch

a) Ermittle $\overset{h}{l}_{ij}: = l_{ih} + e_{hj}$ [1])

b) Ist $\overset{h}{l}_{ij} > l_{ij}$, dann setze $p_{ij} = h$ in P_i,

$l_{ij} = \overset{h}{l}_{ij}$ in L_i und $G^r: = G^r \cup \{j\}$

Schritt 2: Ist $G^r \neq \emptyset$ und $r < n_v$, dann setze $r: = r+1$

$K^r: = G^{r-1}$, $G^r: = \emptyset$ und fahre mit Schritt 1 fort.

Ist $G^{r-1} = \emptyset$, so ist das Verfahren beendet. Der zuletzt ermittelte Vorgängervektor ist ein P^1_i, der zuletzt ermittelte Längenvektor ist L^1_i. P^1_i gibt längste Wege von v_i nach allen anderen von v_i aus erreichbaren Knoten des Netzwerkes an. L^1_i enthält die zugehörigen Weglängen.

Ist $G^{r-1} \neq \emptyset$ und $r = n_v$, so ist das Verfahren ebenfalls beendet. Das Netzwerk enthält Pfeilzykel positiver Länge, die aus P_i ermittelt werden können.

Beispiel: Gegeben ist das in der folgenden Abb. 15 durch die Entfernungsmatrix und die graphische Darstellung beschriebene Netzwerk.

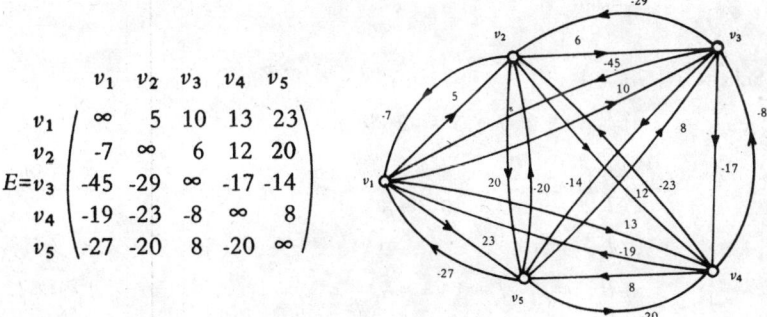

	v_1	v_2	v_3	v_4	v_5
v_1	∞	5	10	13	23
v_2	-7	∞	6	12	20
$E=v_3$	-45	-29	∞	-17	-14
v_4	-19	-23	-8	∞	8
v_5	-27	-20	8	-20	∞

Abb. 15: Beispiel zur Ermittlung längster Wege mit dem Ford-Verfahren

---

1) Ist $e_{hj} = \infty$, dann ist $\overset{h}{l}_{ij}: = l_{ih} - \infty = -\infty$ zu setzen.

Es sollen längste Wege von v_2 zu den übrigen Knoten des Netzwerkes mit Hilfe des Ford-Verfahrens bestimmt werden.

Schritt 0: $P_2 = (0,0,0,0,0)$, $L_2 = (-\infty, 0, -\infty, -\infty, -\infty)$,

              $K^1 := \{2\}$, $G^1 := \emptyset$, $r := 1$.

Schritt 1: $h := 2$

         a) $l_{21}^2 = 0 + (-7) = -7$

         b) $l_{21} = -7$, $p_{21} = 2$, $G^1 := \emptyset \cup \{1\} = \{1\}$

         a) $l_{23}^2 = 0 + 6 = 6$

         b) $l_{23} = 6$, $p_{23} = 2$, $G^1 := \{1,3\}$

         a) $l_{24}^2 = 0 + 12 = 12$

         b) $l_{24} = 12$, $p_{24} = 2$, $G^1 := \{1,3,4\}$

         a) $l_{25}^2 = 0 + 20 = 20$

         b) $l_{25} = 20$, $p_{25} = 2$, $G^1 := \{1,3,4,5\}$

Nach der ersten Iteration ist $P_2 = (2,0,2,2,2)$, $L_2 = (-7,0,6,12,20)$

                 $G^1 := \{1,3,4,5\}$ und $r = 1 < 5$

Schritt 2: $r := 2$, $K^2 := \{1,3,4,5\}$, $G^2 := \emptyset$. Es ist mit Schritt 1 fortzufahren.

Schritt 1: $h := 1$

         a) $l_{22}^1 = -7 + 5 = -2$

         b) $l_{22} = 0$

         a) $l_{23}^1 = -7 + 10 = +3$

         b) $l_{23} = 6$

         a) $l_{24}^1 = -7 + 13 = +6$

         b) $l_{24} = 12$

         a) $l_{25}^1 = -7 + 23 = 16$

         b) $l_{25} = 20$

$h: = 3$

a) $l_{21}^3 = 6 + (-45) = -39$

b) $l_{21} = -7$

a) $l_{22}^3 = 6 + (-29) = -23$

b) $l_{22} = 0$

a) $l_{24}^3 = 6 + (-17) = -11$

b) $l_{24} = 12$

a) $l_{25}^3 = 6 + (-14) = -8$

b) $l_{25} = 20$

$h: = 4$

a) $l_{21}^4 = 12 + (-19) = -7$

b) $l_{21} = -7$

a) $l_{22}^4 = 12 + (-23) = -11$

b) $l_{22} = 0$

a) $l_{23}^4 = 12 + (-8) = 4$

b) $l_{23} = 6$

a) $l_{25}^4 = 12 + 8 = 20$

b) $l_{25} = 20$

$h: = 5$

a) $l_{21}^5 = 20 + (-27) = -7$

b) $l_{21} = -7$

a) $l_{22}^5 = 20 + (-20) = 0$

b) $l_{22} = 0$

a) $l_{23}^5 = 20 + 8 = 28$

b) $l_{23} = 28 , p_{23} = 5, \ G^2 : = \{3\}$

a) $l_{24}^5 = 20 + (-20) = 0$

b) $l_{24} = 12$

Nach der zweiten Iteration ist P_2 = (2,0,5,2,2), L_2 = (-7,0,28,12,20)

$$G^2: = \{3\} \text{ und } r = 2 < 5$$

Schritt 2: r: = 3, K^3: = $\{3\}$; G^3: = $\emptyset$. Es ist mit Schritt 1 fortzufahren.

Schritt 1: h: = 3

a) l_{21}^3 = 28 + (-45) = -17

b) l_{21} = -7

a) l_{22}^3 = 28 + (-29) = -1

b) l_{22} = 0

a) l_{24}^3 = 28 + (-17) = 11

b) l_{24} = 12

a) l_{25}^3 = 28 + (-14) = 14

b) l_{25} = 20

Nach der dritten Iteration ist P_2 = (2,0,5,2,2), L_2 = (-7,0,28,12,20)

$$G: \quad = \emptyset \text{ und } r = 3 < 5$$

Schritt 2: Das Verfahren ist beendet. Der Vektor

P_2^1 = (2,0,5,2,2) gibt längste Wege, der Vektor

L_2^1 = (-7,0,28,12,20) deren Länge an.

Das Ergebnis ist wie folgt zu interpretieren:

Der längste Weg von v_2 nach v_1 ist der Weg $v_2 v_1$ mit l_{21}^1 = -7

,,   ,,   ,,   ,, v_2 ,, v_3 ,,   ,,   ,, $v_2 v_5 v_3$,, l_{23}^1 = 28

,,   ,,   ,,   ,, v_2 ,, v_4 ,,   ,,   ,, $v_2 v_4$,, l_{24}^1 = 12

,,   ,,   ,,   ,, v_2 ,, v_5 ,,   ,,   ,, $v_2 v_5$,, l_{25}^1 = 20

2.2.2.3.4 Effizienz der Verfahren

Um einen Anhaltspunkt für die Effizienz der Verfahren zu erhalten, schätzt man die Zahl der erforderlichen Rechenoperationen und den Speicherbedarf.

1. Beim abgewandelten Dijkstra-Verfahren sind pro Pfeil eine Addition für die Länge, eine Subtraktion ($\hat{=}$ Addition) für die Reduktion der noch zu

prüfenden Pfeile, ein Vergleich der Längen und ein Vergleich der noch zu prüfenden Pfeilzahl mit null erforderlich. Das sind insgesamt etwa $2n_x$ Additionen und ebensoviele Vergleiche. Die Pfeilzahl n_x kann maximal $\frac{n_v(n_v-1)}{2}$ betragen, weil Pfeilzykel bei diesem Verfahren nicht zulässig sind. Man hat daher bei n_v Knoten eine obere Grenze von ungefähr n_v^2 Additionen und ebensovielen Vergleichen.

2. Beim Ford-Verfahren erfordert eine Pfeilprüfung jeweils eine Addition und einen Vergleich. Jeder Pfeil wird mindestens einmal und höchstens n_v-1mal geprüft. Bei maximal $n_v(n_v-1)$ Pfeilen im Netzwerk erhält man eine obere Schranke von $(n_v-1) \cdot n_v \cdot (n_v-1) \approx n_v^3$ Additionen und ebensovielen Vergleichen. Im Unterschied zum abgewandelten Dijkstra-Verfahren steigt die Anzahl der erforderlichen Operationen beim Ford-Verfahren mit zunehmender Knotenzahl wesentlich stärker. Man wird allerdings davon ausgehen können, daß in der Regel nur einige Pfeile mehrmals und nur wenige oder gar keine (n_v-1)-mal geprüft werden müssen. Die obige Abschätzung ist also relativ grob. Bei dem oben gerechneten Beispiel wurden die vier von v_3 ausgehenden Pfeile je zweimal und die übrigen 16 Pfeile nur je einmal geprüft.

3. Der Bedarf an Speicherplatz hängt wesentlich davon ab, ob die Pfeillängen in Matrixform oder in Listenform gespeichert werden. Bei der Matrixform benötigt man zur Matrix-Speicherung $n_v \cdot (n_v-1) \approx n_v^2$ Speicherplätze, bei der Speicherung in Listenform $2n_x$ Speicherplätze. Da das abgewandelte Dijkstra-Verfahren nur bei pfeilzykelfreien Netzwerken mit maximal $\frac{n_v(n_v-1)}{2}$ Pfeilen anwendbar ist, empfiehlt sich bei diesem Verfahren immer die Speicherung in Listenform. Beim Ford-Verfahren wird man bei $2n_x > n_v^2$ in Matrixform, sonst in Listenform speichern.

2.2.2.4 Verfahren zur Bestimmung kürzester (längster) Wege von allen Knoten zu allen Knoten

2.2.2.4.1 Vorbemerkungen

In den beiden vorangegangenen Abschnitten wurde gezeigt, daß Verfahren zur Bestimmung kürzester Wege in geringfügig abgewandelter Form auch zur Bestimmung längster Wege eingesetzt werden können. Dies gilt auch für das in diesem Abschnitt beschriebene Verfahren. Es wird hier für die Ermittlung kürzester Wege dargestellt. Auf die zur Bestimmung längster Wege notwendigen Modifikationen wird hingewiesen.

Die kürzesten Wege von allen Knoten zu allen Knoten eines Netzwerkes kann man durch n_v-malige Anwendung eines Verfahrens zur Bestimmung kürzester Wege von einem Knoten zu allen anderen Knoten eines sog. „Baum-Algorithmus" (z.B. des Dijkstra-Verfahrens) bestimmen. Eine Reihe von Autoren hat jedoch für dieses Problem spezielle Verfahren entwickelt, die in der Literatur als Matrix-Algorithmen bezeichnet werden. Die bekanntesten Matrix-Algorithmen sind:

a) Der Matrixalgorithmus von *Dantzig* [1967, S. 91 ff.]

b) Der Cascade-Algorithmus [*Farbey, Land* und *Murchland*, 1967, S. 19 ff.]

c) Der Tripel-Algorithmus [*Floyd*, 1962, S. 345 ff.]

d) Der Algorithmus von *Hasse* [1961, S. 1313 ff.]

Effizienzvergleiche dieser Verfahren haben ergeben [*Domschke*, 1972, S. 110 ff.] daß der Matrixalgorithmus von *Dantzig* und der Tripel-Algorithmus wesentlich effizienter sind als die anderen beiden Verfahren und daß sie auch geringfügig effizienter sind als die n_v–malige Anwendung eines effizienten Baumalgorithmus Bei Netzwerken mit geringer relativer Pfeildichte $\frac{n_x}{n_v(n_v-1)}$ ist der Tripel-Algorithmus vorteilhafter, bei Netzwerken mit hoher relativer Pfeildichte hingegen der Matrixalgorithmus von *Dantzig*. Da in der Netzplantechnik Netzwerke mit geringer relativer Pfeildichte häufiger auftreten als Netzwerke mit hoher relativer Pfeildichte, wird hier der Tripel-Algorithmus dargestellt.

2.2.2.4.2 Das Tripel-Verfahren

Mit Hilfe des Tripel-Verfahrens können kürzeste Wege von allen Knoten zu allen Knoten eines Netzwerkes bestimmt werden. Das schließt die Ermittlung kürzester Wege von einem Knoten zu sich selbst, d.h. kürzeste Pfeilzykel positiver Länge, ein. Darüber hinaus können Pfeilzykel negativer Länge festgestellt werden. Das Verfahren beginnt mit der 1-Pfeil-Weg-Vorgängermatrix ($n_v \times n_v$–Matrix) P und der zugehörigen Längenmatrix L, die gleich der Entfernungsmatrix E ist. Bei der ersten Iteration prüft man nun für einen beliebigen Knoten $v_h \in \{v_1, \ldots, v_{n_v}\}$, ob es Wege von v_i nach v_j über v_h gibt, die kürzer sind als die bisher kürzesten Wege ($v_i, v_j \in \{v_1 \ldots v_{n_v}\} \setminus \{v_h\}$). Ist das der Fall, so werden Vorgänger- und Längenmatrix entsprechend geändert. Man wählt sodann aus der Menge der noch nicht geprüften Knoten einen weiteren Knoten aus, der wiederum in der eben geschilderten Weise geprüft wird.

Nach n_v Iterationen, d.h. nach Prüfung aller Knoten (in beliebiger Reihenfolge) auf ihre Eignung als Zwischenknoten, hat man die gesuchten kürzesten Wege gefunden. Will man mit Hilfe des Tripel-Verfahrens lediglich Pfeilzykel bzw. Pfeilzykel negativer Länge feststellen, dann kann man abbrechen, sobald in der Hauptdiagonalen der Längenmatrix ein Wert $\neq \infty$ bzw. ein negativer Wert auftritt.

Das Verfahren läßt sich durch folgende Schritte beschreiben:

Schritt 0: Es seien K die Indexmenge der noch nicht geprüften Knoten
P eine $n_v \times n_v$-Vorgängermatrix
L eine $n_v \times n_v$-Längenmatrix

Setze $K := \{1, \ldots, n_v\}$

$p_{ij} := i \quad (i,j = 1, \ldots, n_v)$

$l_{ij} := e_{ij} \quad (i,j = 1, \ldots, n_v)$

Schritt 1: Wähle ein beliebiges $h \in K$ und führe für alle Knotenpaare v_i, v_j
$(i,j \in \{1, \ldots, n_v\} \setminus \{h\})$ folgende Operationen durch:

a) Ermittle $l_{ij}^h := l_{ih} + l_{hj}$

b) Ist $l_{ij}^h < l_{ij}$, dann setze in L
$l_{ij} := l_{ij}^h$ und in P $p_{ij} := p_{hj}$

Schritt 2: Setze $K := K \setminus \{h\}$

Ist $K \neq \emptyset$, so fahre mit Schritt 1 fort.
Ist $K = \emptyset$, so ist das Verfahren beendet.
Die zuletzt ermittelte Vorgängermatrix P ist eine P^k, die zugehörige Längenmatrix L ist L^k. Enthält L^k in der Hauptdiagonalen kein negatives Element, so können die gesuchten kürzesten Wege aus P^k und die zugehörigen Weglängen aus L^k entnommen werden. Enthält die Hauptdiagonale von L^k hingegen negative Elemente, so besitzt das Netzwerk mindestens einen Pfeilzykel negativer Länge, den man mit Hilfe der Vorgängermatrix P^k finden kann.
Will man mit dem Tripel-Verfahren längste Wege ermitteln, so muß man lediglich in Schritt 1b) prüfen, ob $l_{ij}^h > l_{ij}$ ist und in Schritt 2 auf Pfeilzykel positiver Länge achten. Ferner ist $e_{ij} = \infty$ durch $e_{ij} = -\infty$ zu ersetzen.

Beispiel: Gegeben ist das in der folgenden Abb. 16 durch die Entfernungs-matrix und die graphische Darstellung beschriebene Netzwerk.

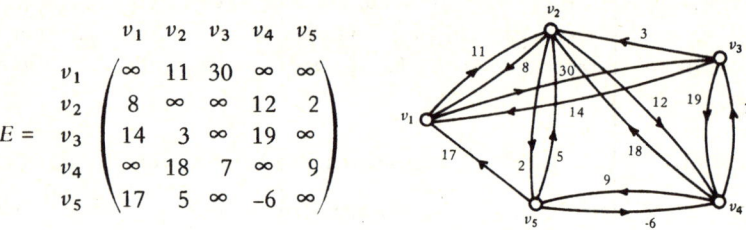

$$E = \begin{array}{c} \\ v_1 \\ v_2 \\ v_3 \\ v_4 \\ v_5 \end{array} \begin{pmatrix} \begin{array}{ccccc} v_1 & v_2 & v_3 & v_4 & v_5 \end{array} \\ \begin{array}{ccccc} \infty & 11 & 30 & \infty & \infty \\ 8 & \infty & \infty & 12 & 2 \\ 14 & 3 & \infty & 19 & \infty \\ \infty & 18 & 7 & \infty & 9 \\ 17 & 5 & \infty & -6 & \infty \end{array} \end{pmatrix}$$

Abb. 16: Beispiel zur Ermittlung kürzester Wege von allen Knoten zu allen Knoten

Es sollen die kürzesten Wege von allen Knoten zu allen Knoten des Netzwerkes mit Hilfe des Tripel-Algorithmus bestimmt werden.

Schritt 0: $K := \{1,2,3,4,5\}$

$$P = \begin{pmatrix} 1 & 1 & 1 & 1 & 1 \\ 2 & 2 & 2 & 2 & 2 \\ 3 & 3 & 3 & 3 & 3 \\ 4 & 4 & 4 & 4 & 4 \\ 5 & 5 & 5 & 5 & 5 \end{pmatrix} ; \ L = \begin{pmatrix} \infty & 11 & 30 & \infty & \infty \\ 8 & \infty & \infty & 12 & 2 \\ 14 & 3 & \infty & 19 & \infty \\ \infty & 18 & 7 & \infty & 9 \\ 17 & 5 & \infty & -6 & \infty \end{pmatrix} = E$$

Schritt 1: $h := 1$;

$i := 2$: a) $l_{22}^1 := 8 + 11 = 19$

    b) $19 < \infty \Rightarrow l_{22} = 19,\ p_{22} = 1$

    a) $l_{23}^1 := 8 + 30 = 38$

    b) $38 < \infty \Rightarrow l_{23} = 38,\ p_{23} = 1$

    a) $l_{24}^1 := 8 + \infty = \infty$

    b) $\infty > 12$

    a) $l_{25}^1 := 8 + \infty = \infty$

    b) $\infty > 2$

$i := 3$: a) $l_{32}^1 := 14 + 11 = 25$

    b) $25 > 3$

a) l_{33}^1: $= 14 + 30 = 44$

b) $44 < \infty \Rightarrow l_{33} = 44$, $p_{33} = 1$

a) l_{34}^1: $= 14 + \infty = \infty$

b) $\infty > 19$

a) l_{35}^1: $= 14 + \infty = \infty$

b) $\infty \not< \infty$

$i: = 4$: Da $l_{41} = \infty$, kann sich für $i = 4$ keine Verkürzung ergeben.

$i: = 5$: a) l_{52}^1: $= 17 + 11 = 28$

b) $28 > 5$

a) l_{53}^1: $= 17 + 30 = 47$

b) $47 < \infty \Rightarrow l_{53} = 47$, $p_{53} = 1$

a) l_{54}^1: $= 17 + \infty = \infty$

b) $\infty > -6$

a) l_{55}^1: $= 17 + \infty = \infty$

b) $\infty \not< \infty$

$$P = \begin{pmatrix} 1 & 1 & 1 & 1 & 1 \\ 2 & 1 & 1 & 2 & 2 \\ 3 & 3 & 1 & 3 & 3 \\ 4 & 4 & 4 & 4 & 4 \\ 5 & 5 & 1 & 5 & 5 \end{pmatrix}; \quad L = \begin{pmatrix} \infty & 11 & 30 & \infty & \infty \\ 8 & 19 & 38 & 12 & 2 \\ 14 & 3 & 44 & 19 & \infty \\ \infty & 18 & 7 & \infty & 9 \\ 17 & 5 & 47 & -6 & \infty \end{pmatrix}$$

Schritt 2: $K: = \{2,3,4,5\}$

Es ist mit Schritt 1 fortzufahren.

Im folgenden sind die sich bei den Iterationen zwei bis fünf ergebenden Vorgänger- und Längenmatrizen angegeben. Die Knoten wurden dabei in der Reihenfolge v_4, v_5, v_3, v_2 geprüft.

Zweite Iteration: $h: = 4$;

$$P = \begin{pmatrix} 1 & 1 & 1 & 1 & 1 \\ 2 & 1 & 4 & 2 & 2 \\ 3 & 3 & 4 & 3 & 4 \\ 4 & 4 & 4 & 4 & 4 \\ 5 & 5 & 4 & 5 & 4 \end{pmatrix}; \quad L = \begin{pmatrix} \infty & 11 & 30 & \infty & \infty \\ 8 & 19 & 19 & 12 & 2 \\ 14 & 3 & 26 & 19 & 28 \\ \infty & 18 & 7 & \infty & 9 \\ 17 & 5 & 1 & -6 & 3 \end{pmatrix}$$

Dritte Iteration: $h: = 5$;

$$P = \begin{pmatrix} 1 & 1 & 1 & 1 & 1 \\ 2 & 5 & 4 & 5 & 2 \\ 3 & 3 & 4 & 3 & 4 \\ 5 & 5 & 4 & 5 & 4 \\ 5 & 5 & 4 & 5 & 4 \end{pmatrix} ; \quad L = \begin{pmatrix} \infty & 11 & 30 & \infty & \infty \\ 8 & 7 & 3 & -4 & 2 \\ 14 & 3 & 26 & 19 & 28 \\ 26 & 14 & 7 & 3 & 9 \\ 17 & 5 & 1 & -6 & 3 \end{pmatrix}$$

Vierte Iteration: $h: = 3$;

$$P = \begin{pmatrix} 3 & 1 & 1 & 3 & 4 \\ 2 & 3 & 4 & 5 & 2 \\ 3 & 3 & 4 & 3 & 4 \\ 3 & 3 & 4 & 5 & 4 \\ 3 & 3 & 4 & 5 & 4 \end{pmatrix} ; \quad L = \begin{pmatrix} 44 & 11 & 30 & 49 & 58 \\ 8 & 6 & 3 & -4 & 2 \\ 14 & 3 & 26 & 19 & 28 \\ 21 & 10 & 7 & 3 & 9 \\ 15 & 4 & 1 & -6 & 3 \end{pmatrix}$$

Fünfte Iteration: $h: = 2$;

$$P^k = \begin{pmatrix} 2 & 1 & 4 & 5 & 2 \\ 2 & 3 & 4 & 5 & 2 \\ 2 & 3 & 4 & 5 & 2 \\ 2 & 3 & 4 & 5 & 4 \\ 2 & 3 & 4 & 5 & 4 \end{pmatrix} ; \quad L^k = \begin{pmatrix} 19 & 11 & 14 & 7 & 13 \\ 8 & 6 & 3 & -4 & 2 \\ 11 & 3 & 6 & -1 & 5 \\ 18 & 10 & 7 & 3 & 9 \\ 12 & 4 & 1 & -6 & 3 \end{pmatrix}$$

Da die Hauptdiagonale von L^k keine negativen Elemente enthält, gibt P^k kürzeste Wege von allen zu allen Knoten an, d.h. das Netzwerk besitzt keine Pfeilzykel negativer Länge. Fünf der insgesamt 25 des P^k zu entnehmenden kürzesten Wege sind im folgenden explizit angegeben:

Der kürzeste Weg von v_1 nach v_5 ist der Weg $v_1 v_2 v_5$ mit $l_{15}^k = 13$

,,   ,,   ,,   ,, v_2 ,, v_4 ,,   ,,   ,, $v_2 v_5 v_4$,, $l_{24}^k = -4$

,,   ,,   ,,   ,, v_3 ,, v_3 ,,   ,,   ,, $v_3 v_2 v_5 v_4 v_3$,, $l_{33}^k = 6$

,,   ,,   ,,   ,, v_4 ,, v_2 ,,   ,,   ,, $v_4 v_3 v_2$,, $l_{42}^k = 10$

,,   ,,   ,,   ,, v_5 ,, v_1 ,,   ,,   ,, $v_5 v_4 v_3 v_2 v_1$,, $l_{51}^k = 12$

Zur Veranschaulichung des Ergebnisses ist in Abb. 17 das Partial-Netzwerk angegeben, das nur die Pfeile enthält, die zu den gefundenen kürzesten Wegen gehören.

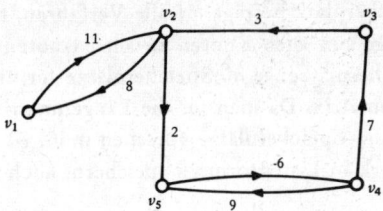

Abb. 17: Partial-Netzwerk kürzester Wege des Netzwerkes
von Abb. 16

2.2.2.4.3 Effizienz des Verfahrens

Um einen Anhaltspunkt für die Effizienz des Verfahrens zu erhalten, schätzt man die Zahl der erforderlichen Rechenoperationen und den Speicherbedarf. Ferner soll das Tripel-Verfahren mit der n_v-maligen Anwendung des Ford-Verfahrens bzw. des Dijkstra-Verfahrens verglichen werden.

1. Beim Tripel-Verfahren werden bei jeder Iteration $n_v(n_v-1) \approx n_v^2$ Additionen und ebenso viele Vergleiche durchgeführt. Da genau n_v Iterationen erforderlich sind, um alle gesuchten Wege mit Sicherheit zu finden, ergeben sich insgesamt etwa $n_v \cdot n_v^2 = n_v^3$ Additionen und ebenso viele Vergleiche.

   Das Ford-Verfahren erfordert zur Bestimmung kürzester Wege von einem Knoten zu allen anderen im ungünstigsten Fall etwa n_v^3 Additionen und ebenso viele Vergleiche (vgl. S. 53). Bei n_v-maliger Anwendung dieses Verfahrens benötigt man daher im ungünstigsten Fall n_v^4 Additionen und ebenso viele Vergleiche. Dies ist allerdings eine relativ grobe obere Schranke. In der Regel werden weniger Operationen zum Ergebnis führen. Im günstigsten Fall erfordert die n_v-malige Anwendung des Ford-Verfahrens genauso viele Operationen wie das Tripel-Verfahren. Das Dijkstra-Verfahren erfordert in der Matrix-Version, die hier interessiert, etwa n_v^2 Vergleiche und $\frac{n_v^2}{2}$ Additionen, um die kürzesten Wege von einem Knoten zu allen anderen zu bestimmen. Die n_v-malige Anwendung der Matrix-Version des Dijkstra-Verfahrens erfordert daher etwa n_v^3 Vergleiche und $\frac{n_v^3}{2}$ Additionen. Dies sind etwas weniger Operationen, als beim Tripel-Verfahren benötigt werden. Das Dijkstra-Verfahren kann allerdings nur angewandt werden, wenn keine Pfeile mit negativer Länge existieren.

2. Der Bedarf an Speicherplatz beträgt für alle Verfahren, mit denen kürzeste oder längste Wege von allen Knoten zu allen Knoten bestimmt werden etwa $2n_v^2$ Speicherplätze: je n_v^2 Speicherplätze für die Vorgängermatrix und die Längenmatrix. Da man für die Längenmatrix der gesuchten Wege in jedem Fall n_v^2-Speicherplätze vorsehen muß, ist es nicht sinnvoll, das Ausgangsnetzwerk in Listenform zu speichern, auch wenn die relative

Pfeildichte $\left(\dfrac{n_x}{n_v(n_v-1)} \right)$ gering ist.

2.2.3 Verfahren zur Bestimmung maximaler (minimaler) Flüsse

2.2.3.1 Vorbemerkungen

Kennt man ein Verfahren zur Bestimmung eines maximalen Flusses in einem Netzwerk mit den Kapazitäten $[a_{ij}, b_{ij}]$ $(i,j = 1; \ldots, n_v)$, so läßt sich mit diesem Verfahren auch ein minimaler Fluß ermitteln. Man muß lediglich alle Kapazitätsschranken mit –1 multiplizieren. Bestimmt man dann für die geänderten Kapazitätsschranken einen maximalen Fluß, so ist dies bezüglich der ursprünglichen Kapazitätsschranken ein minimaler Fluß. Die folgenden Ausführungen können deshalb auf die Bestimmung maximaler Flüsse beschränkt werden.

Sucht man einen maximalen Fluß in einem Kapazitätsnetzwerk, dessen Graph ein einfacher Pfeilweg $v_1, \ldots, v_{n_v}$ mit der Quelle v_1 und der Senke v_{n_v} ist, dann wird der Wert des maximalen Flusses offensichtlich durch die kleinste obere Schranke der Pfeilkapazitäten, also $\underset{i,j}{\mathrm{Min}}\ b_{ij}$, bestimmt. Um für komplexe Netzwerke die Bestimmung eines maximalen Flusses erläutern zu können, benötigt man den Begriff des Schnittes: Es seien Y und $\overline{Y}$ zwei disjunkte, nichtleere Teilmengen der Knotenmenge V mit $Y \cup \overline{Y} = V$. Als *Schnitt* bezeichnet man dann die Menge S aller Pfeile x_{ij}, für die entweder $v_i \in Y$ und $v_j \in \overline{Y}$ oder $v_j \in Y$ und $v_i \in \overline{Y}$ gilt. Die Eliminierung eines Schnittes aus einem Graphen spaltet diesen in zwei Zusammenhangskomponenten auf. Enthält eine der Zusammenhangskomponenten die Quelle v_s eines Netzwerkes, die andere die Senke v_z, dann nennt man den Schnitt einen *separierenden Schnitt*. Die im folgenden interessierenden Schnitte sind stets separierende Schnitte.

Die Kapazität oder der Wert eines Schnittes ist definiert als

$$R\left(S(Y,\overline{Y})\right) := \sum_{i,j} b_{ij} \qquad v_i \in Y, \ v_j \in \overline{Y}$$

Wie aus dieser Definition hervorgeht, betrachtet man bei der Bestimmung der Kapazität eines Schnittes nur diejenigen seiner Pfeile, die von einem Knoten der Menge Y ($v_s \in Y$) ausgehen und in einem Knoten der Menge $\overline{Y}$ ($v_z \in \overline{Y}$) münden. Faßt man alle Pfeile des Schnittes, die von Y nach $\overline{Y}$ verlaufen, zu einem separierenden Pfeil zusammen, so ist die obere Kapazitätsschranke für diesen Pfeil gleich der Kapazität des Schnittes. Die obere Kapazitätsschranke des separierenden Pfeils beschränkt den Fluß von der Quelle zur Senke. Der Wert des maximalen Flusses wird bestimmt durch den separierenden Pfeil mit der kleinsten oberen Kapazitätsschranke oder, anders ausgedrückt, durch den Schnitt mit dem niedrigsten Wert (minimaler Schnitt).

Die obigen Ausführungen sollen noch an einem Beispiel erläutert werden (vgl. Abb. 18).

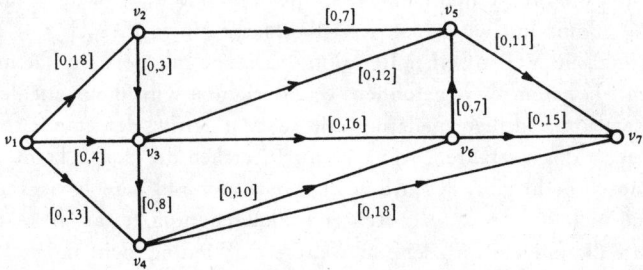

Abb. 18: Schnitte von Kapazitätsnetzwerken

a) Die Knotenmenge $V = \{v_1, v_2, v_3, v_4, v_5, v_6, v_7\}$ kann beispielsweise in die Teilmengen $Y = \{v_1, v_2, v_3, v_4\}$ und $\overline{Y} = \{v_5, v_6, v_7\}$ zerlegt werden. Das ergibt einen (separierenden) Schnitt $S = \{x_{25}, x_{35}, x_{36}, x_{46}, x_{47}\}$

b) Die Kapazität des Schnittes S beträgt

$$R(S) = b_{25} + b_{35} + b_{36} + b_{46} + b_{47} = 63$$

Der ausgewählte separierende Pfeil hat eine obere Kapazitätsschranke von 63.

Von *Ford* und *Fulkerson* (1956, S. 399 ff.) wurde bewiesen, daß der Wert des maximalen Flusses in einem Netzwerk genau gleich dem Wert des minimalen Schnittes ist. Dieser Satz bildet die Grundlage für das von den gleichen Autoren entwickelte Verfahren zur Bestimmung maximaler, ganzzahliger Flüsse ($d_{ij} \in \mathfrak{C}$, $i,j = 1, \ldots, n_v$) das in der Literatur auch als „Markierungsverfahren" bezeichnet wird.

2.2.3.2 Das Verfahren von *Ford* und *Fulkerson* (Markierungsverfahren)

Das Verfahren beginnt mit einem beliebigen Fluß, z.B. dem Nullfluß $d_{ij} = 0 (i,j = 1, \ldots, n_v)$. Es wird versucht, einen Fluß mit höherem Wert zu finden. Dies geschieht — ausgehend von der Quelle — durch sukzessive Markierung von Knoten (nicht notwendig bei allen Knoten) des Netzes. In jedem Schritt wird versucht, alle noch nicht markierten Vorgänger und Nachfolger bereits markierter Knoten ebenfalls zu markieren. Die Markierung eines Knotens v_h von seinem Vorgänger v_i aus besteht in der Angabe, um wieviel Einheiten ϵ_h der Fluß von v_s nach v_h erhöht werden kann, wenn der Pfeilfluß d_{ih} um den (zulässigen) Wert ϵ_h erhöht wird. Man setzt die Marke $M_h = [i^+, \epsilon_h]$. Die Markierung eines Knotens v_h von seinem Nachfolger v_j aus besteht in der Angabe, um wieviel Einheiten ϵ_h der Fluß von v_s nach v_j erhöht werden kann, wenn der Pfeilfluß d_{hj} um den (zulässigen) Wert ϵ_h vermindert wird. Man setzt die Marke $M_h = [j^-, \epsilon_h.]$

Hat man im Verlauf einer Iteration die Senke markiert, so hat man einen Fluß mit höherem Wert gefunden. Das Verfahren wird dann mit der nächsten Iteration und hier wiederum mit der Markierung der Quelle fortgesetzt. Beendet ist das Verfahren, wenn es vor Erreichen der Senke keine markierten Knoten mehr gibt, deren Eingangspfeile von und deren Ausgangspfeile zu noch nicht markierten Knoten eine Flußänderung gestatten. Man sagt in diesem Fall, im Netzwerk sei eine weitere Markierung nicht möglich. Der zuletzt ermittelte Fluß von v_s nach v_z ist dann der maximale Fluß.

Das Markierungsverfahren läßt sich durch folgende Schritte beschreiben:

Schritt 0: Es seien v_s die Quelle eines Netzwerkes

v_z die Senke eines Netzwerkes

M_i die Marke des Knotens v_i $(i=1, \ldots, n_v)$

A die Menge der jeweils noch unmarkierten Knoten

B die Menge der markierten, noch nicht geprüften Knoten (das sind diejenigen markierten Knoten, deren Ausgangs- und Eingangspfeile noch nicht auf weitere Markierungsmöglichkeiten überprüft wurden).

Ermittle einen Ausgangsfluß (z.B. $d_{ij} = 0 \ \forall \ i,j$)

Schritt 1: Setze die Marke der Quelle $M_s := [s^+, \infty]$.

Setze $A := V \setminus \{v_s\}$ und $B := \{v_s\}$.

Schritt 2: Wähle einen Knoten $v_h \in B$. Er habe die Marke $M_h = [\cdot\,, \epsilon_h]$. Führe für alle benachbarten Knoten $v_i \in A$ die folgenden Markierungen durch:

    a) Markiere die Nachfolger von v_h mit

$$M_i: = [h^+,\ \epsilon_i: = Min\ (\epsilon_h, b_{hi} - d_{hi}),$$

    falls $b_{hi} > d_{hi}$.

    Ist $b_{hi} = d_{hi}$, dann kann v_i von v_h aus nicht markiert werden. Vermindere A und erweitere B um die neu markierten Knoten.

    Ist einer der neu markierten Knoten die Senke v_z, dann fahre mit Schritt 4 fort.

    b) Markiere die Vorgänger von v_h mit

$$M_i: = [h^-,\ \epsilon_i: = Min\ (\epsilon_h, d_{ih} - a_{ih})\,,$$

    falls $a_{ih} < d_{ih}$.

    Ist $a_{ih} = d_{ih}$, dann kann v_i von v_h aus nicht markiert werden. Vermindere A und erweitere B um die neu markierten Knoten.

Schritt 3: Setze $B: = B \setminus \{v_h\}$

    Ist $B \neq \emptyset$, dann fahre mit Schritt 2 fort.
    Ist $B = \emptyset$, dann ist das Verfahren beendet. Der zuletzt ermittelte Fluß ist maximal.

Schritt 4: Die Marke der Senke ist $M_z: = [h^+,\ \epsilon_z]$

    Erhöhe von v_z nach v_s rückwärtsschreitend anhand der Marken den Fluß um ϵ_z Einheiten.

    Falls $M_i = [h^+, \epsilon_i]$, dann setze $d_{hi}: = d_{hi} + \epsilon_z$ und gehe zum Knoten v_h.

    Falls $M_i = [h^-, \epsilon_i]$, dann setze $d_{ih}: = d_{ih} - \epsilon_z$ und gehe zum Knoten v_h.

    Ist $v_h = v_s$, so ist ein neuer Fluß mit höherem Wert ermittelt. Es ist mit Schritt 1 fortzufahren.

Beispiel: Für das in Abb. 19 durch die graphische Darstellung und die Kapazitätsmatrix beschriebene Netzwerk soll ein maximaler Fluß mit Hilfe des Ford-Fulkerson-Verfahrens bestimmt werden.

$$K = \begin{pmatrix} - & [0,2] & [0,1] & - & - & - & - \\ - & - & - & [0,2] & - & - & - \\ - & - & - & [0,2] & [0,2] & - & - \\ - & - & - & - & - & [0,2] & - \\ - & - & - & - & - & [0,1] & - \\ - & - & - & - & - & - & [0,4] \\ - & - & - & - & - & - & - \end{pmatrix}$$

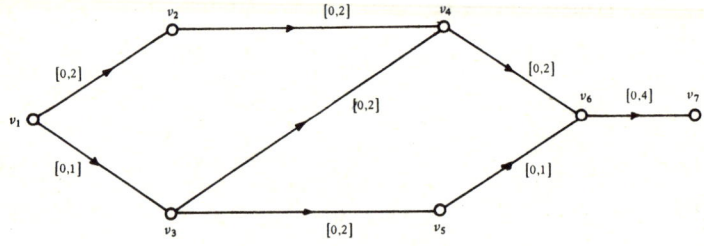

Abb. 19: Beispiel zur Ermittlung des maximalen Flusses

Schritt 0: Als Ausgangsfluß wird $d_{13}=d_{34}=d_{46}=d_{67}=1$ und $d_{ij} = 0$ sonst, gesetzt.

Schritt 1: $M_1: = [1^+,\infty]$; $A: = \{v_2,v_3,v_4,v_5,v_6,v_7\}$; $B: = \{v_1\}$;

Schritt 2: $v_h: = v_1$.

    a) $M_2: = [1^+, \epsilon_2: = \text{Min} (\infty, 2-0)] = [1^+,2]$

    $B: = \{v_1,v_2\}$; $A: = \{v_3,v_4,v_5,v_6,v_7\}$

Schritt 3: $B: = \{v_2\}$; Gehe zu Schritt 2.

Schritt 2: $v_h: = v_2$.

    a) $M_4: = [2^+, \epsilon_4: = \text{Min}(2, 2-0)] = [2^+, 2]$

    $B: = \{v_2,v_4\}$; $A: = \{v_3,v_5,v_6,v_7\}$;

Schritt 3: $B: = \{v_4\}$; Gehe zu Schritt 2.

Schritt 2: $v_h := v_4$.

    a) $M_6: = [4^+, \epsilon_6 := Min\ (2, 2{-}1)] = [4^+, 1]$

      $B: = \{v_4, v_6\}$; $A: = \{v_3, v_5, v_7\}$;

    b) $M_3: = [4^-, \epsilon_3 := Min(2, 1{-}0)] = [4^-, 1]$

      $B: \{v_4, v_6, v_3\}$; $A: = \{v_5, v_7\}$;

Schritt 3: $B: \{v_6, v_3\}$; Gehe zu Schritt 2.

Schritt 2: $v_h: = v_6$.

    a) $M_7: = [6^+, \epsilon_7 := Min(1, 4{-}1)] = [6^+, 1]$

      $B: \{v_6, v_3, v_7\}$; $A: = \{v_5\}$; Gehe zu Schritt 4.

Schritt 4: a) $d_{67}: = 1 + 1 = 2$

           $d_{46}: = 1 + 1 = 2$

           $d_{24}: = 0 + 1 = 1$

           $d_{12}: = 0 + 1 = 1$

           Gehe zu Schritt 1.

Als erhöhter Fluß ergibt sich: $d_{12} = 1$, $d_{13} = 1$, $d_{24} = 1$, $d_{34} = 1$, $d_{35} = 0$, $d_{46} = 2$, $d_{56} = 0$, $d_{67} = 2$. Der Wert dieses Flusses ist 2.

Schritt 1: $M_1: = [1^+, \infty]$; $A: = \{v_2, v_3, v_4, v_5, v_6, v_7\}$;

                       $B: = \{v_1\}$;

Schritt 2: $v_h: = v_1$.

    a) $M_2: = [1^+, \epsilon_2 := Min\ (\infty, 2{-}1)] = [1^+, 1]$

      $B: = \{v_1, v_2\}$; $A: = \{v_3, v_4, v_5, v_6, v_7\}$;

Schritt 3: $B: = \{v_2\}$; Gehe zu Schritt 2.

Schritt 2: $v_h: = v_2$.

    a) $M_4: = [2^+, \epsilon_4 := Min(1, 2{-}1)] = [2^+, 1]$

      $B: = \{v_2, v_4\}$: $A: = \{v_3, v_5, v_6, v_7\}$;

Schritt 3: $B: = \{v_4\}$; Gehe zu Schritt 2.

Schritt 2: v_h: $= v_4$.

b) M_3: $= [4^-, \epsilon_3 := Min(1, 1{-}0)] = [4^-, 1]$

B: $= \{v_4, v_3\}$; $A := \{v_5, v_6, v_7\}$;

Schritt 3: B: $= \{v_3\}$; Gehe zu Schritt 2.

Schritt 2: v_h: $= v_3$.

a) M_5: $= [3^+, \epsilon_5 := Min(1, 2{-}0)] = [3^+, 1]$

B: $= \{v_3, v_5\}$; $A := \{v_6, v_7\}$;

Schritt 3: B: $= \{v_5\}$; Gehe zu Schritt 2.

Schritt 2: v_h: $= v_5$.

a) M_6: $= [5^+, \epsilon_6 := Min(1, 1{-}0)] = [5^+, 1]$

B: $= \{v_5, v_6\}$; $A := \{v_7\}$;

Schritt 3: B: $= \{v_6\}$; Gehe zu Schritt 2.

Schritt 2: v_h: $= v_6$.

a) M_7: $= [6^+, \epsilon_7 := Min(1, 4{-}2)] = [6^+, 1]$

B: $= \{v_6, v_7\}$; $A := \emptyset$. Gehe zu Schritt 4.

Schritt 4: a) d_{67}: $= 2{+}1 = 3$

d_{56}: $= 0{+}1 = 1$

d_{35}: $= 0{+}1 = 1$

b) d_{34}: $= 1{-}1 = 0$

a) d_{24}: $= 1{+}1 = 2$

d_{12}: $= 1{+}1 = 2$

Gehe zu Schritt 1.

Als erhöhter Fluß ergibt sich: $d_{12}{=}2$, $d_{13}{=}1$, $d_{24}{=}2$, $d_{34}{=}0$, $d_{35}{=}1$, $d_{46}{=}2$, $d_{56}{=}1$, $d_{67}{=}3$. Der Wert dieses Flusses ist 3.

Schritt 1: M_1: $= [1^+, \infty]$; $A := \{v_2, v_3, v_4, v_5, v_6, v_7\}$; $B := \{v_1\}$

Schritt 2: v_h: $= v_1$. Da die Kapazität der Pfeile x_{12}, x_{13} erschöpft ist, kann von v_1 aus kein Knoten markiert werden.

Schritt 3: $B: = \emptyset$. Das Verfahren ist beendet. Der zuletzt ermittelte Fluß ist maximal.

Die Ergebnisse der einzelnen Iterationen sind in den nachfolgenden Tabellen zusammengestellt:

Liste der Knoten	Markierung 1	Markierung 2	Markierung 3
v_1	$[1^+, \infty]$	$[1^+, \infty]$	$[1^+, \infty]$
v_2	$[1^+, 2]$	$[1^+, 1]$	
v_3	$[4^-, 1]$	$[4^-, 1]$	
v_4	$[2^+, 2]$	$[2^+, 1]$	
v_5		$[3^+, 1]$	
v_6	$[4^+, 1]$	$[5^+, 1]$	
v_7	$[6^+, 1]$	$[6^+, 1]$	

Liste der Pfeile	Ausgangsfluß bei Markierung 1	Ausgangsfluß bei Markierung 2	Ausgangsfluß bei Markierung 3
x_{12}	0	1	2
x_{13}	1	1	1
x_{24}	0	1	2
x_{34}	1	1	0
x_{35}	0	0	1
x_{46}	1	2	2
x_{56}	0	0	1
x_{67}	1	2	3
Wert des Flusses	1	2	3

Tabelle 1: Markierungen und Flüsse bei den einzelnen Iterationsschritten

2.2.3.3 Effizienz des Verfahrens

Um einen Anhaltspunkt für die Effizienz des Verfahrens zu erhalten, versucht man die Zahl der erforderlichen Rechenoperationen und den Speicherbedarf zu schätzen.

Die Anzahl erforderlicher Rechenoperationen läßt sich bei diesem Verfahren jedoch nur schwer abschätzen. Man kann zwar angeben, daß jede Markierung aller n_v Knoten maximal $2n_v$ Additionen und $2n_v$ Vergleiche erfordert. Es ist aber nicht möglich zu schätzen, wieviele Markierungen in der Regel erforderlich sind. Das hängt unter anderem auch von dem gewählten Ausgangsfluß ab.

Die Anzahl der Markierungen kann nicht größer sein, als die Zahl unterschiedlicher Pfeilwege von der Quelle zur Senke. Erfahrungsgemäß sind jedoch viel weniger Markierungen erforderlich. Zeigt sich, daß bei einem Problem sehr viele Markierungen durchgeführt werden müssen, dann kann man das Verfahren abbrechen und die bis dahin gefundene Lösung als Näherungslösung verwenden.

Der Speicherbedarf für das Verfahren hängt davon ab, ob das Netzwerk als Matrix oder in Listenform gespeichert wird. Bei der Speicherung von Pfeillisten sind je Pfeil etwa 4 Speicherplätze erforderlich: Zwei für die Kapazität, einer für den Fluß und einer für den Endknoten. Bei Matrix-Speicherung braucht man 3 Matrizen: Zwei für die Kapazität und einen für den Fluß. Bei n_x Pfeilen und n_v Knoten folgt daraus, daß für $4n_x < 3n_v \cdot (n_v - 2) \approx 3n_v^2 \Leftrightarrow n_x < \frac{3}{4}n_v^2$ die Pfeillistenspeicherung günstiger ist als die Matrix-Speicherung.

In vielen Fällen ist die untere Kapazitätsschranke für alle Pfeile gleich null. Dann kann man pro Pfeil einen Speicherplatz bzw. eine Matrix einsparen. Die Pfeillistenspeicherung ist dann für $n_x < \frac{2}{3}n_v^2$ günstiger als die Matrix-Speicherung.

3. Netzplantechnik bei deterministischer Vorgangsfolge

3.1 Grundlagen

Die Netzplantechnik umfaßt alle Verfahren der Durchführungsplanung (und -kontrolle) von Projekten auf der Grundlage von Netzplänen. In diesem Zusammenhang versteht man unter

- *Projekt* ein abgrenzbares Vorhaben mit komplexer Realisierungsphase, z.B. die Installierung einer Anlage, die Errichtung eines Gebäudes, den Bau einer Straße, die Einführung eines neuen Fertigungsverfahrens, den Werbefeldzug für ein Produkt, die Prüfung eines Jahresabschlusses, die Durchführung organisatorischer Änderungen;

- *Durchführungsplanung* die Planung der Realisierung eines Projektes, insbesondere die Planung des Ablaufs der einzelnen Realisierungsmaßnahmen, die Terminplanung, die Planung des Einsatzes von Arbeitskräften und Betriebsmitteln und die Planung der Kosten für die Projekt-Realisierung;

- *Netzplan* einen Graphen, der die zur Realisierung eines Projektes wesentlichen Vorgänge (= zeitbeanspruchende, auf die Realisierung des Projektes gerichtete Tätigkeiten) und Ereignisse (= definierte Zustände der Projektrealisierung) sowie deren Abhängigkeit untereinander enthält.

Die ältesten, Ende der fünfziger Jahre bekannt gewordenen Verfahren der Netzplantechnik wurden für die Terminplanung und -kontrolle großer Projekte mit determinierter Vorgangsfolge entwickelt. Determiniert ist eine Vorgangsfolge dann, wenn die Reihenfolge der durchzuführenden Vorgänge eindeutig festliegt. Diese Verfahren der Netzplantechnik besitzen bis heute die bei weitem größte praktische Bedeutung. Zu ihnen gehören auch die grundlegenden Methoden

CPM   (Critical Path Method)
PERT   (Program Evaluation and Review Technique)
MPM   (Metra Potential Methode),

die in großer Zahl modifiziert und erweitert wurden. Einige bekanntere der bisher etwa 50 [*Wille* u.a., 1972] abgeleiteten Verfahren sind:

LESS (Least Cost Estimating and Scheduling System), PD (Precedence Diagramming), RAMPS (Resource Allocation and Multi-Project Scheduling).

Wegen der Vielzahl der Verfahren der Netzplantechnik kann es nicht sinnvoll sein, alle oder auch nur eine größere Zahl von Verfahren beschreiben und diskutieren zu wollen. Das verbietet sich auch deshalb, weil sich viele Verfahren in wesentlichen Punkten ähneln oder miteinander übereinstimmen. Aus diesem Grunde wird hier versucht, die prinzipiellen Eigenschaften der für jeden Planungszweck der Netzplantechnik verfügbaren Verfahren herauszuarbeiten. Als Planungszwecke werden unterschieden

- die Planung der Struktur eines Projektes (*Strukturplanung*);
- die Planung der Termine für ein Projekt auf der Grundlage eines Strukturplanes (*Zeitplanung*);
- die Planung der minimalen Projektdauer und der Kapazitätsbeanspruchung je Zeiteinheit (Beschäftigung) für ein Projekt, zu dessen Durchführung nur beschränkte Kapazitäten zur Verfügung stehen (*Beschäftigungsplanung*). Die Beschäftigungsplanung baut auf Struktur- und Zeitplanung auf;
- die Planung der optimalen (= kostenminimalen) Projektdauer bei nicht beschränkten oder beschränkten Kapazitäten auf der Grundlage einer Struktur- und Zeitplanung (*Kostenplanung*).

Die dargestellten Verfahren werden ferner exemplarisch erläutert. Bei der Struktur- und Zeitplanung geschieht dies anhand der grundlegenden Methoden CPM, PERT und MPM.

Viele Grundbegriffe der Netzplantechnik werden in der Literatur unterschiedlich definiert und viele Tatbestände unterschiedlich bezeichnet. Um Mißverständnisse und Fehlinterpretationen nach Möglichkeit zu vermeiden, wurden die wichtigsten dieser Begriffe im Normblatt DIN 69900 festgelegt. Soweit wir im folgenden Grundbegriffe nicht definieren, sei auf dieses Normblatt verwiesen.

3.2 Strukturplanung

3.2.1 Problemstellung

Die grundlegenden Begriffe der Strukturplanung bilden der Vorgang und das Ereignis. Ein *Vorgang* ist ein Projektteil mit zeitlich definierbarem Anfang und Ende (DIN 69900). Ein *Ereignis* ist ein definierter Zustand im Projektablauf (DIN 69900).

In der 1. Phase der Strukturplanung muß ein Projekt in Vorgänge und/oder Ereignisse zerlegt werden, aus denen unter Berücksichtigung technologischer und organisatorischer Abhängigkeiten eine Ablaufstruktur zu entwickeln ist, d.h. die jedem Vorgang unmittelbar vorausgehenden und folgenden Vorgänge sind eindeutig festzulegen. In der 2. Phase erfolgt dann die Abbildung der Ablaufstruktur durch einen Netzplan.

Die erste, materielle Phase der Strukturplanung ist weitgehend projektbestimmt, während die zweite, formale Phase primär verfahrensbestimmt ist. Es lassen sich deshalb zur 1. Phase auch nur wenige allgemeingültige, d.h. hier projektunabhängige Aussagen machen. Wenn solche Aussagen überhaupt möglich sind, handelt es sich meist um aus der Erfahrung abgeleitete, relativ vage formulierte und im Einzelfall nicht immer brauchbare Handlungsanweisungen in Form von „Grundsätzen", „Prinzipien" oder „Regeln". Solche Regeln für die Strukturplanung finden sich beispielsweise bei *Brandenberger* und *Konrad* [1970, S. 35 ff.].

3.2.2 Zerlegung und Strukturierung eines Projekts

1. Bei der Zerlegung eines Projektes in Vorgänge und Ereignisse hat man folgende Möglichkeiten:

   — Man zerlegt das Projekt in Vorgänge, erfaßt ausschließlich Vorgänge und beschreibt das Projekt durch Vorgänge. Ereignisse werden in diesem Fall sekundär bestimmt, d.h. aus den Vorgängen als Beginn, Ende oder andere markante Stadien abgeleitet. Einen auf diese Weise entwickelten Netzplan nennt man einen *vorgangsorientierten Netzplan*.

   — Man zerlegt das Projekt in Ereignisse, erfaßt ausschließlich Ereignisse und beschreibt das Projekt durch Ereignisse. Vorgänge werden in diesem Fall sekundär als Übergänge zwischen den Ereignissen bestimmt. Einen auf diese Weise entwickelten Netzplan nennt man einen *ereignisorientierten Netzplan*. Die ausschließliche Erfassung von Ereignissen ohne Bezugnahme auf Vorgänge ist allerdings in der Praxis kaum konsequent durchführbar.

   — Man zerlegt das Projekt in Ereignisse und Vorgänge, erfaßt sowohl Ereignisse als auch Vorgänge und beschreibt das Projekt durch Ereignisse und Vorgänge. Einen auf diese Weise entwickelten Netzplan nennt man einen *gemischtorientierten Netzplan*.

Nach der ursprünglichen Konzeption arbeiten die Verfahren CPM und MPM mit vorgangsorientierten Netzplänen, PERT hingegen mit ereignisorientierten Netzplänen. Dies hat sich im Laufe der Zeit insofern geändert, als man heute auch bei PERT vorgangsorientierte und bisweilen bei CPM und PERT gemischtorientierte Netzpläne findet.

Die ereignisorientierte Planung eines Projektes eignet sich in erster Linie, wenn man nur eine grobe Planung anstrebt, bei der der Projektablauf durch wenige Ereignisse beschrieben werden kann und bei der die Ereignisübergänge nicht näher betrachtet werden sollen. Auf eine solche Art der Planung ist man immer dann angewiesen, wenn man im Planungsstadium die Vorgänge, welche die Ereignisübergänge kennzeichnen, noch nicht im einzelnen kennt. Das ist beispielsweise bei der Durchführungsplanung von Forschungs- und Entwicklungsprojekten nicht selten der Fall. Die Festlegung einzelner Vorgänge im Projektablauf erfordert in der Regel detailliertere Kenntnisse des Projektes als die Festlegung einzelner Zustände im Projektablauf. Die vorgangsorientierte Planung ist deshalb aufwendiger aber auch wirkungsvoller im Sinne einer gezielten Steuerung des Projektablaufs.

2. Die Detaillierung der Ablaufstruktur eines Projektes kann praktisch beliebig weit getrieben werden, indem Vorgänge immer weiter in Teilvorgänge zerlegt werden. Mit steigender Detaillierung wachsen die Planungs- und Kontrollkosten. Gleichzeitig sinken die Kosten für Korrekturmaßnahmen und Terminüberschreitungen (z.B. Konventionalstrafen). Es ist jedoch nicht möglich, einen optimalen Detaillierungsgrad rechnerisch zu bestimmen. Man wird sich vielmehr sukzessive an ihn herantasten müssen. Eine Möglichkeit besteht z.b. darin, zunächst bei grober Aufgliederung kritische Vorgänge und Ereignisse zu bestimmen und dann nur diese Vorgänge oder Ereignisse weiter aufzuspalten.

3. Hat man ein Projekt durch Vorgänge und/oder Ereignisse beschrieben, so entwickelt man daraus eine Ablaufstruktur, indem man die Projektelemente untereinander in Vorgänger–Nachfolger–Beziehungen bringt, d.h. man bestimmt für jeden Vorgang bzw. jedes Ereignis die unmittelbar vorausgehenden (oder auch nachfolgenden) Vorgänge bzw. Ereignisse. Dies geschieht auf Grund technologischer und/oder organisatorischer Bedingungen, die bei der Projektdurchführung einzuhalten sind. Dazu zählen auch zeitliche Mindestabstände zwischen zwei Ereignissen. Bei der Installation einer neuen Anlage ist beispielsweise die organisatorische Bedingung einzuhalten, daß die Anlage bestellt sein muß, bevor sie geliefert werden kann; und es ist beispielsweise die technologische Bedingung zu berücksichtigen, daß die Anlage geliefert sein muß,

bevor sie montiert werden kann. Reichen die ursprünglich gegebenen Bedingungen nicht aus, um alle Vorgänge bzw. Ereignisse in eine eindeutige Reihenfolge zu bringen, so muß das durch Formulierung organisatorischer Zusatzbedingungen bewirkt werden. Eine solche Zusatzbedingung könnte bei dem Projekt „Installation einer neuen Anlage" etwa die Festlegung sein, daß mit der Anwerbung von Bedienungspersonal nach der Entscheidung über die Anschaffung der Anlage begonnen werden soll.

Bei ereignisorientierter Planung ist die Ablaufstruktur eines Projektes durch die Vorgänger–Nachfolger–Beziehungen zwischen den Ereignissen eindeutig beschrieben. Bei vorgangsorientierter Planung reicht hingegen die Angabe der Vorgänger–Nachfolger–Beziehungen zur eindeutigen Beschreibung der Ablaufstruktur nicht aus. In diesem Falle muß außerdem festgelegt werden, welche Ereignisse eines Vorgänger- und Nachfolger-Vorganges miteinander verknüpft werden sollen, um zeitliche Mindestabstände berücksichtigen und später eine Terminplanung durchführen zu können. Betrachtet man zwei Vorgänge A und B, wobei A Vorgänger von B sein soll, dann kann dies z.B. bedeuten

- B kann erst begonnen werden, nachdem A beendet ist (Ende–Start–Beziehung: Verknüpfung des Endes von A mit dem Beginn von B);

- B kann erst nach A begonnen werden (Start–Start–Beziehung: Verknüpfung des Beginns von A und B);

- B kann erst beendet werden, nachdem A begonnen hat (Start–Ende–Beziehung: Verknüpfung des Beginns von A mit dem Ende von B);

- B kann erst beendet werden, nachdem A beendet ist (Ende–Ende–Beziehung: Verknüpfung des Endes von A mit dem Ende von B).

Grundsätzlich kann man ein beliebiges Ereignis eines Vorganges mit einem beliebigen Ereignis eines anderen Vorganges verknüpfen. Besonders wichtige Ereignisse sind jedoch die Start- und Endereignisse von Vorgängen. Betrachtet man nur Start- und Endereignisse, so sind die oben genannten vier verschiedenen Arten von Verknüpfungen möglich.

Alle bekannten Netzplanverfahren verwenden jeweils nur eine dieser Verknüpfungsarten. Das CPM-Verfahren, das PERT-Verfahren sowie viele der abgeleiteten Verfahren arbeiten ausschließlich mit Ende–Start-Beziehungen zwischen zwei aufeinanderfolgenden Vorgängen. Gleichzeitig wird bei all diesen Verfahren festgelegt, daß der zeitliche Mindestabstand für alle Ende–Start-Beziehungen im Netzplan gleich null sein soll. Das bedeutet, daß für je zwei aufeinanderfolgende Vorgänge gilt: Der Start des Folgevorganges kann frühestens nach Beendigung des vorausgehenden Vorganges erfolgen. Diese Art der Verknüpfung soll im folgenden als *CPM-Verknüpfung* bezeichnet werden. Das MPM-Verfahren verwendet Start–Start-Beziehungen und verlangt eine explizite Angabe der zeitlichen Mindestabstände zwischen zwei aufeinanderfolgenden Vorgängen. Die zeitlichen Mindestabstände können negativ, positiv oder null sein. Diese Art der Verknüpfung wird im folgenden als *MPM-Verknüpfung* bezeichnet.

Ist bei der MPM-Verknüpfung der zeitliche Mindestabstand zwischen zwei aufeinanderfolgenden Vorgängen genau gleich der Vorgangsdauer des vorausgehenden Vorganges, dann kann der nachfolgende Vorgang frühestens nach Beendigung des vorausgehenden begonnen werden. Ist er kleiner, dann können sich die beiden Vorgänge überlappen und ist er größer, dann muß nach Beendigung des vorausgehenden Vorganges eine gewisse Zeit vergehen, bevor der nachfolgende Vorgang begonnen werden kann. Bei einem zeitlichen Mindestabstand von null, können die beiden Vorgänge gleichzeitig beginnen. Ist der zeitliche Mindestabstand negativ, so bedeutet das einen Höchstabstand. Soll etwa beim Hausbau der Vorgang „Betonieren des Fundamentes" spätestens 3 Tage nach dem Start des Vorganges „Verschalen des Fundamentes" beginnen, so beträgt der zeitliche Mindestabstand –3 Tage.

4. An die Ermittlung der Ablaufstruktur eines Projektes schließt man zweckmäßig noch einen Prüfschritt an, um sich zu vergewissern, ob die durch sukzessive Verknüpfung von Vorgängen bzw. Ereignissen entstandene Struktur dem tatsächlichen Projektablauf entspricht. In diesem Zusammenhang sollen insbesondere folgende Prüfungen durchgeführt werden:

— Nochmalige Entwicklung der Projektstruktur durch die Frage nach den Nachfolgern, falls die ursprüngliche Struktur durch die Frage nach den Vorgängern ermittelt wurde und umgekehrt. Abweichungen zwischen beiden Strukturen sind auf ihre Ursache zu untersuchen.

— Ermittlung parallel durchführbarer Vorgänge. Das sind Vorgänge, die sich ganz oder teilweise überlappen können. Falls nicht zwingende Gründe, wie z.B. Kapazitätsbeschränkungen, dagegen sprechen, sollten vollständig überlappbare Vorgänge — graphentheoretisch ausgedrückt — auf unterschiedlichen Wegen zwischen dem Startereignis und dem Endereignis des Projektes liegen. Um teilweise überlappbare Vorgänge auch tatsächlich teilweise parallel durchführen zu können, ist u.U. eine weitere Zerlegung von Vorgängen und damit eine stärkere Detaillierung des Netzplans erforderlich. Sofern festgestellt wird, daß in der ermittelten Ablaufstruktur parallel durchführbare Vorgänge einander nachgeordnet sind, ist eine entsprechende Änderung der Struktur vorzusehen.

Die obigen Überlegungen gelten auch für den Fall ereignisorientierter Ablaufstrukturen. Der Frage nach parallelen Vorgängen entspricht dort die Frage nach parallelen Ereignisübergängen.

5. *Beispiel*

Formulierung des Problems [vgl. *Weber*, 1970, S. 236]: Ein Spezialwerkzeug C wird durch Montage der Bauteile A und B hergestellt. A wird auf der Maschine 1 (M1) und B auf der Maschine 2 (M2) in der Werkstatt (W) gefertigt. Nach der Bearbeitung auf M1 kommt Teil A zum Justieren auf die Montagemaschine M3. Erst nach der Justierung von A auf M3 kann B auf M3 justiert werden. Beim Justieren wird B erwärmt. A wird nach dem Justieren in der Lackiererei (L) auf der Maschine 4 (M4) mit einer Schutzschicht versehen. Wenn A lackiert und B justiert und erwärmt ist, können die beiden Teile auf M3 zu C montiert werden. Nach der Montage erhält C auf M4 einen weiteren Schutzanstrich. Anschließend wird C in der Packerei (P) verpackt und der Kunde (K) benachrichtigt.

Vor Beginn der Arbeiten sind die Maschinen von der Arbeitsvorbereitung (AV) zu rüsten. Das gilt auch für den Anstrich von C, für den M4 nach der Lackierung von A umgerüstet werden muß. Darüber hinaus sind die folgenden 3 Bedingungen einzuhalten:

(1) Aus Kapazitätsgründen kann mit dem Fertigen von B frühestens 2 Zeiteinheiten nach dem Beginn der Fertigung von A begonnen werden.

(2) Die Montage von A und B muß etwa 4 Zeiteinheiten nach dem Justieren und Erwärmen von B beginnen, damit die bei der Montage erforderliche Temperatur eingehalten wird.

(3) Für Teil A wird ein Rohstoff (R) benötigt, dessen Lieferzeit etwa 3 Zeiteinheiten beträgt. Da dieser Rohstoff leicht korrodiert, muß er spätestens 11 Zeiteinheiten nach Eingang verarbeitet werden.

Gesucht ist die sich durch Verknüpfung der Vorgänge ergebende Ablaufstruktur des Projektes. Die Strukturermittlung soll sowohl mit Hilfe von

CPM-Verknüpfungen als auch mit Hilfe von MPM-Verknüpfungen durchgeführt werden.

Lösung:

In der nachstehenden Tabelle 2 sind die festgelegten Vorgänge und ihre Verknüpfungen angegeben.

Der Einkauf des Rohstoffes wurde als Vorgang eingeführt. Alle anderen Vorgänge ergeben sich aus der Projektbeschreibung. Die Reihenfolge für die Tabellierung der Vorgänge ist beliebig. Die Zusatzbedingungen können bei CPM-Verknüpfungen ohne Einführung zusätzlicher Vorgänge (= Scheinvorgänge, sofern es sich um zeitliche Mindestabstände handelt) nicht in den Netzplan eingearbeitet werden. Sie erscheinen deshalb auch nicht in der Ablaufstruktur. Bei der MPM-Verknüpfung werden die Bedingungen (1) bis (3) durch die mit * bezeichneten Verknüpfungen berücksichtigt. Die zeitlichen Mindestabstände müssen für die Zeitplanung bei diesen Verknüpfungen allerdings so umgerechnet werden, daß jeweils die Startereignisse miteinander verknüpft sind. So ist zum Beispiel die Bedingung, daß der Rohstoff R spätestens 11 Zeiteinheiten nach Eingang verarbeitet sein muß, eine Verknüpfung für das Ende des Vorganges B-1 (Einkauf Rohstoff) mit dem Ende des Vorganges W-1 (Fertigen von A auf M1). Der Mindestabstand für die Startereignisse ist (11 plus Dauer des Vorganges B-2 minus Dauer des Vorganges W-1). Da hier ein Höchstabstand sichergestellt werden soll, ergibt sich ein negativer Mindestabstand zwischen den Vorgängen W-1 und B-1. Ähnliches gilt für die anderen Bedingungen.

Lau-fende Nr.	Vorgang	Code	Ob-jekt	Ab-tei-lung	CPM-Vor-gänger	MPM-Vor-gänger
1	Einkauf Rohstoff	B-1	R	E	–	W-1*
2	Rüsten von M1 für A	AV-1	M1	AV	–	–
3	Rüsten von M2 für B	AV-2	M2	AV	–	–
4	Rüsten von M3 für Justieren A	AV-3	M3	AV	–	–
5	Rüsten von M4 für Schutzan-strich von A	AV-4	M4	AV	–	–
6	Rüsten von M4 für Schutzan-strich von C	AV-5	M4	AV	L-1	L-1
7	Fertigen von A auf M1	W-1	A	W	B-1, AV-1	B-1, AV-1
8	Fertigen von B auf M2	W-2	B	W	AV-2	AV-2, W-1*
9	Justieren von A auf M3	W-3	A	W	AV-3, W-1	AV-3, W-1
10	Justieren und Erwärmen von B auf M3	W-4	B	W	W-2, W-3	W-2, W-3, W-5*
11	Montage von A und B auf M3	W-5	A+B	W	L-1, W-4	L-1, W-4
12	Schutzanstrich von A	L-1	A	L	AV-4, W-3	AV-4, W-3
13	Schutzanstrich von C	L-2	C	L	AV-5, W-5	AV-5, W-5
14	Verpacken von C	P-1	C	P	L-2	L-2
15	Benachrich-tigen	P-2	K	P	L-2	L-2

Tabelle 2: Ablaufstrukturen für das Projekt „Fertigen eines Spezialwerkzeuges"

3.2.3 Abbildung der Ablaufstruktur eines Projektes durch einen Netzplan

3.2.3.1 Voraussetzungen

Um von der Ablaufstruktur des Projektes zum Netzplan zu kommen, muß festgelegt werden, wie Vorgänge, Ereignisse und deren Verknüpfungen im Netzplan wiedergegeben werden sollen. Dafür bestehen grundsätzlich vier Möglichkeiten:

(1)   Die Vorgänge werden durch Pfeile dargestellt und durch Knoten miteinander verknüpft. Jeder Vorgang ist dann mit seinen unmittelbaren Vorgängern und mit seinen unmittelbaren Nachfolgern über einen Knoten verbunden. Die Möglichkeit, mit den Knoten verschiedene Arten von Verknüpfungen darzustellen, wird bisher von keinem Netzplanverfahren genutzt und erscheint auch nur schwer nutzbar zu machen. In der Regel werden die Knoten als Ereignisse interpretiert. Ein Knoten repräsentiert dann jenes Ereignis, welches sich durch die Zusammenfassung aller Endereignisse der in ihm mündenden Vorgänge und aller Startereignisse der von ihm ausgehenden Vorgänge ergibt. Diese Art der Interpretation findet man z.B. beim CPM-Verfahren. Die durch einen Knoten zum Ausdruck kommende Verknüpfung besagt beim CPM-Verfahren: Die von dem Knoten ausgehenden Vorgänge können erst begonnen werden, wenn die in dem Knoten mündenden Vorgänge alle abgeschlossen sind. Netzpläne, bei denen die Pfeile Vorgänge repräsentieren, heißen nach DIN 69900 *Vorgangspfeilnetzpläne.*

(2)   Die Vorgänge werden durch Knoten dargestellt und durch Pfeile miteinander verknüpft. Unmittelbar aufeinanderfolgende Vorgänge müssen dann jeweils durch einen Pfeil miteinander verbunden sein. Die Pfeile können dabei unterschiedliche Arten der Verknüpfung angeben. So gibt z.B. beim MPM-Verfahren ein Pfeil zwischen zwei Knoten an, daß die beiden Vorgänge aufeinanderfolgen und daß sie nur mit einem bestimmten zeitlichen Mindestabstand beginnen können. (Start–Start–Beziehung). Bei der aus dem MPM-Verfahren abgeleiteten Precedence-Methode (PM) [Senatsamt für den Verwaltungsdienst der Freien und Hansestadt Hamburg, 1972, S. 12] bedeuten die Pfeile, daß der Vorgang, in dem der Pfeil mündet, unmittelbar nach Abschluß des Vorganges, von dem der Pfeil ausgeht, begonnen werden kann. (Ende–Start–Beziehung). Netzpläne, bei denen die Vorgänge durch Knoten repräsentiert werden, heißen nach DIN 69900 *Vorgangsknotennetzpläne.*

(3) Die Ereignisse werden durch Knoten dargestellt und durch Pfeile miteinander verknüpft. Unmittelbar aufeinanderfolgende Ereignisse müssen dann jeweils durch einen Pfeil miteinander verbunden sein. Die Pfeile geben die zeitliche Reihenfolge für die Realisierung der Ereignisse an. Diese Art der Darstellung wurde zunächst beim PERT-Verfahren gewählt. Es ist jedoch schwer, den Pfeilen eine andere Bedeutung zu geben als die von Vorgängen. Interpretiert man aber die Pfeile als Vorgänge, dann führt diese Art der Darstellung zu einem Vorgangspfeilnetz. So sind auch die ursprünglich bei PERT verwendeten *Ereignisknotennetzpläne* [DIN 69900] durch Vorgangspfeilnetzpläne (die gleichzeitig Ereignisknotennetzpläne sind) abgelöst worden.

(4) Der Vollständigkeit halber sei noch die Möglichkeit erwähnt, Ereignisse durch Pfeile darzustellen. Sie ist bisher ohne praktische Bedeutung und müßte wohl zu Vorgangsknotennetzplänen führen.

Die gewählte Art der Darstellung von Vorgängen und Ereignissen im Netzplan und die Art der gewählten Verknüpfungen zwischen den Vorgängen und Ereignissen prägen die Abbildung der Ablaufstruktur eines Projektes durch einen Netzplan. Im folgenden soll beispielhaft gezeigt werden, wie der Netzplan beim CPM-Verfahren, beim PERT-Verfahren (das sich heute in dieser Hinsicht nicht mehr vom CPM-Verfahren unterscheidet) und beim MPM-Verfahren aus der Ablaufstruktur ermittelt wird und welche Probleme dabei auftreten.

3.2.3.2 Ermittlung des Netzplans bei CPM/PERT

Wie oben bereits festgestellt wurde, sind CPM- und PERT-Netzpläne Vorgangspfeilnetzpläne. Die Knoten werden bei diesen Verfahren als Kreise dargestellt. Bei der Erstellung eines CPM–PERT–Netzplanes sind folgende neun „Grundregeln" zu beachten[1]:

(1) Jeder Pfeil (Vorgang) beginnt in einem Knoten (Ereignis) und endet in einem anderen Knoten.

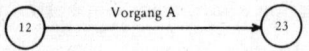

Abb. 20a: Netzplanelement bei CPM und PERT

---

1) Die zur Darstellung der Grundregeln gewählte Knotennumerierung erfolgt in aufsteigender Reihenfolge. Die Zahlen wurden willkürlich gewählt.

(2)   Müssen ein oder mehrere Vorgänge beendet sein, bevor ein weiterer beginnen kann, so enden die Pfeile dieser Vorgänge alle im Anfangsereignis des nachfolgenden Vorganges.

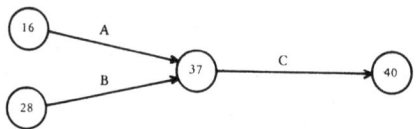

Abb. 20b: Die Vorgänge A und B müssen abgeschlossen sein, bevor der Vorgang C begonnen werden kann.

(3)   Können mehrere Vorgänge beginnen, nachdem ein vorausgehender Vorgang beendet ist, so beginnen diese alle im Endereignis des vorausgehenden Vorganges.

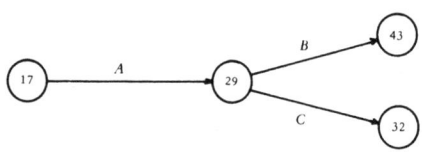

Abb. 20c: Die Vorgänge B und C können erst begonnen werden, wenn der Vorgang A abgeschlossen ist

(4)   Haben zwei Vorgänge gemeinsame Anfangs- und Endereignisse, dann wird ein als gestrichelter Pfeil gezeichneter Scheinvorgang eingeführt. Scheinvorgänge verbrauchen keine Zeit und keine produktiven Faktoren. Sie haben die Aufgabe, die Eindeutigkeit der Darstellung von Ablaufstrukturen sicherzustellen.
Darüber hinaus können durch Scheintätigkeiten Bedingungen für die Ablaufstruktur berücksichtigt werden, die nicht durch Vorgangsverknüpfungen dargestellt werden können (z.B. die Bedingung, daß ein Vorgang erst beginnen soll, wenn ein bestimmter *Parallel*vorgang abgeschlossen ist).
Es ist für den Projektablauf gleichgültig, ob man den Scheinvorgang S − wie auf S. 81) gezeichnet − vor dem Vorgang C anordnet oder vor dem Vorgang B. Ebenso kann S nach B oder C eingefügt werden.

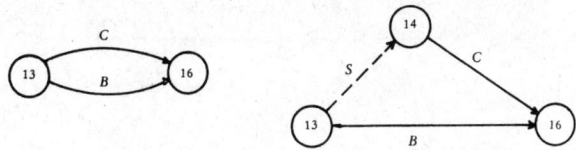

Abb. 20d: Scheintätigkeit zur Vermeidung paralleler Pfeile

(5) Enden und beginnen in einem Ereignis mehrere Vorgänge, die nicht alle voneinander abhängig sind, so wird dies mit Hilfe von Schein-vorgängen dargestellt. Bestehen z.B. zwischen den vier Vorgängen *A, B, C, D* die Verknüpfungen: *B vor D*; *A und B vor C*; dann werden diese Verknüpfungen wie folgt im Netzplan wiedergege-ben:

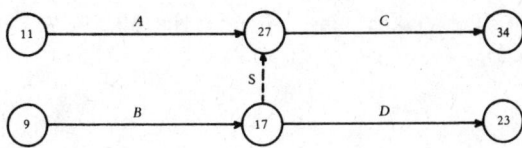

Die Darstellung

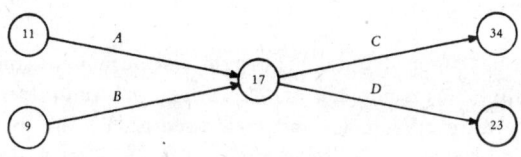

Abb. 20e: Scheintätigkeit zur korrekten Verknüpfung

wäre in diesem Falle falsch, denn sie verlangt: *A und B vor C* und *D*.

(6) Soll ein Vorgang beginnen, bevor der vorhergehende vollständig be-endet ist, dann muß man den ursprünglichen Vorgang in zwei Teil-vorgänge zerlegen.

Aus

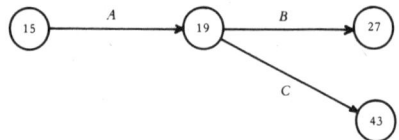

wird dann:

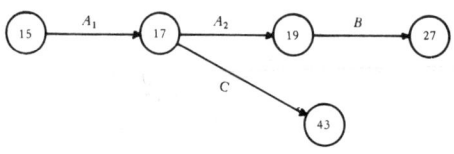

Abb. 20f: Aufteilung von Vorgängen

(7)   Bei der CPM-Verknüpfung dürfen im Netzplan keine Pfeilzykel auftreten. Der Zykel

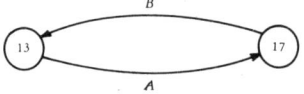

Abb. 20g: Pfeilzykel

würde bedeuten, daß der Vorgang B erst beginnen kann, wenn der
Vorgang A abgeschlossen ist. Der Vorgang A kann aber erst beginnen, wenn der Vorgang B abgeschlossen ist. Das ist aber ein logischer Widerspruch. Will man einen CPM–PERT–Netzplan auf logische Widersprüche untersuchen, dann prüft man mit einem der im
Abschnitt 2.2.1 angegebenen Verfahren die Zykelfreiheit. Da ein
CPM–PERT–Netzplan zykelfrei sein muß, kann man für die Knoten
eines solchen Netzplanes eine Rangbestimmung durchführen. Verfahren hierzu wurden ebenfalls im Abschnitt 2.2.1 angegeben. Numeriert man die Knoten in der Weise, daß Knoten eines höheren Ranges erst numeriert werden, wenn die Knoten aller niedrigeren Ränge
numeriert sind, so gilt für alle Pfeile x_{ij} des Netzplanes $i < j$. Ältere
EDV-Programme verlangen eine solche Numerierung. Sofern keine
lückenlose Numerierung gefordert wird, ist es im Hinblick auf spä-

tere Planänderung zweckmäßig, in jedem Rang einige Nummern frei-
zuhalten. Man kann dann zusätzliche Knoten einführen, ohne daß
die Eigenschaft $i < j$ für alle x_{ij} verlorengeht und ohne vollständig
neu numerieren zu müssen.

(8) Der CPM–PERT–Netzplan wird immer so gestaltet, daß er genau eine
     Quelle (= Startereignis des Projektes) und genau eine Senke (= End-
     ereignis des Projektes) enthält. Kann ein Projekt mit mehreren Vor-
     gängen beginnen oder mit mehreren Vorgängen enden, so können
     die Startereignisse bzw. die Endereignisse dieser Vorgänge zum Start-
     ereignis bzw. zum Endereignis des Projektes zusammengefaßt werden.
     Beginnt oder endet ein Projekt mit parallelen Vorgängen, so werden
     Scheintätigkeiten eingeführt.

Aus   wird z.B.

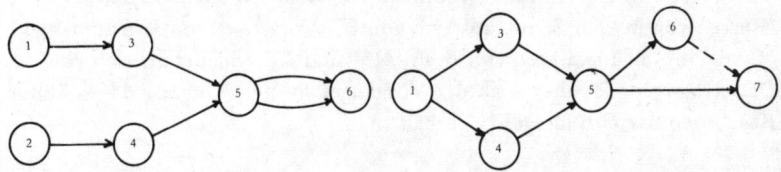

Abb. 20h: Nur eine Quelle und eine Senke im CPM-PERT-Netzplan

(9) Da zur Realisierung eines Projektes alle Vorgänge durchgeführt wer-
     den müssen, ist ein Netzplan nur vollständig, wenn von jedem Kno-
     ten ein Pfeilweg zum Endereignis des Projektes führt und wenn es
     vom Startereignis zu jedem Knoten mindestens einen Pfeilweg gibt.

(10) Hat man in der Ablaufstruktur Vorgängerangaben, dann ist es zweck-
     mäßig, einen Netzplan vom Endereignis aus zu entwickeln. Vom
     Startereignis aus benötigt man die Angabe der Nachfolger.

Beispiel:
Formulierung des Problems: Gegeben sei die in der Tabelle 2 angegebene
Ablaufstruktur des Projektes „Fertigung eines Spezialwerkzeuges".
Gesucht ist ein CPM–PERT–Netzplan, der diese Ablaufstruktur abbildet.

Lösung:
Da die Ablaufstruktur durch Vorgängerangaben beschrieben wurde, beginnt man entsprechend Grundregel (10) beim Endereignis des Projektes.

Man sucht dazu all jene Vorgänge, die nicht Vorgänger eines anderen Vorganges sind, also keine Nachfolgevorgänge besitzen. Dies sind im Beispiel die Vorgänge P-1 (Verpacken von C) und P-2 (Benachrichtigen). Als Vorgänger haben diese beiden Vorgänge den Vorgang L-2 (Schutzanstrich von C). Das heißt, P-1 und P-2 sind parallele Vorgänge. Es muß ein Scheinvorgang eingeführt werden (Grundregeln (4) und (8)).

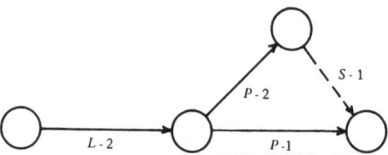

Abb. 21a: Teilplan für die Verpackung und Benachrichtigung

Vorgänger von L-2 sind W-5 (Montage von A und B auf M3) und AV-5 (Rüsten von M4 für Schutzanstrich von C). Vorgänger von W-5 sind W-4 (Justieren und Erwärmen von B auf M3) und L-1 (Schutzanstrich von A). Dieser Vorgang ist aber auch der Vorgänger für den Vorgang AV-5. Unter Beachtung der Grundregel (5) erhält man:

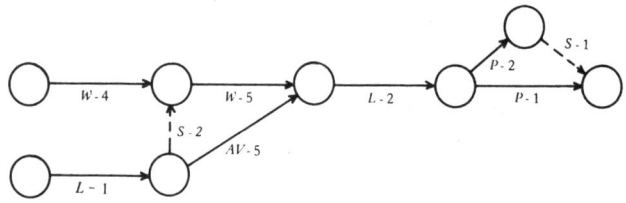

Abb. 21b: Teilplan von der Montage bis zur Verpackung

Damit L-1 beginnen kann, muß vorher Teil A justiert (W-3) und es muß die Lackiermaschine M4 gerüstet werden (AV-4).

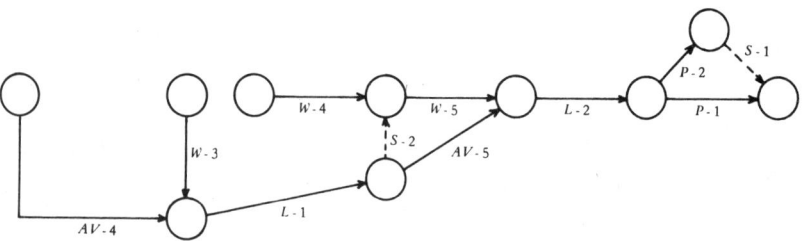

Abb. 21c: Das Startereignis des Projektes ist erreicht

Da *AV*-4 keine unmittelbaren Vorgänger hat, also vom Startereignis ausgeht, sind die ersten Wege vom Start bis zum Endereignis konstruiert.

Für den Beginn von *W*-4 (Justieren und Erwärmen von *B* auf *M*3), müssen
B fertiggestellt (*W*-2) und *A* justiert (*W*-3) sein:

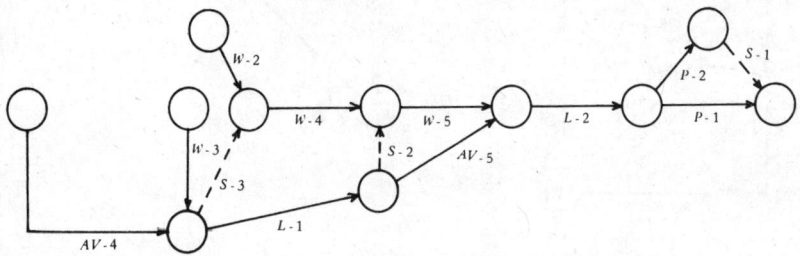

Abb. 21d: Teilplan von der Teilfertigung bis zur Verpackung

Einziger Vorgänger von *W*-2 ist *AV*-2, das Rüsten der Maschine 2 für das
Fertigen von *B*. Vorgänger von *W*-3 sind *AV*-3 (Rüsten von *M*3 für das
Justieren von *A*) und *W*-1 (Fertigen von *A* auf *M*1). Die Vorgänge *AV*-2
und *AV*-3 haben keine Vorgänger und beginnen deshalb nach Grundregel (8) im Startereignis.

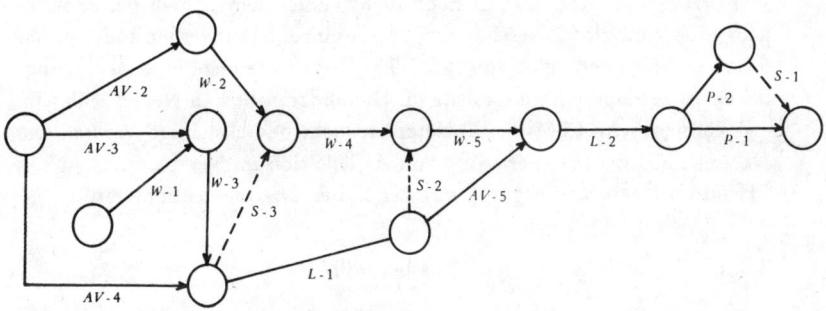

Abb. 21e: Teilplan ohne *B*-1 und *AV*-1

Der einzige Knoten in Abb. 21e, der die Grundregel (9) nicht erfüllt, ist
der Ausgangsknoten von *W*-1. Vorgänger von *W*-1 sind *B*-1 (Einkauf Rohstoff) und *AV*-1 (Rüsten von *M*1 für *A*). Beide Vorgänge haben keine Vorgänger, gehen also vom Startereignis aus. Das führt nach Grundregel (4) zu
einem Scheinvorgang.

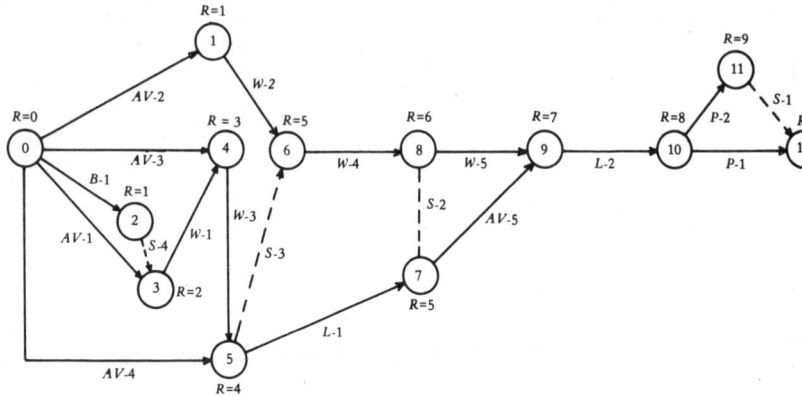

Abb. 21f: CPM–PERT–Netzplan für das Projekt „Fertigen eines Spezialwerkzeuges"

Führt man für diesen Netzplan eine Rangbestimmung durch, so erhält man
für die Knoten die in Abb. 21f angegebenen Ränge. Der Netzplan ist zykelfrei.

Bei der in Abb. 21f eingetragenen Knotennumerierung gilt für alle Pfeile
x_{ij}, $i < j$.

Im Netzplan der Abb. 21f ist noch nicht berücksichtigt, daß bei dem Projekt noch zusätzliche Nebenbedingungen eingehalten werden müssen. Von
diesen 3 Nebenbedingungen (vgl. S. 75) ist nur die erste eine Bedingung
für einen zeitlichen Mindestabstand. Die anderen beiden Nebenbedingungen können beim CPM–PERT–Netzplan nicht berücksichtigt werden. Die
Nebenbedingung (1) (Fertigung von A) läßt sich im Netzplan der Abb.
21f durch einen Vorgang x_{31} mit der Dauer 2ZE berücksichtigen.

3.2.3.3 Ermittlung des Netzplans bei MPM

MPM–Netzpläne sind Vorgangsknotennetze, bei denen die Pfeile zeitliche
Mindestabstände für die Startereignisse zweier aufeinanderfolgender Vorgänge angeben. Die Knoten werden bei diesem Verfahren als Rechtecke
gezeichnet. Bei der Erstellung eines MPM–Netzplans sind folgende acht
Grundregeln zu beachten:

(1)　Jeder Pfeil beginnt in einem Knoten (Vorgang) und endet in einem
anderen Knoten.

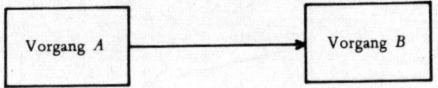

Abb. 22a: Netzplanelement bei MPM mit positiver Verknüpfung

Der Pfeil in Abb. 22a gibt an, daß zwischen dem Beginn des Vorganges A und dem Beginn des Vorganges B ein positiver zeitlicher Mindestabstand bestehen muß. Das bedeutet, daß der Vorgang B erst nach dem Vorgang A begonnen werden kann. Gestrichelte Pfeile geben Mindestabstände von Null und negative Mindestabstände (Höchstabstände) an (Abb. 22b).

Abb. 22b: Netzplanelement bei MPM mit nicht-positiver Verknüpfung

Durch Mindestabstand und Höchstabstand wird ein zeitliches Intervall festgelegt, in dem der Beginn des Folgevorganges liegen muß. Enthält der Netzplan einen Pfeilzykel mit positiver Länge, dann ist die Realisierung dieses Planes logisch unmöglich.

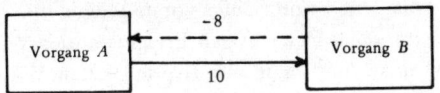

Abb. 22c: Positiver Pfeilzykel im MPM–Netzplan

Der Pfeilzykel in Abb. 22c hat eine positive Länge. Der durchgezogene Pfeil verlangt, daß der Vorgang B frühestens 10 Zeiteinheiten nach dem Vorgang A begonnen werden kann. Der gestrichelte Pfeil bedeutet, daß der Vorgang B spätestens 8 ZE nach dem Beginn des Vorganges A begonnen werden muß. Das ist ein logischer Widerspruch. Um einen MPM–Netzplan auf logische Widersprüche zu prüfen, sucht man in ihm Pfeilzykel mit positiver Länge. Verfahren dazu wurden in den Abschnitten 2.2.2.3 und 2.2.2.4 angegeben.

(2) Müssen mehrere Vorgänge begonnen haben, bevor ein nachfolgender Vorgang begonnen werden kann, dann führen von diesen Vorgängen Pfeile zu dem nachfolgenden Vorgang.

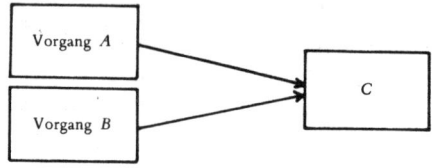

Abb. 22d: Die Vorgänge A und B müssen vor dem Vorgang C
begonnen werden

(3)   Können mehrere Vorgänge erst beginnen, nachdem ein vorhergehender Vorgang begonnen wurde, so führen von dem vorhergehenden
Vorgang Pfeile zu den nachfolgenden Vorgängen.

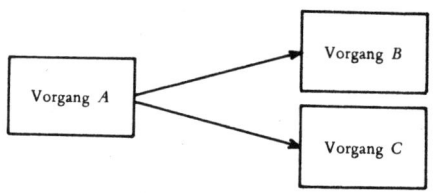

Abb. 22e: Die Vorgänge B und C können erst nach dem Vorgang A
beginnen

(4)   Soll der Beginn eines Vorganges durch einen zeitlichen Mindestabstand nicht mit dem Beginn eines vorausgehenden Vorganges, sondern mit einem anderen wichtigen Ereignis dieses Vorganges verknüpft werden, so muß man den ursprünglichen Vorgang in zwei
Teilvorgänge zerlegen.

Aus

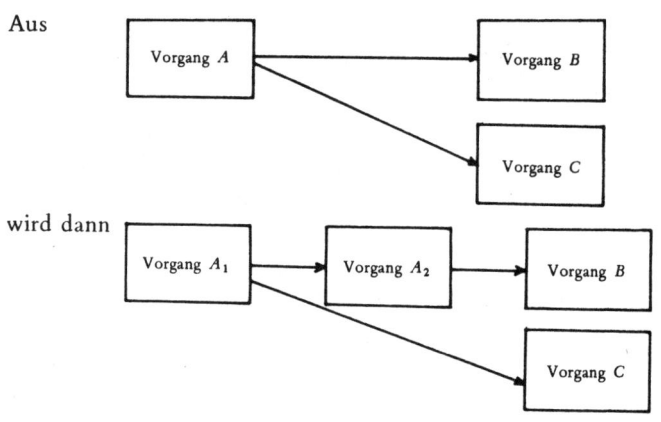

wird dann

Abb. 22f: Aufteilung von Vorgängen

Entsprechendes gilt, wenn das Startereignis eines vorausgehenden
Vorganges mit einem markanten Ereignis eines nachfolgenden Vor-
ganges verknüpft werden soll.
Gelegentlich findet man auch Verknüpfungen folgender Art:

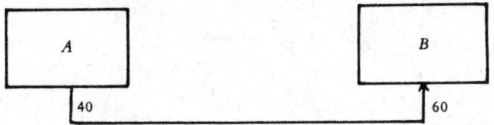

Abb. 22g: Verknüpfung von Zwischenereignissen

Die Verknüpfung in Abb. 22g soll bedeuten, daß zwischen dem Ereignis der 40%igen Fertigstellung von Vorgang A und dem Ereignis
der 60%igen Fertigstellung des Vorganges B ein positiver zeitlicher
Mindestabstand besteht. Läßt man solche Verknüpfungen zu, dann
hat man in einem Netzplan Verknüpfungen zwischen beliebigen Vor-
gangsereignissen, was die Lesbarkeit und Übersichtlichkeit des Netzplanes erheblich beeinträchtigt. Solche Verknüpfungen sollten deshalb nur im Entwurfs-Stadium verwendet werden.

(5)   Ein Projekt kann in der Regel mit mehreren Vorgängen begonnen
      werden und es kann mit mehreren Vorgängen beendet werden.
      Ein MPM–Netzplan für ein solches Projekt ist z.B.

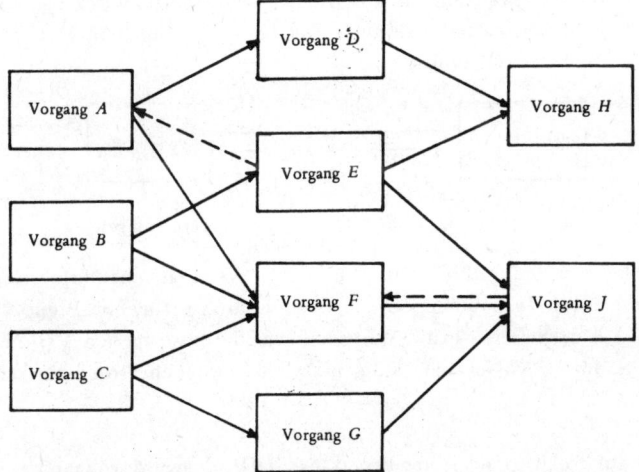

Abb. 22h: MPM-Netzplan mit mehreren Quellen und Senken

Damit ein MPM–Netzplan nur eine Quelle und nur eine Senke enthält, führt man einen Scheinvorgang „Anfang" und einen Scheinvorgang „Ende" ein. Der Netzplan von Abb. 22h wird dann zum Netzplan in Abb. 22i.

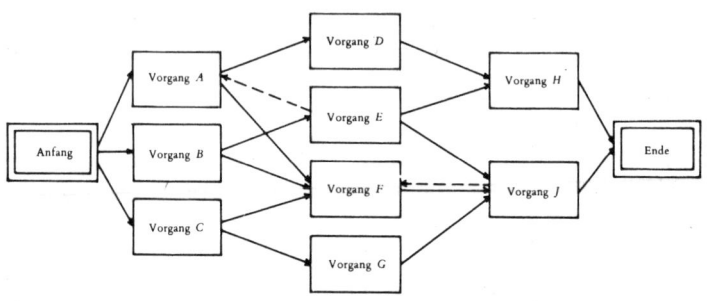

Abb. 22i: Die Scheinvorgänge „Anfang" und „Ende"

Die Knoten der beiden Scheinvorgänge werden durch Doppelstriche
gekennzeichnet. Außer in dem hier erwähnten Fall gibt es in MPM–
Netzplänen keine Scheinvorgänge.

(6)   Betrachtet man nur die positiven, durchgezogenen Verknüpfungs-
        pfeile im MPM–Netzplan, dann muß dieser Partial-Netzplan (Partial-
        Graph) pfeilzykelfrei sein. Denn eine Verknüpfung wie z.B. in Abb.
        22j würde einen Pfeilzykel mit positiver Länge ergeben. Man kann
        für diesen Partialgraphen eine

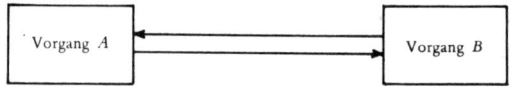

Abb. 22j: Zykelfreiheit der positiven Verknüpfungen

Rangbestimmung durchführen und eine systematische Numerierung
der Knoten vornehmen, so daß für alle durchgezogenen Pfeile x_{ij} gilt
$i < j$. Durch Betrachtung der positiven, durchgezogenen Verknüpfungspfeile im MPM–Netzplan kann man den zeitlichen Projektfortschritt erkennen.

(7)   Da zur Realisierung eines Projektes alle Vorgänge durchgeführt wer-
        den müssen, ist ein Netzplan nur vollständig, wenn von jedem Knoten

zur Senke (Endvorgang), von der Quelle (Anfangsvorgang) zu jedem Knoten mindestens ein Pfeilweg führt.

(8) Hat man in der Ablaufstruktur Vorgängerangaben, dann ist es zweckmäßig, einen Netzplan vom Endvorgang her zu entwickeln. Um vom Anfangsvorgang aus zu beginnen, benötigt man die Angabe der Nachfolger.

Beispiel:
Formulierung des Problems: Gegeben sei die in Tabelle 2 angegebene Ablaufstruktur des Projektes „Fertigung eines Spezialwerkzeuges".
Gesucht ist ein MPM–Netzplan, der diese Ablaufstruktur abbildet.

Lösung:
Die Lösung verläuft prinzipiell genauso, wie beim CPM–Netzplan [S. 83 ff.]. Hier sind nur zusätzlich die in der Tabelle 2 durch einen Stern gekennzeichneten Verknüpfungen zu berücksichtigen. Zwei von diesen 3 zusätzlichen Verknüpfungen sind nicht-positive Verknüpfungen.
Da die Ablaufstruktur durch Vorgängerangaben beschrieben wird, beginnt man entsprechend Grundregel (8) beim Endvorgang des Projektes. Man sucht dazu all jene Vorgänge, die nicht Vorgänger in einer positiven Verknüpfung sind. Dies sind im Beispiel die Vorgänge P-1 (Verpacken von C) und P-2 (Benachrichtigen). Da es hier zwei Schlußvorgänge gibt, führt man einen Scheinvorgang „Ende" ein. Vorgänger von P-1 und P-2 ist jeweils L-2 (Schutzanstrich von C). Vorgänger von L-2 sind die Vorgänge AV-5 (Rüsten von $M4$)für Schutzanstrich von C und W-5 (Montage von A und B auf $M3$). Vorgänger von AV-5 ist L-1 (Schutzanstrich von A) und Vorgänger von W-5 sind L-1 und W-4 (Justieren und Erwärmen von B auf $M3$). Der bis hierhin ermittelte Netzplan sieht wie folgt aus:

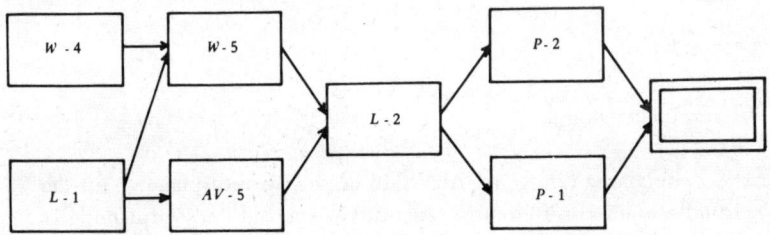

Abb. 23a: Teilplan von der Montage bis zur Verpackung

Man erkennt, daß die Erstellung des Netzplanes auf Grund der Ablaufstruktur bei MPM wesentlich einfacher ist, als bei CPM und PERT, weil man bei

MPM die Knoten schon vorgegeben hat, während man sie bei CPM und PERT erst sukzessive einführen bzw. ermitteln muß. Die MPM–Verknüpfungen sind praktisch nichts anderes als die Pfeilliste eines Graphen, geordnet nach Eingangsknoten. Geht man schrittweise bis zum Anfangsvorgang weiter, so erhält man beim vorliegenden Beispiel den in Abb. 23b angegebenen Netzplan [1]:

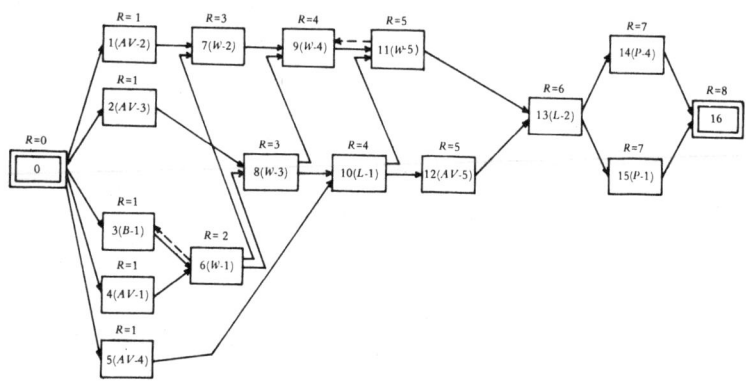

Abb. 23b: MPM-Netzplan für das Projekt „Fertigen eines Spezialwerkzeuges"

Führt man nach der Grundregel (6) für die positiven Verknüpfungen in diesem Netzplan eine Rangbestimmung durch, so erhält man für die Knoten die in Abb. 23b angegebenen Ränge. Bei der in Abb. 23b hinter der Vorgangsbezeichnung eingetragenen Knotennumerierung gilt für alle durchgezogenen, positiven Pfeile $x_{ij} : i < j$. Der Partial-Netzplan, der nur die positiven Pfeile enthält, ist pfeilzykelfrei. Ob der Netzplan Pfeilzykel mit positiver Länge enthält, kann in diesem Planungsstadium noch nicht geprüft werden, weil die Verknüpfungszeiten noch nicht festgelegt wurden.

3.3 Zeitplanung

3.3.1 Problemstellung

1. Die Zeitplanung erfolgt im Anschluß an die Strukturplanung auf der Grundlage des ermittelten Netzplans. Gegenstand der Zeitplanung ist insbesondere die Bestimmung der Vorgangs- und Verknüpfungsdauern,

---

[1] Im Gegensatz zu den CPM-Netzplänen erhalten die Vorgänge bei MPM-Netzplänen eigene Indices. Sie werden nicht durch Indices zweier Ereignisse gekennzeichnet.

der Projektdauer und der Zeitreserven bei den Vorgängen. Im einzelnen werden folgende Informationen erarbeitet:

(a) Die *Dauern* der ermittelten *Vorgänge* und gegebenenfalls die *Verknüpfungsdauern* (z.B. bei MPM-Verknüpfung).

(b) Die Zeitpunkte, zu denen die einzelnen Vorgänge bei gegebenem Projektbeginn frühestens beginnen können (*früheste Anfangszeitpunkte FAZ*). Sie ergeben sich aus den Zeitabständen, die zwischen dem Projektbeginn und dem Beginn der Vorgänge mindestens bestehen müssen.

(c) Die Zeitpunkte, zu denen die einzelnen Vorgänge bei gegebenem Projektbeginn frühestens enden können (*früheste Endzeitpunkte FEZ*). Sie ergeben sich aus den Zeitabständen, die zwischen dem Projektbeginn und dem Ende der Vorgänge mindestens bestehen müssen. Die Differenz zwischen dem *FEZ* und dem *FAZ* eines Vorganges entspricht der Vorgangsdauer.

(d) Die Zeitpunkte, zu denen die einzelnen Vorgänge bei gegebenem Projektende spätestens beginnen müssen (*späteste Anfangszeitpunkte SAZ*). Sie ergeben sich aus den Zeitabständen, die zwischen dem Beginn der Vorgänge und dem Projektende mindestens bestehen müssen. Der Zeitabstand, der zwischen dem Beginn des Startvorganges und dem Projektende mindestens bestehen muß, ist die *Projektdauer*.

(e) Die Zeitpunkte, zu denen die einzelnen Vorgänge bei gegebenem Projektende spätestens abgeschlossen sein müssen (*späteste Endzeitpunkte SEZ*). Sie ergeben sich aus den Zeitabständen, die zwischen dem Ende der Vorgänge und dem Projektende mindestens bestehen müssen. Die Differenz zwischen dem *SEZ* und dem *SAZ* eines Vorganges entspricht der Vorgangsdauer.

(f) Die Zeitintervalle für den Eintritt der einzelnen Ereignisse, d.h. hier den Beginn bzw. das Ende der Vorgänge (*Schlupfzeiten*) oder die Zeitreserven der einzelnen Vorgänge (*Pufferzeiten*). Schlupf- und Pufferzeiten ergeben sich als Differenz zwischen den frühesten und spätesten Zeitpunkten für den Beginn bzw. das Ende der Vorgänge. Vorgänge mit einer Pufferzeit von Null besitzen keine Zeitreserven (*kritische Vorgänge*). Ereignisse mit einer Schlupfzeit von Null müssen zu einem bestimmten Zeitpunkt eintreten (*kritische Ereignisse*). Kennt man die kritischen Vorgänge bzw. die kritischen Ereignisse eines Projektes, so läßt sich mindestens ein *kritischer Weg* zwischen dem Projektbeginn und dem Projektende bestimmen. Das ist ein Pfeilweg im Netzplan, der nur kritische Vorgänge enthält (bei Vorgangspfeilnetzen) bzw. der nur über kritische Vorgänge verläuft (bei Vorgangsknotennetzen) bzw. der nur über kritische Ereignisse verläuft (bei Ereignisknotennetzen).

2. Die Grundlage der Zeitplanung bildet die Schätzung der Vorgangs- und Verknüpfungsdauern. Geht man von der Annahme deterministischer bzw. quasi-sicherer Größen aus, so ist für jede Vorgangs- und Verknüpfungsdauer ein Schätzwert anzugeben. In diesem Fall erfolgt eine Zeitplanung bei deterministischen Vorgangs- und Verknüpfungsdauern. Die meisten Verfahren der Netzplantechnik setzen, wie CPM und MPM, deterministische Vorgangs- und Verknüpfungsdauern voraus.

Geht man von der Annahme aus, daß einige oder alle Vorgangs- und Verknüpfungsdauern zufallsabhängige Größen sind, so ist für jede dieser Zufallsgrößen die Wahrscheinlichkeitsverteilung zu schätzen. In diesem Fall erfolgt eine Zeitplanung bei stochastischen Vorgangs- und Verknüpfungsdauern. Dies bedeutet u.a., daß auch die ermittelten Anfangs- und Endzeitpunkte sowie die Projektdauer zufallsabhängige Größen sind, deren Wahrscheinlichkeitsverteilungen bestimmt werden müssen. Die Ermittlung dieser Wahrscheinlichkeitsverteilungen ist im allgemeinen Fall, d.h. ohne einschränkende Annahmen, sehr rechenaufwendig. Stochastische Vorgangsdauern werden beim PERT-Verfahren angenommen. Die ursprüngliche, ereignisorientierte Konzeption von PERT führte dazu, die Dauern der nicht detailliert beschriebenen Ereignisübergänge als Zufallsvariable zu betrachten. Durch spezielle, zum Teil sehr einschränkende Annahmen, wurden die rechnerischen Probleme bei PERT auf ein vertretbares Ausmaß reduziert. Dies geht allerdings auf Kosten der Aussagefähigkeit der Ergebnisse.

3. Die Zeitplanung läßt sich in drei Phasen untergliedern:
(a) Schätzung der Vorgangs- und Verknüpfungsdauern bzw. der Wahrscheinlichkeitsverteilungen für diese Größen. Ähnlich wie die erste Phase der Strukturplanung ist auch diese Phase weitgehend projektbestimmt, so daß sich nur wenige allgemeingültige Aussagen machen lassen.
(b) Errechnung der frühesten und spätesten Zeitpunkte bzw. deren Wahrscheinlichkeitsverteilungen. Ergebnis dieser Phase ist auch die Projektdauer bzw. deren Wahrscheinlichkeitsverteilung.
(c) Auswertung der in der zweiten Phase erzielten Ergebnisse, d.h. Bestimmung der Zeitreserven für die einzelnen Vorgänge bzw. deren Wahrscheinlichkeitsverteilungen. In diesem Zusammenhang ergeben sich auch kritische Vorgänge, kritische Ereignisse und kritische Wege.

3.3.2 Zeitplanung bei deterministischen Vorgangs- und Verknüpfungsdauern

3.3.2.1 Ermittlung der Vorgangs- und Verknüpfungsdauern

1. Vorgangsdauern können entweder anhand von Zeitbedarfs-Aufzeichnungen aus der Vergangenheit oder aufgrund subjektiver Schätzungen ermittelt werden. Den Zeitbedarfs-Aufzeichnungen kommt insbesondere dann Bedeutung zu, wenn Projekte mehrfach durchgeführt werden. Der Zeitbedarf für bestimmte manuelle Tätigkeiten läßt sich auch mit Hilfe von Verfahren der Vorgabezeitermittlung (z.B. REFA, Work-Factor, Methods-Time-Measurement) messen oder abschätzen. Dies erfordert aber nicht nur eine starke Detaillierung des Projektes, sondern auch der einzelnen manuellen Vorgänge, die u.U. in ihre Grundelemente zerlegt werden müssen. Eine wesentliche Rolle bei der Vorgangsdauerermittlung spielen subjektive Schätzungen erfahrener Spezialisten. Man kann folgende Verfahren zur Gewinnung eines subjektiven Schätzwertes unterscheiden:

— *Einpersonenschätzung:* Eine Person gibt eine Schätzung der Vorgangsdauer aufgrund ihrer Erfahrung ab. Dieser Schätzwert geht in die Zeitplanung ein.

— *Mehrpersonen-Einfach-Schätzung:* Mehrere voneinander unabhängige Personen geben Schätzungen für die Vorgangsdauer ab. Diese Schätzungen werden z.B. durch Mittelwertbildung zu einem endgültigen Schätzwert zusammengefaßt, der in die Zeitplanung eingeht.

— *Mehrpersonen-Mehrfach-Schätzung:* Bei diesem unter dem Namen „Delphi-Technik" bekanntgewordenen Verfahren geben zunächst mehrere, voneinander unabhängige Personen Schätzungen für die Vorgangsdauer ab. Es werden sodann Mittelwert und Streuung der sich ergebenden Häufigkeitsverteilung errechnet und den Schätzern mit der Bitte um Überprüfung und gegebenenfalls Berichtigung der ersten Schätzung übermittelt. Die zweiten Schätzungen werden in gleicher Weise ausgewertet. Der gewöhnlich nach zwei bis drei Runden endende Iterationsprozeß hat die Annäherung der einzelnen Schätzungen zum Ziel. Wurde nach Abschluß des Verfahrens keine völlige Übereinstimmung der Schätzungen erreicht, so ist auch hier die Zusammenfassung der vorliegenden Werte zu einem endgültigen Schätzwert erforderlich, der dann in die Zeitplanung eingeht.

Falls die Verknüpfungsdauern nicht mit den Vorgangsdauern übereinstimmen, (z.B. bei Überlappungen im MPM-Netzplan), sind sie unter Beachtung der Vorgangsdauern und eventueller zeitlicher Bedingungen zu ermitteln.

2. Voraussetzung für eine realistische Schätzung der Vorgangsdauern sind in jedem Fall Kenntnisse des Schätzers über die verfügbaren Arbeitskräfte, Betriebsmittel und Werkzeuge sowie über die technischen und organisatorischen Abläufe. Durch diese Gegebenheiten werden die Vorgangsdauern entscheidend beeinflußt. Aus diesem Grunde ist bei der Verwendung von Zeitbedarfen der Vergangenheit darauf zu achten, daß sich die Bedingungen bezüglich der Produktionsfaktoren und der Verfahren nicht wesentlich unterscheiden.

3. Die Vorgangs- und Verknüpfungsdauern werden üblicherweise in den Zeiteinheiten Arbeitsstunde, Arbeitstag, Arbeitswoche oder Arbeitsmonat angegeben. Nach Möglichkeit sollte in einem Netzplan stets die gleiche Zeiteinheit verwendet werden. Bei der Festlegung von Terminen, die durch Kalenderdatum und/oder Uhrzeit ausgedrückte Zeitpunkte darstellen [DIN 69900], sind die Unterschiede zwischen Arbeitszeit und Kalenderzeit zu berücksichtigen.

4. Für die graphische Darstellung gilt:
   Die Vorgangsdauer wird in einem Vorgangspfeil-Netzplan bei dem zugehörigen Pfeil eingetragen:

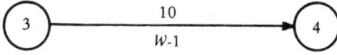

Die Vorgangsdauer wird in einem Vorgangsknoten-Netzplan in den zugehörigen Knoten eingetragen:

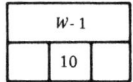

Die Verknüpfungsdauer wird in einem Vorgangsknoten-Netzplan bei dem zugehörigen Pfeil eingetragen:

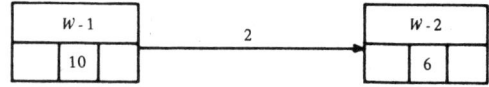

5. Die folgenden Abbildungen (Abb. 24 und 25) enthalten den CPM-Netzplan und den MPM-Netzplan für das Projekt „Fertigen eines Spezialwerkzeuges" (vgl. Abb. 21f und 23b) mit den ermittelten Vorgangs- und Verknüpfungsdauern in Arbeitstagen.

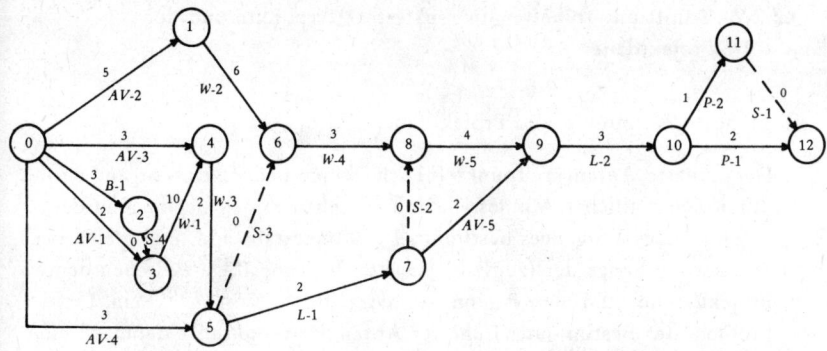

Abb. 24: CPM-Netzplan mit Vorgangsdauern für das Projekt
„Fertigen eines Spezialwerkzeuges"

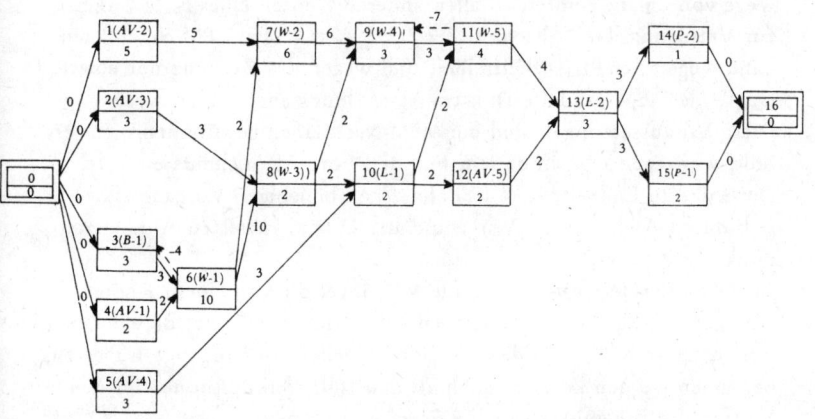

Abb. 25: MPM-Netzplan mit Vorgangsdauern und Verknüpfungsdauern für das
Projekt „Fertigen eines Spezialwerkzeuges"

Das Netzwerk von Abb. 25 enthält keinen Pfeilzykel mit positiver Länge.
Es ist daher logisch widerspruchsfrei. Die negative Verknüpfungsbedin-
gung (–4) zwischen Vorgang 6 und Vorgang 3 bedeutet, daß der Vorgang 6 (Fertigen von A auf $M1$) spätestens 4 Zeiteinheiten nach dem
Vorgang 3 (Einkauf des Rohstoffes) beginnen muß. Es ist dann die Bedingung erfüllt, nach welcher der Rohstoff spätestens 11 ZE nach Eingang verarbeitet werden muß. Die negative Verknüpfung $x_{11,9}(-7)$ si-
chert, daß die Montage von A und B (W-5) spätestens 4 ZE nach Abschluß des Justierens und Erwärmens von B (W-4) beginnt.

3.3.2.2   Ermittlung frühester und spätester Zeitpunkte und der
Projektdauer

1.   Früheste Zeitpunkte und Projektdauer

Der früheste Anfangszeitpunkt *FAZ* für einen beliebigen Vorgang wird
durch den zeitlichen Mindestabstand zwischen Projektbeginn und dem
Beginn dieses Vorganges bestimmt. Der Mindestabstand muß gleich der
(zeitlichen) Länge der (zeitlich) längsten Vorgangsfolge zwischen dem
Projektbeginn und dem Beginn des betrachteten Vorganges sein. Das
Problem der Bestimmung frühester Anfangszeitpunkte ist demnach ein
Problem der Bestimmung (zeitlich) längster Wege zwischen dem Startknoten und allen übrigen Knoten eines Netzplans[1]. Zu seiner Lösung
stehen die graphentheoretischen Verfahren zur Ermittlung längster
Wege von einem Knoten zu allen anderen Knoten eines Netzwerkes
zur Verfügung [vgl. Abschnitt 2.2.2.3, S. 42 ff.]. Bei CPM-Netzplänen
kann wegen der Pfeilzykelfreiheit und wegen der Existenz nur einer
Quelle der abgewandelte Dijkstra-Algorithmus angewendet werden.
Diese Voraussetzungen sind bei MPM-Netzplänen gewöhnlich nicht erfüllt, weswegen man in diesem Fall den Ford-Algorithmus einsetzt.
Der früheste Endzeitpunkt *FEZ* für einen beliebigen Vorgang ergibt
sich durch Addition der Vorgangsdauer *D* zum frühesten Anfangszeitpunkt *FAZ*.
Bei *CPM-Verknüpfung* haben alle Vorgänge, die von einem Knoten
(Ereignis) i ausgehen, den gleichen *FAZ*. Man bezeichnet diesen Zeit-
punkt, zu dem alle von dem Knoten ausgehenden Vorgänge frühestens
begonnen werden können, auch als den frühesten Zeitpunkt für den
Eintritt des Ereignisses i (FZ_i). Es gilt

$$FZ_i = FAZ_{ij} \qquad j \in N_i \qquad (1)$$

N_i: = Menge der unmittelbaren Nachfolger des Ereignisses i

Wegen der Annahme eines zeitlichen Mindestabstandes von Null zwischen dem Ende eines Vorganges und dem Beginn eines Folgevorganges gilt ferner

---

1) Das gilt für alle Netzpläne, bei denen den Pfeilen zeitliche Mindestabstände zugeordnet sind, wie das bei den bekannten Verfahren der Netzplantechnik der Fall ist.

$$FZ_i = \max_{h \in V_i} (FZ_h + D_{hi}) \qquad (2)$$

V_i: = Menge der unmittelbaren Vorgänger des Ereignisses i
D_{hi}: = Dauer des Vorganges (h, i)

Als frühester Zeitpunkt für den Eintritt des Anfangsereignisses kann ein beliebiger Zeitpunkt gewählt werden. Häufig wird $FZ_o = 0$ gesetzt.

Die Projektdauer T ist gleich der Differenz zwischen dem frühesten Zeitpunkt für den Eintritt des Anfangsereignisses FZ_o und dem frühesten Zeitpunkt für den Eintritt des Endereignisses FZ_n des Projektes:

$$T = FZ_n - FZ_o \qquad (3)$$

Für die bei *MPM-Verknüpfung* ermittelten frühesten Anfangszeitpunkte der Vorgänge gilt

$$FAZ_i = \max_{h \in V_i} (FAZ_h + \hat{D}_{hi}) \qquad (4)$$

V_i: = Menge der unmittelbaren Vorgänger des Vorganges i
$\hat{D}_{hi}$: = Verknüpfungszeit des Starts der Vorgänge h und i.

Bei MPM-Verknüpfung ist der Endvorgang derjenige, welcher zuletzt begonnen wird (wegen der Start-Start-Verknüpfungen), aber nicht notwendig derjenige, welcher zuletzt beendet wird. Das bedeutet, daß es Vorgänge geben kann, die zwar früher begonnen, aber auch später beendet werden als der Endvorgang. Die Projektdauer ergibt sich demnach als Differenz zwischen dem maximalen frühesten Endzeitpunkt aller Vorgänge und dem Zeitpunkt des frühesten Projektbeginns:

$$T = \max_i FEZ_i - FAZ_o \quad (i = o, \dots, n) \qquad (5)^{1)}$$

Da jedoch für die Bestimmung der Projektdauer nur diejenigen Vorgänge von Bedeutung sind, deren früheste Endzeitpunkte später liegen als der früheste Anfangszeitpunkt des Endvorganges, kann man sich auf die Betrachtung dieser Vorgänge beschränken. Für die Projektdauer gilt dann

---

1) Im Gegensatz zu den CPM-Netzplänen werden bei MPM-Netzplänen die Vorgänge durch nur einen Index gekennzeichnet.

$$T = \max (FEZ_{i'}) - FAZ_0$$
$$i' \in \{i: FEZ_i \geqslant FAZ_n\} \qquad (5')$$

Was das praktische Vorgehen anbelangt, so ist es sinnvoll, für das Projektende in jedem Fall einen Scheinvorgang $(n+1)$ mit der Dauer null einzuführen (sofern nicht ohnehin ein solcher Scheinvorgang bereits eingeführt wurde) und den Netzplan derart zu erweitern, daß man von allen Vorgängen mit $FEZ_i > FAZ_n$ Verknüpfungspfeile zu dem Scheinvorgang $(n+1)$ einführt, denen man die jeweilige Vorgangsdauer als zeitlichen Mindestabstand zuordnet. Man erreicht dadurch, daß die Projektdauer gleich der Differenz zwischen dem frühesten Anfangszeitpunkt des Scheinvorganges $(n+1)$ und dem frühesten Projektbeginn ist, also

$$T = FAZ_{n+1} - FAZ_0 \qquad (5'')^{[1]}$$

Beispiel 1:

Formulierung des Problems: Gegeben sei der CPM-Netzplan mit Vorgangsdauern für das Projekt „Fertigen eines Spezialwerkzeuges" nach Abb. 24 mit $FZ_0 = 0$.
Gesucht sind die frühesten Anfangszeitpunkte (FAZ) für alle Vorgänge bzw. die frühesten Zeitpunkte (FZ) für alle Ereignisse dieses Netzplanes und die Projektdauer.

Lösung:

Die Ermittlung längster Wege im Netzwerk der Abb. 24 erfolgte mit Hilfe des abgewandelten Algorithmus von Dijkstra. Die ermittelten FAZ und FZ können der Abb. 26 entnommen werden. Die Knoten des

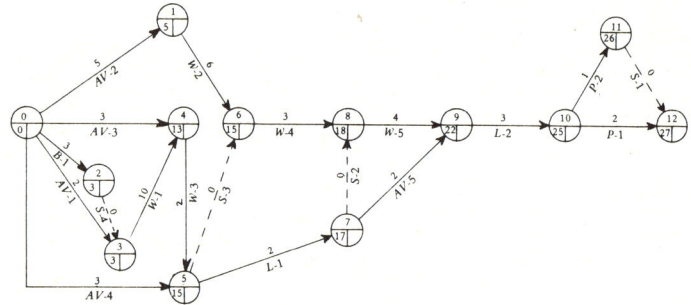

Abb. 26: Früheste Zeitpunkte im CPM-Netzplan des Projektes
„Fertigen eines Spezialwerkzeuges"

---

[1] Ergeben sich durch die zusätzlich eingeführten Verknüpfungen Pfeilzykel mit positiver Länge, dann ist es zweckmäßig einen neuen Scheinvorgang „Ende" einzuführen und den alten zu eliminieren.

Netzwerks enthalten links unten die frühesten Zeitpunkte für die Ereignisse. Dies sind zugleich die frühesten Anfangszeitpunkte für die von diesen Ereignissen ausgehenden Vorgänge. Für das Endereignis des Projektes (Knoten Nr.12) wurde ein frühester Zeitpunkt von 27 ermittelt. Das bedeutet wegen $FZ_0 = 0$, daß das Produkt frühestens 27 Arbeitstage nach Projektbeginn abgeschlossen werden kann und daß die Projektdauer 27 Arbeitstage beträgt.

Beispiel 2:
Formulierung des Problems: Gegeben sei der MPM-Netzplan mit Verknüpfungsdauern für das Projekt „Fertigen eines Spezialwerkzeuges" nach Abb. 25 mit $FAZ_0 = 0$.
Gesucht sind die frühest möglichen Anfangszeitpunkte für alle Vorgänge dieses Netzplanes und die Projektdauer.

Lösung:
Die Ermittlung längster Wege im Netzwerk der Abb. 25 erfolgte mit Hilfe des Ford-Algorithmus. Die ermittelten FAZ können der Abb. 27 entnommen werden.

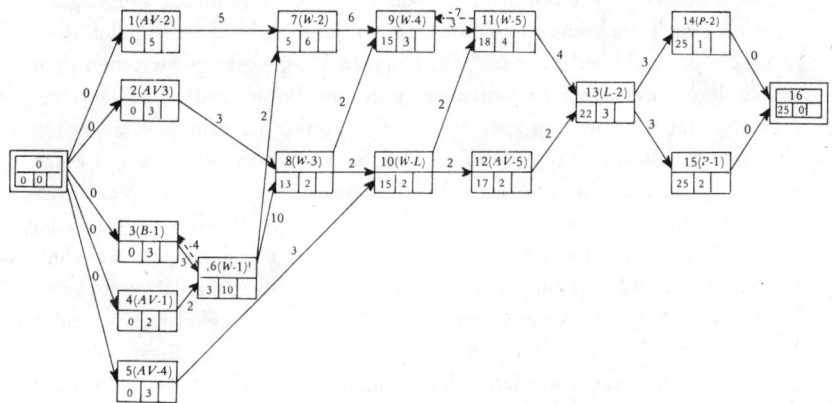

Abb. 27: Früheste Anfangszeitpunkte im MPM-Netzplan des Projektes „Fertigen eines Spezialwerkzeuges"

In Abb. 27 sind in den Knoten links unten die frühesten Anfangszeitpunkte für die Vorgänge eingetragen. Für den Endvorgang des Projektes beträgt der früheste Anfangszeitpunkt $FAZ_{16} = 25$. Da $D_{16} = 0$ ist, ist auch der früheste Endzeitpunkt des Endvorganges $FEZ_{16} = 25$. Zur Bestimmung der Projektdauer sollen nun von allen Vorgängen mit $FEZ_i > 25$ Verknüpfungspfeile zum (hier bereits vorhandenen) End-Scheinvorgang eingeführt und mit den Vorgangsdauern bewertet werden.

Es sind FEZ_{14} = 26 > 25 und FEZ_{15} = 27 > 25. Da bereits Pfeile zwischen den Vorgängen (14) und (16) bzw. (15) und (16) existieren, sind lediglich deren bisherige Werte von 0 durch die Werte der Vorgangsdauern D_{14} = 1 und D_{15} = 2 zu ersetzen. Man erhält dann für Knoten (16) die korrigierten Zeitpunkte FAZ_{16} = FEZ_{16} = 27. Das bedeutet, daß wegen FAZ_0 = 0 die Projektdauer 27 Arbeitstage beträgt.

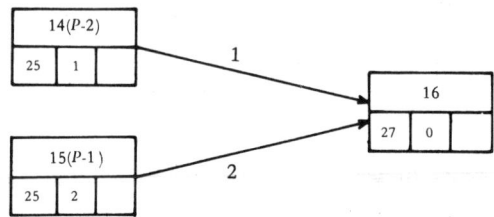

Abb. 27a: Netzplanende bei Berücksichtigung der Projektdauer

2. Späteste Zeitpunkte

Der späteste Endzeitpunkt SEZ für einen beliebigen Vorgang wird durch den zeitlichen Mindestabstand zwischen dem Ende dieses Vorganges und dem Projektende bestimmt. Der Mindestabstand muß gleich der (zeitlichen) Länge der (zeitlich) längsten Vorgangsfolge zwischen dem Ende des betrachteten Vorganges und dem Projektende sein. Das Problem der Bestimmung spätester Endzeitpunkte ist demnach ein Problem der Bestimmung (zeitlich) längster Wege von allen Knoten eines Netzplans zum Endknoten.[1] Um die graphentheoretischen Verfahren zur Ermittlung längster Wege von einem Knoten (Endknoten) zu allen übrigen Knoten eines Netzwerkes anwenden zu können [vgl. Abschnitt 2.2.2.3, S. 42 ff.], müssen alle Pfeilrichtungen im Netzplan umgekehrt werden. Bei CPM-Netzplänen kann wegen der Pfeilzyklefreiheit und wegen der Existenz nur einer Senke der abgewandelte Dijkstra-Algorithmus eingesetzt werden. Diese Voraussetzungen sind bei MPM-Netzplänen gewöhnlich nicht erfüllt, weswegen man in diesem Fall den Ford-Algorithmus anwendet.

Der späteste Anfangszeitpunkt SAZ für einen beliebigen Vorgang ergibt sich durch Subtraktion der Vorgangsdauer D von dem spätesten Endzeitpunkt SEZ.

Bei *CPM-Verknüpfung* haben alle Vorgänge, die in einem Knoten (Ereignis) j münden, den gleichen SEZ. Man bezeichnet diesen Zeitpunkt,

---

1) Das gilt für alle Verfahren, bei denen den Pfeilen zeitliche Mindestabstände zugeordnet sind, wie das bei den bekannten Verfahren der Netzplantechnik der Fall ist.

zu dem alle in den Knoten mündenden Vorgänge spätestens beendet sein müssen, auch als den spätesten Zeitpunkt für den Eintritt des Ereignisses $j(SZ_j)$. Es gilt

$$SZ_j = SEZ_{ij}, \quad i \in V_j \tag{6}$$

Da man bei der Ermittlung der spätesten Endzeitpunkte vom Projektende ausgeht, erhält man zunächst die Zeitpunkte bezogen auf das Projektende SZ_j^e bzw. SEZ_{ij}^e.[1] Es gilt

$$SZ_j^e = \max_{i \in N_j} (SZ_i^e + D_{ij}) \tag{7}$$

Als spätesten Zeitpunkt für den Eintritt des Endereignisses setzt man $SZ_n^e = 0$. Man benötigt jedoch gewöhnlich die spätesten Zeitpunkte bezogen auf den Projektbeginn. Zu diesem Zweck subtrahiert man die SZ_j^e bzw. SEZ_j^e vom frühesten Zeitpunkt für den Eintritt des Endereignisses FZ_n:

$$SZ_j = FZ_n - SZ_j^e \tag{8}$$

Aus (7) und (8) folgt:

$$SZ_j = FZ_n - \max_{i \in N_j} (SZ_i^e + D_{ij})$$

$$SZ_j = \min_{j \in N_i} (FZ_n - SZ_i - D_{ij})$$

$$SZ_j = \min_{i \in N_j} (SZ_i - D_{ij}) \tag{9}$$

Bei *MPM-Verknüpfung* (Start–Start–Verknüpfung) liefert die Ermittlung längster Wege vom Endknoten nicht späteste Endzeitpunkte SEZ, sondern späteste Anfangszeitpunkte SAZ für die einzelnen Vorgänge. Aus den SAZ erhält man dann durch Addition der Vorgangsdauer D die SEZ. Auch hier sind die zunächst auf den Beginn des Endvorganges bezogenen Werte von SAZ_n (falls $SEZ_n = FEZ_n$ der Zeitpunkt des Pro-

---

1) Es sei allgemein SZ^e ein auf das Projektende bezogener Zeitpunkt und SZ ein auf den Projektbeginn bezogener Zeitpunkt.

jektendes ist) bzw. SAZ_{n+1} (falls $FAZ_{n+1} = SAZ_{n+1}$ der Zeitpunkt des Projektendes ist) abzuziehen, um die auf den Projektbeginn bezogenen Werte zu erhalten.

Für die bei MPM-Verknüpfung ermittelten spätesten Anfangszeitpunkte gilt, falls $SEZ_n = FEZ_n$ der Zeitpunkt des Projektendes ist (falls $FAZ_{n+1} = SAZ_{n+1}$ das Projektende markiert ist, ist unten n durch $n+1$ zu ersetzen):

$$SAZ_i^e = \max_{j \in N_i} (SAZ_j^e + \hat{D}_{ij}) \qquad (10)$$

$$SAZ_i = SAZ_n - \max_{j \in N_i} (SAZ_j^e + \hat{D}_{ij})$$

$$SAZ_i = \min_{j \in N_i} (SAZ_n - SAZ_j^e - \hat{D}_{ij})$$

$$SAZ_i = \min_{j \in N_i} (SAZ_j - \hat{D}_{ij}) \qquad (11)$$

Beispiel 1:

Formulierung des Problems: Gegeben sei der CPM-Netzplan mit Vorgangsdauern für das Projekt „Fertigen eines Spezialwerkzeuges" nach Abb. 24.

Gesucht sind a) die spätesten Endzeitpunkte für alle Vorgänge bzw. die spätesten Zeitpunkte für alle Ereignisse, bezogen auf das Projektende (SEZ^e, SZ^e) für $SZ_{12}^e = 0$ und b) die spätesten Endzeitpunkte für die Vorgänge bzw. die spätesten Zeitpunkte für alle Ereignisse, bezogen auf den Projektanfang (SEZ, SZ) für $FZ_{12} = SZ_{12} = 27$.

Lösung:

a) Zunächst werden die Pfeilrichtungen im Netzplan der Abb. 24 umgekehrt. Sodann erfolgt die Ermittlung längster Wege vom Endknoten zu allen anderen Knoten mit Hilfe des abgewandelten Dijkstra-Algorithmus. Die errechneten SEZ und SZ können der Abb. 28 entnommen werden. In Abb. 28 sind in den Knoten rechts unten die spätesten Zeitpunkte für die Ereignisse, bezogen auf das Projektende, angegeben. Als zeitliche Mindestentfernung vom Ziel zum Startereignis ergibt sich auch hier die Projektdauer.

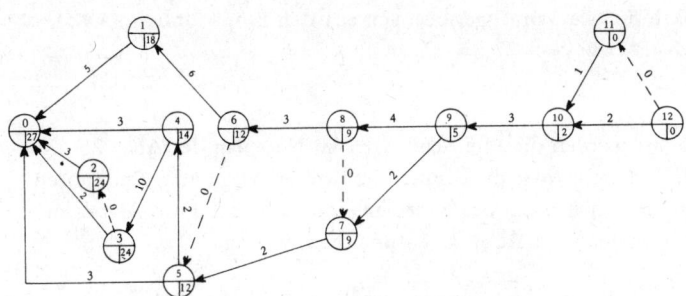

Abb. 28: Späteste Endzeitpunkte bezogen auf das Projektende im
CPM-Netzplan des Projektes „Fertigen eines Spezialwerkzeuges"

b) Die spätesten Endzeitpunkte der Vorgänge und die spätesten Zeitpunkte der Ereignisse, bezogen auf den Projektbeginn, erhält man ge-
mäß Formel (8). Die folgende Abb. 29 enthält die frühesten Zeitpunkte
der Ereignisse in den Knoten links unten und die spätesten Zeitpunkte
der Ereignisse, bezogen auf den Projektbeginn, rechts unten.

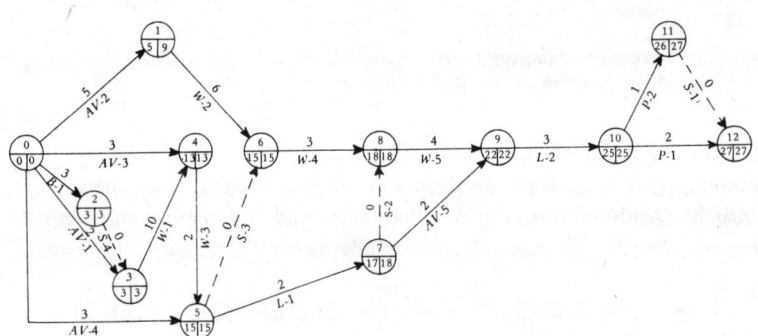

Abb. 29: Frühester Anfangs- und spätester Endzeitpunkt bezogen auf den
Projektbeginn im CPM-Netzplan des Projektes „Fertigen eines
Spezialwerkzeuges"

Beispiel 2:
Formulierung des Problems: Gegeben sei der MPM-Netzplan mit Verknüpfungsdauern für das Projekt „Fertigen eines Spezialwerkzeuges"
nach Abb. 25.
Gesucht sind a) die spätesten Endzeitpunkte für alle Vorgänge, bezogen

auf das Projektende (SAZ^e) für $SAZ_{16} = 0$ und b) die spätesten Endzeitpunkte für alle Vorgänge, bezogen auf den Projektanfang (SAZ),
für $FAZ_{16} = SAZ_{16} = 27$.

Lösung:
a) Zunächst werden die Pfeilrichtungen im Netzplan der Abb. 25 umgekehrt. Sodann erfolgt die Ermittlung längster Wege vom Endknoten
zu allen anderen Knoten des Netzplans mit Hilfe des Ford-Algorithmus.
Die SAZ^e können der Abb. 30 entnommen werden.

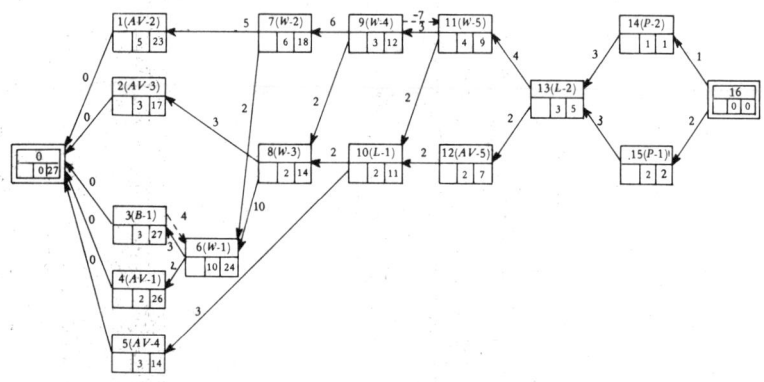

Abb. 30: Späteste Anfangszeitpunkte bezogen auf das Projektende im
MPM-Netzplan des Projektes „Fertigen eines Spezialwerkzeuges"

In Abb. 30 sind in den Knoten rechts unten die spätesten Anfangszeitpunkte für die Vorgänge, bezogen auf das Projektende, angegeben. Als
zeitliche Mindestentfernung zwischen End- und Anfangsvorgang ergibt
sich hier die Projektdauer, weil der Endvorgang ein Scheinvorgang ist.

b) Die spätesten Anfangszeitpunkte der Vorgänge, bezogen auf den Projektbeginn (SAZ), erhält man durch Subtraktion der SAZ^e vom gegebenen Wert $SAZ_{16} = 27$. Die SAZ sind in Abb. 31 in den Knoten
rechts unten eingetragen. Links unten stehen die bereits früher ermittelten frühesten Anfangszeitpunkte der Vorgänge FAZ.

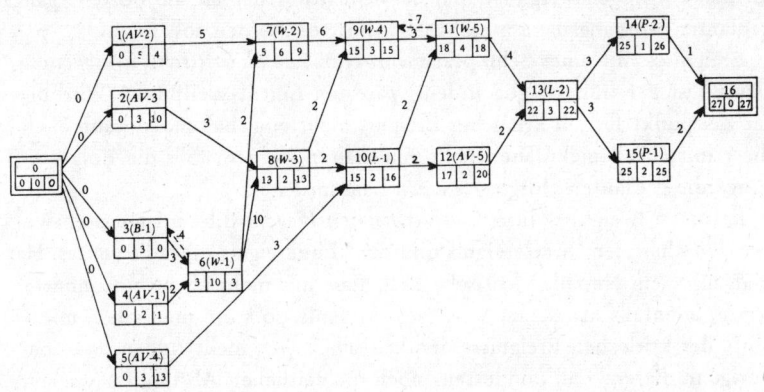

Abb. 31: Früheste und späteste Anfangszeitpunkte bezogen auf den Projektbeginn im MPM-Netzplan des Projektes „Fertigen eines Spezialwerkzeuges"

3.3.2.3 Ermittlung von Zeitreserven, kritischen Vorgängen und kritischen Wegen

Zeitreserven in einem Netzplan lassen sich, bezogen auf Ereignisse und/oder auf Vorgänge berechnen. Ereignisbezogene Zeitreserven (*Schlupfzeiten*) können für Netzpläne bestimmt werden, in denen Ereignisse in Form von Knoten oder Pfeilen explizit enthalten sind (z.B. bei CPM). Vorgangsbezogene Zeitreserven (*Pufferzeiten*) können für Netzpläne bestimmt werden, in denen Vorgänge in Form von Knoten (z.B. bei MPM) oder Pfeilen (z.B. CPM) explizit enthalten sind. Erfüllt ein Netzplan beide Voraussetzungen (wie z.B. ein CPM-Netzplan), so kann man Schlupfzeiten und Pufferzeiten errechnen. Die Pufferzeiten sind im allgemeinen aussagefähiger, weil der Ablauf eines Projektes üblicherweise über die Vorgänge gesteuert wird.

1. Schlupfzeiten, kritische Ereignisse, kritische Wege

Die Schlupfzeit für ein Ereignis *i* ist gleich der Differenz zwischen dem spätesten und dem frühesten Zeitpunkt für den Eintritt dieses Ereignisses

$$SL_i = SZ_i - FZ_i \tag{12}$$

Sie gibt das Zeitintervall an, in welchem das Ereignis *i* eintreten muß, wenn die ermittelte Projektdauer bei Einhaltung der geplanten frühesten Zeitpunkte für die Vorgänger-Ereignisse und bei Einhaltung der für die Folgevorgänge geplanten Vorgangsdauern nicht überschritten werden soll. Ereignisse mit einer Schlupfzeit von Null heißen *kritische Ereignisse.* Für sie ist der früheste gleich dem spätesten Eintrittszeitpunkt. Wird dieser Zeitpunkt für ein kritisches Ereignis nicht eingehalten, so kann auch die ermittelte Projektdauer nicht eingehalten werden, falls die Folgevorgänge die geplanten Vorgangsdauern beanspruchen.

Kritische Ereignisse liegen auf *kritischen Wegen,* d.h. auf längsten Wegen zwischen dem Startereignis und dem Endereignis eines Projektes. Hat man in einem Netzplan kritische Ereignisse mit mehr als einem unmittelbaren, ebenfalls kritischen Vorgänger-Ereignis, so kann man allein mit Hilfe der kritischen Ereignisse den kritischen Weg nicht finden. Man benötigt in diesem Fall mindestens noch die zeitlichen Abstände zwischen den kritischen Ereignissen mit mehreren Vorgängern und diesen Vorgängern.

Wird die Schlupfzeit bei einem nicht-kritischen Ereignis voll in Anspruch genommen, so ergibt sich mindestens ein neuer kritischer Weg zwischen diesem Ereignis und dem Endereignis. Die Schlupfzeiten für alle noch nicht eingetretenen Ereignisse sind dann neu zu berechnen. Für alle auf neuen kritischen Wegen liegenden Ereignisse beträgt die revidierte Schlupfzeit Null.

Beispiel:

Die folgende Tabelle 3 enthält die Schlupfzeiten der Ereignisse für den CPM-Netzplan des Beispiels „Fertigen eines Spezialwerkzeuges" (vgl. Abb. 29). Kritisch ist der Weg 0-2-3-4-5-6-8-9-10-12.

i	FZ_i	SZ_i	SL_i
0	0	0	0
1	5	9	4
2	3	3	0
3	3	3	0
4	13	13	0
5	15	15	0
6	15	15	0
7	17	18	1
8	18	18	0
9	22	22	0
10	25	25	0
11	26	27	1
12	27	27	0

Tabelle 3: Schlupfzeiten

2. Pufferzeiten, kritische Vorgänge, kritische Wege

Die Pufferzeit eines Vorganges gibt an, um welchen Zeitraum die Vorgangsdauer (Verknüpfungsdauer) unter bestimmten Bedingungen verlängert werden kann, ohne daß die ermittelte Projektdauer überschritten wird. Je nach den Bedingungen unterscheidet man die Gesamtpufferzeit (*GP*), die freie Pufferzeit (*FP*) und die unabhängige Pufferzeit (*UP*) eines Vorganges.

Die *Gesamtpufferzeit* eines Vorganges gibt den Zeitraum an, um den die Vorgangsdauer (Verknüpfungsdauer) maximal erhöht werden kann, wenn die ermittelte Projektdauer nicht überschritten werden soll.

Für einen Vorgang (i, j) in einem *CPM-Netzplan* gilt:

$$GP_{ij} + D_{ij} = SEZ_{ij} - FAZ_{ij}$$
$$GP_{ij} = SEZ_{ij} - FAZ_{ij} - D_{ij} \tag{13}$$

Wegen $SEZ_{ij} = SAZ_{ij} + D_{ij}$ kann man (13) auch schreiben

$$GP_{ij} = SAZ_{ij} - FAZ_{ij} \tag{13'}$$

Wegen $FAZ_{ij} = FEZ_{ij} - D_{ij}$ kann man (13) auch schreiben

$$GP_{ij} = SEZ_{ij} - FEZ_{ij} \tag{13''}$$

Wegen (1) und (6) kann man (13) auch schreiben

$$GP_{ij} = SZ_j - FZ_i - D_{ij} \tag{13'''}$$

Für einen Vorgang (i) in einem *MPM-Netzplan* gilt:

$$GP_i + D_i = \min_{j \in N_i} (SAZ_j - d_{ij} + D_i) - FAZ_i \tag{14}$$

$$GP_i = \min_{j \in N_i} (SAZ_j - d_{ij}) - FAZ_i$$

Wegen (11) kann man (14) schreiben

$$GP_i = SAZ_i - FAZ_i \tag{14'}$$

Vorgänge mit einer Gesamtpufferzeit von Null heißen *kritische Vorgänge*. Eine Verlängerung der geplanten Dauer kritischer Vorgänge führt stets zu einer Verlängerung der Projektdauer, wenn keine kompensierenden Planabweichungen auftreten.

Die kritischen Vorgänge eines Projektes bilden *kritische Wege*, d.h. längste Wege, zwischen dem Startknoten (Startereignis oder Startvorgang) und dem Endknoten (Endereignis oder Endvorgang) eines Netzplans. Bei MPM-Verknüpfung gilt diese Aussage, wenn das Projekt mit Abschluß des Endvorganges beendet ist. Wie oben erläutert wurde [vgl. S. 100], kann diese Voraussetzung durch Einführung eines End-Scheinvorganges immer erfüllt werden.

Die *freie Pufferzeit* eines Vorganges gibt den Zeitraum an, um den die Vorgangsdauer (Verknüpfungsdauer) erhöht werden kann, wenn alle Vorgänge im Netzplan zu den geplanten frühesten Anfangszeitpunkten beginnen.

Für einen Vorgang (i,j) in einem *CPM-Netzplan* gilt:

$$FP_{ij} + D_{ij} = FAZ_{jk} - FAZ_{ij} \qquad (k \in N_i)$$

$$FP_{ij} = FAZ_{jk} - FAZ_{ij} - D_{ij} \qquad (15)$$

Wegen (1) kann man (15) auch schreiben

$$FP_{ij} = FZ_j - FZ_i - D_{ij} \qquad (15')$$

Wegen $FEZ_{ij} = FAZ_{ij} + D_{ij}$ und (1) kann man (15) auch schreiben

$$FP_{ij} = FZ_j - FEZ_{ij} \qquad (15'')$$

Die Formeln (15) – (15'') beruhen auf der Annahme, daß FAZ_{jk} für alle $k \in N_j$ gleich ist. Diese Annahme ist (formal) immer erfüllt, wenn N_j auch Endknoten nach Scheinvorgängen enthält. Zur Ermittlung freier Pufferzeiten ist es jedoch sinnvoll, als Menge der Nachfolgevorgänge N_{ij} die Vereinigungsmenge der zeitbeanspruchenden, unmittelbaren Nachfolgevorgänge und der den Scheinnachfolgern unmittelbar folgenden, zeitbeanspruchenden Vorgänge zu definieren. Bei dieser Definition der Nachfolgevorgänge N_{ij} bzw. der Nachfolgeereignisse N_j muß die Annahme gleicher FAZ_{jk} für alle $j, k \in N_{ij}$ nicht mehr erfüllt sein. Für die Errechnung der freien Pufferzeit muß dann anstelle von FAZ_{jk} bzw. FZ_j min FAZ_{jk}

$$j,k \in N_{ij}$$

gesetzt werden, also

$$FP_{ij} = \min_{jk \in N_{ij}} FAZ_{jk} - FEZ_{ij} \tag{16}$$

$\min\limits_{jk \in N_{ij}} FAZ_{jk} = FZ_j$ ist immer dann erfüllt, wenn dem Vorgang i,j wenigstens ein zeitbeanspruchender Vorgang folgt oder wenn beim Fehlen zeitbeanspruchender, unmittelbarer Nachfolger wenigstens einer der nachfolgenden Scheinvorgänge zum kritischen Weg gehört [*Schwarze* 1973, S. B–111 ff.]. Formel (16) muß daher zur Ermittlung der freien Pufferzeit nur angewendet werden, wenn einem Vorgang lediglich Scheinvorgänge folgen, von denen keiner auf einem kritischen Weg liegt.

Für einen Vorgang i in einem *MPM-Netzplan* gilt:

$$FP_i + D_i = \min_{j \in N_i} (FAZ_j - d_{ij} + D_i) - FAZ_i$$
$$FP_i = \min_{j \in N_i} (FAZ_j - d_{ij}) - FAZ_i \tag{17}$$

Da $SZ_j \geqslant FZ_j$ bzw. $SAZ_j \geqslant FAZ_j$ kann die freie Pufferzeit eines Vorganges nicht größer sein als die Gesamtpufferzeit.

Die *unabhängige Pufferzeit* eines Vorganges gibt den Zeitraum an, um den die Vorgangsdauer (Verknüpfungsdauer) erhöht werden kann, wenn alle vorausgehenden Vorgänge im Netzplan zu den geplanten spätesten Anfangszeitpunkten und alle nachfolgenden Vorgänge zu den geplanten frühesten Anfangszeitpunkten beginnen. Für einen Vorgang i,j in einem CPM-Netzplan gilt:

$$UP_{ij} + D_{ij} = FAZ_{jk} - SEZ_{hi} \qquad k \in N_j \; ; \; h \in V_i$$

$$UP_{ij} = FAZ_{jk} - SEZ_{hi} - D_{ij} \tag{18}$$

Da negative unabhängige Pufferzeiten nicht interessieren, (18) aber Werte kleiner Null annehmen kann, setzt man

$$UP_{ij} = \max (0, FAZ_{jk} - SEZ_{hi} - D_{ij}) \tag{18'}$$

Wegen (1) und (6) kann man (18') auch schreiben

$$UP_{ij} = \max (0, FZ_j - SZ_i - D_{ij}) \tag{18''}$$

Die Formeln $(18) - (18'')$ beruhen auf der Annahme, daß FAZ_{jk} gleich ist für alle $k \in N_j$ und daß SEZ_{hi} gleich ist für alle $h \in V_i$. Im Zusammenhang mit der freien Pufferzeit wurde für die FAZ_{jk} bereits erläutert, wann diese Annahme nicht mehr als erfüllt angesehen werden kann und in welchen Fällen in $(18')$ bzw. $(18'')$ $FAZ_{jk} = FZ_j := \min_{k,j \in N_{ij}} FAZ_{jk}$ zu setzen ist.

Bezüglich der SEZ_{hi} muß die obige Annahme nicht erfüllt sein, wenn man sinnvollerweise die Menge der Vorgänger von ij (V_{ij}) als Vereinigungsmenge der unmittelbar vorausgehenden, zeitbeanspruchenden Vorgänge und der den Scheinvorgängern unmittelbar vorausgehenden, zeitbeanspruchenden Vorgänge definiert. Hat der Vorgang ij mindestens einen Scheinvorgänger, so ist deshalb in $(18')$ bzw. $(18'')$ anstelle von $SEZ_{hi} = SZ_i := \max_{h,i \in V_{ij}} SEZ_{hi}$ zu setzen [*Schwarze*, 1973, S. B–111 ff.].

Max $SEZ_{hi} = SZ_i$ ist immer erfüllt, wenn der Vorgang i,j wenigstens einen $h\,i \in V_{ij}$ zeitbeanspruchenden, unmittelbaren Vorgänger besitzt oder wenn beim Fehlen eines solchen Vorgängers einer der unmittelbar vorausgehenden Scheinvorgänge zum kritischen Weg gehört.

Für einen Vorgang i in einem *MPM-Netzplan* gilt

$$UP_i + D_i = \min_{j \in N_i} (FAZ_j - d_{ij} + D_i) - \max_{h \in V_i} (SAZ_h + d_{hi})$$

$$UP_i = \min_{j \in N_i} (FAZ_j - d_{ij}) - \max_{h \in V_i} (SAZ_h + d_{hi}) \quad (19)$$

Um keine negativen unabhängigen Pufferzeiten zu erhalten, setzt man auch hier wieder

$$UP_i = \max [0, \min (FAZ_j - d_{ij}) - \max (SAZ_h + d_{hi})] \quad (19')$$

Da stets $FZ_i \leqslant SZ_i$ bzw. $FAZ_i \leqslant SAZ_i = \max_{h \in V_i} (SAZ_h + d_{hi})$ sein muß, kann die unabhängige Pufferzeit eines Vorganges nicht größer sein als seine freie Pufferzeit. Allgemein gilt für die Pufferzeiten eines Vorganges i,j die Beziehung $GP_{ij} \geqslant FP_{ij} \geqslant UP_{ij}$.

Je nach der Bedeutung der Einhaltung der geplanten Vorgangsdauer für die Einhaltung der geplanten Projektdauer, oder anders ausgedrückt, je nach der Flexibilität der Vorgangsdauer bei Einhaltung der geplanten Projektdauer kann man aufgrund der errechneten Pufferzeiten vier Kategorien von Vorgängen eines Projektes bilden.

Kategorie 1: Vorgänge mit $GP = FP = UP = 0 \Rightarrow$ Kritische Vorgänge. Die Verlängerung der Dauer eines dieser Vorgänge über den Planwert hinaus führt zu einer Verlängerung der geplanten Projektdauer.

Kategorie 2: Vorgänge mit $GP > 0$, $FP = UP = 0 \Rightarrow$ Nichtkritische Vorgänge, ohne freie und unabhängige Pufferzeit. Die Verlängerung der Dauer eines dieser Vorgänge um $\Delta D \leqslant GP$ über den Planwert hinaus ist ohne Verlängerung der geplanten Projektdauer möglich, wenn dieser Vorgang zum frühesten Anfangszeitpunkt begonnen werden kann. Die Inanspruchnahme der Gesamtpufferzeit führt bei allen unmittelbaren Nachfolgern des betrachteten Vorganges zu einer Reduzierung der Gesamtpufferzeit um ΔD. Für einen auf einem Weg vom betrachteten Vorgang zum Projektende liegenden Vorgang reduziert sich die Gesamtpufferzeit um

— ΔD, sofern sein Vorgänger auf dem Weg keine freie Pufferzeit besitzt;

— weniger als ΔD, sofern sein Vorgänger auf dem Weg freie Pufferzeit besitzt.

Die sukzessive Fortpflanzung der Reduktion der Gesamtpufferzeit auf einem Weg wird beendet, wenn die sich für einen Vorgang ergebende Reduktion seiner Gesamtpufferzeit nicht größer als seine freie Pufferzeit ist.

Kategorie 3: Vorgänge mit $GP > 0$, $FP > 0$, $UP = 0 \Rightarrow$ Nichtkritische Vorgänge, ohne unabhängige Pufferzeit. Die Verlängerung der Dauer jedes dieser Vorgänge um $\Delta D \leqslant FP$ über den Planwert hinaus ist ohne Verlängerung der geplanten Projektdauer möglich, wenn diese Vorgänge zum frühesten Anfangszeitpunkt begonnen werden können. Die Inanspruchnahme der freien Pufferzeit bei einem Vorgang beeinflußt die Pufferzeiten der Folgevorgänge nicht.

Kategorie 4: Vorgänge mit $GP > 0$, $FP > 0$, $UP > 0 \Rightarrow$ Nichtkritische Vorgänge mit freien und unabhängigen Pufferzeiten. Die Verlängerung der Dauer jedes dieser Vorgänge um $\Delta D \leqslant UP$ über den Planwert hinaus ist ohne Verlängerung der geplanten Projektdauer möglich. Die Inanspruchnahme der unabhängigen Pufferzeit bei einem Vorgang beeinflußt die Pufferzeiten der übrigen Vorgänge des Projektes nicht.

Diese Kategoriebildung der Vorgänge ist beispielsweise auch dann von Nutzen, wenn man durch Umverteilung der Kapazitäten kritische Vorgänge zu Lasten nicht-kritischer Vorgänge beschleunigen will. Man vermindert zweckmäßig zunächst die Kapazitäten für Vorgänge der Kategorie 4, danach die Kapazitäten für Vorgänge der Kategorie 3 und erst zuletzt die Kapazitäten für Vorgänge der Kategorie 2.

3. Beispiel 1:

Formulierung des Problems: Gegeben sei der CPM-Netzplan für das Projekt „Fertigen eines Spezialwerkzeuges" mit Vorgangsdauern, Anfangs- und Endzeitpunkten entsprechend Abb. 29.

Gesucht sind die Gesamtpufferzeit GP, die freie Pufferzeit FP und die unabhängige Pufferzeit UP der einzelnen Vorgänge.

Lösung:

Die Berechnung der Pufferzeiten erfolgt mit Hilfe der Formeln (13), (15) und (18) oder einer ihrer Modifikationen. Die unten angegebene Tabelle 4 enthält die Ergebnisse. Kritische Vorgänge werden unterstrichen.

Bez.des Vor-ganges	i	j	D_{ij}	FZ_i	SZ_i	FZ_j	SZ_j	GP_{ij}	FP_{ij}	UP_{ij}
AV-2	0	1	5	0	0	5	9	4	0	0
B-1	0	2	3	0	0	3	3	0	0	0
AV-1	0	3	2	0	0	3	3	1	1	1
AV-3	0	4	3	0	0	13	13	10	10	10
AV-4	0	5	3	0	0	15	15	12	12	12
W-2	1	6	6	5	9	15	15	4	4	0
S-4	2	3	0	3	3	3	3	0	0	0
W-1	3	4	10	3	3	13	13	0	0	0
W-3	4	5	2	13	13	15	15	0	0	0
S-3	5	6	0	15	15	15	15	0	0	0
L-1	5	7	2	15	15	17	18	1	0	0
W-4	6	8	3	15	15	18	18	0	0	0
S-2	7	8	0	17	18	18	18	1	1	0
AV-5	7	9	2	17	18	22	22	3	3	2
W-5	8	9	4	18	18	22	22	0	0	0
L-2	9	10	3	22	22	25	25	0	0	0
P-2	10	11	1	25	25	26	27	1	0	0
P-1	10	12	2	25	25	27	27	0	0	0
S-1	11	12	0	26	27	27	27	1	1	0

Tabelle 4: Schlupfzeiten und Pufferzeiten für den CPM-Netzplan von Abb. 29

In dem Beispiel soll Produkt A spätestens 11 ZE nach Eingang des Rohstoffes fertig sein, d.h. Ereignis 4 sollte spätestens 11 ZE nach Ereignis 2
eintreten. Da $SZ_4 - FZ_2 = 13 - 3 = 10$ ist, kann diese Bedingung eingehalten
werden. Müßte A spätestens 9 ZE nach Rohstoffeingang fertig sein, so
wäre der Netzplan nicht zulässig. Es müßte dann der Vorgang W-1 verkürzt oder der Vorgang B-1 verlängert werden. Da für das Fertigen von
B (Vorgang W-2) Pufferzeit vorhanden ist und der früheste Anfang
$FAZ_{16} = 5 > FAZ_{34} = 3$ ist, könnte man evtl. Arbeitskräfte bei der Fertigung von B abziehen und bei der Fertigung von A zusätzlich einsetzen.
Weiter soll W-2 frühestens 2 ZE nach Beginn von W-1 beginnen. Da
$FAZ_{34} = 3 + 2 = FAZ_{16} = 5$ ist, wird diese Bedingung ebenfalls erfüllt.
Wäre die Frist etwa 3 ZE, so müßte $FAZ_{16} = FZ_1 = 6$ gesetzt werden.
D.h. in diesem Fall, daß Pufferzeit (1 ZE) als Wartezeit verlorengeht.

Ferner soll die Montage W-5 spätestens 4 ZE nach dem Justieren und
Erwärmen von B (W-4) beginnen. Da $FEZ_{68} = 18$ und $SZ_8 = 18$, kann
auch diese Bedingung erfüllt werden.

Beispiel 2:
Formulierung des Problems: Gegeben sei der MPM-Netzplan für das Projekt „Fertigen eines Spezialwerkzeuges" mit Verknüpfungsdauer, Anfangs-
und Endzeitpunkten entsprechend Abb. 31. Gesucht sind die Gesamtpufferzeit GP, die freie Pufferzeit FP und die unabhängige Pufferzeit UP der
einzelnen Vorgänge.

Lösung:
Die Berechnung der Pufferzeiten erfolgt mit Hilfe der Formeln (14), (17)
und (19'). Die unten angegebene Tabelle 5 enthält die Ergebnisse. Die kritischen Vorgänge wurden unterstrichen.

Vor-gänge	i	GP_i	FP_i	UP_i
Anfang	0	0	0	0
AV-2	1	4	0	0
AV-3	2	10	10	10
B-1	3	0	0	0
AV-1	4	1	1	1
AV-4	5	13	12	12
W-1	6	0	0	0
W-2	7	4	4	0
W-3	8	0	0	0
W-4	9	0	0	0

Vor-gänge	i	GP_i	FP_i	UP_i
L-1	10	1	1	0
W-5	11	0	0	0
A V-5	12	3	3	3
L-2	13	0	0	0
P-2	14	1	1	1
P-1	15	0	0	0
Ende	16	0	0	0

Tabelle 5: Pufferzeiten für den MPM-Netzplan von Abb.31

3.3.3 Die Zeitplanung bei stochastischen Vorgangs- und Verknüpfungsdauern

3.3.3.1 Wahrscheinlichkeitsverteilungen für Vorgangs- und Verknüpfungsdauern

Die folgenden Überlegungen werden auf Vorgangsdauern beschränkt. Sie gelten für Verknüpfungsdauern analog. Der Fall reiner Unsicherheit, bei dem keine Wahrscheinlichkeiten bekannt sind, soll ausgeschlossen sein. Über die zu ermittelnden Dauern soll es zumindest subjektive Wahrscheinlichkeitsvorstellungen geben, so daß subjektive Schätzungen möglich sind.

Im günstigsten Fall hat man bei der stochastischen Zeitplanung empirisch-statistische Unterlagen über eine oder mehrere der zu schätzenden Vorgangsdauern. Man kann dann relative Häufigkeiten einzelner Dauern berechnen und erhält so eine Näherung für die Wahrscheinlichkeitsverteilung. Im Regelfall der Praxis liegen jedoch nur wenige oder gar keine Beobachtungen vor, so daß man zusätzlich oder ausschließlich auf subjektive Schätzungen angewiesen ist. Zur Gewinnung solcher Schätzungen stehen prinzipiell wiederum die in Abschnitt 3.3.2.1 erwähnten Verfahren zur Verfügung. Im Unterschied zum deterministischen Fall geht es bei stochastischen Vorgangsdauern aber nicht darum, Einpunktschätzungen für die Vorgangsdauern anzugeben, sondern deren Wahrscheinlichkeitsverteilungen zu schätzen. Die Ermittlung einer spezifischen subjektiven Wahrscheinlichkeitsverteilung für jede Vorgangsdauer ist äußerst kompliziert und aufwendig, und die Verarbeitung solcher Wahrscheinlichkeitsverteilungen, etwa zur Gewinnung einer Wahrscheinlichkeitsverteilung der Projektdauer, bringt unter Umständen erhebliche Schwierigkeiten mit sich. Sowohl die Schätzungen als auch die Verarbeitung der Verteilungen können vereinfacht werden, wenn man einen Verteilungstyp angeben kann, dem die Wahrscheinlichkeitsverteilungen der Vorgangsdauern wenigstens annähernd entsprechen. In diesem Fall reduziert sich das Problem der Schätzung von Wahrscheinlichkeitsverteilungen auf das Problem der Schätzung von Parametern für die Verteilung des gewählten Typs.

Empirische Untersuchungen darüber, von welcher Art die Wahrscheinlichkeitsverteilungen der Vorgangsdauern sind, wurden bisher nicht durchgeführt. Einige der Eigenschaften, die solche Wahrscheinlichkeitsverteilungen besitzen sollten, lassen sich jedoch relativ leicht deduzieren [*MacCrimmon* und *Ryavec,* 1964, S. 16 ff.]:

a) Die Wahrscheinlichkeitsverteilung einer Vorgangsdauer sollte stetig sein, da die Vorgangsdauer eine kontinuierliche Größe ist.

b) Der Wertebereich der Wahrscheinlichkeitsverteilung einer Vorgangsdauer sollte auf nichtnegative Werte beschränkt werden können.

c) Die Wahrscheinlichkeitsverteilung einer Vorgangsdauer sollte endlich sein. Eine nach oben unbeschränkte Wahrscheinlichkeitsverteilung der Vorgangsdauer würde die Möglichkeit einschließen, daß ein Vorgang und damit das Projekt nicht beendet wird.

d) Die Wahrscheinlichkeitsverteilung einer Vorgangsdauer sollte eingipflig sein, da erwartet werden kann, daß sich die Realisationen der Zufallsvariablen um einen bestimmten Wert konzentrieren.

Mit Hilfe dieser Eigenschaften kann zwar eine Reihe von Verteilungstypen von vornherein als wenig geeignet ausgeschlossen werden. Es gibt aber immer noch zahlreiche Verteilungstypen, welche die genannten Eigenschaften besitzen, und es erscheint nicht möglich, durch zusätzliche axiomatische Bedingungen die Anzahl der in Frage kommenden Verteilungstypen weiter zu verringern. Aus der Sicht des Anwenders wird man von den vielen, gleich plausiblen Verteilungen eine suchen, die durch wenige Parameter bestimmt ist und deren Parameter sich relativ leicht ermitteln lassen. Im folgenden werden als gebräuchliche Verteilungen dieser Art die Beta-Verteilung, die Dreiecksverteilung und die Trapezverteilung behandelt. Darüber hinaus wird die Möglichkeit einer direkten Schätzung von Erwartungswert und Varianz einer Verteilung erörtert, d.h. einer Schätzung ohne vorherige Bestimmung der Verteilung.

1. Beta-Verteilung

Besonders ausführlich wird auf die Beta-Verteilung eingegangen, da sie beim PERT-Verfahren als dem verbreitetsten der mit stochastischen Vorgangsdauern arbeitenden Verfahren Verwendung findet.

Die Dichtefunktion der Beta-Verteilung ist allgemein

$$f(t) = \begin{cases} c \cdot (t-a)^{q-1} \cdot (b-t)^{r-1}, \text{ falls } a \leqslant t \leqslant b \\ \\ 0 \end{cases} \tag{20}$$

mit $q,r > 0 \, ; q + r - 2 \neq 0$.

Die Parameter der Beta-Verteilung sind a,b,q,r. Für die Konstante c erhält man aufgrund der Verteilungsfunktion

$$\int_{-\infty}^{+\infty} f(t)dt = \int_a^b c \cdot (t-a)^{q-1} \cdot (b-t)^{r-1} dt = 1 \tag{21}$$

den Wert

$$c = \frac{1}{\int_a^b (t-a)^{q-1} \cdot (b-t)^{r-1} dt} \tag{22}$$

Beispiel:
Bestimmung der Dichtefunktion für eine Beta-Verteilung mit den Parametern $a = 6$, $b = 12$, $q = r = 2$.

(1)
$$c = \frac{1}{\int_6^{12} (t-6)(12-t)dt}$$

$$= \frac{1}{\int_6^{12} (-72+18t-t^2)dt}$$

$$= \frac{1}{-72t+\frac{18}{2}t^2-\frac{1}{3}t^3 \Big|_6^{12}} = \frac{1}{36}$$

(2)
$$f(t) = \begin{cases} \frac{1}{36}(t-6)(12-t) = -2 + \frac{t}{2} - \frac{t^2}{36}, \text{ falls } 6 \leqslant t \leqslant 12 \\ \\ 0, \text{ sonst} \end{cases}$$

Diese Dichtefunktion ist in Abb. 32 graphisch dargestellt.

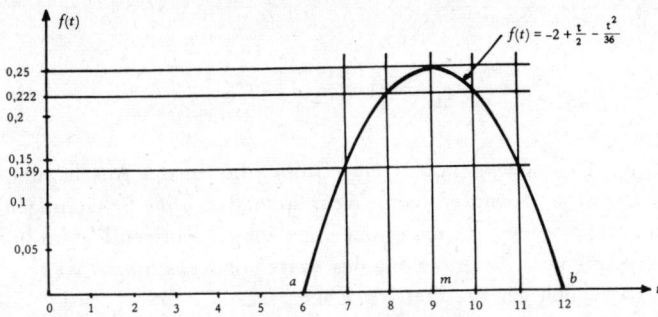

Abb. 32: Beta-Verteilung für $q = r = 2$ und $a = 6$, $b = 12$

Die Zufallsvariable, d.h. im hier betrachteten Fall die Vorgangsdauer, kann keinen Wert $t < a$ und $t > b$ annehmen. Es bietet sich daher für a und b eine natürliche Interpretation an: a ist die Dauer, in welcher ein Vorgang günstigstenfalls erledigt wird (optimistische Schätzung), und b die Dauer, in welcher der Vorgang ungünstigstenfalls erledigt wird (pessimistische Schätzung). Die beiden Extremwerte einer Vorgangsdauer lassen sich im allgemeinen verhältnismäßig leicht schätzen. Dies reicht jedoch zur eindeutigen Bestimmung der Beta-Verteilung nicht aus. Beim PERT-Verfahren ist deshalb neben der Schätzung von a und b eine Schätzung des wahrscheinlichsten Wertes (Modalwert) vorgesehen. Der Modalwert m ist derjenige Wert t, für den die Verteilung $f(t)$ ihr Maximum annimmt. Aus (20) erhält man

$$\frac{df(t)}{dt} = c((q-1)\,(t-a)^{q-2} \cdot (b-t)^{r-1} - (r-1)\,(t-a)^{q-1} \cdot (b-t)^{r-2}) \quad (23)$$

Als Modalwert $m = t \,\Big|\, \dfrac{df(t)}{dt} = 0$ und $\dfrac{d^2 f(t)}{dt^2} < 0$ ergibt sich aus $\quad$ (21)

$$m = \frac{(q-1)\cdot b + (r-1)\cdot a}{q + r - 2} \,, \text{ wenn } q-1 > 0 \text{ und } r-1 > 0 \quad (24)$$
$$[\textit{Weber, } 1970, \text{ S. } 233].$$

Da für die eindeutige Determinierung einer Beta-Verteilung a,b,q,r bekannt sein müssen, bleibt nach Schätzung von a,b und m noch ein Freiheitsgrad für die Schätzung von q oder r. Das folgt aus (23). Wird q geschätzt, so ist

$$r = \frac{2m - a - b}{m - a} + \frac{b - m}{m - a} \cdot q \qquad (25)$$

Wird r geschätzt, so ist

$$q = \frac{2m - a - b}{m - b} + \frac{q - m}{m - b} \cdot r \qquad (26)$$

Nun ist jedoch weder q noch r eine Größe, die aus der Anschauung heraus leicht geschätzt werden kann. Wenn man aber ohne Schätzungen von q oder r auskommen will, dann muß man zur eindeutigen Determinierung der Verteilung über die Annahme des Verteilungstyps hinaus weitere Annahmen bezüglich der Parameter machen.

Beim PERT-Verfahren, das mit Schätzungen für a,b und m auskommt, setzt man den Erwartungswert μ der Vorgangsdauer t

$$\mu = \frac{a + 4m + b}{6} \qquad (27)$$

und die Varianz σ^2 der Vorgangsdauer t

$$\sigma^2 = \left(\frac{b-a}{6}\right)^2 \qquad (28)$$

Erwartungswert und Varianz einer beta-verteilten Zufallsvariablen betragen jedoch [zur Ableitung vgl. *Brandenberger* und *Konrad*, 1970, S. 77 ff.]

$$\mu = \frac{a \cdot r + b \cdot q}{q + r} \qquad (29)$$

$$\sigma^2 = \frac{(b-a)^2 \cdot q \cdot r}{(q+r+1)(q+r)^2} \qquad (30)$$

Die Gleichungen (27) und (28) lassen sich unter einer der folgenden Annahmen (PERT-Annahmen) auf die Gleichungen (29) und (30) zurückführen [s. auch *Weber*, 1971].

a) Man setzt willkürlich $q = 3+\sqrt{2}$ und $r = 3-\sqrt{2}$. Dann erhält man aus (22), (25) und (26):

$$m = \frac{(2+\sqrt{2}) \cdot b + (2-\sqrt{2}) \cdot a}{4} \qquad (31)$$

$$\mu = \frac{a(3-\sqrt{2})+b \cdot (3+\sqrt{2})}{6} = \frac{a+b+a(2-\sqrt{2})+b(2+\sqrt{2})}{6} = \frac{a+b+4m}{6} \qquad (32)$$

$$\sigma^2 = \frac{(b-a)^2 \cdot (3+\sqrt{2})(3-\sqrt{2})}{(3+\sqrt{2}+3-\sqrt{2}+1)(3+\sqrt{2}+3-\sqrt{2})^2} = \frac{(b-a)^2}{36} = \left(\frac{b-a}{6}\right)^2 \qquad (33)$$

Mit der Festsetzung von q und r hat man zusammen mit den Schätzungen von a, b und m 5 Größen bestimmt, obwohl die Beta-Verteilung nur 4 Parameter besitzt. Damit ist die Verteilung überbestimmt, denn a, b und m werden nur zufällig so geschätzt werden, daß (31) erfüllt ist. Es wäre deshalb richtig, nur zwei der Größen a, b, m zu schätzen und die dritte zu berechnen. Selbst dann bleibt aber die Willkür der Annahme von $q = 3+\sqrt{2}$ und $r = 3-\sqrt{2}$, die nicht befriedigen kann.

b) Man setzt die Varianz der Beta-Verteilung

$$\sigma^2 = \frac{(b-a)^2 \cdot q \cdot r}{(q+r+1)(q+r)^2} = \left(\frac{b-a}{6}\right)^2 \qquad (34)$$

[s. Gleichungen (28) und (30)]. Dann benötigt man lediglich Schätzungen für a, b und m, um aus (34) und (25) bzw. (26) q und r bestimmen zu können. Aus (34) und (25) erhält man (35) wenn $\frac{2m-a-b}{m-a} : = u$ und $\frac{b-m}{m-a} : = v$.

$$36q(u+v \cdot q)=q^3(1+v)^3 +q^2(3u+6v+2uv^2 +v^2 +2v+1)$$
$$+ q(3u^2 +2u^2 v+2u+2uv)+u^2 +u^3 \qquad (35)$$

Aus (35) berechnet man q und sodann r aus (25). Schließlich läßt sich noch der Erwartungswert μ mit Hilfe von (29) bestimmen. Die bei PERT verwendete Formel für den Erwartungswert (27) kann als Näherung für den exakten Wert (29) angesehen werden [*Henn* und *Künzi*, 1968, S. 182].

In diesem Fall ist die Festsetzung (34) willkürlich, sie kann so wenig wie die Annahme $q=3+\sqrt{2}$ und $r = 3-\sqrt{2}$ plausibel begründet werden.

Die Überlegungen zur Parameterschätzung der Beta-Verteilung lassen es allenfalls aus rechentechnischen Gründen gerechtfertigt erscheinen, das PERT-Vorgehen der Schätzung von a, b, m und der Ermittlung von μ und σ^2 mit Hilfe von (27) und (28) zu wählen. Über die Fehler, die bei der PERT-Schätzung auftreten können, liegt eine sorgfältige analytische

Studie vor [*MacCrimmon* und *Ryavec*, 1964, S. 16 ff.]. Es wurden 3 mögliche Fehlerquellen untersucht:

a) Der maximale Fehler, der durch die Annahme einer Beta-Verteilung entstehen kann, wenn unterstellt wird, daß die tatsächliche (nicht bekannte) Verteilung der Vorgangsdauern eingipflig und stetig ist und die Abszisse an zwei nichtnegativen Punkten berührt. Es wurden die möglichen Abweichungen des Erwartungswertes und der Standardabweichung untersucht. Dabei ergab sich, daß der Fehler beim Erwartungswert vom tatsächlichen Modalwert der Verteilung abhängt. Liegt m nahe an den Grenzen a oder b, dann kann der Erwartungswert der Beta-Verteilung bis zu 33% vom Erwartungswert der tatsächlichen Verteilung abweichen. Liegt m dagegen im Bereich $\left| \frac{a+b}{2} - m \right| \leqslant 1/6$, dann liegt der Fehler bei etwa 11%. Hinsichtlich der Standardabweichung ist der Fehler unabhängig vom Modalwert. Er liegt bei etwa 17%.

b) Der Fehler, welcher durch die Annahme $q = 3+\sqrt{2}$ und $r = 3-\sqrt{2}$ bzw. durch die Näherung (27) verursacht werden kann, wenn die Vorgangsdauer exakt beta-verteilt ist.
Der maximale Fehler beträgt beim Erwartungswert 33% und bei der Standardabweichung 17%. Ist $2 \leqslant q \leqslant 17$ und $\left| \frac{a+b}{2} - m \right| \leqslant \frac{1}{6}$, dann ergibt sich für den Erwartungswert ein Fehler von höchstens 4% und für die Standardabweichung ein Fehler von höchstens 7%.

c) Der Fehler, welcher durch falsche Schätzungen der Werte a, b und m entstehen kann.
Es wurde angenommen, daß a im Bereich $0,8\overline{a} \leqslant a \leqslant 1,1\overline{a}$, b im Bereich $0,9\overline{b} \leqslant b \leqslant 1,2\overline{b}$ und m im Bereich $0,9\overline{m} \leqslant m \leqslant 1,1\overline{m}$ liegen kann, wobei $\overline{a}$, $\overline{b}$ und $\overline{m}$ die tatsächlichen Werte bezeichnen. Die Sensitivitätsanalyse ergab für Verteilungen mit einem Modalwert von $\overline{a} \leqslant m \leqslant \frac{1}{2}(a+b)$: Der maximal mögliche Fehler beim Erwartungswert ist $\frac{1}{60} \left[\frac{\overline{a} + 4\overline{m} + 2\overline{b}}{\overline{b} - \overline{a}} \right]$, und der maximal mögliche Fehler bei der Standardabweichung ist $\frac{1}{30} \left[\frac{\overline{b} + \overline{a}}{\overline{b} - \overline{a}} \right]$.

2. Die Dreiecksverteilung

Die Dichtefunktion der Dreiecksverteilung ist allgemein:

$$f(t) = \begin{cases} -u + qt & , \quad \text{falls} \quad a \leqslant t \leqslant m \\ v - r \cdot t & , \quad \text{falls} \quad m < t \leqslant b \\ 0 & \quad \text{sonst} \end{cases}$$

mit $q, r, u, v > 0$.

Die Parameter der Dreiecksverteilung sind a, b und m. Die Koeffizienten q, r, u und v lassen sich mit Hilfe der Bedingungen (36) bestimmen.

$$- u + q \cdot a = 0 \; ;$$

$$v - r \cdot b = 0 \; ;$$

$$- u + q \cdot m = v - r \cdot m \; ;$$

$$\int_a^b f(t)dt = \int_a^m f(t)dt + \int_m^b f(t)dt = (m-a) \cdot \frac{f(m)}{2} + (b-m) \cdot \frac{f(m)}{2} =$$

$$= (m-a) \cdot \frac{-u+q \cdot m}{2} + (b-m) \cdot \frac{v-r \cdot m}{2} = 1 \qquad (36)$$

Aus (36) ergibt sich für q, r, u und v:

$$q = \frac{2}{(b-a) \cdot (m-a)} \qquad (37)$$

$$r = \frac{2}{(b-a) \cdot (b-m)} \qquad (38)$$

$$u = \frac{2a}{(b-a) \cdot (m-a)} \qquad (39)$$

$$v = \frac{2b}{(b-a) \cdot (b-m)} \qquad (40)$$

Beispiel:
Bestimmung der Dichtefunktion für eine Dreiecksverteilung mit den Parametern $a = 6$, $b = 12$ und $m = 9$.

(1) $\qquad q = \frac{1}{9} \; , \; r = \frac{1}{9} \; ; \; u = \frac{2}{3} \; ; \; v = \frac{4}{3}$

(2) $\qquad f(t) = \begin{cases} -\frac{2}{3} + \frac{1}{9} \cdot t \, , \text{ falls } 6 \leqslant t \leqslant 9 \\ \frac{4}{3} - \frac{1}{9} \cdot t \, , \text{ falls } 9 < t \leqslant 12 \\ 0 \qquad\qquad , \text{ sonst.} \end{cases}$

Diese Dichtefunktion ist in Abb. 38 graphisch dargestellt.

Vorgangsdauern $t < a$ und $t > b$ sind bei der Dreiecksverteilung nicht möglich. Die Parameter a und b können auch hier als optimistische bzw. pessimistische Schätzung für die Vorgangsdauer interpretiert werden. Der Modalwert entspricht der wahrscheinlichsten Dauer. Durch diese 3 Parameter ist die Dreiecksverteilung eindeutig bestimmt. Für Erwartungswert

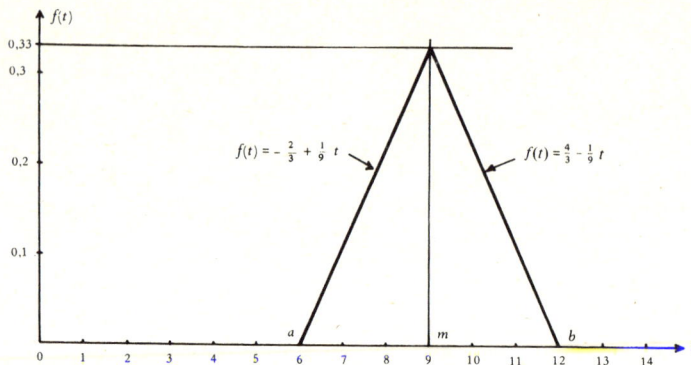

Abb. 33: Dreiecks-Verteilung für $a = 6$, $b = 12$ und $m = 9$

und Varianz der Dreiecksverteilung gelten (41) und (42).

$$\mu = \frac{a + m + b}{3} \tag{41}$$

$$\sigma^2 = \frac{(b-a)^2 + (m-a)(m-b)}{18} \tag{42}$$

Erwartungswert und Varianz der Dreiecksverteilung können leicht exakt berechnet werden, wenn die 3 Parameter a, b und m bekannt sind. Die Dreiecksverteilung kann daher für all jene Fälle empfohlen werden, in denen es auf leichte Rechenbarkeit ankommt. [Vgl. *MacCrimmon* und *Ryavec*, 1964, S. 25].

3. Die Trapezverteilung

Die Dichtefunktion der Trapezverteilung ist allgemein

$$f(t) = \begin{cases} -u + q \cdot t, & \text{falls } a \leqslant t \leqslant s \\ c, & \text{falls } s < t \leqslant w \\ v - r \cdot t, & \text{falls } w < t \leqslant b \\ 0 & \text{sonst} \end{cases}$$

mit $q, r, v, u > 0$.

Man erkennt, daß sich für $m = w = s$ gerade wieder die Dichtefunktion der Dreiecksverteilung ergibt.

Die Parameter der Trapezverteilung sind a, s, w und b. Die Koeffizienten q, r, u, v und c lassen sich mit Hilfe der Bedingungen (43) bestimmen.

$$-u + q \cdot a = 0$$
$$-u + q \cdot s = 0$$
$$v - r \cdot w = 0$$
$$v - r \cdot b = 0$$

$$\int_a^b f(t)dt = \int_a^s f(t)dt + \int_s^w f(t)dt + \int_w^b f(t)dt = (s-a) \cdot \frac{-u+q \cdot s}{2} + (w-s) \cdot c$$

$$+ (b-w) \cdot \frac{v-r \cdot w}{2} = 1 \qquad (43)$$

Aus (43) ergibt sich für q, r, u, v und c:

$$q = \frac{2}{(s-a) \ (b+w-s-a)} \qquad (44)$$

$$r = \frac{2}{(b-w) \ (b+w-s-a)} \qquad (45)$$

$$u = \frac{2a}{(s-a) \ (b+w-s-a)} \qquad (46)$$

$$v = \frac{2b}{(b-w) \ (b+w-s-a)} \qquad (47)$$

$$c = \frac{2}{(b+w-s-a)} \qquad (48)$$

Beispiel:
Bestimmung der Dichtefunktion für eine Trapezverteilung mit den Parametern $a = 6$, $b = 12$, $s = 8$ und $w = 10$.

(1) $\qquad q = \frac{1}{8}$; $r = \frac{1}{8}$; $u = \frac{3}{4}$; $v = \frac{3}{2}$; $c = \frac{1}{4}$

(2)
$$f(t) = \begin{cases} -\frac{3}{4} + \frac{1}{8}\,t\,, & \text{falls} \quad 6 \leqslant t \leqslant 8 \\ \frac{1}{4} & , \quad \text{falls} \quad 8 < t \leqslant 10 \\ \frac{3}{2} - \frac{1}{8}\,t\,, & \text{falls} \quad 10 < t \leqslant 12 \\ 0 & \text{sonst} \end{cases}$$

Diese Dichtefunktion ist in Abb. 34 graphisch dargestellt.

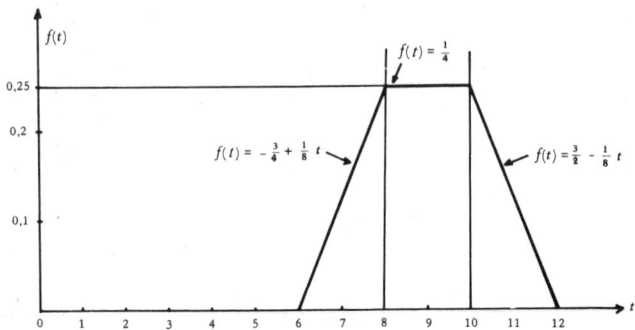

Abb. 34: Trapez-Verteilung für $a = 6$, $b = 12$, $s = 8$ und $w = 10$

Vorgangsdauern $t < a$ und $t > b$ sind bei der Trapezverteilung nicht mög-lich. Die Parameter a und b können hier ebenfalls wieder als die optimi-stische bzw. pessimistische Schätzung für die Vorgangsdauer interpretiert werden. Die Parameter s und w bilden die Grenzen jenes Intervalles, in dem der wahrscheinlichste Wert der Vorgangsdauer erwartet wird. Die Möglichkeit, ein wahrscheinlichstes Intervall, an Stelle eines wahrschein-lichsten Wertes angeben zu können, wird von vielen Schätzern als vorteil-haft erachtet. Durch die 4 Parameter a, b, s und w ist die Trapezverteilung eindeutig bestimmt.

Für Erwartungswert und Varianz der Trapezverteilung gelten (49) und (50).

$$\mu = \frac{a+s+w+b}{3} - \frac{b \cdot w - a \cdot s}{3(b+w-s-a)} \qquad (49)$$

und die Varianz

$$\sigma^2 = \frac{a^4 - 4a \cdot s^3 + 3s^4}{6(s-a)(b+w-s-a)} \mp \frac{4(w^3 - s^3)}{6(b+w-s-a)} + \frac{b^4 - 4bw^3 + 3w^4}{6(b-w)(b+w-s-a)}$$

$$- \frac{1}{9}(a+b+s+w)^2 + \frac{2}{9} \cdot \frac{(a+b+s+w)(b \cdot w - a \cdot s)}{(b+w-s-a)} - \frac{(b \cdot w - a \cdot s)^2}{9(b+w-s-a)^2} \qquad (50)$$

Die Berechnung von Erwartungswert und Varianz der Trapezverteilung be-reitet keine grundsätzlichen Schwierigkeiten, sofern die Parameter a, b, s und w bekannt sind. Man sollte die Verwendung der Trapezverteilung immer dann erwägen, wenn die Angabe eines einzigen wahrscheinlichsten Wertes schwierig erscheint.

4. Die direkte Schätzung von Erwartungswert und Varianz

Benötigt man, wie etwa in der Netzplantechnik, letztlich den Erwartungswert und die Varianz der Verteilung einer Zufallsvariablen, dann kann man auch versuchen, diese beiden Größen direkt zu schätzen anstatt sie indirekt über eine Schätzung der Verteilung zu ermitteln. In diesem Zusammenhang ist es für den Schätzer wichtig, sich klar zu machen, daß der Erwartungswert nicht gleich dem wahrscheinlichsten Wert sein muß. Der Erwartungswert ist vielmehr jener Wert, der sich bei sehr vielen Realisationen als durchschnittlicher Wert ergibt. Es wird behauptet, daß seine Schätzung schwieriger ist, als die Schätzung des wahrscheinlichsten Wertes.

Für die Schätzung der Varianz empfiehlt es sich, das erste und neunte Perzentil zu schätzen. Das erste Perzentil entspricht dem Wert der Zufallsvariablen (hier: der Vorgangsdauer), der von 10% aller Realisationen unterschritten wird. Das neunte Perzentil entspricht dem Wert der Zufallsvariablen, der von 10% aller Realisationen überschritten wird. Man kann analog zu den Parametern a und b der diskutierten Verteilungen das erste Perzentil ($t_{0,1}$) als optimistische Schätzung und das neunte Perzentil ($t_{0,9}$) als pessimistische Schätzung interpretieren. Da für eine Reihe von Verteilungen, z.B. die Rechtecks-, Exponential-, Dreiecks-, Normal- und Beta-Verteilung bei beliebiger Lage des Modalwertes das Intervall $[t_{0,1}, t_{0,9}]$ etwa 2,5 bis 2,9 Standardabweichungen umfaßt, kann man dann den Wert

$$s^2 = \left(\frac{t_{0,9} - t_{0,1}}{3} \right)^2 \tag{51}$$

als Schätzwert für die Varianz verwenden.

3.3.3.2 Ermittlung der Wahrscheinlichkeitsverteilung für die Projektdauer

3.3.3.2.1 Problemstellung

Setzt man den frühesten Anfangszeitpunkt eines Projekts FAZ_s: = 0, so entspricht der früheste Anfangszeitpunkt eines Vorgangs dem zeitlichen Mindestabstand zwischen dem Projektbeginn und dem Beginn dieses Vorganges. Müssen vom Projektbeginn bis zum Beginn des betrachteten Vor-

gangs mehrere Vorgangsfolgen abgeschlossen sein, so ergibt sich die Wahrscheinlichkeitsverteilung des frühesten Anfangszeitpunktes als Wahrscheinlichkeitsverteilung des Maximums der Dauern der einzelnen Vorgangsfolgen.
Die Wahrscheinlichkeitsverteilung der Dauer einer Vorgangsfolge erhält man
im einfachsten Fall als die Wahrscheinlichkeitsverteilung der Summe der
Vorgangsdauern in der Folge. Das gilt nicht mehr, wenn ein Vorgang der
Folge erst beginnen kann, nachdem mehrere parallel durchführbare Vorgänge oder Vorgangsfolgen abgeschlossen sind. Für den Beginn dieses Vorganges ist dann wieder die Wahrscheinlichkeitsverteilung des Maximums
der Dauern der parallelen Vorgangsfolgen zu bestimmen. Dieser Sachverhalt soll am Vorgangspfeil-Netzplan der Abb. 35 veranschaulicht werden.

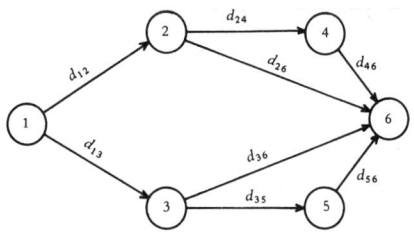

Abb. 35: Netzplan mit stochastischen Vorgangsdauern d_{ij}

Es bezeichne

d_{ij} die Dauer des Vorgangs x_{ij},

t_{ij} der zeitliche Mindestabstand vom Ereignis v_i bis zum Ereignis v_j,

T_i die Dauer der i-ten Vorgangsfolge vom Beginn bis zum Abschluß
des Projektes,

T die Projektdauer.

Im Beispiel existieren zwischen v_1 (Projektbeginn) und v_6 (Projektabschluß)
die vier Vorgangsfolgen:
(v_1, v_2, v_4, v_6), (v_1, v_2, v_6), (v_1, v_3, v_6) und (v_1, v_3, v_5, v_6) mit

$$T_1 = d_{12} + d_{24} + d_{46}$$

$$T_2 = d_{12} + d_{26}$$

$$T_3 = d_{13} + d_{36}$$

$$T_4 = d_{13} + d_{35} + d_{56}.$$

Also ist $T = \max_{i=1,\ldots,4} T_i$.

Die Ermittlung der Wahrscheinlichkeitsverteilung der Summe (im Falle von T_i) oder des Maximums (im Falle von T) von Zufallsvariablen bereitet vor allem dann Schwierigkeiten, wenn die Zufallsvariablen stochastisch voneinander abhängig sind. Selbst wenn die Vorgangsdauern d_{ij} stochastisch unabhängig voneinander sind, so gilt das in der Regel nicht für die Größen T_i: Zwischen T_{i_1} und T_{i_2} besteht immer dann eine stochastische Abhängigkeit, wenn mindestens ein Vorgang sowohl in der Vorgangsfolge i_1 als auch in der Vorgangsfolge i_2 vorkommt. Im Beispiel sind T_1 und T_2 (gemeinsamer Vorgang x_{12}) sowie T_3 und T_4 (gemeinsamer Vorgang x_{13}) stochastisch voneinander abhängig. Geht man von gegenseitiger stochastischer Unabhängigkeit der Vorgangsdauern d_{ij} aus, so läßt sich aber im vorliegenden Fall durch eine sukzessive Reduktion des Netzplanes eine Betrachtung der Abhängigkeit zwischen den Größen T_i vermeiden.

a. Man bestimmt zunächst die Wahrscheinlichkeitsverteilungen der Größen $t_1 = d_{24} + d_{46}$ und $t_2 = d_{35} + d_{56}$.

b. Man bestimmt dann die Wahrscheinlichkeitsverteilungen der Größen $t_{26} = \max(t_1, t_{26})$ und $t_{36} = \max(t_2, t_{36})$.

c. Man bestimmt schließlich die Wahrscheinlichkeitsverteilungen von $t_3 = d_{12} + t_{26}$ und $t_4 = d_{13} + t_{36}$.

d. Die Wahrscheinlichkeitsverteilung der Projektdauer T erhält man im letzten Schritt als Verteilung der Größe $t_{16} = \max(t_3, t_4)$.

In den Schritten a. und c. sind Wahrscheinlichkeitsverteilungen der Summe, in den Schritten b. und d. Verteilungen des Maximums unabhängiger Zufallsvariablen zu ermitteln. Hierfür lassen sich relativ einfache analytische Berechnungsmethoden anwenden. Bei a. und c. spricht man von einer Serienreduktion, bei b. und d. von einer Parallelreduktion des Netzplans. Ergebnis der sukzessiven Serien-Parallel-Reduktion ist der sog. SPR (Serien-Parallel-Reduzierter)-Netzplan, der bei vollständiger Reduktion aus nur einem Pfeil besteht. Eine sukzessive Serien-Parallel-Reduktion ist jedoch in der Regel nur für Teile eines Netzplans möglich. Existiert etwa im vorliegenden Beispiel ein zusätzlicher Vorgang x_{23}, so kann der Netzplan nur auf die in Abb. 36 angegebene Form reduziert werden.

Eine Serien-Reduktion der Folge (v_1, v_2, v_3) ist nicht möglich, weil von v_2 eine weitere Vorgangsfolge ausgeht; eine Serien-Reduktion der Folge (v_2, v_3, v_6) scheitert daran, daß in v_3 ein weiterer Vorgang mündet. Eine exakte analytische Berechnung der Verteilung von T ist in diesem Fall nur durch Übergang zu bedingten Verteilungsfunktionen möglich. Noch

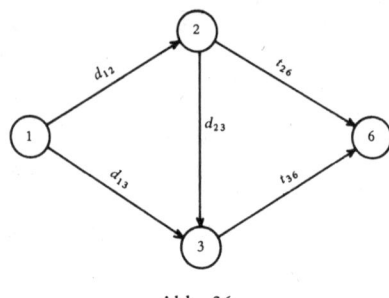

Abb. 36

schwieriger sind stochastische Abhängigkeiten zwischen den Vorgangsdauern zu behandeln. Analytische Methoden können hierbei nur für einfache Formen der Abhängigkeit angegeben werden.

Zur Verminderung des mit exakten Verfahren verbundenen Rechenaufwandes sind verschiedene Ansätze zur näherungsweisen Ermittlung der Verteilungsfunktion der Projektdauer entwickelt worden. Grundsätzlich lassen sich simulative und analytische Näherungsverfahren unterscheiden. Bei simulativen Verfahren gewinnt man eine Schätzung für die Verteilungsfunktion von T durch wiederholte Zufalls-Realisation des Projektablaufs. Bei analytischen Näherungsverfahren werden unter vereinfachenden Prämissen Näherungsformeln für die Verteilungsfunktion von T abgeleitet.

Ein gemischtes analytisch-simulatives Verfahren besteht darin, die Simulation erst auf einen reduzierten Netzplan anzuwenden, der durch einfach durchführbare analytische Reduktionen bestimmt wird. Alle analytischen Näherungsverfahren setzen eine Normalverteilung für die Projektdauer voraus; es ist dann nur eine Schätzung des Erwartungswertes und der Varianz von T erforderlich.

Das bekannteste, aber auch gröbste Verfahren ist das sogenannte PERT-Verfahren. Hierbei wird zusätzlich angenommen, daß die Verteilungsfunktion von T allein durch den Weg des Netzplans bestimmt wird, dessen erwartete Dauer maximal ist.

In der Regel erhält man wesentlich genauere Ergebnisse, wenn anstelle dieser Annahme lediglich vorausgesetzt wird, daß bei normalverteilten Dauern aller Wege des Netzplans das Maximum der Dauern paralleler Wege ebenfalls normalverteilt ist. Unter dieser Prämisse ist eine exakte Berechnung des Erwartungswertes und der Varianz der Projektdauer möglich. Allerdings ist der Rechenaufwand erheblich größer als beim PERT-Verfahren. Um diesen Aufwand zu vermindern, können vor Anwendung des Verfahrens solche Wege des Netzplans eliminiert werden, die keinen oder nur einen geringfügigen Einfluß auf die Verteilung der Projektdauer ausüben.

3.3.3.2.2 Exakte Verfahren

1. Stochastisch unabhängige Vorgangsdauern

a. Serien-Parallel-Reduktion

Bei stochastischer Unabhängigkeit der Vorgangsdauern eines Projektes können zur Berechnung der Verteilungsfunktion $F_T(t)$ der Projektdauer T folgende Aussagen der Wahrscheinlichkeitstheorie angewendet werden:

Sind zwei Zufallsvariable t_1 und t_2 mit den Verteilungsfunktionen $F_1(t)$ und $F_2(t)$ stochastisch voneinander unabhängig, so ergibt sich
(1) die Verteilungsfunktion $F_3(t)$ der Summe $t_3 = t_1 + t_2$ der Zufallsvariablen durch eine Faltung der Verteilungsfunktionen $F_1(t)$ und $F_2(t)$:

$$F_3(t) = F_1(t) * F_2(t) = \int_o^t F_1(t-t_2)dF_2(t) = \int_o^F F_1(t-t_2)dF_2 \ ,$$

wobei $F = F_2(t)$ und

$$t_2 = F_2^{-1}(F_2): \text{Wert von } t_2, \text{ so daß } F_2(t_2) = F_2 \ ;$$

Existieren zu $F_1(t)$ bzw. $F_2(t)$ die Dichten $f_1(t)$ bzw. $f_2(t)$, so erhält man die Dichte $f_3(t)$ von $F_3(t)$ durch eine Faltung der Dichten $f_1(t)$ und $f_2(t)$:

$$f_3(t) = f_1(t) * f_2(t) = \int_o^t f_1(t-t_2)f_2(t_2)dt_2 .$$

(2) die Verteilungsfunktion $F_4(t)$ des Maximums $t_4 = \max(t_1, t_2)$ der Zufallsvariablen als Produkt der Verteilungsfunktionen $F_1(t)$ und $F_2(t)$:

$$F_4(t) = F_1(t) \cdot F_2(t).$$

Hieraus lassen sich unmittelbar folgende Berechnungsmethoden ableiten:

(1)   **Serien-Reduktion:** Sind $F_i(t)$, $i = 1, \ldots, r$, die Verteilungsfunktionen für die Dauern von r hintereinandergeschalteten Vorgängen einer Vorgangsfolge ($v_j = v_{i_1}, v_{i_2}, \ldots, v_{i_r} = v_k$) zwischen einem Ereignis v_j und einem Ereignis v_k, so erhält man die Verteilungsfunktion $F_{jk}(t)$ (bzw. die Dichte $f_{jk}(t)$) des zeitlichen Abstandes t_{jk} zwischen v_j und v_k durch sukzessive Anwendung der Faltungsoperation:

$$H_i(t) = \int_0^t H_{i-1}(t-\tau) dF_i(\tau) \ , \ H_1(t) = F_1(t) \ , \ (i = 2, \ldots, r+1)$$

$$\underline{F_{jk}(t) = H_r(t)}$$

$$h_i(t) = \int_0^t h_{i-1}(t-\tau) f_i(\tau) d\tau \ , \ h_1(t) = f_1(t) \ , \ (i = 2, \ldots, r+1)$$

$$\underline{f_{jk}(t) = h_r(t)}$$

Die Serienreduktion ist in Abb. 37 schematisch dargestellt. Ergebnis der (vollständigen) Reduktion ist ein einziger — hier doppelt gezeichneter — Pfeil.

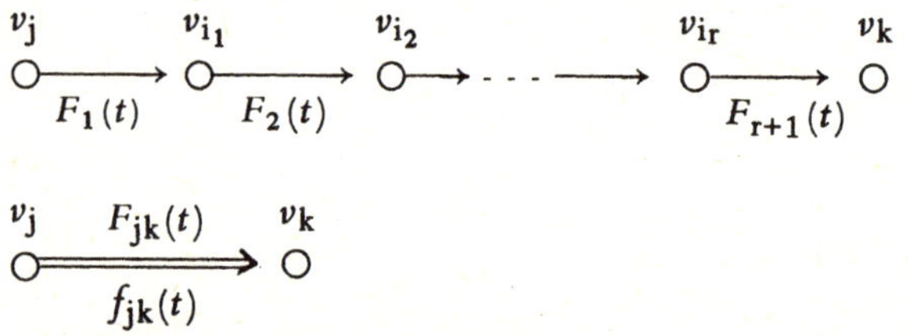

Abb. 37: Serien-Reduktion eines Netzplans

(2) **Parallel-Reduktion:** Sind $G_i(t)$, $i = 1, \ldots, r$, die Verteilungsfunktionen für die Dauern von r parallelen Vorgangsfolgen zwischen einem Ereignis v_j und v_k, so erhält man als Verteilungsfunktion $F_{jk}(t)$ des zeitlichen Abstandes t_{jk} zwischen v_j und v_k:

$$F_{jk}(t) = \prod_{i=1}^{r} G_i(t)$$

Die Parallelreduktion ist in Abb. 38 schematisch dargestellt. Ergebnis der (vollständigen) Reduktion ist ein einziger — hier doppelt gezeichneter — Pfeil.

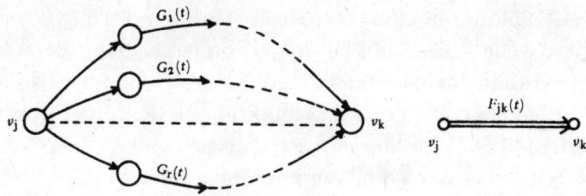

Abb. 38: Parallel-Reduktion eines Netzplans

Zur Bestimmung der Verteilungsfunktion $F_T(t)$ eines beliebigen Netzplans ist zunächst jede mögliche Serien- oder Parallel-Reduktion durchzuführen. Im Falle eines vollständig reduzierbaren Netzplans erhält man hierbei einen einzigen äquivalenten Pfeil (i,j) mit der Verteilungsfunktion $F_{ij}(t) = F_T(t)$. Bei allen übrigen Netzplänen verbleibt ein reduzierter äquivalenter Netzplan mit mehreren Pfeilen. Die einfachste Form eines solchen Netzplans ist in Abb. 36 wiedergegeben. Allgemein soll ein Netzplan, der durch eine Serien-Parallel-Reduktion nicht weiter reduziert werden kann, *SPR-Netzplan (Serien-parallel-reduzierter Netzplan)* genannt werden. Die analytische Reduktion von SPR-Netzplänen mit mehreren Pfeilen zur Ermittlung der Verteilungsfunktion $F_T(t)$ ist nur mit Hilfe bedingter Verteilungen möglich.

Im folgenden wird ein Verfahren der Serien-Parallel-Reduktion zunächst beschrieben und dann in einzelnen Schritten exakt dargestellt[1]:
Das Paar $(s;j,k),(l;j,k)$ $(l{\neq}s)$ stellt zwei parallele Pfeile und das Paar $(s;j,k)$, $(l;k,i)$ zwei Pfeile in Serie dar. Zu Beginn des Verfahrens wird P der Menge der Vorgangspfeile $(s;j,k)$ und F der Menge der Verteilungsfunktionen $F_s(t)$ der Vorgangsdauern des Ausgangsnetzplans gleichgesetzt. Am Anfang jedes Reduktionsschrittes wird der Pfeil $(u;j,k) \in P$ mit der Verteilungsfunktion $F_u(t)$ ausgewählt. Eine Parallel-Reduktion in bezug auf einen gewählten Pfeil $(s;j,k)$ ist stets dann möglich, wenn ein Pfeil $(l;j,k) \in P$ mit $l{\neq}s$ existiert. Man ordnet in diesem Fall dem Pfeil $(s;j,k)$ als Verteilungsfunktion

---

1) Es bezeichne

$(s;j,k)$	einen Vorgangspfeil oder einen äquivalenten Pfeil für einen reduzierten Teil-Netzplan vom Knoten v_j zum Knoten v_k mit dem Index s,
$F_s(t)$	die zu $(s;j,k)$ gehörende Verteilungsfunktion,
u	der kleinste Pfeilindex aus einer Pfeilliste P,
u_s	der kleinste Pfeilindex $> s$ aus einer Pfeilliste P,
$(\cdot;r,k)$	ein beliebiger Pfeil von v_r nach v_k,
P	eine Liste von Pfeilen $(s;j,k)$,
F	eine Liste von Verteilungsfunktionen $F_s(t)$.

das Produkt $F_s(t) \cdot F_l(t)$ zu und entfernt $(l;j,k)$ aus P und $F_l(t)$ aus F. Eine Serien–Reduktion in bezug auf einen gewählten Pfeil $(s;j,k)$ ist stets dann möglich, wenn genau ein Pfeil $(l;k,i)$ von v_k nach v_i, aber kein Pfeil $(\cdot\,;r,k)$ in P existiert. Man ersetzt in diesem Fall $(s;j,k)$ durch $(s;j,i)$ und ordnet dem Pfeil $(s;j,i)$ als Verteilungsfunktion die Faltung $F_s(t)*F_l(t)$ zu.

Ist in bezug auf $(s;j,k)$ weder eine Parallel- noch eine Serien-Reduktion möglich, so setzt man das Verfahren mit einem Pfeil $(n_s;\ \widetilde{j},\ \widetilde{k})$ $(j\neq\widetilde{j},\ k\neq\widetilde{k})$ fort. Existiert in P kein solcher Pfeil, so setzt man $\overline{P}:=P$ und beginnt von vorne mit einem Pfeil $(n;j,k)\in P$. Das Verfahren endet, wenn P nur noch einen äquivalenten Pfeil enthält oder wenn P nicht weiter reduziert werden kann, d.h. wenn am Ende eines Durchlaufs $P=\overline{P}$ ist. Im ersten Fall ist der Ausgangsnetzplan vollständig reduzierbar; im zweiten Fall wird der Ausgangsnetzplan nur zu einem SPR-Netzplan mit mehreren Pfeilen reduziert. Dieses Verfahren läßt sich wie folgt exakt beschreiben:

Schritt 1: Setze $s:=u$ und $\overline{P}:=\emptyset$. Wähle aus P den Pfeil $(s;j,k)$ mit der Verteilung $F_s(t)\in F$.

Schritt 2: Enthält P einen Pfeil $(l;j,k)$ mit $l\neq s$, so setze $F_s(t):=$ $F_s(t)\cdot F_l(t)$, $P:=P\backslash\{(l;j,k)\}$, $F:=F\backslash\{F_l(t)\}$ und wiederhole Schritt 2; sonst gehe nach Schritt 3.

Schritt 3: Enthält P einen Pfeil $(\cdot\,;r,k)$ mit $r=j$, so gehe nach Schritt 5; sonst gehe nach Schritt 4.

Schritt 4: Enthält P genau einen Pfeil $(l;k,i)$, so setze $F_s(t):=F_s(t)*F_l(t)$, $P:=P\cup\{(s;j,i)\}\backslash\{(s;j,k),\ (l;k,i)\}$, $F:=F\backslash\{F_l(t)\}$. Gehe nach Schritt 5.

Schritt 5: Enthält P einen Pfeil $(u_s;\ \widetilde{j},\ \widetilde{k})$ mit $\widetilde{j}\neq j$ und $\widetilde{k}\neq k$, so setze $s:=u_s;j:=\widetilde{j},\ k:=\widetilde{k}$ und gehe nach Schritt 2; sonst gehe nach Schritt 6.

Schritt 6: Enthält P nur noch den Pfeil $(s;j,k)$, so endet das Verfahren mit $F_T(t)=F_s(t)$; sonst gehe nach Schritt 7.

Schritt 7: Ist $P=\overline{P}$, so endet das Verfahren mit einem SPR-Netzplan mit der Pfeilmenge $\overline{P}$; sonst gehe nach Schritt 8.

Schritt 8: Setze $\overline{P}:=P$, $s:=u$; wähle einen Pfeil $(s;j,k)\in P$ und gehe nach Schritt 2.

Beispiel:
Problemformulierung: Der in folgender Abb. 39 angegebene Netzplan mit

stochastischen Vorgangsdauern ist zu einem äquivalenten SPR-Netzplan
zu reduzieren.

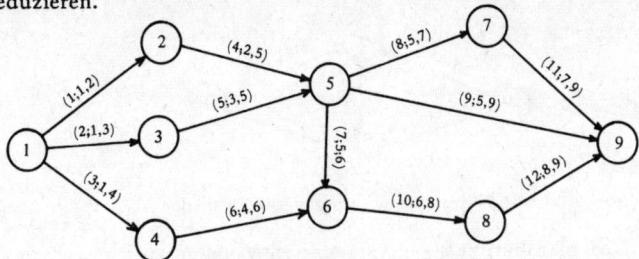

Abb. 39: Ausgangsnetzplan für eine Parallel-Serien-Reduktion

Die Ausgangsliste P enthält 12 Vorgangspfeile:
$P = \{(1;1,2), (2;1,3), (3;1,4), (4;2,5), (5;3,5), (6;4,6), (7;5,6),$
$(8;5,7), (9;5,9), (10;6,8), (11;7,9), (12;8,9)\}.$

Lösung:
Die Lösung erfolgt mit Hilfe des Serien-Parallel-Reduktions-Verfahrens.
Tabelle 6 enthält die einzelnen Reduktionsschritte und das Ergebnis. In
der ersten Spalte steht der jeweils ausgewählte Pfeil $(s;j,k)$. Die dritte
Spalte enthält die bei einer Reduktion hinzugefügten, die vierte Spalte
die jeweils aus P entfernten äquivalenten Pfeile.

(1) $(s;j,k)$	(2) Reduktion durch Produkt- oder Faltungsoperation	(3) +	(4) ./.
(1;1,2)	$F_1(t):=F_1(t) * F_4(t)$	(1;1,5)	(1;1,2), (4;2,5)
(2;1,3)	$F_2(t):=F_2(t) * F_5(t)$	(2;1,5)	(2;1,3), (5;3,5)
(3;1,4)	$F_3(t):=F_3(t) * F_6(t)$	(3;1,6)	(3;1,4), (6;4,6)
(7;5,6)	—	—	—
(8;5,7)	$F_8(t):=F_8(t) * F_{11}(t)$	(8;5,9)	(8;5,7), (11;7,9)
(9;5,9)	$F_9(t):=F_9(t) \cdot F_8(t)$	—	(8;5,9)
(10;6,8)	$F_{10}(t):=F_{10}(t) * F_{12}(t)$	(10;6,9)	(10;6,8), (12;8,9)

$\overline{P}:=\{(1;1,5), (2;1,5), (3;1,6), (7;5,6), (9;5,9), (10;6,9)\}$

| (1;1,5) | $F_1(t):=F_1(t) \cdot F_2(t)$ | — | (2;1,5) |

keine weitere Reduktion für (3;1,6), (7;5,6), (9;5,9), (10;6,9)

$\overline{P}: = \{(1;1,5),(3;1,6),(7;5,6), (9;5,9); (10;6,9)\}$

keine weitere Reduktion für P, d.h. $\overline{P} = P$

Tabelle 6: Reduktion des Netzplans der Abb. 39

Als Ergebnis erhält man den SPR-Netzplan der Abb. 40 mit der Menge $P = \overline{P}$ äquivalenter Pfeile.

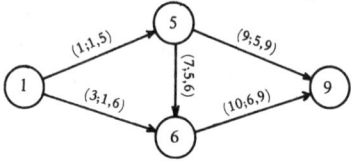

Abb. 40: SPR–Netzplan zum Ausgangsnetzplan der Abb. 39

Der SPR-Netzplan besitzt als unveränderten Vorgangspfeil nur noch den Pfeil (7;5,6). Die Verteilungsfunktionen für die übrigen äquivalenten Pfeile lassen sich mit Hilfe der Tabelle rekursiv aus den Verteilungen der Vorgangsdauern ableiten. Man erhält:

$$F_1(t): = (F_1(t) * F_4(t)) \cdot (F_2(t) * F_5(t))$$

$$F_3(t): = \quad F_3(t) * F_6(t)$$

$$F_9(t): = \quad F_9(t) \cdot (F_8(t) * F_{11}(t))$$

$$F_{10}(t): = F_{10}(t) * F_{12}(t).$$

b. Reduktion von SPR (Serien-Parallel-reduzierten)-Netzplänen

Ist der Ausgangsnetzplan kein durch Serien-Parallel-Reduktion vollständig reduzierter Netzplan, so bleiben bei Anwendung des im vorigen Abschnitt beschriebenen Reduktionsverfahrens als SPR-Netzpläne einfach oder mehrfach gekreuzte äquivalente Netzpläne übrig. In der folgenden Abbildung sind einige häufig auftretende Grundtypen solcher Kreuznetzpläne wiedergegeben.

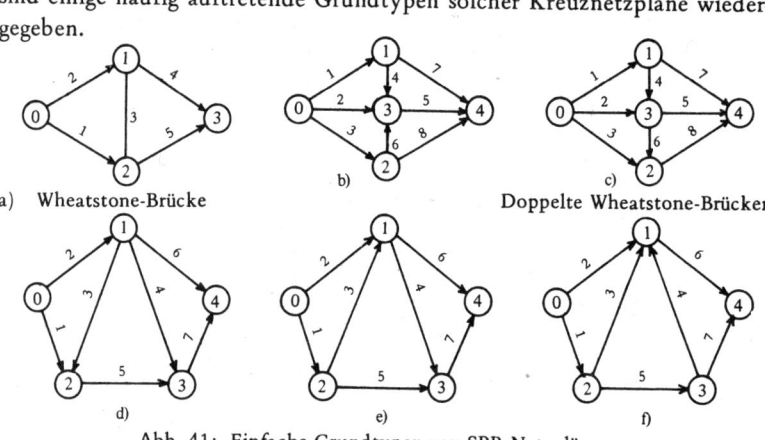

Abb. 41: Einfache Grundtypen von SPR-Netzplänen
[*Hartley* und *Wortham,* 1966; *Ringer,* 1969]

Wie oben bereits festgestellt wurde, ist eine weitere analytische Reduktion solcher SPR-Netzpläne nur mit Hilfe bedingter Wahrscheinlichkeiten möglich.

Zunächst soll an dem einfachsten Fall eines mehrpfeiligen SPR-Netzplans, der sogenannten Wheatstone-Brücke (vgl. Abb. 41a), das grundsätzliche Vorgehen bei einer weiteren analytischen Reduktion verdeutlicht werden. $F_i(t)$ bezeichne die Verteilungsfunktion der Dauer d_i des i-ten Vorganges ($i = 1, \ldots, 5$). Insgesamt existieren 3 Wege vom Anfangs- zum Endknoten mit den Dauern $T_1 = d_1 + d_5$, $T_2 = d_2 + d_3 + d_5$, $T_3 = d_2 + d_4$.

Die Vorgangsdauer d_2 geht in T_2 und T_3 ein; die Vorgangsdauer d_5 in T_1 und T_2. Die übrigen Vorgangsdauern (d_1, d_2 und d_4) beeinflussen jeweils nur ein T_i.

Die Größen $T_i, i = 1, 2, 3$, sind nur dann stochastisch voneinander unabhängig, wenn man d_2 und d_5 als gegebene konstante Größen betrachtet. Für die Verteilungsfunktionen $F_{T_i}(t)$ der Dauern T_i erhält man unter dieser Bedingung:

$$F_{T_1}(t) \;=\; W(T_1 \leqslant t) = W(d_1 + d_5 \leqslant t) = W(d_1 \leqslant t - d_5) = F_1(t - d_5)$$

$$F_{T_2}(t) \;=\; W(d_1 + d_3 + d_5 \leqslant t) = W(d_3 \leqslant t - d_2 - d_5) = F_3(t - d_2 - d_5)$$

$$F_{T_3}(t) \;=\; W(d_2 + d_4 \leqslant t) = W(d_4 \leqslant t - d_2) = F_4(t - d_2)$$

Somit ergibt sich als Verteilungsfunktion für die Projektdauer $T = \max$ (T_1, T_2, T_3) unter der Bedingung gegebener Werte für d_2 und d_5:

$$F_T(t \mid d_2, d_5) = F_1(t - d_5) \cdot F_3(t - d_2 - d_5) \cdot F_4(t - d_2)$$

Die nicht bedingte Verteilungsfunktion $F_T(t)$ folgt dann nach Multiplikation dieses Ausdrucks mit $dF_2(d_2)$ und $dF_5(d_5)$ und Integration über alle möglichen Werte d_2 und d_5:

$$F_T(t) \;=\; \int\limits_0^1 \int\limits_0^1 F_1(t - d_5) \cdot F_3(t - d_2 - d_5) \cdot F_4(t - d_2) \, dF_2 \, dF_5$$

$$d_i = F_i^{-1}(F_i) : \text{Wert von } d_i, \text{ so daß } F_i(d_i) = F_i$$

Für die übrigen in Abb. 41 angegebenen SPR-Netzpläne findet man bei *Ringer* [1969] folgende in analoger Weise abgeleiteten Verteilungsfunktionen der Projektdauer:

Abb. 41b):

$$F_T(t) = \int_0^1 \int_0^1 \int_0^1 F_2(t-d_5) \cdot F_4(t-d_1-d_5) \cdot F_6(t-d_3-d_5) \cdot F_7(t-d_1) \cdot F_8(t-d_3)$$
$$dF_1 dF_3 dF_5$$

Abb. 41c):

$$F_T(t) = \int_0^1 \int_0^1 \int_0^1 \int_0^1 F_4(a) \cdot F_2(b) \cdot F_3(t-d_8) \cdot F_7(t-d_1) dF_1 dF_5 dF_6 dF_8$$

mit $a = \min(t-d_1-d_5, t-d_1-d_6-d_8)$ und
$\quad b = \min(t-d_5, t-d_6-d_8)$

Abb. 41d):

$$F_T(t) = \int_0^1 \int_0^1 \int_0^1 F_1(t-d_5-d_7) \cdot F_3(t-d_2-d_5-d_7) \cdot F_4(t-d_2-d_7)$$
$$\cdot F_6(t-d_2) dF_2 dF_5 dF_7$$

Abb. 41e):

$$F_T(t) = \int_0^1 \int_0^1 \int_0^1 \int_0^1 F_4(a) \cdot F_6(b) \cdot F_5(t-d_1-d_7) dF_1 dF_2 dF_3 dF_7$$

$\qquad$ mit $a = \min(t-d_2-d_7, t-d_1-d_3-d_7)$ und
$\qquad\quad b = \min(t-d_2, t-d_1-d_3)$

Abb. 41f):

$$F_T(t) = \int_0^1 \int_0^1 \int_0^1 F_2(t-d_6) \cdot F_3(t-d_1-d_6) \cdot F_4(t-d_1-d_5-d_6) F_7(t-d_1-d_5)$$
$$dF_1 dF_5 dF_6$$

Ringer [1969] und *Martin* [1965] haben Verfahren beschrieben, die es ermöglichen, die Verteilungsfunktion $F_T(t)$ für jeden beliebigen SPR-Netzplan abzuleiten. Diese Verfahren erfordern eine im allgemeinen aufwendige Ermittlung und anschließende Konditionierung aller vollständigen Wege (Wege vom Anfangs- zum Endknoten) des Netzplans. Im folgenden wird ein Verfahren dargestellt, bei dem die Reduktion durch Konditionierung stufenweise erfolgt und — wenn möglich — in jeder Stufe mit einer anschließenden Serien-Parallel-Reduktion kombiniert wird. Die Vorgehensweise entspricht einem Verfahren von *Garman* zur analytisch-simulativen Ermittlung der Verteilungsfunktion $F_T(t)$ [*Garman*, 1972].

Das Prinzip des Verfahrens soll zunächst wieder am Beispiel der Wheatstone-Brücke veranschaulicht werden (vgl. Abb. 41a). Geht man im ersten Schritt von einer gegebenen Vorgangsdauer d_2 aus, so lassen sich die Vorgänge 2 und 4 sowie 2 und 3 jeweils zu einem Vorgang reduzieren. Mit $t_4 := d_2 + d_4$ und $t_3 := d_2 + d_3$ erhält man den Netzplan der folgenden Abbildung.

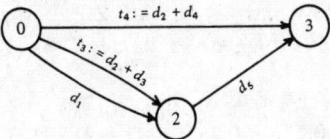

Abb. 42: Reduzierte Wheatstone-Brücke bei d_2 = konst.

t_3 und t_4 besitzen die bedingten Verteilungsfunktionen $F_3(t/d_2) = F_3(t-d_2)$ und $F_4(t/d_2) = F_4(t-d_2)$ (vgl. weiter oben).

Auf den reduzierten Netzplan läßt sich eine vollständige Serien-Parallel-Reduktion anwenden. Nach dem im Abschnitt a. beschriebenen Verfahren erhält man sukzessive:

$$F_1(t/d_2) := F_3(t/d_2) \cdot F_1(t)$$
$$F_1(t/d_2) := F_1(t/d_2) * F_5(t)$$
$$F_1(t/d_2) := F_1(t/d_2) \cdot F_4(t/d_2) = F_T(t/d_2)$$

und somit als nicht bedingte Verteilungsfunktion der Projektdauer

$$F_T(t) = \int_0^1 F_1(t/d_2)dF_2 = \int_0^1 \{[F_3(t-d_2) \cdot F_1(t)] * F_5(t)\} \cdot F_4(t-d_2)dF_2$$

$$= \int_0^1 \{ \int_0^1 F_3(t-d_2-d_5) \cdot F_1(t-d_5)dF_5 \} \cdot F_4(t-d_2)dF_2$$

$$= \int_0^1 \int_0^1 F_3(t-d_2-d_5) \cdot F_1(t-d_5) \cdot F_4(t-d_2)dF_2 dF_5$$

(vgl. das Ergebnis auf S. 137)

Für eine allgemeine Anwendung des Verfahrens ist festzulegen, welche Vorgangsdauer des SPR-Netzplans jeweils als gegebene Größe zu betrachten ist. Für eine derartige Konditionierung eignet sich entweder

(1)   ein Pfeil a mit mindestens zwei unmittelbaren Nachfolgern, wobei jeder Nachfolger von a nur a als unmittelbaren Vorgänger besitzt;

oder

(2)　　ein Pfeil b mit mindestens zwei unmittelbaren Vorgängern, wobei jeder Vorgänger von b nur b als unmittelbaren Nachfolger besitzt.

Garman[1972] hat gezeigt, daß jeder SPR-Netzplan mit mehr als einem Pfeil mindestens einen Pfeil a mit der Eigenschaft (1) und mindestens einen Pfeil b mit der Eigenschaft (2) enthält. Z.B. besitzen die in Abb. 41 angegebenen SPR-Netzpläne folgende Pfeile des Typs (1) und (2):

Abb. 41a)	Typ (1) : (2;0,1)	Typ (2) : (5;2,3)
Abb. 41b)	″ (1) : (1;0,1), (3;0,1)	″ (2) : (5;3,4)
Abb. 41c)	″ (1) : (1;0,1)	″ (2) : (8;2,4)
Abb. 41d)	″ (1) : (2;0,1)	″ (2) : (5;2,3), (7;3,4)
Abb. 41e)	″ (1) : (1;0,2)	″ (2) : (7;3,4)
Abb. 41f)	″ (1) : (1;0,2), (5;2,3)	″ (2) : (6;1,4)

Im SPR-Netzplan wird nun entweder ein Pfeil $(a;j,k)$ des Typs (1) (vgl. Abb. 43a) oder ein Pfeil $(b;j,k)$ des Typs (2) (vgl. Abb. 43b) ausgewählt.

Bei Auswahl eines Pfeils $(a;j,k)$ führt man die neuen Pfeile $(l_h;j,i_h)$, $h=1,\ldots,r(a)$ mit den bedingten Verteilungsfunktionen $F_{lh}(t/d_a):=F_{lh}(t-d_a)$ ein und entfernt die Pfeile $(a;j,k)$ und $(l_h;k,i_h)$, $h=1,\ldots,r(a)$ sowie die zugehörigen Verteilungsfunktionen $F_a(t)$ und $F_{lh}(t)$ aus der Liste P der Pfeile bzw. aus der Liste F der Verteilungen. Die Funktion $F_a(t)$ wird in einer Liste $\widetilde{F}$ übernommen.

Bei Auswahl eines Pfeils $(b;j,k)$ führt man die neuen Pfeile $(l_h;i_h,k)$, $h=1,\ldots,r(b)$, mit den bedingten Verteilungsfunktionen $F_{lh}(t/d_b):=F_{lh}(t-d_b)$ ein und entfernt die Pfeile $(b;j,k)$ und $(l_h;i_h,j)$, $h=1,\ldots,r(b)$ sowie die zugehörigen Verteilungsfunktionen $F_b(t)$ und $F_{lh}(t)$ aus der Liste P der Pfeile bzw. aus der Liste F der Verteilungen. Die Funktion $F_b(t)$ wird in eine Liste $\widetilde{F}$ übernommen.

Zur Auswahl eines Pfeils $(a;j,k)$ bzw. $(b;j,k)$ aus mehreren Pfeilen des Typs (1) oder (2) kann folgende heuristische Regel benutzt werden: Man wählt zunächst einen Pfeil $(\overline{a};j,k)$ mit $r(\overline{a}) \geqslant r(a)$ für alle Pfeile $(a;j,k)$ des Typs (1) und einen Pfeil $(\overline{b},j,k)$ mit $r(\overline{b}) \geqslant r(b)$ für alle Pfeile $(b;j,k)$ des Typs (2). Ist $r(\overline{a}) \geqslant (\overline{b})$, so wird zur Konditionierung der Pfeil $(\overline{a};j,k)$, im anderen Fall der Pfeil $(\overline{b};j,k)$ ausgewählt. Der ausgewählte Pfeil sei mit $(s;j,k)$ bezeichnet.

Die Ermittlung von Pfeilen des Typs (1) und (2) ist leicht mit Hilfe der Adjazenzmatrix A des SPR-Netzplans möglich:

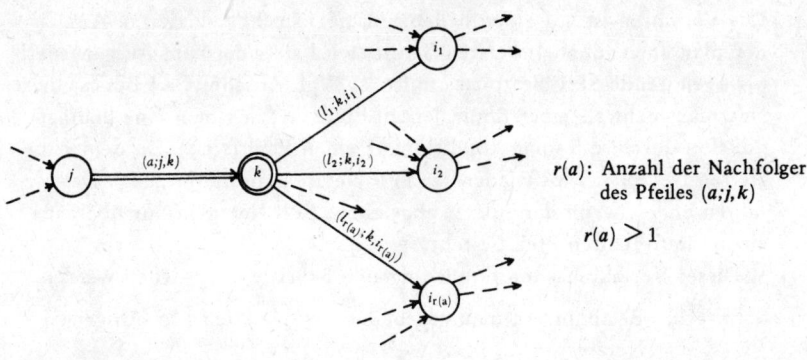

a) Pfeil $(a;j,k)$ des Typs (1)

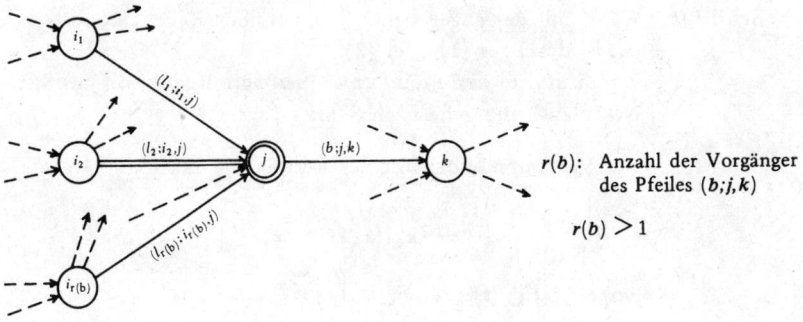

b) Pfeil $(b;j,k)$ des Typs (2)

Abb. 43: Konditionierbare Pfeile ($\Rightarrow$) eines SPR-Netzplans

Typ 1

Man bestimmt in A alle Zeilen k mit einer Zeilensumme $z \geqslant 2$. Hat dann die Spaltensumme der Spalte k den Wert 1, so ist der im Knoten v_k mündende Pfeil $(a;j,k)$ vom Typ (1) mit $r(a) = z$.

Typ 2

Man bestimmt in A alle Spalten j mit einer Spaltensumme $\bar{z} \geqslant 2$. Hat dann die Zeilensumme der Zeile j den Wert 1, so ist der vom Knoten v_j ausgehende Pfeil $(b;j,k)$ vom Typ (2) mit $r(b) = \bar{z}$.

Das Verfahren ist auf einen beliebigen, noch nicht reduzierten Ausgangs-netzplan anwendbar. Im ersten Schritt wird stets der zum Ausgangsnetz-plan gehörende SPR-Netzplan ermittelt. (Vgl. Abschnitt a.) Besitzt dieser Netzplan mehr als einen äquivalenten Pfeil, so führt man eine bedingte Re-duktion durch, d.h. man konditioniert einen Pfeil $(s;j,k)$. Zu dem redu-zierten Netzplan wird wieder der SPR-Netzplan bestimmt, usw. Das Ver-fahren endet, wenn der zuletzt abgeleitete SPR-Netzplan nur noch aus einem äquivalenten Pfeil besteht.

Dieses Verfahren kann durch folgende Schritte beschrieben werden:

Schritt 1:   Bestimme zu dem gegebenen Netzplan den zugehörigen SPR-Netzplan.

Besteht der SPR-Netzplan nur aus einem äquivalenten Pfeil $(s;j,k)$, so gehe nach Schritt 3; sonst gehe nach Schritt 2.

Schritt 2:   Wähle mit der angegebenen heuristischen Regel einen Pfeil $(s;j,k)$ des Typs (1) oder (2).
Konditioniere den Pfeil $(s;j,k)$ (bedingte Reduktion des SPR-Netzplans) und gehe nach Schritt 1.

Schritt 3:   Das Verfahren endet mit der Verteilungsfunktion

$$F_T(t) = \int_0^1 \ldots \int_0^1 F_s(t|t_{k_1}, t_{k_2}, \ldots, t_{k_r}) dF_{k_1} dF_{k_2} \ldots dF_{k_r},$$

wobei $\{F_{k_1}(t), \ldots, F_{k_r}(t)\} = \tilde{F}$

Beispiel:
Problemformulierung: Für den in Abb. 44 angegebenen Netzplan mit stochastischen Vorgangsdauern ist die Verteilung der Projektdauer $F_T(t)$ abzuleiten. Der Netzplan ist ein SPR-Netzplan, also im Schritt 1 nicht weiter reduzierbar.

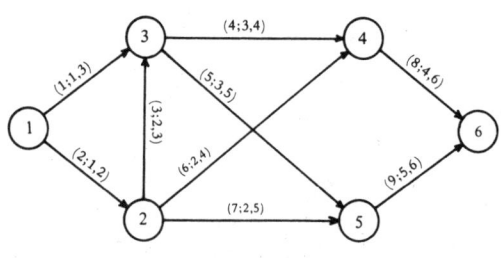

Abb. 44

Lösung:
Die Lösung erfolgt mit Hilfe des beschriebenen Verfahrens zur Reduktion von SPR-Netzplänen.

Die Auswahl des Pfeils $(s;j,k)$ im Schritt 2 erfolgt mit Hilfe der Adjazenzmatrix:

$$
A = \begin{array}{c|cccccc|c}
 & v_1 & v_2 & v_3 & v_4 & v_5 & v_6 & \Sigma:z \\
\hline
v_1 & 0 & 1 & 1 & 0 & 0 & 0 & 2 \\
v_2 & 0 & 0 & 1 & 1 & 1 & 0 & 3 \\
v_3 & 0 & 0 & 0 & 1 & 1 & 0 & 2 \\
v_4 & 0 & 0 & 0 & 0 & 0 & 1 & 1 \\
v_5 & 0 & 0 & 0 & 0 & 0 & 1 & 1 \\
v_6 & 0 & 0 & 0 & 0 & 0 & 0 & 0 \\
\hline
\Sigma:\bar{z} & 0 & 1 & 2 & 2 & 2 & 2 &
\end{array}
$$

Das Maximum aller Summen z und $\bar{z}$ ergibt sich in der zweiten Zeile mit $z = 3$. Da für die zweite Spalte $\bar{z} = 1$ ist, wählt man den in v_2 mündenden Pfeil, d.h. $(s;j,k)=(2;1,2)$. Die *Konditionierung* von $(2;1,2)$ führt zu den neuen Pfeilen $(3;1,3)$, $(6;1,4)$, $(7;1,5)$ mit

$$
\begin{aligned}
F_3(t): &= F_3(t-d_2) \\
F_6(t): &= F_6(t-d_2) \qquad \tilde{P} = \{F_2(t)\}\\
F_7(t): &= F_7(t-d_2)
\end{aligned}
$$

Die Pfeile $(2;1,2)$, $(3;2,3)$, $(6;2,4)$ und $(7;2,5)$ werden aus der Liste P entfernt. Man erhält den Netzplan der Abb. 45; der hieraus durch *Parallel-Reduktion* im *Schritt 1* bestimmte SPR-Netzplan ist in Abb. 46 wiedergegeben. Man erhält

$$
F_1(t):=F_1(t) \cdot F_3(t) = F_1(t)F_3(t-d_2).
$$

$(3;1,3)$ wird aus P entfernt.

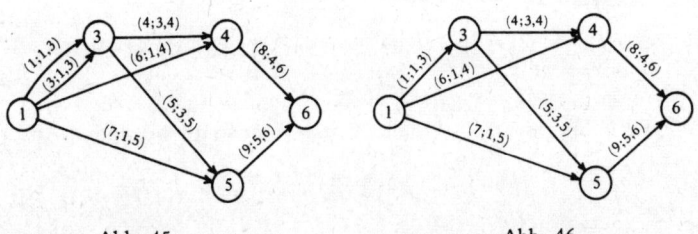

Abb. 45   Abb. 46

Die *Konditionierung* des im *Schritt 2* ausgewählten Pfeils $(s;j,k)=(1;1,3)$ ergibt die neuen Pfeile $(4;1,4)$ und $(5;1,5)$ mit

$$F_4(t): = F_4(t-d_1)$$
$$F_5(t): = F_5(t-d_1)$$

$$\widetilde{P}: = \{F_2(t), F_1(t)\}$$

Die Pfeile $(1;1,3)$, $(4;3,4)$ und $(5;3,5)$ werden aus P entfernt. Der sich ergebende Netzplan der Abb. 47 kann in *Schritt 1* auf einen SPR-Netzplan mit einem äquivalenten Pfeil reduziert werden.

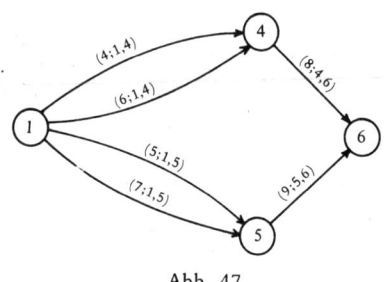

Abb. 47

Die einzelnen Reduktionsschritte lauten:

$$(s;k,j): = (4;1,4) \quad ; \quad P:=P\backslash\{(6;1,4)\}$$
$$F_4(t): = \overline{F_4(t) \cdot F_6(t)} = F_4(t-d_1) \cdot F_6(t-d_2)$$

$$(s;k,j): = (4;1,4) \quad ; \quad P:=P\cup\{(4;1,6)\}\backslash\{(4;1,4), (8;4,6)\}$$
$$F_4(t): = F_4(t) * F_8(t) = [F_4(t-d_1) \cdot F_6(t-d_2)] * F_8(t)$$

$$(s;k,j): = (5;1,5) \quad ; \quad P:=P\backslash\{7;1,5\}$$
$$F_5(t): = F_5(t) \cdot F_7(t) = F_5(t-d_1) \cdot F_7(t-d_2)$$

$$(s;k,j): = (5;1,5) \quad ; \quad P:=P\cup\{(5;1,6)\}\backslash\{(5;1,5), (9;5,6)\}$$
$$F_5(t): = F_5(t) * F_9(t) = [F_5(t-d_1) \cdot F_7(t-d_2)] * F_9(t)$$

$$(s;k,j): = (4;1,6) \quad P:=P\backslash\{(5;1,6)\} = \;<\;(4;1,6)\}$$
$$F_4(t): = F_4(t) \cdot F_5(t) = \{[F_4(t-d_1) \cdot F_6(t-d_2)] * F_8(t)\} \cdot \{[F_5(t-d_1) \cdot F_7(t-d_2)]$$
$$* F_9(t)\}$$

Für die Verteilung der Projektdauer erhält man somit folgenden Ausdruck:

$$F_T(t) = \int_0^1 \int_0^1 \{[F_4(t-d_1) \cdot F_6(t-d_2)] * F_8(t)\} \cdot \{[F_5(t-d_1) \cdot F_7(t-d_2)]$$
$$* F_9(t)\} dF_2 dF_1$$

Hierbei ist $F_1(t) := F_1(t) \cdot F_3(t-d_2)$; d.h. d_1 ist für jeden Wert von d_2 so festgelegt, daß $F_1(d_1) \cdot F_3(d_1-d_2) = F_1$.

Bei Anwendung des dargestellten Reduktionsverfahrens auf Netzpläne praktischer Größenordnung kann die Rechenzeit für die Produkt- und Faltungsoperationen sowie für die numerische Lösung der verbleibenden Mehrfachintegrale leicht ein zulässiges Maß übersteigen. Das gilt insbesondere dann, wenn eine größere Anzahl von Konditionierungen für eine vollständige Reduktion erforderlich ist. In diesem Fall erhält man Mehrfachintegrale hoher Dimension mit funktionalen Abhängigkeiten zwischen den Integrationsvariablen (im Beispiel ist F_1 über d_2 von F_2 abhängig). Anstelle einer numerischen Integration ist dann für größere Netzpläne eine simulative Lösung des Integrals zu empfehlen.

Die bei der Reduktion erforderlichen Produkt- und Faltungsoperationen für Verteilungsfunktionen lassen sich jedoch in der Regel mit weniger Rechenaufwand durchführen, als für eine *rein* simulative Lösung mit vergleichbarer Genauigkeit erforderlich ist. Von *Martin* [1965] wurde ein spezieller Algorithmus für die Faltung polynomialer Dichtefunktionen entwickelt, d.h. solcher Dichtefunktionen von Vorgangsdauern, die sich in der Form $f(t) = a_0 + a_1 t + \ldots + a_n t^n$ darstellen lassen (z.B. die Gleichverteilung, die Dreiecksverteilung, die Trapezverteilung, die Betaverteilung mit ganzzahligen Parametern p und q).

2. Stochastisch abhängige Vorgangsdauern

In der Praxis kann häufig nicht davon ausgegangen werden, daß die Verteilungen der Vorgangsdauern stochastisch voneinander unabhängig sind. Zukünftige Bedingungen und Ereignisse, die zur Beschleunigung oder Verlangsamung eines Vorganges führen, können sich in ähnlicher Weise auch auf andere Vorgänge auswirken (z.B. ein niedriger oder hoher Krankenstand der Belegschaft). Treten kurze (lange) Dauern eines Vorgangs a mit kurzen (langen) Dauern eines Vorgangs b auf, so sind die Vorgangsdauern d_a und d_b positiv korreliert. Dagegen liegt eine negative Korrelation zwischen d_a und d_b vor, wenn kurze (lange) Dauern des Vorgangs a mit langen (kurzen) Dauern des Vorgangs b zusammentreffen. Die Berücksichtigung solcher Korrelationen bei der Ermittlung der Verteilung $F_T(t)$ der Projektdauer stößt auf erhebliche Schwierigkeiten. Selbst wenn das Schätzproblem (die Ermittlung mehrdimensionaler Verteilungen für die korrelierten Vorgangsdauern) gelöst werden kann, ist im allgemeinen eine sukzessive Reduktion des Netzplans wie im Fall stochastischer Unabhängigkeit nicht möglich. Für spezielle Formen der Abhängigkeit wurden von *Ringer* Ergebnisse abgeleitet, die eine Serien- oder Parallel-Reduktion stochastisch abhängiger Vorgänge erlauben [*Ringer*, 1971]. Die Vorgehensweise soll hier nur für zwei hintereinandergeschaltete Vorgänge veranschaulicht werden. Zwischen der Dauer des zweiten Vorgangs (d_2) und der Dauer des ersten Vorgangs (d_1) bestehe folgende Beziehung (lineare Regression):

$$d_2 = x + a(d_1 - \mu_1)$$

d_1 besitzt die Verteilungsfunktion $F_1(t)$ mit dem Erwartungswert $E(d_1) = \mu_1$. x ist eine von d_1 unabhängige Zufallsvariable mit der Verteilungsfunktion $F_x(t)$. a ist eine Konstante, die den Grad der Abhängigkeit der Vorgangsdauer d_2 von der Vorgangsdauer d_1, zum Ausdruck bringt. Für $a > 0$ besteht eine positive, für $a < 0$ eine negative Korrelation zwischen d_2 und d_1. Eine negative Korrelation kann z.B. damit erklärt werden, daß bei verzögerter Ausführung des Vorgangs 1 Maßnahmen zur Beschleunigung des Vorgangs 2 ergriffen werden.

Der Korrelationskoeffizient zwischen d_1 und d_2 ergibt sich aus folgender Beziehung:

$$\rho_{12} = \frac{\alpha}{\sqrt{a^2 + \sigma_2^2 / \sigma_1^2}} \quad \text{bzw.} \quad a = \frac{\sigma_2 \cdot \rho_{12}}{\sigma_1 \sqrt{1 - \rho_{12}^2}}$$

Hierin bezeichnet σ_1^2 die Varianz von d_1 und σ_2^2 die Varianz von d_2. Ist $E(x) = \mu_2$, so folgt $E(d_2) = \mu_2$ und $\mu = E(d_1 + d_2) = \mu_1 + \mu_2$.

Für die Varianz der Summe $d_1 + d_2$ gilt:

$$\sigma^2 = V(d_1 + d_2) = \sigma_1^2 + \sigma_2^2 + 2 \cdot \rho_{12} \cdot \sigma_1 \cdot \sigma_2 = \sigma_1^2 + \sigma_2^2 + \frac{2a\sigma_1\sigma_2}{\sqrt{a^2 + \sigma_2^2 / \sigma_1^2}}$$

Für die Verteilungsfunktion von d_2 folgt:

$$F(d_2) = W(d_2 \leqslant t) = W(x + a(d_1 - \mu_1) \leqslant t) = W(x \leqslant t - a(d_1 - \mu_1)) = F_x(t - a(d_1 - \mu_1))$$

Dann ergibt sich für die Verteilungsfunktion $F(t)$ von $d = d_1 + d_2$

$$F(t) = \int_0^1 F_x(t - a(d_1 - \mu_1) - d_1)dF_1 = \int_0^1 F_x(t + a\mu_1 - (1 + a)t)dF_1.$$

Im Fall paralleler Vorgänge kann es sinnvoll sein, zur Beschleunigung des Projektablaufs eine Angleichung der Vorgangsdauern anzustreben. Die hierdurch entstehende stochastische Abhängigkeit zwischen den Vorgangsdauern läßt sich durch eine Konstante γ erfassen, die den möglichen Grad der Angleichung zum Ausdruck bringt.

Ringer [1971] geht bei n parallelen Vorgängen von folgender Beziehung für die Vorgangsdauern aus:

$$d_i = \tau + (1-\gamma) \cdot (x_i - \tau) = \gamma \cdot \tau + (1-\gamma) \cdot x_i \quad (i=1,\ldots,n)$$

$$\tau = \frac{1}{n} \sum_{i=1}^{n} x_i \; , \; 0 \leqslant \gamma \leqslant 1$$

Hierbei sind die x_i stochastisch unabhängige Zufallsvariable mit den Verteilungsfunktionen $F_{x_i}(t)$. Für $\gamma = 1$ wird die größtmögliche Angleichung erreicht. Die Vorgangsdauern besitzen in diesem Fall alle denselben Erwartungswert $E(d_i) = \mu = \frac{1}{n} \sum_{i=1}^{n} \mu_i$; $\mu_i = E(x_i)$ $(i=1,\ldots,n)$

Die Aufgabe besteht darin, die Verteilung $F(t)$ der Größe $d_{max} = \max \{d_1,\ldots,d_n\}$ zu bestimmen. Mit $x_{max} = \max\{x_1,\ldots,x_n\}$ erhält man $d_{max} = \gamma\tau + (1-\gamma)x_{max}$ und

$$F(t) = W\{\gamma\tau + (1-\gamma)x_{max} \leqslant t\}.$$

Auf die Ableitung der Verteilung soll hier verzichtet werden [vgl. *Ringer,* 1971].

3.3.3.2.3 Näherungsverfahren

1. Stochastische Unabhängigkeit der Vorgangsdauern

a. Simulative Verfahren

Eine näherungsweise Ermittlung der Verteilungsfunktion $F_T(t)$ der Projektdauer T mit Hilfe der Monte-Carlo-Simulation beruht auf einer wiederholten Zufalls-Realisation des Projektablaufs [vgl. *Van Slyke,* 1963; *McGowan* 1964; *Gaver* und *Burt,* 1968; *Burt,* 1969]. Eine Zufalls-Realisation kommt dadurch zustande, daß zunächst für die Dauer d_{ij} jedes Vorgangs x_{ij} des Projektes aus der vorgegebenen Verteilungsfunktion $F_{ij}(t)$ von d_{ij} eine Zufallszahl D_{ij}^k (Realisationsdauer) erzeugt wird. Unter Verwendung der Werte

D_{ij}^k wird dann die Projektdauer T^k mit dem für die deterministische Zeit-planung angegebenes Verfahren berechnet (vgl. S. 98 ff.). T^k stellt eine Stich-proben-Realisation der Zufallsvariablen T mit der gesuchten Verteilungs-funktion $F_T(t)$ dar. Werden insgesamt N Zufalls-Realisationen durchge-führt (N=Stichprobenumfang) und bezeichnet T^k die bei der k-ten Reali-sation bestimmte Projektdauer, so erhält man folgende Schätzung $\hat{F}_T^N(t)$ für die Verteilungsfunktion $F_T(t)$:

$$\hat{F}_T^N(t) \;=\; \frac{1}{N} \sum_{k=1}^N G_k(t) \qquad \text{für alle } t \geqslant 0$$

$$\text{mit} \quad G_k(t) \;=\; \begin{cases} 1 \text{ falls } T^k \leqslant t \\[2mm] 0 \text{ sonst} \end{cases}$$

Schätzungen für den Erwartungswert $E(T)$ und die Varianz $V(T)$[1] der Projektdauer können nach jeder Realisation wie folgt berechnet werden [vgl. *Golenko*, 1972, S.123]:

Bezeichnet:

μ_T^{k-1} den geschätzten Erwartungswert auf Grund von k–1 Realisationen und

$Q^{k-1} = \sum_{i=1}^{k-1} (T^i)^2$ die Summe der Quadrate der realisierten Projektdauern,

so erhält man als Schätzung für den Erwartungswert und die Varianz nach k Realisationen

$$\mu_T^k \;=\; \frac{\mu_T^{k-1}(k-1)+T^k}{k}$$

$$\sigma_T^{2,\,k} \;=\; \frac{Q^{k-1}(k-1)+(T^k)^2}{k} \;-\; (\mu_T^k)^2$$

Die Schätzung für die Standardabweichung $\sqrt{V(T)}$ der Projektdauer beträgt also

$$\sigma_T^k \;=\; \sqrt{\tfrac{1}{k}[Q^{k-1}(k-1)+(T^k)^2]-(\mu_T^k)^2}$$

---

1) Im folgenden werden exakte Erwartungswerte bzw. Varianzen mit E bzw. V be-zeichnet, Schätzwerte für Erwartungswerte bzw. Varianzen hingegen mit μ bzw. σ^2.

Die Genauigkeit der Schätzung nimmt mit wachsendem Stichprobenumfang N zu. Nach dem Satz von *Gnedenko* gilt für $N \to \infty$

$$W \left\{ \sup_{-\infty < t < +\infty} \left| F_T^N(t) - F_T(t) \right| \to 0 \right\} = 1 \quad ,$$

d.h. die empirische Verteilungsfunktion $F_T^N(t)$ konvergiert (in Wahrscheinlichkeit) gegen die theoretische Verteilungsfunktion. Von besonderer Bedeutung ist hierbei die Frage, welche Genauigkeit bei gegebenem Stichprobenumfang erzielt werden kann, bzw. wie groß N gewählt werden muß, um eine vorgegebene Genauigkeit der Schätzung zu garantieren. Aussagen über die Abhängigkeit der Schätzgenauigkeit vom Stichprobenumfang N lassen sich mit Hilfe der Stichprobentheorie gewinnen. Die für das vorliegende Problem relevanten Ergebnisse findet man bei *Golenko* [1972, S. 128 ff.] und *Van Slyke* [1963]. Welche Schätzgenauigkeit gefordert werden sollte, hängt nicht zuletzt davon ab, wie genau die Verteilungsfunktionen $F_{i,j}$ der Vorgangsdauern (Inputverteilungen der Simulation) geschätzt werden können. Ein Stichprobenumfang von N = 10 000 führt in der Regel zu ausreichender Genauigkeit. Bei einem Netzplan mit 200 Vorgängen sind dann z.B. 2 Mill. Zufallszahlen für die Vorgangsdauern zu erzeugen. Hierfür stehen Standardprogramme zur Verfügung [vgl. *Hammersley* und *Handscomb*, 1967; *Schrieder*, 1966; *Golenko*, 1972, S. 115 ff.; *Fishman*, 1973]. Da der Hauptanteil der Computerzeit auf die Erzeugung der Zufallszahlen entfällt, ist die Rechenzeit in etwa eine lineare Funktion von $z_N = N \cdot n$ (n: Anzahl der Vorgänge mit stochastischer Dauer). Die Zeit zur Erzeugung eines Wertes $D_{i,j}^k$ hängt — bei gegebenem Erzeugungsverfahren — auch vom Typ der Verteilungsfunktion $F_{i,j}(t)$ ab. *Van Slyke* [1963] gibt für einen Netzplan mit n=200 Vorgängen bei N=10 000 Realisationen 20 Minuten Rechenzeit (IBM 7090) für dreiecksverteilte und 5 Minuten Rechenzeit für gleichverteilte Vorgangsdauern an.

Eine Verkürzung der Rechenzeit läßt sich durch Elimination von Vorgängen oder Vorgangsfolgen erreichen, die nie oder nur mit geringer Wahrscheinlichkeit kritisch werden können (vgl. *Van Slyke*, [1963], S. 846 f. und Abschnitt 3.3.3). Besitzen die Vorgangsdauern — wie im Falle der Betaverteilung — einen endlichen Schwankungsbereich ($a_{i,j} \leqslant d_{i,j} \leqslant b_{i,j}$), so ist folgendes Vorgehen möglich:
Man berechnet zunächst unter der Annahme $d_{i,j} = a_{i,j}$ (für alle Vorgänge $x_{i,j}$) den kritischen Weg mit der Dauer $T = T_{min}$. Dann setzt man bei allen Vorgängen, die nicht Element des kritischen Weges sind, $d_{i,j} = b_{i,j}$.

Man bestimmt die zugehörige Projektdauer T' und die gesamte Pufferzeit $GP(x_{i,j})$ für alle Vorgänge. Es lassen sich schließlich diejenigen Vorgänge eliminieren, für die $T' - GP(x_{i,j}) \leqslant T_{min}$ ist. Bei diesem Verfahren werden in der Regel jedoch nicht alle Vorgänge eliminiert, die nie kritisch werden können. Im Abschnitt e. wird unter Verwendung heuristischer Regeln eine Verallgemeinerung dieses Verfahrens dargestellt.

Eine Elimination von Vorgängen ist auch unter Verwendung der Simulationsergebnisse einer zunächst kleinen Stichprobe (z.B. $N_1 = 1000$) von Realisationen möglich. Vorgänge, die bei diesen Realisationen nie kritisch waren, werden eliminiert oder nur bei jeder k-ten weiteren Realisation berücksichtigt. Ist man nur an Erwartungswert und Streuung der Projektdauer interessiert, so können Dauern von Vorgängen, die in allen Realisationen der ersten Stichprobe kritisch waren, durch deterministische Dauern in Höhe des Erwartungswertes ersetzt werden. Die Varianz für diese Vorgänge ist dann jeweils zur geschätzten Varianz der Projektdauer zu addieren, wobei die Schätzung auf der Grundlage der verbleibenden stochastischen Dauern erfolgt.

b. Analytisch-simulative Verfahren

Die unter a. behandelte „vollständige" Simulation hat den Nachteil, daß von relativ einfach durchführbaren analytischen Reduktionen des Netzplans kein Gebrauch gemacht wird. Es liegt deshalb nahe, die Simulation erst dort anzusetzen, wo die analytische Reduktion einen höheren Rechenaufwand bedingt. So kann man z.B. zunächst alle Serien-Parallel-Reduktionen durchführen und die Simulation erst auf den resultierenden SPR-Netzplan anwenden. Im folgenden sollen die von *Burt* und *Garman* entwickelten Verfahren dargestellt werden, bei denen auch eine bedingte Reduktion von SPR-Netzplänen angewendet wird [vgl. *Burt* und *Garman*, 1971; *Garman*, 1972]. Die Verfahren bestehen im wesentlichen darin, die sich bei vollständiger Reduktion von SPR-Netzplänen ergebenden Mehrfach-Integrale simulativ zu lösen. Es kann deshalb unmittelbar an die Ergebnisse der analytischen Reduktion angeknüpft werden (vgl. S.136). Ist eine bedingte Reduktion erforderlich, so wird die Dauer $d_{i,j}$ des zu konditionierenden Vorgangs einem konstanten Stichprobenwert $D_{i,j}^k$ gleichgesetzt und die Reduktion wie bei dem exakten analytischen Verfahren durchgeführt.

Man erhält dann die Verteilung der Projektdauer unter der Bedingung gegebener Stichproben-Realisationen für die Dauern aller konditionierten Vorgänge. Diese Verteilung entspricht der bedingten Verteilungsfunktion der Projektdauer bei vollständiger analytischer Reduktion. Die nicht bedingte Verteilungsfunktion $F_T(t)$ wird dann nicht durch Integration über die Dauern der konditionierten Vorgänge, sondern näherungsweise durch N Zufalls-Realisationen für diese Dauern gewonnen.

Das Vorgehen soll zunächst an dem einfachen Beispiel der Wheatstone-Brücke veranschaulicht werden (vgl. die folgende Abbildung und das Beispiel auf S. 134).

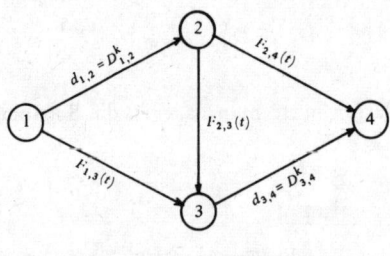

Abb. 48

Wird die Dauer des Vorgangs $x_{1,2}$ dem Stichprobenwert $D_{1,2}^k$ und die Dauer des Vorgangs $x_{3,4}$ dem Stichprobenwert $D_{3,4}^k$ gleichgesetzt, so erhält man für die Dauern T_i der drei Wege des Netzplans folgende bedingten Verteilungsfunktionen

$$F_{T_1}(t \mid D_{1,2}^k) = F_{2,4}(t - D_{1,2}^k)\,, \quad T_1 = d_{1,2} + d_{2,4}$$

$$F_{T_2}(t \mid D_{1,2}^k, D_{3,4}^k) = F_{2,3}(t - D_{1,2}^k - D_{3,4}^k),\quad T_2 = d_{1,2} + d_{2,3} + d_{3,4}$$

$$F_{T_3}(t \mid D_{3,4}^k) = F_{1,3}(t - D_{3,4}^k)\,, \quad T_3 = d_{1,3} + d_{3,4}\,.$$

Dann folgt für die bedingte Verteilungsfunktion der Projektdauer $T = \max(T_1, T_2, T_3)$:

$$F_T(t \mid D_{1,2}^k, D_{3,4}^k) = F_{2,4}(t - D_{1,2}^k) \cdot F_{2,3}(t - D_{1,2}^k - D_{3,4}^k) \cdot F_{1,3}(t - D_{3,4}^k)$$

Eine Zufalls-Realisation besteht nun in der Erzeugung je einer Zufallszahl $D_{1,2}^k$ und $D_{3,4}^k$ für die Vorgänge $x_{1,2}$ und $x_{3,4}$. Werden N Realisationen durchgeführt, so erhält man als Schätzung $\widetilde{F}_{T}^{N}(t)$ für die Verteilungsfunktion $F_{T}(t)$:

$$\widetilde{F}_{T}^{N}(t) \;=\; \frac{1}{N} \sum_{k=1}^{N} H_{k}(t) \qquad \text{für alle } t$$

$$\text{mit} \quad H_{k}(t) \;=\; \begin{cases} F_{T}(t \mid D_{1,2}^{k}, D_{3,4}^{k}) & \text{falls } W^{k} \leqslant t \\[2mm] 0 & \text{sonst} \end{cases}$$

$$W_{k} = \max \{ D_{1,2}^{k}, D_{1,2}^{k} + D_{3,4}^{k}, D_{3,4}^{k} \} = D_{1,2}^{k} + D_{3,4}^{k}$$

Bei vollständiger Simulation hätte man dagegen die Schätzung (vgl. S. 148)

$$\hat{F}_{T}^{N}(t) \;=\; \frac{1}{N} \sum_{k=1}^{N} G_{k}(t) \qquad \text{für alle } t$$

$$\text{mit} \quad G_{k}(t) \;=\; \begin{cases} 1 & \text{falls } T^{k} = \max \{ T_{1}^{k}, T_{2}^{k}, T_{3}^{k} \} \leqslant t \\[2mm] 0 & \text{sonst} \end{cases}$$

$$T_{1}^{k} = D_{1,2}^{k} + D_{2,4}^{k}, \quad T_{2}^{k} = D_{1,2}^{k} + D_{2,3}^{k} + D_{3,4}^{k}$$

$$T_{3}^{k} = D_{1,3}^{k} + D_{3,4}^{k}$$

Während also bei vollständiger Simulation 5 Zufallszahlen pro Realisation erzeugt werden müssen, kommt die bedingte Simulation mit zwei Zufallszahlen pro Realisation aus. Dieser Vorteil wird dadurch erkauft, daß für jede Realisation die bedingte Verteilungsfunktion $F_{T}(t \mid D_{1,2}^{k}, D_{3,4}^{k})$ bestimmt werden muß. Da in die Berechnung von $\widetilde{F}_{T}^{N}(t)$ die gesamten Verteilungsfunktionen der Dauern $d_{2,4}, d_{2,3}$ und $d_{1,3}$ in analytischer Form eingehen, wird die Qualität der Schätzung gegenüber der vollständigen Simulation in der Regel erheblich verbessert; d.h. die Abweichungen der Schätzung von der theoretischen Verteilung $F_{T}(t)$ sind bei bedingter Simulation kleiner als bei vollständiger Simulation. Man kommt also bei vorgegebener Schätzgenauigkeit mit einem geringeren Stichprobenumfang aus.

Für die bedingte Simulation lassen sich zwei Verfahren angeben, je nachdem, ob man die Konditionierung der Vorgänge des SPR-Netzplans jeweils — wie im Beispiel — gleichzeitig für alle vollständigen Wege durchführt, oder ob man die Konditionierung mit sukzessiven Serie-Parallel-Reduktionen verbindet. Im ersten Fall erhält man die bedingte Verteilungsfunktion der Projektdauer als Produkt der bedingten Verteilungsfunktionen der Dauern aller Wege. Im zweiten Fall, der dem bei exakten Verfahren dargestellten Vorgehen entspricht, treten in der bedingten Verteilungsfunktion der Projektdauer neben Produkten (Parallel-Reduktion) auch Faltungen (Serien-Reduktion) bedingter Verteilungsfunktionen äquivalenter Pfeile auf. Da beim zweiten Verfahren weniger Konditionierungen erforderlich sind und damit mehr Verteilungsfunktionen $F_{i,j}(t)$ in vollständiger analytischer Form in die Schätzung eingehen, nimmt die Genauigkeit der Schätzung gegenüber dem ersten Verfahren zu. Dieser Vorteil muß mit dem zusätzlichen Rechenaufwand für die Faltungsoperationen abgewogen werden.

Verfahren 1 (Konditionierung aller vollständigen Wege):

Zur Anwendung dieses Verfahrens ist die Bestimmung aller sogenannten singulären Vorgänge des Netzplans erforderlich. Hierunter werden solche Vorgänge verstanden, die nur in einer Vorgangsfolge vom Anfangs- zum Endknoten erscheinen. Bei *Burt* und *Garman* [1971] findet man ein Verfahren zur Ermittlung aller singulären Vorgänge, auf dessen Wiedergabe hier verzichtet wird. Von Bedeutung ist, daß jeder Weg in einem SPR-Netzplan höchstens einen singulären Vorgangspfeil enthält.
Es bezeichne

$A = \{1, \ldots, n\}$: die Menge der Indizes der Vorgänge des SPR-Netzplans mit den Vorgangsdauern $d_i (i=1, \ldots, n)$,

P_j : der j-te vollständige Weg des Netzplans $(j = 1, \ldots, m)$,

n_j : der zum Weg P_j gehörende singuläre Vorgang, falls ein solcher Vorgang existiert,

T_j : die Dauer des Weges P_j,

U : die Menge aller singulären Vorgänge,

D_i^k, T_j^k : Stichprobenwerte der Zufallsvariablen d_i bzw. T_j .

Die Vorgänge sind so zu numerieren, daß der singuläre Vorgang eines Weges den niedrigsten Index aller Vorgänge des Weges erhält, d.h.

$$U = \{u : u = \min \{v : v \in P_j \text{ und } v \notin P_k \text{ für alle } k \neq j, j = 1, 2 \ldots, m\}\}$$

Es ergibt sich folgende Schätzung für die Verteilungsfunktion $F_T(t)$:

$$\hat{F}_T^N(t) \; = \; \frac{1}{N} \sum_{k=1}^{N} H_k(t) \qquad\qquad \text{für alle } t$$

$$\text{mit } H_k(t) = \begin{cases} \prod_{u_j \in U} F_{uj}(t + D_{u_j}^k - T_j^k) & \text{falls } w^k \leqslant t \\[2mm] 0 & \text{sonst} \end{cases}$$

und

$$w^k = \max_j \left[T_j^k - \begin{cases} D_{u_j}^k, & \text{falls } u_j \in U \\[2mm] 0 & \text{sonst} \end{cases} \right]$$

In dem zuvor behandelten Beispiel enthält U die singulären Vorgänge $u_1 = x_{2,4}$, $u_2 = x_{2,3}$ und $u_3 = x_{1,3}$. Aus den allgemeinen Formeln kann unmittelbar die im Beispiel angegebene Schätzung abgeleitet werden.

Verfahren 2 (Konditionierung mit bedingter Serien-Parallel-Reduktion):

Der Verfahrensablauf entspricht dem exakten Verfahren vollständiger Reduktion (vgl. S. 139 ff.) und braucht hier nicht wiederholt zu werden. Im letzten Schritt (vor Durchführung der Integration) erhält man die bedingte Verteilungsfunktion

$$F_T(t \mid D_{i_1}^k, \dots D_{i_1}^k) = V_k(t) \text{ und damit die Schätzung}$$

$$\hat{F}_T^N(t) = \frac{1}{N} \sum_{k=1}^{N} V_k(t) \; .$$

Hierbei sind $D_{i_1}^k, \dots, D_{i_l}^k$ Stichprobenwerte für die Dauern konditionierter äquivalenter Pfeile.

Im Beispiel (vgl. S. 142) ergab sich für den Netzplan der Abbildung 49

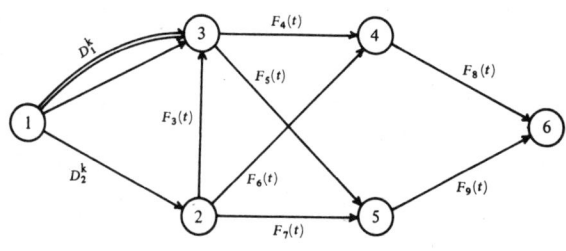

Abb. 49

$$V_k(t) = F_T(t \mid D_1^k, D_2^k) = \{[F_4(t-D_1^k) \cdot F_6(t-D_2^k)] * F_8(t)\} \cdot \{[F_5(t-D_1^k) F_7(t-D_2^k)] * F_9(t)\}$$

Hierbei war $F_1(t)$: $= F_1(t) \cdot F_3(t-D_2^k)$.

Eine Zufallszahl für die Dauer des äquivalenten Pfeils ($\Rightarrow$) von 1 nach 3 kann also erst erzeugt werden, nachdem zuvor der Stichprobenwert D_2^k aus der Verteilung $F_2(t)$ „gezogen" wurde. Solche voneinander abhängige Zufalls-Realisationen erschweren die Durchführung der Simulation.

Bei Anwendung des Verfahrens 1 auf dasselbe Beispiel wären pro Realisation 7 Zufallszahlen zu erzeugen, da von den 9 Vorgängen nur zwei singulär sind (die Vorgänge $x_{3,4}$ und $x_{3,5}$).

Die Effizienz des Verfahrens 1 nimmt allgemein mit wachsender Anzahl singulärer Vorgänge zu. Beide Verfahren erweisen sich gegenüber der vollständigen Simulation als besonders vorteilhaft, wenn die Kritizität und die Varianz der Vorgangsdauern, für die Zufallszahlen erzeugt werden müssen, niedrig sind. Ergebnisse von Rechenexperimenten liegen bisher nur für das Verfahren 1 vor [vgl. *Burt* und *Garman*, 1971]. Bei gleichem Stichprobenumfang N war die Rechenzeit etwas größer als bei vollständiger Simulation. Dagegen erzielte man in nahezu allen Fällen eine erheblich größere Schätzgenauigkeit. Ein umfassender Effizienzvergleich wird dadurch erschwert, daß bisher für bedingte Simulationen keine Aussagen zum erforderlichen Stichprobenumfang bei vorgegebener Schätzgenauigkeit bekannt sind.

c. Verfahren bei Approximation der Verteilungsfunktion der Dauern
   längster Wege durch Normalverteilungen

Im Anschluß an eine Kritik des PERT-Verfahrens (vgl. Abschnitt d.) sind verschiedene Versuche unternommen worden, die PERT-Schätzungen durch realistischere Annahmen zu verbessern. Ein erster Ansatz in dieser Richtung stammt von *Fulkerson* [1962]. Unter der Annahme diskreter Verteilungen der Vorgangsdauern wird eine Schätzmethode für den Erwartungswert der Projektdauer $E(T)$ angegeben. Die Fulkerson-Schätzung μ^T liegt zwischen der PERT-Schätzung $\tilde{\mu}^T$ und dem exakten Erwartungswert: $\tilde{\mu}_1^T \leq \mu^T \leq E(T)$. Der Ansatz wurde von *Clingen* auf den Fall stetiger Verteilungen der Vorgangsdauern erweitert [*Clingen*, 1964]. Eine weitere von *Lindsey* abgeleitete Schätzung μ^{*T} ist zwar nicht kleiner als die Fulkerson/Clingen-Schätzung ($\mu^T \leq \mu_3^{*T}$), kann aber auch größer als der exakte Erwartungswert ausfallen. Sie liefert deshalb nur für bestimmte Typen von Netzplänen eine Verbesserung [*Lindsey* II, 1972].

Analytische Näherungsverfahren, die auch eine Schätzung der Varianz

$V(T)$ der Projektdauer liefern, gehen von der Annahme aus, daß die Dauern aller Wege vom Anfangsknoten zu jedem beliebigen Ereignis-Knoten des Netzplans eine gemeinsame Normalverteilung besitzen. Außerdem wird unterstellt, daß das Maximum von normalverteilten Zufallsvariablen ebenfalls normalverteilt ist. Unter diesen Annahmen ist auch die Projektdauer T normalverteilt, so daß man mit den Schätzungen $\hat{\mu}_T$ und $\hat{\sigma}^2_T$ für $E(T)$ und $V(T)$ eine Schätzung der Verteilungsfunktion $F_T(t)$ erhält:

$$\hat{F}_T(t) \;=\; N(\hat{\mu}_T,\, \hat{\sigma}^2_T): \quad \text{Normalverteilung mit dem Mittelwert } \hat{\mu}_T$$
$$\text{und der Varianz } \hat{\sigma}^2_T.$$

Die Annahme der Normalverteilung für die Dauer eines Weges ist — bei beliebigen Verteilungen der Vorgangsdauern — um so eher erfüllt, je mehr Vorgänge der Weg enthält (zentraler Grenzwertsatz). Die Normalverteilung stellt dann eine gute Approximation der Verteilungsfunktion $F_T(t)$ dar, wenn die vollständigen Wege des Netzplans relativ viele gemeinsame Vorgangspfeile enthalten, d.h. bei größerer Korrelation zwischen den angenähert normalverteilten Dauern T_i der Wege. Zur Ermittlung von μ_T und σ^2_T ist in diesem Fall allerdings eine Schätzung der Korrelationskoeffizienten zwischen den T_i erforderlich, die mit steigender Anzahl gemeinsamer Vorgänge ungenauer wird. Im allgemeinen erhält man aber bei dem folgenden Verfahren erheblich bessere Schätzungen für $E(T)$ und $V(T)$ als beim PERT-Verfahren.

Das Verfahren verwendet folgende von Clark abgeleiteten Aussagen [vgl. Clark, 1961]:

1. Sind x_1 und x_2 zwei stochastisch abhängige normalverteilte Zufallsvariable mit den Erwartungswerten $E(x_1)$, $E(x_2)$, den Varianzen $V(x_1)$, $V(x_2)$ und dem Korrelationskoeffizienten $\rho_{1,2}$, so folgt für den Erwartungswert $E(x)$ und die Varianz $V(x)$ von $x = \max(x_1, x_2)$:

(a) $E(x) = E(x_1)\,\Phi(\beta) + E(x_2)\,\Phi(-\beta) + \alpha\,\varphi(\beta)$

(b) $V(x) = [E^2(x_1) + V(x_1)] \cdot \Phi(\beta) + [E^2(x_2) + V(x_2)]\,\Phi(-\beta) +$
$\qquad\qquad + [E(x_1) + E(x_2)]\,\alpha\,\varphi(\beta) - E^2(x)$

mit $\alpha^2 = V(x_1) + V(x_2) - 2\,\rho_{1,2}\,\sqrt{V(x_1)\cdot V(x_2)}$

$\qquad \beta = \dfrac{E(x_1) - E(x_2)}{\alpha}$

$\Phi(t)$: Verteilungsfunktion $\left.\right\}$ der standardisierten
$\varphi(t)$: Dichtefunktion $\qquad$ Normalverteilung

2. Ist x_3 eine von x_1 und x_2 stochastisch abhängige normalverteilte Zufallsvariable mit den partiellen Korrelationskoeffizienten $\rho_{1,3}$ und $\rho_{2,3}$, so folgt für den Korrelationskoeffizienten $\rho(x_3,x)$ zwischen x_3 und $x = \max(x_1,x_2)$:

$$\text{(c)} \quad \rho(x_3,x) = \frac{\rho_{1,3} \; \Phi \; (\beta) \; \sqrt{V(x_1)} + \rho_{2,3} \; \Phi \; (-\beta) \; \sqrt{V(x_2)}}{\sqrt{V(x)}}$$

3. Gegeben seien 4 Zufallsvariable x_1,x_2,y_1,y_2, wobei x_1 und x_2 stochastisch voneinander abhängig sind mit dem Korrelationskoeffizienten $\rho_{1,2}$. y_1 und y_2 seien jeweils von den drei übrigen Zufallsvariablen stochastisch unabhängig. Dann folgt für den Korrelationskoeffizienten $\rho(z_1,z_2)$ zwischen $z_1 = x_1 + y_1$ und $z_2 = x_2 + y_2$

$$\text{(d)} \quad \rho(z_1,z_2) = \frac{\rho_{1,2} \sqrt{V(x_1) \cdot V(x_2)}}{\sqrt{V(z_1) \cdot V(z_2)}}$$

Mit Hilfe der Beziehungen (a) bis (d) können sukzessive der Erwartungswert und die Varianz für die Dauern t_i bis zum Eintritt der Ereignisse v_i und damit auch für Projektdauer berechnet werden. Hierbei sind zunächst alle Serie-Parallel-Reduktionen (vgl. S. 131) durchzuführen. Der Erwartungswert und die Varianz des Maximums der Dauern von zwei parallelen äquivalenten Pfeilen folgen unmittelbar aus (a) und (b), wenn bei der Berechnung von α der Korrelationskoeffizient $\rho_{1,2} = 0$ gesetzt wird (Parallel-Reduktion). Der Erwartungswert und die Varianz der Summen der Dauern von zwei hintereinandergeschalteten Vorgängen entspricht der Summe der Erwartungswerte bzw. Varianzen der beiden Vorgangsdauern (Serien-Reduktion). Die Beziehungen (c) und (d) werden zur Berechnung von Korrelationen zwischen den Dauern von Wegen im SPR-Netzplan benötigt, falls diese Wege gemeinsame Vorgänge enthalten. Das Vorgehen soll durch ein Beispiel veranschaulicht werden.

Beispiel
Formulierung des Problems
Für den in der folgenden Abbildung angegebenen Netzplan mit betaverteilten Vorgangsdauern ist näherungsweise die Verteilungsfunktion $F_T(t)$ der Projektdauer zu bestimmen (vgl. Beispiel S. 100). Bei jedem Vorgangspfeil

x_{ij} ist in runden Klammern die Schätzung für die optimistische Dauer $[OD(x_{ij}) = a_{ij}]$, die häufigste Dauer $[HD(x_{ij}) = m_{ij}]$ und die pessimistische Dauer $[PD(x_{ij}) = b_{ij}]$ angegeben.

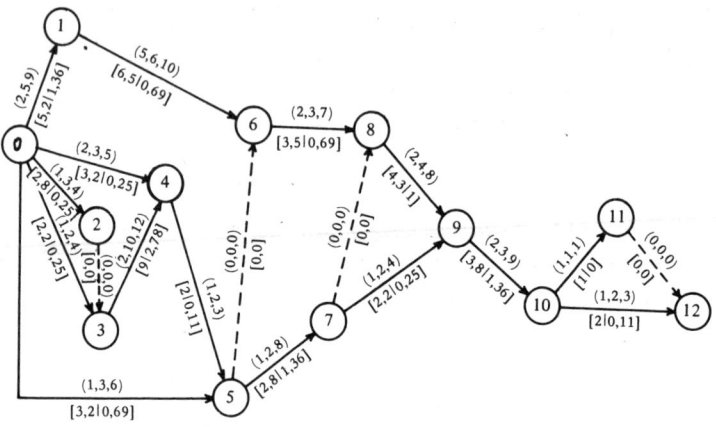

Abb. 50: Netzplan mit betaverteilten Vorgangsdauern

Lösung:
Für jeden Vorgang x_{ij} ist zunächst unter Verwendung der auf S.120 angegebenen Formeln (PERT-Schätzung) der Erwartungswert μ_{ij} und die Varianz σ^2_{ij} der Vorgangsdauer d_{ij} zu berechnen. Diese Werte sind in Abb. 50 bei jedem Pfeil in eckigen Klammern angegeben. Z.B. ergeben sich für Vorgang $x_{0,5}$ die Werte

$$\mu_{0,5} = \frac{a_{0,5} + 4 \cdot m_{0,5} + b_{0,5}}{6} = \frac{1 + 4 \cdot 3 + 6}{6} = \frac{19}{6} \approx 3{,}2 \ ,$$

$$\sigma^2_{0,5} = \frac{(b_{0,5} - a_{0,5})^2}{36} = \frac{(6-1)^2}{36} = \frac{25}{36} \approx 0{,}69$$

Eine Schätzung für den Erwartungswert und die Varianz der Projektdauer erhält man in folgenden Reduktionsschritten:

1. Zunächst ergeben sich durch Serien-Reduktion folgende geschätzten Erwartungswerte und Varianzen äquivalenter Pfeile:

$$t'_{0,6} = d_{0,1} + d_{1,6} : \quad \mu'_{0,6} = \mu_{0,1} + \mu_{1,6} = 5,2 + 6,5 = \underline{11,7}$$

$$\sigma'^2_{0,6} = \sigma^2_{0,1} + \sigma^2_{1,6} = 1,36 + 0,69 = \underline{2,05}$$

$$t'_{0,3} = d_{0,2} + d_{2,3} : \quad \mu'_{0,3} = \underline{2,8} \; ; \quad \sigma'^2_{0,3} = \underline{0,25}$$

$$t'_{10,12} = d_{10,12} + d_{11,12} : \mu'_{10,12} = \underline{1} \; ; \quad \sigma'^2_{10,12} = \underline{0}$$

Es verbleibt der in der folgenden Abbildung wiedergegebene Netzplan.

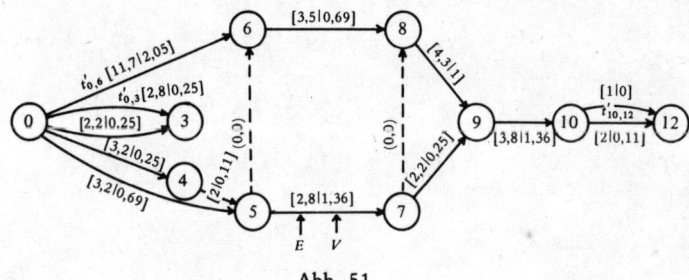

Abb. 51

2. Mit Hilfe der Formeln (a) und (b) sind dann folgende Parallel-Reduktionen möglich:

$$t''_{0,3} = \max (t'_{0,3}, d_{0,3}):$$

$$\alpha^2 = \sigma'^2_{0,3} + \sigma^2_{0,3} = 0,25 + 0,25 = 0,50 \; ; \quad \alpha \approx 0,706 \; ;$$

$$\beta = (\mu'_{0,3} - \mu_{0,3}) / \alpha = (2,8 - 2,2) / 0,706 \approx 0,85 \, .$$

Aus Tabellen entnimmt man $\Phi (0,85) \approx 0,8 \; ; \varphi (0,85) \approx 0,28 \; ;$
$\Phi (-0,85) = 1 - \Phi (0,85) = 0,2 \, .$

$$\mu''_{0,3} = \mu'_{0,3} \, \Phi (0,85) + \mu_{0,3} \, \Phi (-0,85) + \alpha \, \varphi (0,85)$$

$$= 2,8 \cdot 0,8 \quad + 2,2 \cdot 0,2 \quad + 0,706 \cdot 0,28 \approx \underline{2,88}$$

$$\sigma''^2_{0,3} = (\mu'^2_{0,3} + \sigma'^2_{0,3}) \cdot \Phi (0,85) + (\mu^2_{0,3} + \sigma^2_{0,3}) \cdot \Phi (-0,85) +$$

$$+ (\mu'_{0,3} + \mu_{0,3}) \, \alpha \, \varphi (0,85) - \mu''^2_{0,3}$$

$$= (2,8^2 + 0,25) \cdot 0,8 + (2,2^2 + 0,25) \cdot 0,2 + (2,8 + 2,2) \cdot 0,706 \cdot 0,28 - 2,88^2$$

$$\approx \underline{0,19}$$

$t''_{10,12} = \max (t'_{10,12}, d_{10,12})$:

$\alpha^2 = 0{,}11$; $\alpha \approx 0{,}332$; $\beta \approx -3$; $\Phi (-3) \approx 0$; $\Phi (3) \approx 1$;

$\mu''_{10,12} \approx \underline{2}$; $\sigma''^2_{10,12} \approx \underline{0{,}11}$

3. Für die weiteren Serien-Parallel-Reduktionen erhält man entsprechend:

$t'_{0,4} = t''_{0,3} + d_{3,4}$: $\mu'_{0,4} = 2{,}88 + 9 \quad = \quad \underline{11{,}88}$

$\sigma'^2_{0,4} = 0{,}19 + 2{,}78 = \quad \underline{2{,}97}$

$t'_{9,12} = t''_{10,12} + d_{9,10}$: $\mu'_{9,12} = \quad 2 \; + \; 3{,}8 \quad = \quad \underline{5{,}8}$

$\sigma'^2_{9,12} = 0{,}11 + 1{,}36 = \quad \underline{1{,}47}$

$t''_{0,4} = \max (t'_{0,4}, d_{0,4})$:

$\alpha^2 = 2{,}97 + 0{,}25 = 3{,}22$; $\alpha \approx 1{,}79$; $\beta \approx (11{,}88-3{,}2)/1{,}79 \approx 4{,}85$

$\Phi (4{,}85) = 1$; $\Phi (-4{,}85) = 0$; $\varphi (4{,}85) = 0$

$\mu''_{0,4} = \mu'_{0,4} = \underline{11{,}88}$; $\sigma''^2_{0,4} = \sigma'^2_{0,4} = \underline{2{,}97}$

$t'_{0,5} = t''_{0,4} + d_{4,5}$: $\mu'_{0,5} = 11{,}88 + 2 = \underline{13{,}88}$

$\sigma'^2_{0,5} = 2{,}97 + 0{,}11 = \underline{3{,}08}$

$t''_{0,5} = \max (t'_{0,5} ; d_{0,5})$

$\alpha^2 = 3{,}08 + 0{,}69 = 3{,}77$; $\alpha = 1{,}94$;

$\beta \approx (13{,}88 - 3{,}2)/1{,}94 \approx 5{,}5$; $\Phi (5{,}5) = 1$; $\Phi (-5{,}5) = 0$;

$\varphi (5{,}5) = 0$

$\mu''_{0,5} = \mu'_{0,5} = \underline{13{,}88}$; $\sigma''^2_{0,5} - \sigma'^2_{0,5} = \underline{3{,}08}$

Es ergibt sich der in der folgenden Abbildung angegebene SPR-Netzplan.

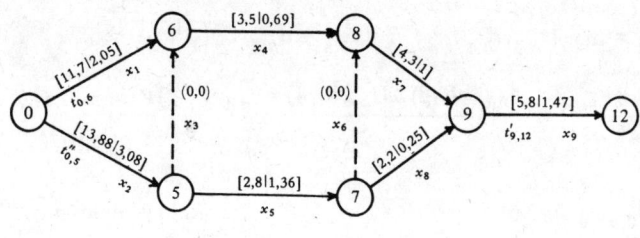

Abb. 52

4. Bei der Berechnung der Erwartungswerte und Varianzen der Dauern von v_0 nach v_6 ($t''_{0,6}$) und von v_0 nach v_7 ($t'_{0,7}$) sind — wie bisher — keine Korrelationen zu berücksichtigen:

$$t''_{0,6} = \max (t'_{0,6}, t''_{0,5}) :$$

$$\alpha^2 = 2{,}05 + 3{,}08 = 5{,}13 \; ; \; \alpha \approx 2{,}27 \; ; \; \beta = (11{,}7 - 13{,}88)/2{,}27 \approx -0{,}96$$

$$\Phi(-0{,}96) = 0{,}17 \; ; \; \Phi(0{,}96) = 0{,}83 \; ; \; \varphi(-96) = 0{,}25$$

$$\mu''_{0,6} = 11{,}7 \cdot 0{,}17 + 13{,}88 \cdot 0{,}83 + 2{,}27 \cdot 0{,}25 \approx \underline{14{,}08}$$

$$\sigma''^2_{0,6} = (11{,}7^2 + 2{,}05) \cdot 0{,}17 + (13{,}88^2 + 3{,}08) \cdot 0{,}83 +$$
$$+ (11{,}7 + 13{,}88) \cdot 2{,}27 \cdot 0{,}25 - 14{,}08^2 \approx \underline{2{,}35}$$

$$t'_{0,7} = t''_{0,5} + d_{5,7} : \quad \mu'_{0,7} \approx 13{,}88 + 2{,}8 = \underline{16{,}68}$$
$$\sigma'^2_{0,7} \approx 3{,}08 + 1{,}3 = \underline{4{,}44}$$

5. Zur Ermittlung des Erwartungswerts und der Varianz der Dauer von v_0 nach v_8 ($t'_{0,8}$) sind nach (c) und (d) Korrealtionskoeffizienten zu berechnen:

$$t'_{0,8} = \max (t''_{0,6} + d_{6,8}, \; t'_{0,7}) :$$

$$\rho(t''_{0,6} + d_{6,8}, \; t'_{0,7}) = \frac{\sigma''_{0,6} \cdot \sigma'_{0,7}}{\sqrt{(\sigma''^2_{0,6} + \sigma^2_{6,8}) \, \sigma'^2_{0,7}}} \cdot \rho(t''_{0,6}, t'_{0,7}) \quad \text{(nach (d))}$$

$$t''_{0,6} = \max(t'_{0,6}, t''_{0,5}) \; ; \; t'_{0,7} = t''_{0,5} + d_{5,7} \hspace{2cm} \text{(vgl. 4.)}$$

$$\rho(t''_{0,6}, t'_{0,7}) = \frac{\sigma'_{0,6} \cdot \Phi(\beta)\rho(t'_{0,6}, t'_{0,7}) + \sigma''_{0,5}\Phi(-\beta)\rho(t''_{0,5}, t'_{0,7})}{\sigma''_{0,6}} \hspace{1cm} \text{(nach c))}$$

$$\rho(t'_{0,6}, t'_{0,7}) = 0 \hspace{3cm} \text{(kein gemeinsamer Vorgang)}$$

$$\rho(t''_{0,5}, t'_{0,7}) = \rho(t''_{0,5}, t''_{0,5} + d_{5,7}) = \frac{\sigma''_{0,5} \cdot \sigma''_{0,5} \cdot \rho(t''_{0,5}, t''_{0,5})}{\sigma''_{0,5} \cdot \sigma'_{0,7}}$$

$$\rho(t''_{0,5}, t''_{0,5}) = 1$$

Durch sukzessives Einsetzen folgt mit $\Phi(\beta) = \Phi(-0,96) = 0,17$ und
$\Phi(-\beta) = \Phi(0,96) = 0,83$

$$\rho(t''_{0,6} + d_{6,8}, t'_{0,7}) = \frac{\sigma''_{0,5} \cdot 0,83}{\sqrt{(\sigma''^2_{0,6} + \sigma^2_{6,8}) \cdot \sigma'^2_{0,7}}} = \frac{3,08 \cdot 0,83}{\sqrt{(2,35 + 0,69)4,44}} \approx 0,7$$

Nach (a) und (b) ergibt sich hiermit:

$$\alpha^2 = \sigma''^2_{0,6} + \sigma^2_{6,8} + \sigma'^2_{0,7} - 2 \cdot 0,7 \cdot \sqrt{(\sigma''^2_{0,6} + \sigma^2_{6,8})\sigma'^2_{0,7}}$$

$$= 2,35 + 0,69 + 4,44 - 1,4\sqrt{(2,35 + 0,69)4,44} \approx 2,34$$

$$\alpha \approx 1,53 \; ; \; \beta = (\mu''_{0,6} + \mu_{6,8} - \mu'_{0,7})/\alpha = \frac{14,08 + 3,5 - 16,68}{1,53} \approx 0,59$$

$$\Phi(0,59) \approx 0,72 \; ; \; \Phi(-0,59) \approx 0,28 \; ; \; \varphi(0,59) \approx 0,335$$

$$\mu'_{0,8} = (\mu''_{0,6} + \mu_{6,8}) \cdot \Phi(0,59) + \mu'_{0,7}\Phi(-0,59) + \alpha\,\varphi(0,59)$$

$$= (14,08 + 3,5) \cdot 0,72 + 16,68 \cdot 0,28 + 1,53 \cdot 0,335 \approx \underline{17,84}$$

$$\sigma'^2_{0,8} = \{(\mu''_{0,8} + \mu_{6,8})^2 + \sigma''^2_{0,6} + \sigma^2_{6,8}\}\Phi(0,59) + (\mu'^2_{0,7} + \sigma'^2_{0,7})\Phi(-0,59)$$

$$+ (\mu''_{0,6} + \mu_{6,8} + \mu'_{0,7}) \cdot \alpha \cdot \varphi(0,59) - \mu'^2_{0,8}$$

$$= (17,58^2 + 3,04) \cdot 0,72 + (16,68^2 + 4,44) \cdot 0,28$$

$$+ (17,58 + 16,68) \cdot 1,53 \cdot 0,335 - 17,84^2 \approx \underline{3,15}$$

6. Zur Berechnung des Erwartungswerts und der Varianz der Dauer von v_0 nach v_9 ($t'_{0,9}$) gilt entsprechend:

$$t'_{0,9} = \max (t'_{0,8} + d_{8,9}, t'_{0,7} + d_{7,9})$$

$$\rho (t'_{0,8} + d_{8,9} , t'_{0,7} + d_{7,9}) = \frac{\sigma'_{0,8} \cdot \sigma'_{0,7} \cdot \rho(t'_{0,8}, t'_{0,7})}{\sqrt{(\sigma'^2_{0,8} + \sigma^2_{8,9})(\sigma'^2_{0,7} + \sigma^2_{7,9})}} \quad \text{(nach (d))}$$

$$t'_{0,8} = \max (t''_{0,6} + d_{6,8}, t'_{0,7}) \qquad\qquad \text{(vgl. 5.)}$$

$$\rho(t'_{0,8}, t'_{0,7}) = \frac{\sqrt{\sigma''^2_{0,6} + \sigma^2_{6,8}} \cdot \rho(t''_{0,6} + d_{6,8}, t'_{0,7}) \, \Phi(\beta) + \sigma'^2_{0,7} \cdot \rho(t'_{0,7}, t'_{0,7}) \cdot \Phi(-\beta)}{\sigma'_{0,8}}$$

$$\rho (t''_{0,6} + d_{6,8}, \, t'_{0,7}) = 0,7 \; ; \; \rho (t'_{0,7}, t'_{0,7}) = 1 \; ; \; \Phi (\beta) = 0,72 \; ; \; \Phi (-\beta) = 0,28$$
$$\text{(vgl. 5.)}$$

$$\rho (t'_{0,8}, t'_{0,7}) = \frac{\sqrt{3,04 \cdot 0,7} \cdot 0,72 + \sqrt{4,44} \cdot 0,28}{\sqrt{3,15}} \approx 0,83$$

$$\rho (t'_{0,8} + d_{8,9}, t'_{0,7} + d_{7,9}) = \frac{\sqrt{3,15 \cdot 4,44}}{\sqrt{(3,15 + 1)(4,44 + 0,25)}} \cdot 0,81 \approx 0,70$$

Nach (a) und (b) folgt

$$\begin{aligned}
\alpha^2 &= \sigma'^2_{0,8} + \sigma^2_{8,9} + \sigma'^2_{0,7} + \sigma^2_{7,9} - 2 \cdot 0,69 \cdot \sqrt{(\sigma'^2_{0,8} + \sigma^2_{8,9})(\sigma'^2_{0,7} + \sigma^2_{7,9})} \\
&= 4,15 + 4,69 - 2 \cdot 0,69 \sqrt{4,15 \cdot 4,69} \approx 2,76
\end{aligned}$$

$$\alpha = 1,66 \; ; \beta = (\mu'_{0,8} + \mu_{8,9} - \mu'_{0,7} - \mu_{7,9})/\alpha = (17,84 + 4,3 - 16,68 - 2,2)/1,67$$
$$\approx 1,95$$

$$\Phi (1,95) \approx 0,974 \; ; \Phi (-1,95) = 0,026 \; ; \varphi (2,26) \approx 0,0596$$

$$\mu'_{0,9} = (\mu'_{0,8} + \mu_{8,9}) \cdot 0,974 + (\mu'_{0,7} + \mu_{7,9}) \cdot 0,026 + 1,67 \cdot 0,0596$$

$$= 22,14 \cdot 0,974 + 18,88 \cdot 0,026 + 1,66 \cdot 0,0596 \approx \underline{22,15}$$

$$\sigma'^2_{0,9} = (22,14^2 + 4,15) \cdot 0,974 + (18,88^2 + 4,69) \cdot 0,026 + (22,14 +$$
$$+ 18,88) \cdot 1,66 \cdot 0,0596 - 22,15^2 \approx \underline{4,30}$$

7. Im letzten Schritt erhält man schließlich

$$t'_{0,12} = t'_{0,9} + t'_{9,12} :$$

$$\mu'_{0,12} = \mu'_{0,9} + \mu'_{9,12} = 22{,}15 + 5{,}8 = \underline{27{,}95}$$

$$\sigma'^2_{0,12} = \sigma'^2_{0,9} + \sigma'^2_{9,12} = 4{,}3 + 1{,}47 = \underline{5{,}77}$$

Die Verteilungsfunktion der Projektdauer entspricht also ungefähr einer Normalverteilung mit dem Erwartungswert $\mu_T = \mu'_{0,12} \approx \underline{28}$ und der Varianz $\sigma_T^2 = \sigma'^2_{0,12} \approx \underline{6}$ (vgl. das Ergebnis der PERT-Berechnung im Abschnitt d.).

Das Beispiel zeigt, daß die Anwendung der Formeln (a) bis (d) — speziell infolge der rekursiven Berechnung von Korrelationen (vgl. die Schritte 4. und 5. des Beispiels) — für größere SPR-Netzpläne ziemlich aufwendig wird.[1] Zur Anwendung auf einem Rechner ist ein anderes Vorgehen vorzuziehen, bei dem die Korrelationkoeffizienten direkt für vollständige Wege des Netzplans geschätzt werden (vgl. zum folgenden *Golenko* [1972], S. 100 ff.).

Bezeichnet P_i die Menge der Vorgangsindizes des i-ten vollständigen Weges des Netzplans ($i = 1, \ldots, m$), so beträgt der Korrelationskoeffizient $\rho_{i,j}$ zwischen den Dauern T_i und T_j zweier Wege P_i und P_j des Netzplans:

$$(e) \qquad \rho_{i,j} = \frac{\sum\limits_{l \in P_i \cap P_j} V(d_l)}{\sqrt{V(T_i) \cdot V(T_j)}}$$

(Im Zähler sind die Varianzen der Dauern aller Vorgänge zu summieren, die beiden Wegen gemeinsam sind.)

Der Korrelationskoeffizient zwischen T_k und $\max(T_1, T_2, \ldots, T_{k-1})$ entspricht in Annäherung dem multiplen Korrelationskoeffizienten ρ_k:

$$(f) \qquad \rho_k = \sqrt{\frac{\Delta_k^*}{\Delta_k}} \quad , \text{ wobei}$$

---

1) Eine von *Buttler* durchgeführte Berechnung mit Hilfe der Clarkschen Formeln weist prinzipielle Fehler auf. Z.B. wird unterstellt, daß die Dauern von Wegen, die in verschiedene Knoten münden, stets stochastisch voneinander unabhängig sind. Hierdurch vereinfacht sich zwar die Rechnung; sie wird aber gegenüber einer PERT-Berechnung kaum genauer [vgl. *Buttler*, 1968, S. 122 ff.].

$$\Delta_k^* = (-1)^k \begin{vmatrix} \rho_{k1} & \rho_{k2} & \cdots & \rho_{k(k-1)} & 0 \\ 1 & \rho_{12} & \cdots & \rho_{1(k-1)} & \rho_{1k} \\ \rho_{21} & 1 & \cdots & \rho_{2(k-1)} & \rho_{2k} \\ \cdots & \cdots & \cdots & \cdots & \cdots \\ \rho_{(k-1)1} & \rho_{(k-1)2} & \cdots & 1 & \rho_{(k-1)k} \end{vmatrix}$$

und

$$\Delta_k = \begin{vmatrix} 1 & \rho_{21} & \cdots & \rho_{(k-1)1} \\ \rho_{12} & 1 & \cdots & \rho_{(k-1)2} \\ \cdots & \cdots & \cdots & \cdots \\ \rho_{1(k-1)} & \rho_{2(k-1)} & \cdots & 1 \end{vmatrix}$$

Unter Anwendung der Formeln (a) und (b) von *Clark* lassen sich hiermit sukzessiv die Erwartungswerte und Varianzen folgender Größen bestimmen:

$$y_1 = \max(T_1, T_2)$$
$$y_2 = \max(y_1, T_3)$$
$$\overline{y_{m-1} = T = \max(y_{m-2}, T_m)}$$

Im letzten Schritt erhält man also eine Schätzung für den Erwartungswert und die Varianz der Projektdauer T.

Beispiel

Formulierung des Problems:

Für den SPR-Netzplan des vorhergehenden Beispiels (vgl. Abb. 52) ist mit Hilfe des geschilderten Verfahrens eine Schätzung für den Erwartungswert $E(T)$ und die Varianz $V(T)$ der Projektdauer T zu ermitteln.

Lösung:

Der Netzplan besitzt folgende vollständigen Wege:

$$P_1 = \{1,4,7,9\}, \quad P_2 = \{2,3,4,7,9\}, \quad P_3 = \{2,5,6,7,9\},$$
$$P_4 = \{2,5,8,9\}.$$

Damit wird

$$P_1 \cap P_2 = \{4,7,9\}, \quad P_1 \cap P_3 = \{7,9\}, \quad P_1 \cap P_4 = \{9\},$$
$$P_2 \cap P_3 = \{2,7,9\}, \quad P_2 \cap P_4 = \{2,9\}, \quad P_3 \cap P_4 = \{2,5,9\}.$$

$$\sum_{1 \in P_1 \cap P_2} V(d_1) = 0,69 + 1 + 1,47 = 3,16$$

$$\sum_{1 \in P_1 \cap P_3} V(d_1) = 1 + 1,47 = 2,47$$

$$\sum_{1 \in P_1 \cap P_4} V(d_1) = 1,47$$

$$\sum_{1 \in P_2 \cap P_3} V(d_1) = 3,08 + 1 + 1,47 = 5,55$$

$$\sum_{1 \in P_2 \cap P_4} V(d_1) = 3,08 + 1,47 = 4,55$$

$$\sum_{1 \in P_3 \cap P_4} V(d_1) = 3,08 + 1,36 + 1,47 = 5,91$$

$$
\begin{aligned}
V(T_1) &= 2,05+0,69+1+1,47 = 5,21 \; ; & E(T_1) &= 11,7+3,5+4,3+5,8 = 25,3 \\
V(T_2) &= 3,08+0,69+1+1,47 = 6,24 \; ; & E(T_2) &= 13,88+3,5+4,3+5,8 = 27,4 \\
V(T_3) &= 3,08+1,36+1+1,47 = 6,91 \; ; & E(T_3) &= 13,88+2,8+4,3+5,8 = 26,7 \\
V(T_4) &= 3,08+1,36+0,25+1,47 = 6,16 \; ; & E(T_4) &= 13,88+2,8+2,2+5,8 = 24,6
\end{aligned}
$$

Nach (e) folgt:

$$\rho_{12} = \rho_{21} = \frac{3,16}{\sqrt{5,21 \cdot 6,24}} \approx 0,55 \; ; \quad \rho_{23} = \rho_{32} = \frac{5,55}{\sqrt{6,24 \cdot 6,91}} \approx 0,85$$

$$\rho_{13} = \rho_{31} = \frac{2,47}{\sqrt{5,21 \cdot 6,91}} \approx 0,41 \; ; \quad \rho_{24} = \rho_{42} = \frac{4,55}{\sqrt{6,24 \cdot 6,16}} \approx 0,73$$

$$\rho_{14} = \rho_{41} = \frac{1,47}{\sqrt{5,21 \cdot 6,16}} \approx 0,26 \; ; \quad \rho_{34} = \rho_{43} = \frac{5,91}{\sqrt{6,91 \cdot 6,16}} \approx 0,91$$

Für $y_1 = \max(T_1, T_2)$ folgt nach (a) und (b):

$$
\begin{aligned}
\alpha^2 &= V(T_1) + V(T_2) - 2 \cdot \sqrt{V(T_1)V(T_2)} \cdot \rho_{12} \\
&= 5,21 + 6,24 - 2 \cdot 3,16 = 5,13
\end{aligned}
$$

$$\alpha = 2{,}27 \; ; \; \beta = [E(T_1) - E(T_2)] \,/\, \alpha = (25{,}3 - 27{,}48) \,/\, 2{,}27 = -0{,}96$$

$$\Phi(\beta) = \Phi(-0{,}96) = 0{,}17 \; ; \; \Phi(-\beta) = 0{,}83 \; ; \; \varphi(\beta) = 0{,}25$$

$$\mu_{y_1} = E(T_1)\,\Phi(\beta) + E(T_2)\,\Phi(-\beta) + \alpha\,\varphi(\beta)$$

$$= 25{,}3 \cdot 0{,}17 + 27{,}48 \cdot 0{,}83 + 2{,}27 \cdot 0{,}25 \approx 27{,}68$$

$$\sigma_{y_1}^2 = [E^2(T_1) + V(T_1)] \cdot \Phi(\beta) + [E^2(T_2) + V(T_2)]\,\Phi(-\beta) +$$

$$+ [E(T_1) + E(T_2)]\,\alpha \cdot \varphi(\beta) - E^2(y_1)$$

$$= (25{,}3^2 + 5{,}21) \cdot 0{,}17 + (27{,}48^2 + 6{,}24) \cdot 0{,}83 + (25{,}3 +$$

$$+ 27{,}48)2{,}27 \cdot 0{,}25 - 27{,}68^2$$

$$\approx 5{,}3$$

Mit $y_2 = \max(y_1, T_3)$ folgt nach (f):

$$\rho(y_1, T_3) \approx \rho_3 = \sqrt{\frac{\Delta_3^*}{\Delta_3}}$$

$$\Delta_3^* = (-1)^3 \begin{vmatrix} \rho_{31} & \rho_{32} & 0 \\ 1 & \rho_{12} & \rho_{13} \\ \rho_{21} & 1 & \rho_{23} \end{vmatrix} = - \begin{vmatrix} 0{,}41 & 0{,}85 & 0 \\ 1 & 0{,}55 & 0{,}41 \\ 0{,}55 & 1 & 0{,}85 \end{vmatrix}$$

$$= -0{,}41\,(0{,}55 \cdot 0{,}85 - 0{,}41) + 0{,}85\,(0{,}85 - 0{,}41 \cdot 0{,}55) \approx 0{,}5$$

$$\Delta_3 = \begin{vmatrix} 1 & \rho_{21} \\ \rho_{12} & 1 \end{vmatrix} = \begin{vmatrix} 1 & 0{,}55 \\ 0{,}55 & 1 \end{vmatrix} = 1 - 0{,}55 \cdot 0{,}55 \approx 0{,}7$$

$$\rho_3 = \sqrt{\frac{0{,}5}{0{,}7}} \approx 0{,}845 \; ;$$

und nach (a) und (b):

$$\alpha^2 = \sigma_{y_1}^2 + V(T_3) - 2\sigma_{y_1} \cdot \sqrt{V(T_3)} \cdot 0{,}845 = 5{,}3 + 6{,}91 - 2 \cdot 0{,}845\sqrt{5{,}3 \cdot 6{,}91} \approx 2$$

$$\alpha = 1{,}42 \; ; \; \beta = [\mu_{y_1} - E(T_3)]/\alpha = (27{,}68 - 26{,}78)/1{,}42 \approx 0{,}64$$

$$\Phi(\beta) = \Phi(0{,}64) = 0{,}74 \; ; \; \Phi(-\beta) = 0{,}26 \; ; \; \varphi(\beta) = 0{,}385$$

$$\mu_{y_2} = \mu_{y_1}\,\Phi(\beta) + E(T_3)\,\Phi(-\beta) + \alpha \cdot \varphi(\beta)$$

$$= 27{,}68 \cdot 0{,}74 + 26{,}78 \cdot 0{,}26 + 1{,}42 \cdot 0{,}325 \approx 27{,}9$$

$$\sigma_{y_2}^2 = (\mu_{y_1}^2 + \sigma_{y_1}^2)\Phi(\beta) + [E^2(T_3) + V(T_3)]\Phi(-\beta) + [\mu_{y_1} + E(T_3)]\alpha\varphi(\beta) - \mu_{y_2}^2$$

$$= (27{,}68^2 + 5{,}3) - 0{,}74 + (26{,}78^2 + 6{,}91)0{,}26 + (27{,}68 + 26{,}78) \cdot 1{,}42 \cdot 0{,}325 - 27{,}9^2$$

$$= 5{,}9 \; .$$

Mit $y_3 = T = \max(y_2, T_4)$ folgt nach (f):

$$\rho(y_2, T_4) \approx \rho_4 = \sqrt{\frac{\Delta_4^*}{\Delta_4}}$$

$$\Delta_4^* = (-1)^4 \begin{vmatrix} \rho_{41} & \rho_{42} & \rho_{43} & 0 \\ 1 & \rho_{12} & \rho_{13} & \rho_{14} \\ \rho_{21} & 1 & \rho_{23} & \rho_{24} \\ \rho_{31} & \rho_{32} & 1 & \rho_{34} \end{vmatrix} = \begin{vmatrix} 0,26 & 0,73 & 0,91 & 0 \\ 1 & 0,55 & 0,41 & 0,26 \\ 0,55 & 1 & 0,85 & 0,73 \\ 0,41 & 0,85 & 1 & 0,91 \end{vmatrix}$$

$\Delta_4^* = 0,26\{0,55(0,85\cdot0,91-0,73)-0,41(0,91-0,73\cdot0,85)+0,26(1-0,85\cdot0,85)\}$

$\quad -0,73\{(0,85\cdot0,91-0,73)-0,41(0,55\cdot0,91-0,73\cdot0,41)+0,26(0,55-0,85\cdot0,41$

$\quad +0,91\{(0,91-0,73\cdot0,85)-0,55(0,55\cdot0,91-0,73\cdot0,41)+0,26(0,55\cdot0,85-0,41$

$\approx 0,16$

$$\Delta_4 = \begin{vmatrix} 1 & \rho_{21} & \rho_{31} \\ \rho_{12} & 1 & \rho_{32} \\ \rho_{13} & \rho_{23} & 1 \end{vmatrix} = \begin{vmatrix} 1 & 0,55 & 0,41 \\ 0,55 & 1 & 0,85 \\ 0,41 & 0,85 & 1 \end{vmatrix}$$

$= \quad (1-0,85\cdot0,85) - 0,55(0,55-0,41\cdot0,85) + 0,41(0,55\cdot0,85-0,41)$

$\approx 0,19$

$$\rho_4 = \sqrt{\frac{0,16}{0,19}} \approx 0,92 \; ;$$

und nach (a) und (b):

$\alpha^2 \quad = \sigma_{y_2}^2 + V(T_4) - 2\cdot0,92\cdot\sigma_{y_2}\cdot\sqrt{V(T_4)} = 5,9+6,16-2\cdot0,92\sqrt{5,9}\cdot6,16$

$\quad = 0,97 \; ;$

$\alpha \quad = 0,985 \; ; \; \beta = [\mu_{y_2}-E(T_4)]/\alpha = (27,9-24,68)/0,985 \approx 3,3 \; ;$

$\Phi(\beta) \quad = \Phi(3,3) \approx 1 \; ; \; \Phi(-\beta) \approx 0 \; ; \; \varphi(\beta) \approx 0$

$\mu_{y_3} \quad = \hat{\mu}_T = \mu_{y_2} \approx 27,9 \; ; \; \sigma_{y_3}^2 = \hat{\sigma}_T^2 = \sigma_{y_2}^2 \approx 5,9$

Unter Berücksichtigung von Rundungsfehlern stimmen die Ergebnisse nahe zu mit den Ergebnissen der vorhergehenden Berechnung (vgl. S.164) überein.

d. PERT-Verfahren

Beim PERT-Verfahren werden zur näherungsweisen Ermittlung von $F(T)$ folgende Annahmen gemacht:

(1) Die Dauern aller Wege des Netzplans sind normalverteilt.
(2) Der Erwartungswert des Maximums der Dauern von zwei Wegen entspricht dem Maximum der Erwartungswerte der beiden Dauern.
(3) Die Varianz des Maximums der Dauern von zwei Wegen entspricht der Varianz des Weges mit dem größeren Erwartungswert.

Unter diesen Annahmen können Näherungen $\widetilde{\mu}_T$ und $\widetilde{\sigma}_T^2$ für den Erwartungswert und die Varianz der Projektdauer wie folgt bestimmt werden:

Schritt 1: Man ersetzt die zufallsverteilten Vorgangsdauern durch ihre Erwartungswerte und bestimmt mit diesen Größen den längsten (kritischen) Weg des Netzplans. $\widetilde{\mu}_T$ entspricht der Länge dieses Weges.

Schritt 2: Man berechnet $\widetilde{\sigma}_T^2$ als Summe der Varianzen σ_{ij}^2 der Dauern aller Vorgänge x_{ij} auf dem im Schritt 1 bestimmten längsten Weg.

Als Schätzung für die Projektdauer-Verteilung hat man dann eine Normalverteilung mit dem Erwartungswert $\widetilde{\mu}_T$ und der Varianz $\widetilde{\sigma}_T^2$.

Die Annahmen (2) und (3) des PERT-Verfahrens sind so einschneidend, daß in praktischen Fällen mit erheblichen Schätzfehlern gerechnet werden muß.

Sind T_i, $i = 1,\ldots,m$, die Dauern der vollständigen Wege des Netzplans, so gilt allgemein:

$$E(T)=E\{\max(T_1,T_2,\ldots,T_m)\} \geqslant \max\{E(T_1),E(T_2),\ldots,E(T_m)\} = \widetilde{\mu}_T .$$

Das PERT-Verfahren führt also meist zu einer Unterschätzung des Erwartungswertes der Projektdauer. Die Varianz der Projektdauer wird dagegen in der Regel überschätzt.

Die Größenordnung der Fehler kann mit Hilfe der im Abschnitt c. angegebenen Formeln (a) und (b) von *Clark* abgeschätzt werden:

Für zwei vollständige Wege des Netzplans mit den Dauern T_1 und T_2 sei $E(T_1) = E(T_2) = \mu_1$ und $V(T_1) = V(T_2) = \sigma_1^2$.

Dann folgt für $T = \max(T_1,T_2)$ und $\rho(T_1,T_2) = \rho_{1,2}$

$$\alpha^2 = 2\sigma_1^2 - 2\sigma_1^2 \rho_{1,2} = 2\sigma_1^2(1-\rho_{1,2})$$

$$\alpha = \sigma_1\sqrt{2(1-\rho_{1,2})} \quad ; \quad \beta = 0 \quad ; \quad \Phi(\beta) = \Phi(-\beta) = 0,5$$

$$\varphi(\beta) \approx 0,4$$

$$E(T) = \mu = \mu_1 + \sigma_1\,\varphi(\beta)\sqrt{2(1-\rho_{1,2})} = \mu_1 + 0,56\,\sigma_1\sqrt{(1-\rho_{1,2})}$$

$$V(T) = \sigma^2 = \mu_1^2 + \sigma_1^2 + 2\mu_1\sigma_1\varphi(\beta)\sqrt{2(1-\rho_{1,2})} - [\mu_1 + \sigma_1\varphi(\beta)\sqrt{2(1-\rho_{1,2})}]^2$$

$$= \sigma_1^2 - 2\sigma_1^2\varphi^2(\beta)(1-\rho_{1,2}) = \sigma_1^2 - 0,32\,\sigma_1^2(1-\rho_{1,2}).$$

Enthält der Netzplan nur diese beiden Wege, so liefert hiernach das PERT-Verfahren einen um $0,56 \cdot \sigma_1\sqrt{(1-\rho_{1,2})}$ zu niedrigen Erwartungswert und eine um $0,32\,\sigma_1^2(1-\rho_{1,2})$ zu hohe Varianz. Diese Fehler nehmen mit steigender Anzahl vollständiger Wege zu. Außerdem wird deutlich, daß die PERT-Schätzung um so genauer ist, je mehr die T_i miteinander korreliert sind, d.h. je mehr gemeinsame Vorgänge die vollständigen Wege des Netzplans besitzen.

Beispiel

Formulierung des Problems:

Für den in Abb. 50 (S. 158) angegebenen Netzplan ist näherungsweise die Verteilungsfunktion $F_T(t)$ der Projektdauer nach dem PERT-Verfahren zu bestimmen (vgl. Beispiel S. 157 in Abschnitt c.). Außerdem ist abzuschätzen, mit welcher Wahrscheinlichkeit eine Plan-Projektdauer von $T'=25$ Zeiteinheiten eingehalten werden kann und mit welcher Wahrscheinlichkeit die Projektdauer um nicht mehr als 10 % von der geplanten Projektdauer abweicht.

Lösung:

Die Ermittlung des kritischen Weges unter Benutzung der Erwartungswerte μ_{ij} der Vorgangsdauern führt zu dem in Abbildung 53 dargestellten Ergebnis.

Die Schätzung für den Erwartungswert $E(T)$ beträgt $\tilde{\mu}_T = 27,4$. Als Schätzung für die Varianz $V(T)$ erhält man (Summe der Varianzen des PERT-kritischen Weges):

$$\tilde{\sigma}_T^2 = 0,25 + 2,78 + 0,11 + 0,69 + 1 + 1,36 + 0,11 = \underline{6,30}.$$

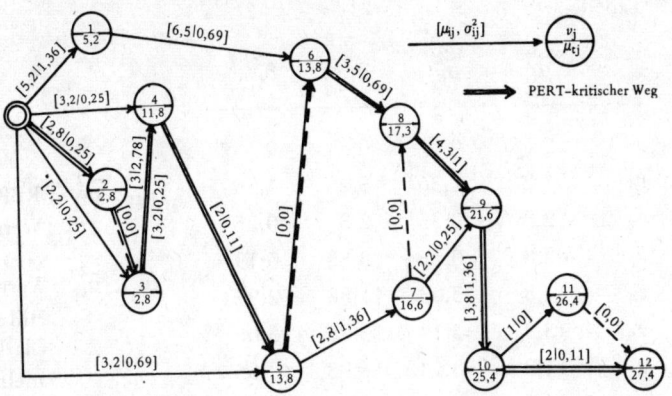

Abb. 53: Berechnung des kritischen Weges nach PERT

Unter der Annahme einer Normalverteilung für die Projektdauer erhält man

$$W(T \leqslant T'{=}25) = \left(\Phi \, \frac{T' - \widetilde{\mu}_T}{\widetilde{\sigma}_T} \right) = \Phi \left(\frac{25\text{-}27{,}4}{\sqrt{6{,}3}} \right) \approx \Phi \, (-0{,}96)$$

$$= \; 1 - \Phi(0{,}96) = 1{-}0{,}83 = \underline{0{,}17}$$

$$W(22{,}5 \leqslant T \leqslant 27{,}5) = \Phi \left(\frac{27{,}5 - 27{,}4}{\sqrt{6{,}3}} \right) - \Phi \left(\frac{22{,}5 - 27{,}5}{\sqrt{6{,}3}} \right)$$

$$= \Phi(0) - \Phi(-2) = \Phi(0) + \Phi(2) - 1$$

$$\approx 0{,}5 + 0{,}98 - 1 = \underline{0{,}48}$$

Der Plantermin kann also nur mit einer Wahrscheinlichkeit von 17% eingehalten werden, wobei die Projektdauer mit einer Wahrscheinlichkeit von 48% in den Grenzen ± 10% des Plantermins liegt. In der folgenden Tabelle sind zum Vergleich die Ergebnisse der PERT-Berechnung den Ergebnissen der exakteren Berechnung nach Abschnitt c. (vgl. Beispiel S. 157) gegenübergestellt.

Tabelle

v_i	$\widetilde{\mu}_{t_i}$	$\widetilde{\sigma}^2_{t_i}$	$\hat{\mu}_{t_i}$	$\hat{\sigma}^2_{t_i}$
v_0	0	0	0	0
v_1	5,2	1,36	5,2	1,36
v_2	2,8	0,25	2,8	0,25
v_3	2,8	0,25	2,88	0,19
v_4	11,8	3,03	11,88	2,97
v_5	13,8	3,14	13,88	3,08
v_6	13,8	3,14	14,08	2,35
v_7	16,6	4,50	16,68	4,44
v_8	17,3	3,83	17,84	3,15
v_9	21,6	4,83	22,15	4,30
v_{10}	25,4	6,19	25,95	5,66
v_{11}	26,4	6,19	26,95	5,66
v_{12}	27,4	6,30	27,95	5,77

$\widetilde{\mu}_{t_i}$, $\widetilde{\sigma}^2_{t_i}$: PERT-Werte

$\hat{\mu}_{t_i}$, $\hat{\sigma}^2_{t_i}$: Werte mit Hilfe der Clark-Formeln (vgl. Beispiel S. 157)

e. Ermittlung signifikanter Wege

Mit Ausnahme des PERT-Verfahrens erfordern alle Näherungsverfahren bei Netzplänen praktischer Größenordnung einen relativ hohen Rechenaufwand. Dieser Aufwand läßt sich dadurch verringern, daß vor Anwendung der Verfahren solche Wege des Netzplans eliminiert werden, deren Einfluß auf die Verteilung der Projektdauer vernachlässigbar ist. Die Projektdauer wird dann näherungsweise dem Maximum der Dauern T_i der verbleibenden Wege (signifikante Wege) gleichgesetzt. Wie die Ausführungen zum PERT-Verfahren vermuten lassen, können diejenigen Wege als signifikant betrachtet werden, welche die größten Erwartungswerte $E(T_i)$ besitzen und mit den übrigen Wegen des Netzplans am wenigsten korreliert sind. Auf dieser Eigenschaft beruht ein von *Meschkow* entwickeltes heuristisches Verfahren zur sukzessiven Ermittlung signifikanter Wege [*Golenko*, 1972, S. 103 ff.].

Unter Verwendung der Erwartungswerte für die Vorgangsdauern werden zunächst — wie beim PERT-Verfahren — der kritische Weg und für jeden Vorgang x_{ij} die Gesamte Pufferzeit $\widetilde{GP}_{ij}$ bestimmt. Außerdem werden für alle Ereignisknoten v_i des kritischen Weges die PERT-Varianzen

$\widetilde{\sigma}_{ti}^2$ berechnet. Zunächst eliminiert man dann Vorgänge, deren gesamte Pufferzeit $\widetilde{GP}_{ij}$ eine vorgegebene Grenze $\overline{GP}$ überschreitet. Für $\overline{GP}$ wird folgender Erfahrungswert empfohlen [*Golenko*, 1972, S. 103]:

$$\overline{GP} = k \sqrt{\widetilde{\mu}_T} \quad \text{mit} \quad 1,5 \leqslant k \leqslant 2,0 \ .$$

Der PERT-kritische Weg mit der Vorgangsmenge P_{kr} und der Ereignismenge E_{kr} stellt den ersten signifikanten Weg dar. Hierzu wird ein zweiter signifikanter Weg gesucht, der mit dem kritischen Weg möglichst wenig korreliert ist. Allgemein bestimmt man jeden zusätzlichen signifikanten Weg derart, daß zu allen zuvor berechneten signifikanten Wegen eine möglichst geringe Korrelation erreicht wird. Die Korrelation wird näherungsweise durch die Summe der Varianzen von Vorgangsdauern abgeschätzt, die der zusätzliche signifikante Weg mit den bereits bestimmten signifikanten Wegen gemeinsam hat (vgl. Abschnitt c.).

Erfahrungsgemäß reichen für größere Netzpläne 15 bis 20 signifikante Wege zur Schätzung des Erwartungswertes und der Varianz der Projektdauer aus. Verwendet man hierzu z.B. das im Abschnitt c. auf S. 164 f. angegebene Verfahren und sind T_i, $i = 1, \ldots, k$, die Dauern der ersten k signifikanten Wege, so kann die Bestimmung weiterer signifikanter Wege dann abgebrochen werden, wenn die partiellen Korrelationskoeffizienten $\rho_{i,k+1}$ zwischen T_{k+1} und T_i, $i = 1, \ldots, k$, eine vorgegebene Grenze (etwa $\overline{\rho} = 0,8$ bis $0,9$) überschreiten:

$$\rho_{i,k+1} \geqslant \overline{\rho} \quad \text{für alle } i = 1, \ldots, k.$$

Bezeichnet P_J die Menge aller Vorgänge der bereits bestimmten signifikanten Wege mit Ausnahme des kritischen Weges, so erhält man einen zusätzlichen signifikanten Weg in folgenden Schritten:

Schritt 1: Berechne — beginnend mit dem Startereignis v_0 — für jedes Ereignis v_j die Größe β_j und für jeden Vorgang x_{ij} die Größe α_{ij}, wobei

$$\beta_0 = 0$$
$$\alpha_{ij} = \beta_i + \sigma_{ij}^2 \qquad \text{falls } x_{ij} \in P_{kr}$$
$$\alpha_{ij} = \widetilde{\sigma}_{ti}^2 + \sigma_{ij}^2 \qquad \text{falls } x_{ij} \notin P_{kr}, v_i \in E_{kr}, x_{ij} \in P_J$$
$$\alpha_{ij} = \widetilde{\sigma}_{ti}^2 \qquad \text{falls } x_{ij} \notin P_{kr}, v_i \in E_{kr}, x_{ij} \notin P_J$$
$$\alpha_{ij} = \beta_i + \sigma_{ij}^2 \qquad \text{falls } x_{ij} \notin P_{kr}, v_i \notin E_{kr}, x_{ij} \in P_J$$
$$\alpha_{ij} = \beta_i \qquad \text{falls } x_{ij} \notin P_{kr}, v_i \notin E_{kr}, x_{ij} \notin P_J$$

$$\beta_j = \min (\alpha_{ij}) \text{ für alle Vorgänger } v_i \text{ von } v_j.$$

Schritt 2:   Setze $l: = n(v_n$: Zielereignis)

Schritt 3:   Bestimme einen Vorgänger v_{k*} von v_l, so daß $\alpha_{k*l} = \beta_l$; setze
$l: = k^*$ und wiederhole Schritt 3 solange, bis $v_l = v_0$
(Startereignis).

Tabelle:

x_{ij}	v_j	P_{kr}	E_{kr}	$\beta_j^{(1)}$	$\alpha_{ij}^{(1)}$	$P_J^{(1)}$	$\beta_j^{(2)}$	$\alpha_{ij}^{(2)}$	$P_J^{(2)}$
$x_{0,1}$	v_1			0	0	$x_{0,1}$	1,36	1,36	
$x_{0,2}$	v_2	$x_{0,2}$	v_2	0,25	0,25		0,25	0,25	
$x_{0,3}$				0				0	$x_{0,3}$
$x_{1,6}$					0	$x_{1,6}$		2,05	
$x_{2,3}$	v_3	$x_{2,3}$	v_3	0	0,25		0	0,25	
$x_{3,4}$	v_4	$x_{3,4}$	v_4	2,78	2,78		2,78	2,78	$x_{3,4}$
$x_{4,5}$	v_5	$x_{4,5}$	v_5	2,89	2,89		2,89	2,89	$x_{4,5}$
$x_{5,6}$	v_6	$x_{5,6}$	v_6	0	2,89		2,05	2,89	
$x_{5,7}$	v_7			3,14	3,14		3,14	3,14	$x_{5,7}$
$x_{6,8}$		$x_{6,8}$			0,69	$x_{6,8}$			
$x_{7,8}$	v_8		v_8	0,69	3,14		2,74	3,14	
$x_{7,9}$					3,14			3,14	$x_{7,9}$
$x_{8,9}$	v_9	$x_{8,9}$	v_9	1,69	1,69	$x_{8,9}$	3,14	3,74	
$x_{9,10}$	v_{10}	$x_{9,10}$	v_{10}	3,05	3,05	$x_{9,10}$	4,50	4,50	$x_{9,10}$
$x_{10,11}$	v_{11}			6,19	6,19		6,19	6,19	
$x_{10,12}$		$x_{10,12}$			3,16	$x_{10,12}$		4,61	$x_{10,12}$
$x_{11,12}$	v_{12}		v_{12}	3,16	6,19		4,61	6,19	

Beispiel

Formulierung des Problems:
Für den Netzplan des Beispiels S. 157 sind drei signifikante Wege zu ermitteln, wobei $\overline{GP} = 1,5\sqrt{\tilde{\mu}_T}$ zu setzen ist.

Lösung:
Mit $\tilde{\mu}_T = 6,3$ erhält man $\overline{GP} = 1,5 \cdot \sqrt{6,3} \approx 3,8$.

Nach Berechnung der Pufferzeiten $\widetilde{GP}_{ij}$ (erwartete Pufferzeiten des PERT-Verfahrens; vgl. auch S. 193) können folgende Vorgänge eliminiert werden:

$$x_{0,4} \text{ mit } \widetilde{GP}_{0,4} = 8,6 \; ; \; x_{0,5} \text{ mit } \widetilde{GP}_{0,5} = 10,6 \; .$$

Die Tabelle auf S. 174 enthält die Vorgänge des kritischen Weges (P_{kr}) und die zur Bestimmung zusätzlicher signifikanter Wege berechneten Größen α_{ij} und β_j. Mit Hilfe der Werte $\alpha_{ij}^{(1)}$ und $\beta_j^{(1)}$ erhält man im ersten Durchlauf den signifikanten Weg mit der Vorgangsmenge $P_J^{(1)} = \{x_{0,1}, x_{1,6}, x_{6,8}, x_{8,9}, x_{9,10}, x_{10,12}\}$.

Die Werte $\alpha_{ij}^{(2)}$ und $\beta_j^{(2)}$ liefern im zweiten Durchlauf den signifikanten Weg mit der Vorgangsmenge

$$P_J^{(2)} = \{x_{0,3}, x_{3,4}, x_{4,5}, x_{5,7}, x_{7,9}, x_{9,10}, x_{10,12}\}.$$

2. Stochastische Abhängigkeit der Vorgangsdauern

Bei simulativen Verfahren zur Schätzung der Verteilungsfunktion $F_T(t)$ lassen sich grundsätzlich beliebige stochastische Abhängigkeiten zwischen den Vorgangsdauern berücksichtigen. Das Hauptproblem besteht im allgemeinen Fall darin, mehrdimensionale Dichtefunktionen für die korrelierten Vorgangsdauern zu schätzen. Hieraus können dann z.B. bedingte Dichtefunktionen abgeleitet werden, mit deren Hilfe sich Zufallszahlen für eine Folge korrelierter Vorgangsdauern gewinnen lassen (vgl. Einzelheiten bei *Golenko* [1972] S. 138 ff.). Eine praktische Anwendung wird häufig an den Schwierigkeiten der subjektiven Schätzung mehrdimensionaler Verteilungen scheitern. Dieses Schätzproblem läßt sich wesentlich vereinfachen, wenn die Verteilungen der Vorgangsdauern durch Normalverteilungen oder durch logarithmische Normalverteilungen approximiert werden können. In diesem Fall genügt die Schätzung partieller Korrelationskoeffizienten r_{ij} zwischen je zwei stochastisch abhängigen Vorgangsdauern d_i und d_j.

Die logarithmische Normalverteilung kann mit ausreichender Genauigkeit als Näherung für eine linksschiefe Beta-Verteilung verwendet werden. Gegenüber der Beta-Verteilung besitzt sie den Vorteil, daß sie sich ohne wesentliche Änderungen der Korrelationskoeffizienten r_{ij} in eine Normalverteilung transformieren läßt. Bei zwei Zeitschätzungen a_i (optimistische Dauer) und b_i (pessimistische Dauer) für jeden Vorgang x_i kann z.B. folgende Dichtefunktion einer logarithmischen Normalverteilung für die Vorgangsdauern d_i, $i = 1, \ldots, n$, angenommen werden [*Golenko*, 1972, S. 69 f., S. 140 ff.]:

$$f(d_i) \;=\; \sqrt{\frac{2}{\pi}} \;\frac{1}{(d_i - a_i)} \; \exp\left\{-2\left[ln(d_i - a_i) - ln(b_i - a_i) + 1\right]^2\right\}$$

Die Transformation

$$d_i' \;=\; 2\{ln(d_i - a_i) - ln(b_i - a_i) + 1\}$$

liefert dann die standardisiert-normalverteilte Zufallsvariable d_i' mit $E(d_i') = 0$ und $V(d_i') = 1$, wobei für die Korrelationskoeffizienten näherungsweise gilt:

$$\rho(d_i', d_j') \approx \rho(d_i, d_j) = r_{ij} \;, \quad i,j = 1,\ldots,n.$$

Sind nun $z_1,\ldots,z_n$ n stochastisch-unabhängige standardisiert-normalverteilte Zufallsvariable $(E(z_i) = 0,\ V(z_i) = 1,\ i = 1,\ldots,n)$, so lassen sich die stochastisch-abhängigen Zufallsvariablen d_i' wie folgt als Linear-Kombinationen der Zufallsvariablen z_i darstellen:

$$d_1' \;=\; z_1$$
$$d_2' \;=\; z_1 + a_{22}z_2$$
$$d_3' \;=\; z_1 + a_{23}z_2 + a_{33}z_3$$
$$\ldots\ldots\ldots\ldots\ldots\ldots\ldots\ldots\ldots$$
$$d_n' \;=\; z_1 + a_{2n}z_2 + a_{3n}z_3 + \ldots + a_{nn}z_n$$

Die Koeffizienten a_{ij} sind hierbei eindeutig durch die Korrelationskoeffizienten

$$r_{ij} \;=\; \frac{E\{[d_i' - E(d_i')]\,[d_j' - E(d_j')]\}}{\sqrt{V(d_i') \cdot V(d_j')}} \;=\; \frac{E\{d_i' \cdot d_j'\}}{\sqrt{V(d_i') \cdot V(d_j')}}$$

bestimmt. Da die $z_i,\ i = 1,\ldots,n$, stochastisch voneinander unabhängig sind, gilt:

$$E(z_i z_j) \;=\; \begin{cases} 1 \ \text{für } i = j \\[2mm] 0 \ \text{für } i \neq j \end{cases}$$

Man hat dann:

$$E\{d'_i \cdot d'_2\} = E\{z_1 \cdot (z_1 + a_{22}z_2)\} = E(z_1^2) + E(a_{22}z_1 \cdot z_2) = 1 \quad \text{und}$$

$$\sqrt{V(d'_1)V(d'_2)} = \sqrt{V(z_1) \cdot V(z_1 + a_{22}z_2)} = \sqrt{V(z_1) \cdot [V(z_1) + a_{22}^2 V(z_2)]}$$
$$= \sqrt{1 + a_{22}^2}$$

und hiermit

$$r_{12} = \frac{1}{\sqrt{1 + a_{22}^2}} \quad ; \quad a_{22} = \sqrt{r_{12}^{-2} - 1}$$

Entsprechend folgt aus

$$r_{13} = \frac{1}{\sqrt{1 + a_{23}^2 + a_{33}^2}} \quad \text{und} \quad r_{23} = \frac{1 + a_{22}a_{23}}{\sqrt{(1 + a_{22}^2)(1 + a_{23}^2 + a_{33}^2)}}$$

$$a_{23} = \frac{r_{23} - r_{12}r_{13}}{r_{12}r_{13}\sqrt{r_{12}^{-2} - 1}} \quad ; \quad a_{33} = \frac{\sqrt{1 - r_{13}^2 - r_{12}^2 - r_{23}^2 + 2r_{12}r_{13}r_{23}}}{r_{13}\sqrt{1 - r_{12}^2}}$$

Sind allgemein die Werte a_{ij} für $j = 1, \ldots, k$ bestimmt, so erhält man die Werte $a_{2,k+1}, a_{3,k+1}, \ldots, a_{k+1,k+1}$

aus den k Gleichungen

$$r_{i,k+1} = \frac{E\{d'_i d'_{k+1}\}}{\sqrt{V(d'_i)V(d'_{k+1})}} \qquad i = 1, \ldots, k$$

Die Erzeugung von Zufalls-Realisationen D_i für die stochastisch-abhängigen Vorgangsdauern d_i, $i = 1, \ldots, n$, verläuft dann in folgenden Schritten:

Schritt 1: Erzeuge n unabhängige Zufalls-Realisationen $Z_1, Z_2, \ldots, Z_n$ einer standardisiert-normalverteilten Zufallsvariablen.

Schritt 2: Berechne die zugehörigen Werte D'_i, $i = 1, \ldots, n$, mit Hilfe der angegebenen linearen Beziehungen.

Schritt 3: Berechne D_i durch die Rück-Transformation

$$D_i = \exp\left\{\frac{D'_i}{2} + \ln(b_i - a_i) - 1\right\} + a_i \qquad (i = 1, \ldots, n).$$

Können die Korrelationskoeffizienten r_{ij} geschätzt werden, so lassen sich stochastische Abhängigkeiten der Vorgangsdauern bei dem im Abschnitt 1.c.

(vgl. S. 164) angegebenen Verfahren unter den dort gemachten Annahmen wie folgt berücksichtigen:

(1) Für die Varianz der Dauer T_i des i-ten vollständigen Weges mit der Indexmenge P_i von Vorgängen x_j ergibt sich

$$V(T_i) \quad = \quad \sum_{j \in P_i} V(d_j) \quad + \quad \sum_{k,j \in P_i} r_{k,j} \sqrt{V(d_k)V(d_j)}$$

(2) Als Korrelationskoeffizient ρ_{ij} zwischen den Dauern T_i und T_j zweier Wege erhält man

$$\rho_{i,j} \quad = \quad \frac{\sum\limits_{k \in P_i} \sum\limits_{l \in P_j} r_{k,l} \sqrt{V(d_k)V(d_l)}}{\sqrt{V(T_i) \cdot V(T_j)}}$$

Man erkennt hieraus, daß sich die Korrelation zwischen zwei Wegen mit zunehmender Korrelation paralleler Vorgänge erhöht und mit zunehmender Korrelation hintereinandergeschalteter Vorgänge abnimmt.

Das PERT-Verfahren ließe sich derart modifizieren, daß zur Berechnung der Varianz des PERT-kritischen Weges die unter (1) angegebene Formel benutzt wird. Die PERT-Schätzungen für $E(T)$ und $V(T)$ sind in diesem Fall um so genauer, je mehr positive Korrelationen zwischen parallelen Vorgängen auftreten.

3.3.3.3 Verfahren zur Bestimmung der Kritizität von Vorgängen und Ereignissen

3.3.3.3.1 Problemstellung

Überträgt man das Konzept des kritischen Weges bei deterministischen Vorgangsdauern auf den Fall stochastischer Vorgangsdauern, so treten folgende Schwierigkeiten auf:

(1) In der Regel existiert im Netzplan kein Weg, der sich bei allen möglichen Realisationen der Vorgangsdauern als längster Weg erweist. Wäre das der Fall, so würde die Wahrscheinlichkeitsverteilung der Projektdauer der Wahrscheinlichkeitsverteilung der Dauer dieses Weges entsprechen (vgl. PERT-Verfahren).

(2) In größeren Netzplänen gibt es im allgemeinen viele Wege, deren Wahrscheinlichkeiten dafür, daß sie kritisch werden, nicht wesentlich voneinander abweichen.

(3) Im deterministischen Fall sind alle Vorgänge eines kritischen Weges auch kritische Vorgänge; die übrigen Vorgänge sind bei Verzögerung innerhalb der Pufferzeiten nicht-kritisch. Im stochastischen Fall kann ein Vorgang als kritisch bezeichnet werden, wenn er mit hoher Wahrscheinlichkeit auf *einem* kritischen Weg liegt. Die Wahrscheinlichkeit selbst stellt ein Maß für die Kritizität des Vorganges dar. Es gilt nun, daß Vorgänge mit hoher Kritizität nicht unbedingt auf dem *wahrscheinlichsten* kritischen Weg liegen müssen [vgl. *MacCrimmon* und *Ryavec*, 1964].

Aus diesen Aussagen folgt, daß im stochastischen Fall die Kritizität eines Vorganges für Planungszwecke größere Aussagefähigkeit besitzt als die Kritizität eines Weges.

Die Zusammenhänge sollen an einem einfachen Beispiel veranschaulicht werden.

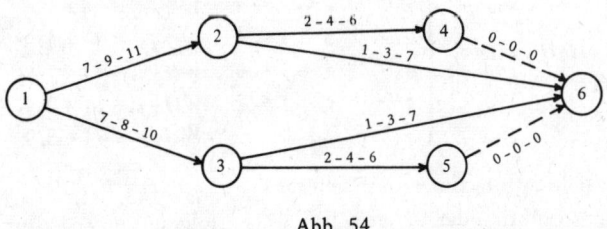

Abb. 54

Die Vorgangsdauern des Netzplans der Abb. 54 (vgl. Beispiel S. 128) besitzen eine diskrete Verteilung, wobei jeder der drei angegebenen Zeitwerte mit der Wahrscheinlichkeit 1/3 auftritt. Z.B. ist

$$W(d_{1,2} = 7) = \frac{1}{3}, \quad W(d_{1,2} = 9) = \frac{1}{3} \quad \text{und} \quad W(d_{1,2} = 11) = \frac{1}{3}.$$

$d_{1,2}$ besitzt also die Verteilungsfunktion

$$F_{1,2}(t) = \begin{cases} 0 \text{ für} & t < 7 \\ 1/3 \text{ ''} & 7 \leqslant t < 9 \\ 2/3 \text{ ''} & 9 \leqslant t < 11 \\ 1 \text{ ''} & 11 \leqslant t \end{cases}$$

Entsprechend gilt:

$$F_{1,3}(t) = \begin{cases} 0 \text{ für} & t < 7 \\ 1/3 \text{ ''} & 7 \leqslant t < 8 \\ 2/3 \text{ ''} & 8 \leqslant t < 10 \\ 1 \text{ ''} & 10 \leqslant t \end{cases} \qquad F_{2,4}(t) = \begin{cases} 0 \text{ für} & t < 2 \\ 1/3 \text{ ''} & 2 \leqslant t < 4 \\ 2/3 \text{ ''} & 4 \leqslant t < 6 \\ 1 \text{ ''} & 6 \leqslant t \end{cases}$$

$$F_{2,6}(t) = \begin{cases} 0 \text{ für } & t < 1 \\ 1/3 \ " \ 1 \leqslant t < 3 \\ 2/3 \ " \ 3 \leqslant t < 7 \\ 1 \ " \ 7 \leqslant t \end{cases} \qquad \begin{aligned} F_{3,5}(t) &= F_{2,4}(t) \\ F_{3,6}(t) &= F_{2,6}(t) \end{aligned}$$

Bei den Vorgängen $x_{4,6}$ und $x_{5,6}$ handelt es sich um Scheinvorgänge mit der Dauer 0.

Unter der Annahme stochastischer Unabhängigkeit der Vorgangsdauern erhält man die Verteilungsfunktion des Mindestabstandes $t_{2,6}$ zwischen v_2 und v_6 ($t_{2,6} = \max(d_{2,4}, d_{2,6})$) als Produkt der Verteilungsfunktionen von $d_{2,4}$ und $d_{2,6}$ (vgl. Abschnitt 3.3.3.2.2, S. 132)

$$F_{t_{2,6}}(t) = F_{2,4}(t) \cdot F_{2,6}(t) = \begin{cases} 0 \text{ für } & t < 2 & : & W(t_{2,6} < 2) = 0 \\ 1/9 \ " & 2 \leqslant t < 3 & : & W(t_{2,6} = 2) = 1/9 \\ 2/9 \ " & 3 \leqslant t < 4 & : & W(t_{2,6} = 3) = 1/9 \\ 4/9 \ " & 4 \leqslant t < 6 & : & W(t_{2,6} = 4) = 2/9 \\ 6/9 \ " & 6 \leqslant t < 7 & : & W(t_{2,6} = 6) = 2/9 \\ 1 \ " & 7 \leqslant t & : & W(t_{2,6} = 7) = 3/9 \end{cases}$$

Dieselbe Verteilungsfunktion ergibt sich für $t_{3,6}$: $F_{t_{3,6}}(t) = F_{t_{2,6}}(t)$.
Die Verteilungsfunktion der Dauer $t_3 = d_{1,2} + t_{2,6}$ folgt aus einer Faltung der Verteilungen von $d_{1,2}$ und $t_{2,6}$ (vgl. Abschnitt 3.3.3.2.2, S. 131):

$$F_{t_3}(t) = \sum_{\tau = 7,9,11} F_{t_{2,6}}(t - \tau) \cdot W(d_{1,2} = \tau) =$$

$$= \begin{cases} 0 \text{ für } & t < 9 & : & W(t_3 < 9) = 0 \\ 1/27 \ " & 9 \leqslant t < 10 & : & W(t_3 = 9) = 1/27 \\ 2/27 \ " & 10 \leqslant t < 11 & : & W(t_3 = 10) = 1/27 \\ 5/27 \ " & 11 \leqslant t < 12 & : & W(t_3 = 11) = 3/27 \\ 6/27 \ " & 12 \leqslant t < 13 & : & W(t_3 = 12) = 1/27 \\ 11/27 \ " & 13 \leqslant t < 14 & : & W(t_3 = 13) = 5/27 \\ 15/27 \ " & 14 \leqslant t < 15 & : & W(t_3 = 14) = 4/27 \\ 19/27 \ " & 15 \leqslant t < 16 & : & W(t_3 = 15) = 4/27 \\ 22/27 \ " & 16 \leqslant t < 17 & : & W(t_3 = 16) = 3/27 \\ 24/27 \ " & 17 \leqslant t < 18 & : & W(t_3 = 17) = 2/27 \\ 1 \ " & 18 \leqslant t & : & W(t_3 = 18) = 3/27 \end{cases}$$

Entsprechend folgt die Verteilungsfunktion von $t_4 = d_{1,3} + t_{3,6}$ aus einer Faltung der Verteilung von $d_{1,3}$ und $t_{3,6}$

$$
F_{t_4}(t) = \begin{cases}
0 & \text{für} & t < 9 : & W(t_4 < 9) = 0 \\
1/27 & " & 9 \leqslant t < 10 : & W(t_4 = 9) = 1/27 \\
3/27 & " & 10 \leqslant t < 11 : & W(t_4 = 10) = 2/27 \\
6/27 & " & 11 \leqslant t < 12 : & W(t_4 = 11) = 3/27 \\
9/27 & " & 12 \leqslant t < 13 : & W(t_4 = 12) = 3/27 \\
12/27 & " & 13 \leqslant t < 14 : & W(t_4 = 13) = 3/27 \\
19/27 & " & 14 \leqslant t < 15 : & W(t_4 = 14) = 7/27 \\
22/27 & " & 15 \leqslant t < 16 : & W(t_4 = 15) = 3/27 \\
24/27 & " & 16 \leqslant t < 17 : & W(t_4 = 16) = 2/27 \\
1 & " & 17 \leqslant t & : & W(t_4 = 17) = 3/27
\end{cases}
$$

Die Verteilungsfunktion der Projektdauer $T = t_{1,6}$ ergibt sich schließlich durch das Produkt der Verteilungsfunktionen von t_3 und t_4:

$F_T(t) = F_{t_3}(t) \cdot F_{t_4}(t) =$

$$
= \begin{cases}
0 & \text{für} & t < 9 : W(T < 9) = 0 \\
1/729 \approx 0 & " & 9 \leqslant t < 10 : W(T = 9) \approx 0 \\
6/729 \approx 0{,}01 & " & 10 \leqslant t < 11 : W(T = 10) \approx 0{,}01 \\
30/729 \approx 0{,}04 & " & 11 \leqslant t < 12 : W(T = 11) \approx 0{,}03 \\
54/729 \approx 0{,}07 & " & 12 \leqslant t < 13 : W(T = 12) \approx 0{,}03 \\
132/729 \approx 0{,}18 & " & 13 \leqslant t < 14 : W(T = 13) \approx 0{,}11 \\
285/729 \approx 0{,}39 & " & 14 \leqslant t < 15 : W(T = 14) \approx 0{,}21 \\
418/729 \approx 0{,}57 & " & 15 \leqslant t < 16 : W(T = 15) \approx 0{,}18 \\
528/729 \approx 0{,}72 & " & 16 \leqslant t < 17 : W(T = 16) \approx 0{,}15 \\
648/729 \approx 0{,}89 & " & 17 \leqslant t < 18 : W(T = 17) \approx 0{,}17 \\
1 & " & 18 \leqslant t : W(T = 18) \approx 0{,}11
\end{cases}
$$

Die Wahrscheinlichkeit dafür, daß der Vorgang $x_{1,2}$ und damit auch das Ereignis v_2 kritisch sind, entspricht der Wahrscheinlichkeit dafür, daß $t_4 \leqslant t_3$. Es gilt:

$$
W_k(x_{1,2}) = W_k(v_2) = W(t_4 \leqslant t_3) = \sum_{\tau=9}^{18} F_{t_4}(\tau) \cdot W(t_3 = \tau) = \frac{462}{729} \approx \underline{0{,}63}
$$

Entsprechend erhält man als Wahrscheinlichkeit dafür, daß der Vorgang $x_{1,3}$ und damit das Ereignis v_3 kritisch sind:

$$
W_k(x_{1,3}) = W_k(v_3) = W(t_3 \leqslant t_4) = \sum_{\tau=9}^{17} F_{t_3}(\tau) \cdot W(t_4 = \tau) = \frac{349}{729} \approx \underline{0{,}48}
$$

Die Wahrscheinlichkeiten addieren sich nicht zu 1, weil mit einer Wahrscheinlichkeit von

$$W(t_3 = t_4) = \sum_{\tau=1}^{18} W(t_3 = \tau) \cdot W(t_4 = \tau) = \frac{82}{729} \approx 0,11$$

die Vorgänge $x_{1,2}$ und $x_{1,3}$ gleichzeitig kritisch werden können. Man prüft leicht, daß

$$W(t_4 \leqslant t_3 \vee t_3 \leqslant t_4) = 1 = W(t_4 \leqslant t_3) + W(t_3 \leqslant t_4) - W(t_3 = t_4) =$$

$$0,63 + 0,48 - 0,11 = 1.$$

Für die Kritizität der übrigen Vorgänge lassen sich analog die folgenden Wahrscheinlichkeiten berechnen:

$$W_k(x_{2,4}) = \sum_{\tau_1 = 7,9,11} \sum_{\tau_2 = 2,4,6} F_{t_4}(\tau_1 + \tau_2) F_{2,6}(\tau_2) W(d_{1,2} = \tau_1) W(d_{2,4} = \tau_2)$$

$$= \frac{221}{729} \approx \underline{0,30}$$

$$W_k(x_{2,6}) = \sum_{\tau_1 = 7,9,11} \sum_{\tau_2 = 1,3,7} F_{t_4}(\tau_1 + \tau_2) F_{2,4}(\tau_2) W(d_{1,2} = \tau_1) W(d_{2,6} = \tau_2)$$

$$= \frac{241}{729} \approx \underline{0,33}$$

$$W_k(x_{3,6}) = \sum_{\tau_1 = 7,8,10} \sum_{\tau_2 = 1,3,7} F_{t_3}(\tau_1 + \tau_2) F_{3,5}(\tau_2) W(d_{1,3} = \tau_1) W(d_{3,6} = \tau_2)$$

$$= \frac{192}{729} \approx \underline{0,26}$$

$$W_k(x_{3,5}) = \sum_{\tau_1 = 7,8,10} \sum_{\tau_2 = 2,4,6} F_{t_3}(\tau_1 + \tau_2) F_{3,6}(\tau_2) W(d_{1,3} = \tau_1) W(d_{3,5} = \tau_2)$$

$$= \frac{157}{729} \approx \underline{0,22}$$

Die berechneten Kritizitäten sind in der folgenden Abbildung 55a) eingetragen.

Man kann die Kritizitäten allerdings auch so normieren, daß die Summe der Kritizitäten aller von einem Ereignisknoten ausgehenden Vorgangspfeile gleich der Kritizität dieses Knotens ist.[1] Im vorliegenden Beispiel erhält man dann die in Abb. 55b) eingetragenen Werte:

---

[1] Bei stetigen Verteilungen der Vorgangsdauern geht die Wahrscheinlichkeit dafür, daß mehrere Wege gleichzeitig kritisch werden, gegen Null. In diesem Fall ist also eine Normierung der Kritizitäten nicht erforderlich.

$$\overline{W}_k(v_2) = \overline{W}_k(x_{1,2}) = W_k(x_{1,2})/[W_k(x_{1,2})+W_k(x_{1,3})] = \frac{462}{811} \approx \underline{0{,}57}$$

$$\overline{W}_k(v_3) = \overline{W}_k(x_{1,3}) = W_k(x_{1,3})/[W_k(x_{1,2})+W_k(x_{1,3})] = \frac{349}{811} \approx \underline{0{,}43}$$

$$\overline{W}_k(x_{2,4}) = W_k(x_{2,4}) \cdot \frac{729}{811} \qquad\qquad = \frac{221}{811} \approx \underline{0{,}27}$$

$$\overline{W}_k(x_{2,6}) = W_k(x_{2,6}) \cdot \frac{729}{811} \qquad\qquad = \frac{241}{811} \approx \underline{0{,}30}$$

$$\overline{W}_k(x_{3,6}) = W_k(x_{3,6}) \cdot \frac{729}{811} \qquad\qquad = \frac{192}{811} \approx \underline{0{,}24}$$

$$\overline{W}_k(x_{3,5}) = W_k(x_{3,5}) \cdot \frac{729}{811} \qquad\qquad = \frac{157}{811} \approx \underline{0{,}19}$$

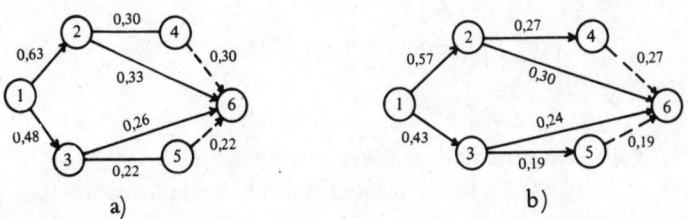

Abb. 55: Kritizität der Vorgänge des Netzplans der Abb. 54

Die normierten Kritizitäten besitzen die Eigenschaften eines Flusses durch den Netzplan (vgl. S. 21):

— Die Summe der Kritizitäten der in einen Knoten mündenden Pfeile ist gleich der Summe der Kritizitäten der von diesem Knoten ausgehenden Pfeile (= Kritizität des Knotens).

— Die Kritizität eines Weges entspricht dem Minimum der Kritizitäten der Pfeile dieses Weges. Im Beispiel führt der Weg mit maximaler Kritizität (der wahrscheinlichste kritische Weg) über die Knoten v_1, v_2, v_6. Die Kritizität dieses Weges beträgt 0,33 (bzw. 0,30). Die Vorgänge mit maximaler Kritizität sind $x_{1,2}$ und $x_{1,3}$. Der zweitkritischste Vorgang $x_{1,3}$ liegt also nicht auf dem kritischsten Weg.

— Die Kritizität eines Vorganges entspricht der Summe der Kritizitäten aller Wege, die diesen Vorgang enthalten.

– Der „Kritizitätswert" jedes Schnittes (vgl. S. 60) des Netzplans beträgt (bei normierten Kritizitäten!) 1.

3.3.3.3.2 Exakte Verfahren

Zur Berechnung der Kritizität von Vorgängen schlägt *Martin* [1965] folgendes Verfahren vor:

Schritt 1:   Bestimme die bedingten Verteilungsfunktionen $F_{T_i}(t/x)$ der Dauern T_i aller vollständigen Wege $i = 1, \ldots, m$ des Netzplans [$x = (d_{j_1}, d_{j_2}, \ldots, d_{j_l})$: Vektor der Dauern aller nicht-singulären Vorgänge; vgl. Abschnitt 3.3.3.2.3, S. 153].
Zu jedem Vektor x gehört die Dichtefunktion $h(x) = h_1(d_{j_1}) \cdot h_2(d_{j_2}) \cdot \ldots \cdot h_l(d_{j_l})$
($h_k(d_{j_k})$: Dichtefunktion der Dauer d_{j_k} des Vorgangs x_{j_k}).

Schritt 2:   Berechne für jeden Weg i ($i = 1, \ldots, m$) die Kritizität $W_k(T_i)$, d.h. die Wahrscheinlichkeit, ein kritischer Weg zu sein.
Zunächst hat man die bedingte Wahrscheinlichkeit
$$W_k(T_i/x) = W(T_i \geqslant T_1, \ldots, T_i \geqslant T_{i-1}, T_i \geqslant T_{i+1}, \ldots,$$
$$T_i \geqslant T_m/x) = \prod_{j \neq i} W(T_j \leqslant T_i/x)$$
$$= \int_0^\infty \prod_{j \neq i} F_{T_j}(T_i/x) f_{T_i}(T_i/x) dT_i$$

($f_{T_i}(t/x)$: bedingte Dichtefunktion von T_i).

Als nicht-bedingte Wahrscheinlichkeit erhält man dann

$$W_k(T_i) = \int_x \int_0^\infty \prod_{j \neq i} F_{T_j}(T_i/x) f_{T_i}(T_i/x) h(x) dT_i dx \quad (i = 1, \ldots, m).$$

Schritt 3:   Berechne die Wahrscheinlichkeit $W_k(x_j)$ dafür, daß ein Vorgang x_j kritisch wird.
Es gilt: $W_k(x_j) = \sum_{i \in D_j} W_k(T_i)$

D_j: Menge aller Wege, die den Vorgang x_j enthalten.

Das Verfahren ist relativ umständlich, da zunächst — durch Anwendung (bedingter) Faltungsoperationen — die Verteilungen der Dauern sämtlicher Wege des Netzplans bestimmt werden müssen. Es erscheint deshalb zweckmäßig, die Vorzüge einer sukzessiven Netzplan-Reduktion auch für die Berechnung von Kritizitäten zu nutzen. Hierbei kann von den zuvor genannten Flußeigenschaften der Kritizitäten Gebrauch gemacht werden. Die Berechnung läßt sich in das Reduktionsverfahren zur Bestimmung der Verteilungsfunktion $F_T(t)$ (vgl. S. 127 ff.) wie folgt einbauen:

1. Serien-Parallel-Reduktion (vgl. den Algorithmus auf S. 134)

a. Vor Durchführung einer Serien-Reduktion der Pfeile $(s;j,k)$ und $(h;k,i)$ [Schritt 4 des Algorithmus] setzt man $p_k(h;k,i) = p_k(s;j,k) := p_k(s;j,i)$. Hierbei bezeichnet $p_k(s;j.k)$ allgemein die Wahrscheinlichkeit, daß der Pfeil $(s;j,k)$ kritisch wird, falls das Ereignis v_j kritisch ist (vgl. die Vorgehensweise beim Beispiel des vorigen Abschnitts).

b. Vor Durchführung einer Parallel-Reduktion [Schritt 2 des Algorithmus] bestimmt man für jeden der parallelen Pfeile $(s_l;j,k)$, $1 = 1, 2, \ldots, n$, die Wahrscheinlichkeit

$$p_k(s_l;j,k) = W(t_{s_l} \geqslant t_{s_1}, t_{s_l} \geqslant t_{s_2}, \ldots, t_{s_l} \geqslant t_{s_{l-1}}, t_{s_l} \geqslant t_{s_{l+1}}, \ldots,$$

$$t_{s_l} \geqslant t_{s_n}) = \int_0^\infty \prod_{j \neq l} F_{s_j}(t_{s_l}) dF_{s_l}(t_{s_l}) \quad (l = 1, \ldots, n)$$

2. Reduktion von SPR-Netzplänen (vgl. den Algorithmus auf S. 142)

Zur Ermittlung der Kritizitäten von Vorgängen eines SPR-Netzplans bestimmt man — analog dem Vorgehen von *Martin* — vor jeder Parallel-Reduktion die durch den jeweils konditionierten Pfeil $(x; .,.)$ bedingten Wahrscheinlichkeiten

$$p_k(s_l;j,k/x) = \int_0^\infty \prod_{j \neq l} F_{s_j}(t_{s_l}/t_x) dF_{s_l}(t_{s_l}/t_x).$$

Bei der zuletzt durchgeführten Parallel-Reduktion wird dann

$$p_k(s_l;j,k) = \int_{t_x} p_k(s_l,j,k/t_x) dF_x(t_x) .$$

Mit Hilfe der für alle Vorgangspfeile oder äquivalenten Pfeile bestimmten Werte $p_k(s;j,k)$ bzw. $p_k(s;j,k/x)$ kann man dann rekursiv unter Verwendung der Flußeigenschaften die gewünschten Kritizitäten berechnen. Das Vorgehen soll hier nur am Beispiel eines Serien-Parallel-Netzplans veranschaulicht werden.

Beispiel
Formulierung des Problems:
Für die Vorgänge des in Abb. 56 angegebenen Netzplans sollen die Kritizitäten bestimmt werden.

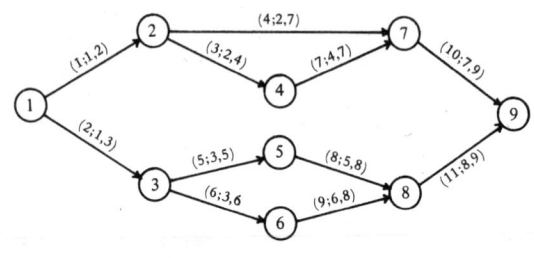

Abb. 56

Lösung:

1. Vor der ersten Serien-Reduktion setzt man $p_k(7;4,7):=p_k(3;2,4)$
$$:= p_k(3;2,7).$$

2. Von $(3;2,7)$ aus erfolgt eine Parallel-Reduktion. Man bestimmt zuvor

$$p_k(3;2,7) = \int_0^\infty F_4(t_3)dF_3(t_3) \text{ und}$$

$$p_k(4;2,7) = \int_0^\infty F_3(t_4)dF_4(t_4) \text{ und speichert diese Werte in einer Liste } L_k.$$

3. Vor der nächsten Serien-Reduktion setzt man

$p_k(3;2,7):= p_k(1;1,2):= p_k(1;1,7)$ und anschließend

$p_k(10;7,9): = p_k(1;1,7): = p_k(1;1,9).$

4. Danach erfolgt von $(5;3,5)$ aus eine Serien-Reduktion. Man setzt

$p_k(8;5,8): = p_k(5;3,5):= p_k(5;3,8).$

5. Entsprechend setzt man bei der nächsten von $(6;3,6)$ ausgehenden Serien-Reduktion

$p_k(9;6,8):= p_k(6;3,6):= p_k(6;3,8).$

6. Von $(5;3,8)$ aus erfolgt eine Parallel-Reduktion. Man bestimmt zuvor

$$p_k(5;3,8) = \int_0^\infty F_6(t_5)dF_5(t_5) \text{ und}$$

$$p_k(6;3,8) = \int_0^\infty F_5(t_6)dF_6(t_6); L_k := L_k \cup \{p_k(5;3,8), p_k(6;3,8)\}.$$

7. Die nächste Serien-Reduktion geht von (2;1,3) aus. Man setzt

$p_k(5;3,8) := p_k(2;1,3) := p_k(2;1,8)$ und anschließend

$p_k(11;8,9) := p_k(2;1,8) := p_k(2;1,9)$.

8. Im letzten Schritt erfolgt die Parallel-Reduktion von (1;1,9) und (2;1,9). Man bestimmt zuvor

$$p_k(1;1,9) = \int_0^\infty F_2(t_1)dF_1(t_1) \text{ und}$$

$$p_k(2;1,9) = \int_0^\infty F_1(t_2)dF_2(t_2) \; ; \; L_k^* : L_k \cup \{p_k(1;1,9), p_k(2;1,9)\}$$

9. Man bestimmt mit Hilfe der Liste

$L_k = \{p_k(3;2,7), p_k(4;2,7), p_k(5;3,8), p_k(6;3,8), p_k(1;1,9), p_k(2;1,9)\}$

rekursiv:

$p_k(1;1,2) = p_k(1;1,7) = p_k(1;1,9) \in L_k$
$p_k(2;1,3) = p_k(2;1,8) = p_k(2;1,9) \in L_k$
$p_k(3;2,4) = p_k(3;2,7) \in L_k$
$p_k(4;2,7) \in L_k$
$p_k(5;3,5) = p_k(5;3,8) \in L_k$
$p_k(6;3,6) = p_k(6;3,8) \in L_k$
$p_k(7;4,7) = p_k(3;2,4) = p_k(3;2,7) \in L_k$
$p_k(8;5,8) = p_k(5;3,5) = p_k(5;3,8) \in L_k$
$p_k(9;6,8) = p_k(6;3,6) = p_k(6;3,8) \in L_k$
$p_k(10;7,9) = p_k(1;1,7) = p_k(1;1,9) \in L_k$
$p_k(11;8,9) = p_k(2;1,8) = p_k(2;1,9) \in L_k$

(vgl. die folgende Abbildung)

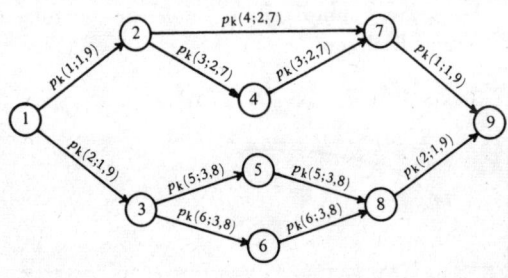

Abb. 57

10. Unter Verwendung der Flußeigenschaften erhält man schließlich folgende Kritizitäten der Vorgänge und Ereignisse des Netzplans:

$$\underline{W_k(1;1,2)} = \underline{W_k(10;7,9)} = p_k(1;1,9) = W_k(v_2) = \underline{W_k(v_7)}$$

$$\underline{W_k(2;1,3)} = \underline{W_k(11;8,9)} = p_k(2;1,9) = W_k(v_3) = \underline{W_k(v_8)}$$

$$\underline{W_k(3;2,4)} = \underline{W_k(7;4,7)} = p_k(3;2,7) \cdot W_k(v_2) = \underline{W_k(v_4)}$$

$$\underline{W_k(4;2,7)} = p_k(4;2,7) \cdot W_k(v_2)$$

$$\underline{W_k(5;3,5)} = \underline{W_k(8;5,8)} = p_k(5;3,8) \cdot W_k(v_3) = \underline{W_k(v_5)}$$

$$\underline{W_k(6;3,6)} = \underline{W_k(9;6,8)} = p_k(6;3,8) \cdot W_k(v_3) = \underline{W_k(v_6)}$$

3.3.3.3.3 Näherungsverfahren

1. Simulatives Verfahren

Grundsätzlich können im Rahmen einer Monte-Carlo-Simulation mit jeder Zufalls-Realisation des Projektablaufs neben der Projektdauer T auch Pufferzeiten für Vorgänge und Schlupfzeiten für Ereignisse berechnet werden. Bei N Realisationen erhält man dann Häufigkeitsverteilungen für diese Zeiten, mit deren Hilfe man (wie im Falle der Projektdauer) die theoretischen Verteilungsfunktionen schätzen kann. Setzt man den frühesten Abschlußzeitpunkt des Projektes (= Projektdauer) dem spätesten Abschlußzeitpunkt gleich, so sind die gesamten Pufferzeiten bzw. Schlupfzeiten (GP_{ij} bzw. SL_j) für alle Vorgänge $x_{i,j}$ bzw. Ereignisse v_j bei jeder Realisation größer oder gleich Null. Für Vorgänge bzw. Ereignisse, die im Falle $FZ_n = T = SZ_n$ (v_n: Zielereignis) kritisch werden können, ergeben sich somit Verteilungsfunktionen für Puffer- bzw. Schlupfzeiten, die den in der folgenden Abbildung skizzierten Verlauf besitzen:

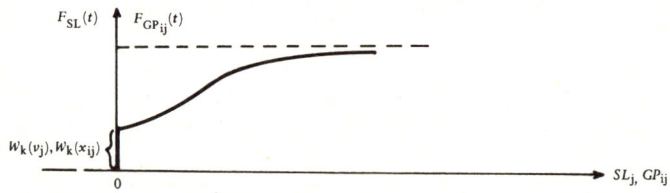

Abb. 58: Verteilungsfunktion für Puffer- oder Schlupfzeiten

Die Sprunghöhe an der Stelle Null (Ordinatenabschnitt) entspricht der im vorigen Abschnitt definierten Kritizität des Vorganges bzw. Ereignisses ($W_k(x_{ij})$ bzw. $W_k(v_j)$).

Bezeichnet $N_k(x_{ij})$ bzw. $N_k(v_j)$ die Anzahl der Realisationen, in denen der Vorgang x_{ij} bzw. das Ereignis v_j kritisch war, so erhält man bei einem Stichprobenumfang N folgende Schätzwerte für die Kritizitäten:

$$\hat{W}_k(x_{ij}) = \frac{N_k(x_{ij})}{N} \quad ; \quad \hat{W}_k(v_j) = \frac{N_k(v_j)}{N}$$

Wie bei der Schätzung von $F_T(t)$ (vgl. Abschnitt 3.3.3.2.3, S. 148) führt in der Regel ein Stichprobenumfang von $N = 10\,000$ zu ausreichender Schätzgenauigkeit.

2. Verfahren bei Approximation der Verteilungsfunktionen der Dauern längster Wege durch Normalverteilungen

Wendet man zur Schätzung der Verteilungsfunktion $F_T(t)$ eines der im Abschnitt 3.3.3.2.3 unter c. (S. 155) dargestellten Verfahren an, so lassen sich Schätzungen für die Kritizitäten $W_k(x_{ij})$ und $W_k(v_j)$ aus den Werten $\Phi(\beta)$ ableiten.

Hierbei wird folgende Aussage benutzt:

Sind x_1 und x_2 zwei stochastisch abhängige normalverteilte Zufallsvariablen mit den Erwartungswerten $E(x_1)$, $E(x_2)$, den Varianzen $V(x_1)$, $V(x_2)$ und dem Korrelationskoeffizienten $\rho_{1,2}$, so folgt für die Wahrscheinlichkeit, daß $x_1 \geqslant x_2$

$$W(x_1 \geqslant x_2) = \Phi(\beta)$$

mit $\beta = \dfrac{E(x_1) - E(x_2)}{\alpha}$; $\alpha^2 = V(x_1) + V(x_2) - 2\rho_{1,2}\sqrt{V(x_1) \cdot V(x_2)}$.

Bezeichnet $\Phi(\beta_{ij})$ die Wahrscheinlichkeit dafür, daß der längste Weg zum Knoten v_j über den Eingangspfeil x_{ij} führt, so folgt aus den Flußeigenschaften der Kritizitäten (vgl. Abschnitt 3.3.3.3.1):

(1)   Für die Eingangspfeile des Zielknotens stimmen die Werte $\Phi(\beta_{ij})$ mit den Kritizitäten $\hat{W}_k(x_{ij})$ überein.

(2)   Die Kritizität eines Knotens ist gleich der Summe der Kritizitäten aller Ausgangspfeile.

(3)   Die Kritizität des Eingangspfeils x_{ij} des Knotens v_j beträgt
$$\hat{W}_k(x_{ij}) = \hat{W}_k(v_j) \cdot \Phi(\beta_{ij}).$$

Die Benutzung von (1) bis (3) zur Schätzung der Kritizitäten soll an dem bisher verwendeten Netzplan veranschaulicht werden.

Beispiel
Formulierung des Problems:
Für den im Beispiel auf S. 157 angegebenen Netzplan sind für alle Vorgänge und Ereignisse die Kritizitäten $W_k(x_{ij})$ und $W_k(v_j)$ näherungsweise zu berechnen.

Lösung:
Die Lösung erfolgt mit den im Beispiel (S. 158 ff.) berechneten Werten $\Phi(\beta)$. In der folgenden Abbildung ist bei jedem Pfeil x_{ij} des Netzplans der Wert $\Phi(\beta_{ij})$ angegeben.

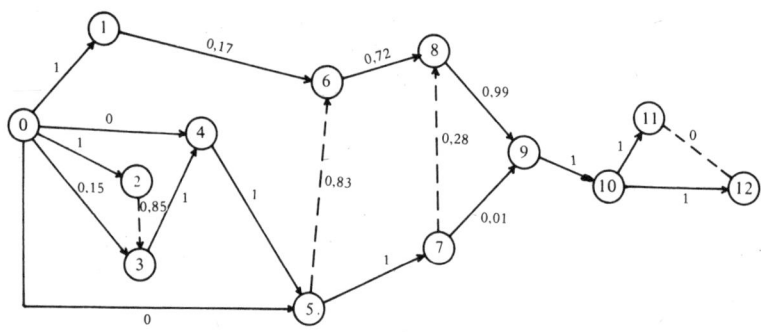

Abb. 59: Netzplan mit Werten $\Phi(\beta_{ij})$

Beginnend beim Endknoten v_{12} erhält man rückwärtsschreitend folgende Kritizitäten:

$\hat{W}_k(v_{12}) = 1$; $\hat{W}_k(x_{10,12}) = 1$; $\hat{W}_k(x_{11,12}) = 0$
$\hat{W}_k(v_{11}) = 0$; $\hat{W}_k(x_{10,11}) = 0$
$\hat{W}_k(v_{10}) = 1$; $\hat{W}_k(x_{9,10}) = 1$
$\hat{W}_k(v_9) = 1$; $\hat{W}_k(x_{8,9}) = 0,99$; $\hat{W}_k(x_{7,9}) = 0,01$
$\hat{W}_k(v_8) = 0,99$; $\hat{W}_k(x_{6,8}) = 0,99 \cdot 0,72 \approx 0,71$; $\hat{W}_k(x_{7,8}) = 0,99 \cdot 0,28 \approx 0,28$
$\hat{W}_k(v_7) = 0,28 + 0,01 = 0,29$; $\hat{W}_k(x_{5,7}) = 0,29$
$\hat{W}_k(v_6) = 0,71$; $\hat{W}_k(x_{1,6}) = 0,71 \cdot 0,17 \approx 0,12$; $\hat{W}_k(x_{5,6}) = 0,71 \cdot 0,83 \approx 0,59$

$\hat{W}_k(v_5) = 0,29 + 0,59 = 0,88$; $\hat{W}_k(x_{0,5}) = 0$; $\hat{W}_k(x_{4,5}) = 0,88$

$\hat{W}_k(v_4) = 0,88$; $\hat{W}_k(x_{0,4}) = 0$; $\hat{W}_k(x_{3,4}) = 0,88$

$\hat{W}_k(v_3) = 0,88$; $\hat{W}_k(x_{0,3}) = 0,88 \cdot 0,15 \approx 0,13$; $\hat{W}_k(x_{2,3}) = 0,88 \cdot 0,85 \approx 0,75$

$\hat{W}_k(v_2) = 0,75$; $\hat{W}_k(x_{0,2}) = 0,75$

$\hat{W}_k(v_1) = 0,12$; $\hat{W}_k(x_{0,1}) = 0,12$; $\hat{W}_k(v_0) = 0,12 + 0,75 + 0,13 = 1$

Die Ergebnisse sind im Netzplan der folgenden Abbildung eingetragen:

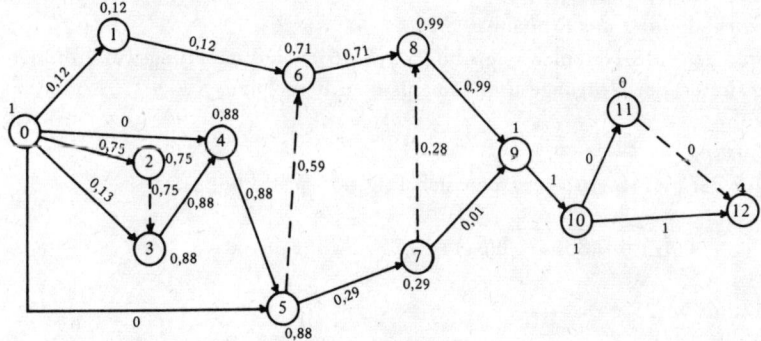

Abb. 60: Kritizitäten der Vorgänge und Ereignisse des Netzplans der Abb. 50

Verwendet man zur Schätzung $F_T(t)$ das Verfahren auf der Grundlage von Korrelationsschätzungen für vollständige Wege (vgl. S. 164) und ist hierbei für $k > 1$ $\Phi(\beta_k) = W\{T_k \geq \max (T_1, \ldots, T_{k-1})\}$ (T_i: Dauer des i-ten Weges), so lassen sich Schätzwerte $\hat{W}_k(x_{i,j})$ und $\hat{W}_k(v_j)$ wie folgt berechnen: Man bestimmt zunächst die Kritizität $\hat{W}_k(T_i)$ für jeden vollständigen Weg mit der Dauer $T_i (i = 1, \ldots, m)$, wobei

$$\hat{\hat{W}}_k(T_m) = \Phi(\beta_m) \quad \text{und}$$

$$\hat{\hat{W}}_k(T_i) = \Phi(\beta_i) \cdot [1 - \sum_{j=i+1}^{m} \hat{\hat{W}}_k(T_j)] \quad (i = m-1, \ldots, 1).$$

Setzt man

$$\delta_{ij}^l = \begin{cases} 1 & \text{falls } x_{ij} \in P_l \\ 0 & \text{sonst} \end{cases}$$

P_l: Menge der Vorgänge des l-ten Weges

so ergibt sich

$$\hat{\hat{W}}_k(x_{ij}) = \sum_{l=1}^{m} \delta_{ij}^{k} \hat{\hat{W}}_k(T_l)$$

$\hat{\hat{W}}_k(v_j)$ erhält man wieder durch Summation der $\hat{\hat{W}}_k(x_{ij})$ aller Eingangspfeile x_{ij} von v_j.

Beispiel
Formulierung des Problems:
Für den SPR-Netzplan der Abb. 52 (S. 161) sind näherungsweise die Kritizitäten der Vorgänge und Ereignisse zu berechnen.

Lösung:
Im Beispiel (S. 165) ergaben sich folgende Werte $\Phi(\beta_k)$:

$$\Phi(\beta_2) = 0{,}83 \quad ; \quad \Phi(\beta_3) = 0{,}26 \quad ; \quad \Phi(\beta_4) = 0$$

Damit wird

$\hat{\hat{W}}_k(T_4) = 0$
$\hat{\hat{W}}_k(T_3) = \Phi(\beta_3)\,[1 - \hat{\hat{W}}_k(T_4)] = 0{,}26$
$\hat{\hat{W}}_k(T_2) = \Phi(\beta_2)\,[1 - (\hat{\hat{W}}_k(T_3) + \hat{\hat{W}}_k(T_4))] = 0{,}83 \cdot 0{,}74 \approx 0{,}61$
$\hat{\hat{W}}_k(T_1) = 1 - \sum_{j=2}^{4} \hat{\hat{W}}_k(T_j) = 0{,}13$

und

$\hat{\hat{W}}_k(x_{0,5}) = \hat{\hat{W}}_k(x_2) = \hat{\hat{W}}_k(T_2) + \hat{\hat{W}}_k(T_3) + \hat{\hat{W}}_k(T_4) = 0{,}61 + 0{,}26 = 0{,}87$
$\hat{\hat{W}}_k(x_{0,6}) = \hat{\hat{W}}_k(x_1) = \hat{\hat{W}}_k(T_1) = 0{,}13$
$\hat{\hat{W}}_k(x_{5,6}) = \hat{\hat{W}}_k(x_3) = \hat{\hat{W}}_k(T_2) = 0{,}61$
$\hat{\hat{W}}_k(x_{5,7}) = \hat{\hat{W}}_k(x_5) = \hat{\hat{W}}_k(T_3) + \hat{\hat{W}}_k(T_4) = 0{,}26$
$\hat{\hat{W}}_k(x_{6,8}) = \hat{\hat{W}}_k(x_4) = \hat{\hat{W}}_k(T_1) + \hat{\hat{W}}_k(T_2) = 0{,}13 + 0{,}61 = 0{,}74$
$\hat{\hat{W}}_k(x_{7,8}) = \hat{\hat{W}}_k(x_6) = \hat{\hat{W}}_k(T_3) = 0{,}26$
$\hat{\hat{W}}_k(x_{7,9}) = \hat{\hat{W}}_k(x_8) = \hat{\hat{W}}_k(T_4) = 0$
$\hat{\hat{W}}_k(x_{8,9}) = \hat{\hat{W}}_k(x_7) = \hat{\hat{W}}_k(T_1) + \hat{\hat{W}}_k(T_2) + \hat{\hat{W}}_k(T_3) = 1$
$\hat{\hat{W}}_k(x_{9,12}) = \hat{\hat{W}}_k(x_9) = 1$

Die Ergebnisse sind – zusammen mit den Kritizitäten $\hat{\hat{W}}_k(v_j)$ – in der folgenden Abbildung wiedergegeben.

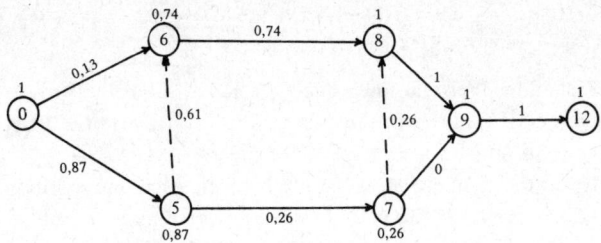

Abb. 61: Kritizitäten der Vorgänge und Ereignisse des Netzplans der Abb. 52

3. PERT-Verfahren

Nach den Annahmen des PERT-Verfahrens zur Schätzung von $F_T(t)$ (vgl.
S. 169) müßten alle Vorgänge und Ereignisse des PERT-kritischen Weges
eine Kritizität von 1 und alle übrigen Vorgänge und Ereignisse eine Kritizität von 0 besitzen. Diesen offensichtlichen Mangel versuchte man dadurch zu beheben, daß man — abweichend von den Annahmen zur Schätzung von $F_T(t)$ — folgendes Verfahren zur näherungsweisen Berechnung
der Kritizitäten $W_k(v_j)$ entwickelte (vgl. z.B. *Thumb*, 1968, S. 195 ff.):

Schritt 1:   Berechne mit $d_{ij} = \mu_{ij}$ und $FZ_n = SZ_n$ für jedes Ereignis v_j
die erwartete Schlupfzeit

$$\widetilde{\mu}_j^{SL} = \widetilde{\mu}_T - \widetilde{\mu}_j$$

$\widetilde{\mu}_j$: Länge des längsten vollständigen Weges mit der Vorgangsmenge P^j, der den Knoten v_j enthält.

Schritt 2:   Berechne die Varianz von SL_j als Summe der Varianzen σ_{ik}^2
aller Vorgänge $x_{ik} \in P^j$:

$$\widetilde{\sigma}_j^{2SL} = \sum_{x_{ik} \in P^j} \sigma_{ik}^2$$

Schritt 3:   Bestimme unter der Annahme einer Normalverteilung für SL_j
die Kritizität

$$\widetilde{W}_k(v_j) = W(SL_j \leqslant 0) = \Phi \left(\frac{-\widetilde{\mu}_j^{SL}}{\widetilde{\sigma}_j^{SL}} \right)$$

Für die Ereignisse v_j des PERT-kritischen Weges folgt wegen $\tilde{\mu}_T = \tilde{\mu}_j$
$\tilde{W}_k(v_j) = \Phi(0) = 0,5$.

In entsprechender Weise können auch die Kritizitäten für Vorgänge berechnet werden. Hierauf wird aber beim ereignisorientierten PERT-Verfahren verzichtet.

Auf Grund der genannten widersprüchlichen Annahmen stimmen die PERT-Kritizitäten in der Regel auch nicht näherungsweise mit den exakten Kritizitäten überein.

Beispiel
Formulierung des Problems:
Für den Netzplan der Abb. 53 sind die PERT-Kritizitäten $\tilde{W}_k(v_j)$ zu berechnen (vgl. Beispiel S. 170).

Lösung:
Die Werte $\tilde{\mu}_j$ und die Mengen P^j erhält man, indem man durch eine Vorwärts- und Rückwärtsrechnung die längsten Wege von v_0 nach v_j mit der Länge $\tilde{\mu}_{t_j}$ (vgl. Tabelle S. 172) und die längsten Wege von v_j nach v_n mit der Länge $\tilde{\mu}_{t_{j,n}}$ bestimmt, wobei $\tilde{\mu}_j = \tilde{\mu}_{t_j} + \tilde{\mu}_{t_{j,n}}$.

Mit $\tilde{\mu}_T = 27,4 = \tilde{\mu}_{t_{12}}$ ergeben sich die in der folgenden Tabelle angegebenen Werte $\tilde{\mu}_j^{SL}$, $\tilde{\sigma}_j^{2SL}$ und $\tilde{W}_k(v_j)$

Tabelle

v_j	$\tilde{\mu}_{t_j}$	$\tilde{\mu}_{t_{j,n}}$	$\tilde{\mu}_j$	$\tilde{\mu}_j^{SL}$	$\tilde{\sigma}_j^{2SL}$	$\tilde{W}_k(v_j)$
v_0	0	27,4	27,4	0	6,3	$\Phi(0) = 0,5$
v_1	5,2	20,1	25,3	2,1	5,21	$\Phi(-0,92) = 0,27$
v_2	2,8	24,6	27	0	6,3	$\Phi(0) = 0,5$
v_3	2,8	24,6	27,4	0	6,3	$\Phi(0) = 0,5$
v_4	11,8	15,6	27,4	0	6,3	$\Phi(0) = 0,5$
v_5	13,8	13,6	27,4	0	6,3	$\Phi(0) = 0,5$
v_6	13,8	13,6	27,4	0	6,3	$\Phi(0) = 0,5$
v_7	16,6	10,1	26,7	0,7	5,97	$\Phi(-0,29) = 0,39$
v_8	17,3	10,1	27,4	0	6,3	$\Phi(0) = 0,5$
v_9	21,6	5,8	27,4	0	6,3	$\Phi(0) = 0,5$
v_{10}	25,4	2	27,4	0	6,3	$\Phi(0) = 0,5$
v_{11}	26,4	0	26,4	1	6,09	$\Phi(-0,41) = 0,34$
v_{12}	27,4	0	27,4	0	6,3	$\Phi(0) = 0,5$

Die Ergebnisse sind im Netzplan der folgenden Abbildung eingetragen (vgl. die entsprechenden Werte im Netzplan der Abb. 60).

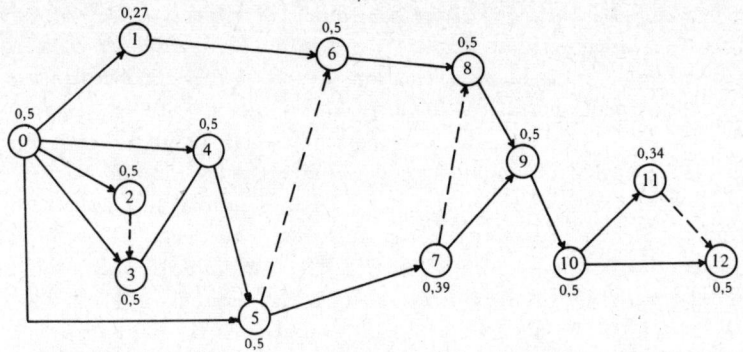

Abb. 62: PERT-Kritizitäten der Ereignisse des Netzplans der Abb. 50

3.4 Kosten- und Beschäftigungsplanung

3.4.1 Einführung

3.4.1.1 Kosten und Beschäftigung im Rahmen der Projektplanung

Zur Durchführung der Tätigkeiten eines Projektes werden Produktivfaktoren benötigt. Neben einer Zeit- oder Terminplanung ist eine Bereitstellungs- und Einsatzplanung von Werkstoffen, Arbeitskräften und Betriebsmitteln erforderlich. Bei einer reinen Zeitplanung werden nur logische und technologische Abhängigkeiten zwischen den Vorgängen des Projektes berücksichtigt. Eine realistische Zeitschätzung setzt in diesem Fall voraus, daß für jeden Vorgang

a. das Verfahren bzw. die Arbeitsmethode sowie Anzahl, Leistungsintensität und Einsatzdauer der verwendeten Potentialfaktoren bekannt sind und

b. die Produktivfaktoren nach Art und Menge verfügbar, d.h. entweder bereits vorhanden oder beschaffbar sind.

Die Dauer eines Vorgangs kann in der Regel durch Änderungen der Leistungsintensität, der Einsatzzeit [1] und der Einsatzmenge [2] der Potential-

---

1) Arbeitszeit pro Einheit der Kalenderzeit
2) Pro Einheit der Arbeitszeit eingesetzte Faktormenge

faktoren bei gegebenem Verfahren oder durch Verfahrenswechsel variiert werden. Jeder realisierbaren Dauer lassen sich die Kosten der jeweils kostenminimalen „Anpassungskombination" zuordnen. Bei der Zeitplanung geht man von einer normalen Vorgangsdauer (D_{ij}^n) aus. Soll diese Dauer verkürzt werden, so steigen die Vorgangskosten meist progressiv an (z.B. durch steigenden Material- und Energieverbrauch, Ausschuß und Nacharbeit, Übergang zu weniger leistungsfähigen Faktoren und Verfahren, Überstundenarbeit und Fremdvergabe von Aufträgen). Aus technischen Gründen kann eine bestimmte Minimaldauer (D_{ij}^m) nicht unterschritten werden. Da detaillierte Kosteninformationen im Planungsstadium kaum verfügbar sind, läßt sich der Verlauf der Vorgangskosten K_{ij} zwischen D_{ij}^m und D_{ij}^n oft mit ausreichender Genauigkeit durch eine lineare oder konvexe, stückweise lineare Funktion annähern (vgl. Abbildung 63 a) und b)). Bei einem Verfahrenswechsel können Kostensprünge auftreten (vgl. Abbildung 63 c)). Läßt sich jedes Verfahren nur mit einem einzigen Zeit-Kosten-Verhältnis realisieren, so besteht die Kostenfunktion nur aus einzelnen Punkten (vgl. Abbildung 63 d)).

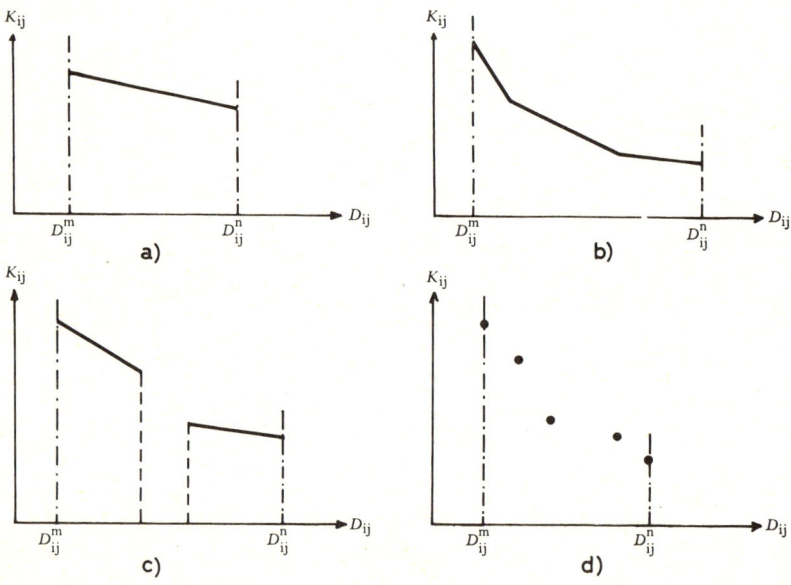

Abb. 63: Typische Verläufe der Vorgangskosten als Funktion der Vorgangsdauer

Zu beachten ist, daß hierbei nur variable Einzelkosten des jeweiligen Vorgangs zu berücksichtigen sind, also Kosten, die bei Wegfall des Vorgangs nicht entstehen würden (*direkte Vorgangskosten, Beschleunigungskosten*). Das sind meist nur die Kosten für Verbrauchsfaktoren (Material, Energie). Potentialfaktoren (Arbeitskräfte, Betriebsmittel) sind dagegen in der Regel für mehrere Vorgänge, für das Gesamtprojekt oder auch für mehrere parallel oder hintereinander durchgeführte Projekte bereitzustellen. Die durch das Projekt verursachten Kosten dieser Faktoren hängen sowohl von der jeweiligen Bereitstellungsdauer als auch vom Beschäftigungsverlauf ab. Der Beschäftigungsverlauf wird bei gegebenen Vorgangsdauern durch den Ablaufplan des Projektes bestimmt.

Bei zeitlicher und quantitativer Anpassung steigt mit einer Verkürzung der Vorgangsdauer der pro Zeiteinheit auftretende Bedarf an Potentialfaktoren (z.B. der in Mannstunden gemessene Bedarf an Arbeitskräften pro Arbeitstag; vgl. die folgende Abbildung).

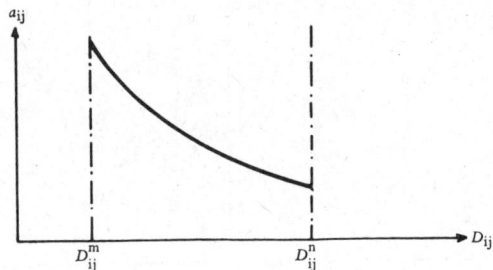

Abb. 64: Faktorbedarf pro Zeiteinheit (a_{ij}) als Funktion der Vorgangsdauer D_{ij}

Der Beschäftigungsverlauf und die *beschäftigungsabhängigen Kosten* [1] ergeben sich erst, wenn bei gegebenen Dauern und Planterminen der Vorgänge der Bedarf für parallel eingeplante Vorgänge summiert wird. Hierzu sei ein einfaches Projekt mit fünf Vorgängen betrachtet, für die jeweils – mit Ausnahme von Vorgang x_1 – zwei Dauern (D', D'') mit dem zugehörigen Faktorbedarf $a(D')$ bzw. $a(D'')$ realisierbar sind (vgl. die folgende Abbildung und Tabelle).

---

1) Hierunter werden im folgenden stets nur die ablaufplan-abhängigen Kosten der Beschäftigung verstanden, nicht dagegen Kosten, die einem einzelnen Vorgang zugerechnet werden können.

1
2
3
4
x1
x2
x3
x4
x5

Abb. 65: Vorgangspfeilnetz mit alternativen Vorgangsdauern

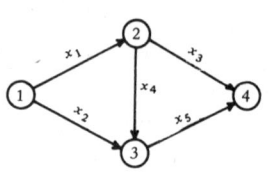

Vorgang x_i	D'	$a(D')$	D''	$a(D'')$
x_1	1	2	1	2
x_2	1	4	2	2
x_3	1	6	2	3
x_4	2	2	3	1
x_5	1	2	2	1

Setzt man für alle Vorgänge $D_i = D_i'$ (D_i''), so beträgt die minimale Projektdauer 4 Zeiteinheiten (6 *ZE*). Der Beschäftigungsverlauf hängt dann noch jeweils von den geplanten Anfangszeitpunkten (*AZ*) der nicht-kritischen Vorgänge x_2 und x_3 ab. In der folgenden Abbildung 66 a) bis d) sind die Verläufe (Belastungsdiagramme) für $AZ = FAZ$ und $AZ = SAZ$

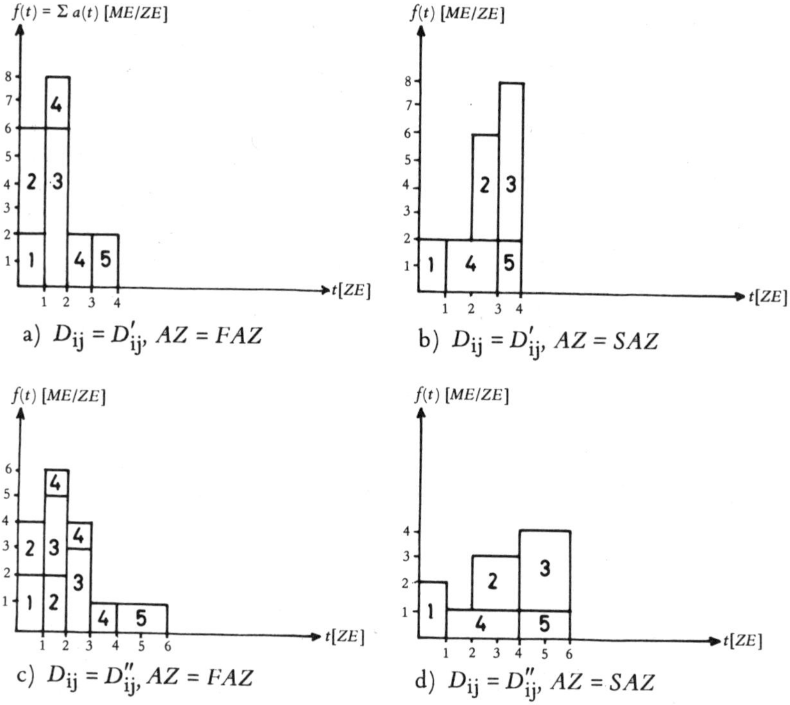

f(t) = Σ a(t) [ME/ZE]
t[ZE]
a) $D_{ij} = D'_{ij}$, $AZ = FAZ$
f(t) [ME/ZE]
t[ZE]
b) $D_{ij} = D'_{ij}$, $AZ = SAZ$
f(t) [ME/ZE]
t[ZE]
c) $D_{ij} = D''_{ij}$, $AZ = FAZ$
f(t) [ME/ZE]
t[ZE]
d) $D_{ij} = D''_{ij}$, $AZ = SAZ$

Abb. 66: Beschäftigungsverläufe bei alternativen Vorgangsdauern und Planterminen

wiedergegeben. Daneben existieren noch zahlreiche weitere Ablaufpläne mit unterschiedlichen Beschäftigungen, die sich aus D_{ij}/AZ_{ij}-Kombinationen ergeben.

Über beschäftigungsabhängige Kosten eines Projektes sind noch weniger allgemeine Aussagen möglich als über direkte Vorgangskosten. Sie werden durch die konkreten Maßnahmen eines Betriebes bestimmt, sich schwankenden Beschäftigungsniveaus anzupassen. In der Regel hängen die Kosten der jeweils kostenminimalen Anpassungsmaßnahmen sowohl vom absoluten Niveau der Beschäftigung als auch von der Größe der Beschäftigungsänderung zwischen aufeinanderfolgenden Zeiteinheiten ab.

Neben direkten Vorgangskosten und beschäftigungsabhängigen Kosten sind Kosten zu unterscheiden, die sich nur der Projektdauer insgesamt zuordnen lassen (Kosten der Projektverlängerung, *Ausfallkosten*). Beispiele hierfür sind:

— Kosten für Potentialfaktoren, die für das Gesamtprojekt bereitzustellen sind und erst nach Abschluß des Projekts abgebaut werden können (z.B. Personal für Projektkontrolle, Beraterteam, projektgebundene Spezialanlagen und Räume),

— Opportunitätskosten (z.B. durch Verzögerung oder Verhinderung möglicher Anschlußprojekte; Stillstandskosten bei Reparaturprojekten; entgehende Deckungsbeiträge bei Produkteinführungs-Projekten; entgehende Miet- oder Zinserträge bei Bauprojekten),

— vertraglich vereinbarte Strafkosten (Konventionalstrafen).

Als Summe der projektdauer-abhängigen Kosten erhält man in der Regel eine monoton steigende Kostenfunktion $k(T)$ (vgl. die folgende Abbildung).

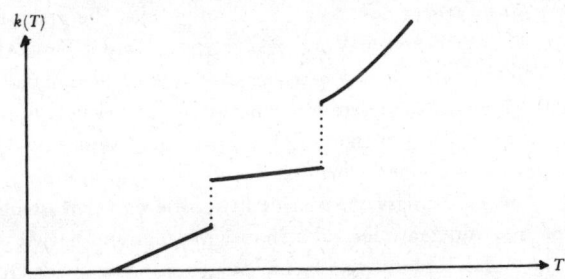

Abb. 67: Möglicher Verlauf der projektdauer-abhängigen Kosten

Werden die Dauern und Plantermine der Vorgänge bereits im Rahmen der Zeitplanung festgelegt, so bleibt die Kosten- und Beschäftigungsplanung auf eine reine Kosten- und Bedarfsprognose beschränkt. Eine solche, unter Verzicht auf Optimierungsrechnungen durchgeführte Sukzessivplanung wird problematisch, wenn beanspruchte Potentialfaktoren nur in begrenztem Umfang verfügbar sind. Um überhaupt zulässige (realisierbare) Ablaufpläne für ein Projekt zu erhalten, müssen Engpässe der Faktoren bereits bei der Zeitplanung explizit berücksichtigt werden. Beanspruchen Vorgänge, die auf Grund der Strukturplanung parallel durchführbar sind, dieselben Kapazitäten, so sind diese Vorgänge u.U. hintereinander einzuplanen. Da hierdurch kritische Vorgänge verzögert und nicht-kritische Vorgänge kritisch werden können, kann sich auch der Endtermin des Projektes hinausschieben. Der Zeitplan und die Projektdauer sind nicht mehr allein eine Funktion der logischen und technologischen Anordnungsbeziehungen sowie der Vorgangsdauern, sondern hängen auch davon ab, in welcher Reihenfolge Vorgänge den begrenzten Kapazitäten zugeordnet werden. Aus dem einfachen Zeitplanungsproblem wird ein Reihenfolgeproblem der Ablaufplanung. Konkurrieren darüber hinaus mehrere Projekte um begrenzte Kapazitäten, so ist eine isolierte Zeit- und Beschäftigungsplanung für Einzelprojekte nicht mehr möglich.

3.4.1.2 Optimierungsprobleme (Überblick)

Nach den Ausführungen des vorigen Abschnitts hängen die Projektkosten von der Wahl der Vorgangsdauern im Bereich $D_{ij}^m \leqslant D_{ij} \leqslant D_{ij}^n$, von den geplanten Anfangszeitpunkten der Vorgänge (AZ_{ij}) und der sich hieraus ergebenden Projektdauer T ab. Es entsteht somit das Problem, die Vorgangsdauern und Plantermine so zu bestimmen, daß die gesamten Projektkosten (Summe der direkten Vorgangskosten sowie der beschäftigungs- und projektdauer-abhängigen Kosten) minimal werden. Im Falle beschränkter Kapazitäten sind bei diesem Optimierungsproblem neben den Nachfolgebedingungen der Strukturplanung Kapazitätsbedingungen zu berücksichtigen. In dieser allgemeinen Form ist das Problem so komplex, daß praktisch anwendbare Lösungsverfahren nicht existieren. Man ist deshalb auf Problemvereinfachungen oder auf Näherungsverfahren angewiesen.

In der folgenden Abbildung ist eine Systematik spezieller Optimierungsprobleme der Kosten- und Beschäftigungsplanung wiedergegeben, die sich jeweils durch vereinfachende Annahmen aus dem allgemeinen Problem ableiten lassen. Es wurden hierbei nur solche Problemtypen aufgeführt, für die Lösungsverfahren existieren.

Abb. 68

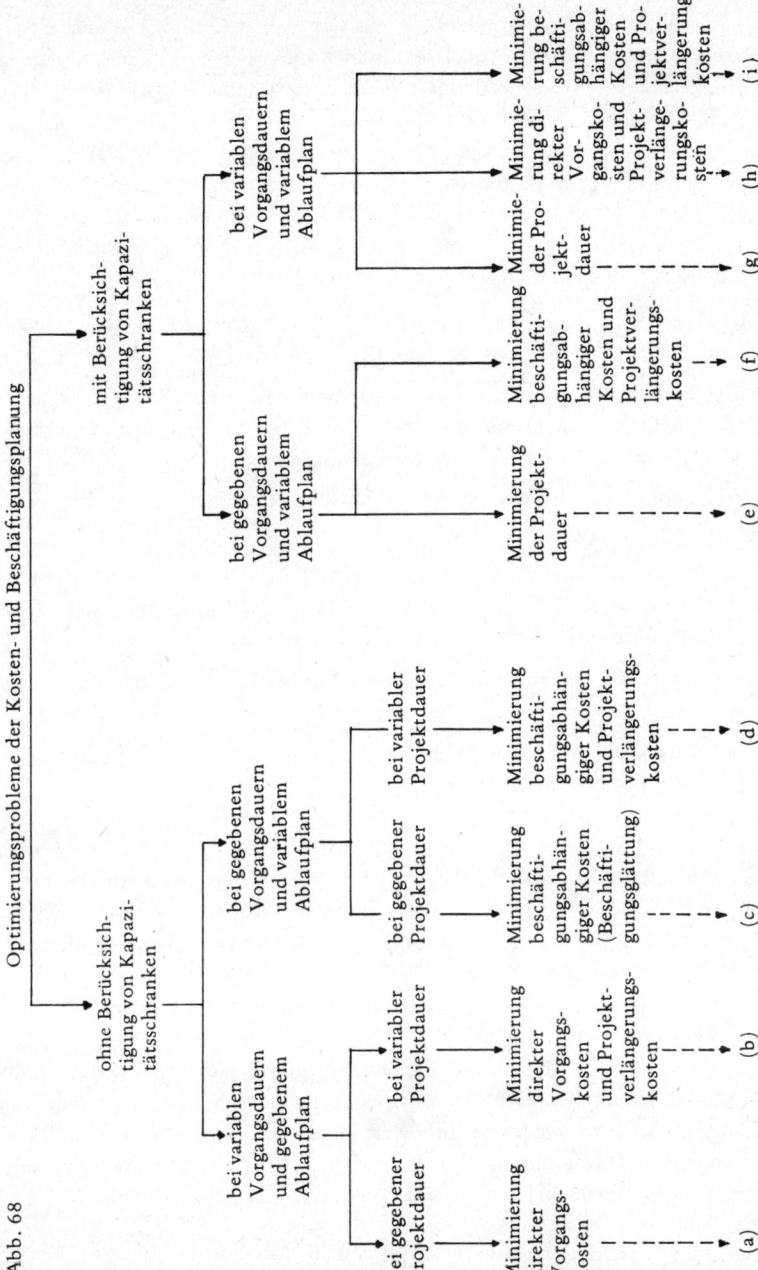

Optimierungsprobleme der Kosten- und Beschäftigungsplanung

ohne Berücksichtigung von Kapazitätsschranken

bei variablen Vorgangsdauern und gegebenem Ablaufplan

bei gegebener Projektdauer — Minimierung direkter Vorgangskosten (a)

bei variabler Projektdauer — Minimierung direkter Vorgangskosten und Projektverlängerungskosten (b)

bei gegebenen Vorgangsdauern und variablem Ablaufplan

bei gegebener Projektdauer — Minimierung beschäftigungsabhängiger Kosten (Beschäftigungsglättung) (c)

bei variabler Projektdauer — Minimierung beschäftigungsabhängiger Kosten und Projektverlängerungskosten (d)

mit Berücksichtigung von Kapazitätsschranken

bei gegebenen Vorgangsdauern und variablem Ablaufplan

Minimierung der Projektdauer (e)

Minimierung beschäftigungsabhängiger Kosten und Projektverlängerungskosten (f)

bei variablen Vorgangsdauern und variablem Ablaufplan

Minimierung der Projektdauer (g)

Minimierung direkter Vorgangskosten und Projektverlängerungskosten (h)

Minimierung beschäftigungsabhängiger Kosten und Projektverlängerungskosten (i)

Wie die Übersicht zeigt, ergeben sich aus den Annahmen über Kapazitäts-grenzen, Vorgangsdauern, Ablaufplan und Projektdauer Einschränkungen für die Zielfunktion des Problems. Bei allen vorliegenden Optimierungs-modellen werden höchstens zwei Komponenten der Projektkosten in der Zielfunktion berücksichtigt (Projektverlängerungskosten in Verbindung mit direkten Vorgangskosten oder mit beschäftigungsabhängigen Kosten). Zum Problemtyp (i) sind keine exakten Lösungsverfahren bekannt. Weitere in der Übersicht nicht enthaltene Differenzierungen der Modelle folgen aus speziellen Annahmen über

— den Verlauf der direkten Vorgangskosten (konvexe oder konkave, lineare oder nichtlineare Kostenfunktionen),

— den Verlauf und die Art der beschäftigungsabhängigen Kosten (lineare oder nichtlineare Kostenfunktionen, Kosten als Funktion des Beschäfti-gungsniveaus oder der Beschäftigungsänderung),

— den Verlauf der Projektverlängerungskosten (lineare oder nichtlineare Kostenfunktion),

— die Art und Anzahl der berücksichtigten Kapazitäten (eine oder mehrere Arbeitskräfte- oder Betriebsmittelarten für das Gesamtprojekt, eine oder mehrere Kapazitätseinheiten und -arten pro Vorgang),

— den zeitlichen Verlauf der verfügbaren Kapazitäten (konstante oder zeit-abhängige Kapazitäten),

— die Unterbrechungsmöglichkeit der Vorgänge (Vorgangssplitting mit oder ohne Unterbrechungskosten),

— die Anzahl der berücksichtigten Projekte (Ein- oder Mehrprojektplanung).

Die in den folgenden Abschnitten behandelten Lösungsverfahren gehen von deterministischen Inputgrößen (Vorgangsdauern, Kapazitätsbedarf, verfügbare Kapazitäten, Kosten) aus. Modelle der Kosten- und Beschäftigungsplanung unter der Annahme stochastischer Inputgrößen sind bisher nur für die Pro-blemtypen (a) und (b) bekannt [*Bildson* und *Gillespie*, 1962; *Jewell*, 1965; *Berman*, 1964; *Werner*, 1973].

Sind mit den Vorgängen und Ereignissen eines Projektes unmittelbar Aus-gaben und Einnahmen verbunden, so kann die Aufgabe darin bestehen, einen Ablaufplan mit maximalem Kapitalwert zu finden. Die zu diesem Problem-typ (payment scheduling problem) entwickelten Lösungsverfahren werden nicht weiter behandelt [vgl. *Russell*, 1970; *Grinold*, 1972].

3.4.1.3 Exakte Lösungsverfahren (Überblick)

Die folgende Übersicht über exakte Lösungsverfahren erfolgt anhand der Systematik der Abbildung 68.

Zu (a): Lösungsverfahren für das Problem hängen wesentlich von den Annahmen ab, die über den Verlauf der direkten Vorgangskosten gemacht werden (vgl. auch zu (b)). Bei *linearen Kostenfunktionen* erhält man ein lineares Programmierungsproblem, das sich mit der Simplexmethode lösen läßt. Weniger aufwendige Algorithmen stehen in diesem Fall dann zur Verfügung, wenn die Vorgangsdauern nur nach unten beschränkt sind ($D_{ij}^m \leqslant D_{ij}$). Da unter dieser Annahme die optimale Lösung keine Pufferzeiten aufweisen kann, läßt sich das Problem auf die Bestimmung eines kostenminimalen Flusses in einem Kapazitätsnetzwerk zurückführen. Ein Verfahren zur Lösung dieses Flußproblems findet man bei *Suchowizki* und *Radtschik* [1969, S. 114–122]. Rechentechnisch einfacher zu handhaben ist eine von *Morlock* und *Neumann* [1973] entwickelte Lösungsmethode, die auf dem Out-of-Kilter-Algorithmus beruht.

Bei *nichtlinearen, konvexen Kostenfunktionen* der Vorgänge ist die Zielfunktion ebenfalls konvex, so daß Lösungsverfahren der konvexen Optimierung herangezogen werden können [vgl. *Suchowizki* und *Radtschik*, 1969, S. 113].

Zu (b): Bei diesem Problem geht es zunächst darum, für jede mögliche Projektdauer die direkten Vorgangskosten zu minimieren. Man erhält dann die sogenannte Beschleunigungskostenfunktion, die zusammen mit der Funktion der Projektverlängerungskosten einen kostenminimalen Plan bestimmt (vgl. die folgende Abbildung).

Das gestrichelte Feld *ABCD* in Abbildung 69 gibt alle möglichen Kombinationen von Projektdauern und direkten Vorgangskosten wieder. Von einem Punkt der Kurve *DC* (maximale direkte Vorgangskosten) bewegt man sich senkrecht zu einem Punkt der Beschleunigungskostenkurve *AB*, indem man die Dauern nicht-kritischer Vorgänge erhöht.

Bei *stückweise-linearen, konvexen Funktionen* der direkten Vorgangskosten kann das Problem der Bestimmung der Beschleunigungskosten auf eine Folge von Problemen der Ermittlung eines maximalen Flusses in einem Kapazitätsnetzwerk zurückgeführt werden. Ein hierzu von *Kelley* [1961] und *Fulkerson* [1961] entwickeltes Verfahren wird im Abschnitt 3.4.2 wiedergegeben [vgl. auch *Moder* und *Phillips*, 1970; *Wiest* und *Levy*, 1969]. Dieses Verfahren ist im allgemeinen effizienter als eine Lösung mit Hilfe der linearen parametrischen Programmierung [vgl. *Müller-Merbach*, 1967].

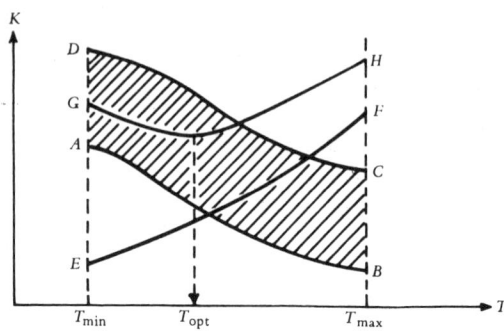

Abb. 69: Projektkosten als Funktion der Projektdauer

AB: Beschleunigungskosten (Minimum direkter Vorgangskosten)
EF: Projektverlängerungskosten (Ausfallkosten)
GH: Summe von AB und EF
$T_{min}(T_{max})$: minimale (maximale) Projektdauer
T_{opt}: kostenminimale Projektdauer

Lösungsansätze bei *nichtlinearen, konvexen Kostenfunktionen* findet man bei *Berman* [1964] und *Lamberson* und *Hocking* [1970].

Bei *konkaven Kostenfunktionen* wird das Problem wesentlich komplizierter. *Falk* und *Horowitz* [1972] beschreiben hierzu ein Verfahren, bei dem eine Folge von Maximalfluß-Problemen in einen Branch-and-bound-Algorithmus eingebettet ist.

Allgemeine Kostenfunktionen (z.B. konvex-konkave Funktionen, Kostensprünge, diskrete Kostenpunkte) und *Abhängigkeiten zwischen den Vorgangsdauern* können zwar prinzipiell mit Hilfe der ganzzahligen linearen Programmierung behandelt werden [vgl. *Meyer* und *Shaffer*, 1963], eine praktische Lösung bei größeren Projekten scheitert aber meist am Rechenaufwand. Effizientere Algorithmen sind unter der Bezeichnung „ Decision CPM" für den Fall diskreter Zeit-Kosten-Relationen (alternative Verfahren zur Durchführung der Vorgänge) entwickelt worden [*Crowston* und *Thompson*, 1967; *Crowston*, 1970; *Chapman* und *Del Hoyo*, 1972].

Zu (c):   Das Problem ist unter der Bezeichnung *„Beschäftigungsglättung"* bekannt, wobei anstelle beschäftigungsabhängiger Kosten in der Regel Hilfskriterien verwendet werden, die den Nivellierungsgrad der Beschäftigung messen sollen. Neben einer Formulierung als Problem der dynamischen Programmierung [vgl. *Petrović*, 1968] sind bisher nur zahlreiche Näherungsverfahren entwickelt worden (vgl. den nächsten Abschnitt). Im Abschnitt 3.4.4.3.2 wird gezeigt, wie das Problem als Spezialfall des Problemtyps (f) mit Hilfe von Stufen-Netzen gelöst werden kann.

Zu (d): Für dieses Problem liegt von *Mason* und *Moodie* [1971] ein Branch-and-bound-Algorithmus vor, der auf einer begrenzten Enumeration von Teilplänen beruht, für die jeweils Untergrenzen der Projektkosten berechnet werden. Es wird nur eine Kapazitätsart betrachtet und von linearen Anpassungskosten (Kosten als Funktion der Beschäftigungsänderungen) ausgegangen. Für die projektdauer-abhängigen Kosten wird ebenfalls ein linearer Verlauf unterstellt. Kapazitätsgrenzen lassen sich ohne Schwierigkeiten zusätzlich berücksichtigen (vgl. zu (f)). Das Problem wird in allgemeinerer Form im Abschnitt 3.4.4 behandelt.

Zu (e): Bei monoton steigenden projektdauer-abhängigen Kosten kann bei diesem Problemtyp als Zielfunktion die Minimierung der Projektdauer verwendet werden. Modifikationen dieser Zielfunktion sind im Falle der Mehrprojektplanung erforderlich (vgl. zu (g)). Das Problem läßt sich — wie die Probleme (f), (g), (h) und (i) — als ganzzahliges Programmierungsproblem formulieren [vgl. z.B. *Wiest*, 1963; *Gonguet*, 1969]. Zur Lösung wurden verschiedene Verfahren der begrenzten Enumeration entwickelt. Die Verfahren von *Müller-Merbach* [1967] und *Johnson* [1967] erlauben — unter der Annahme konstanter Kapazitätsgrenzen — nur die Berücksichtigung einer Kapazitätsart pro Vorgang. Bei dem Verfahren von *Davis* und *Heidorn* [1971] sind dagegen beliebig viele Kapazitätsarten zugelassen. Das Verfahren, das in verschiedener Hinsicht erweitert werden kann (z.B. Vorgangssplitting, zeitabhängige Kapazitätsgrenzen, Mehrprojektplanung) wird im Abschnitt 3.4.3.2.3 beschrieben. Außerdem wird für den Fall konstanter Kapazitätsgrenzen im Abschnitt 3.4.3.2.2 ein Verfahren dargestellt, das auf einer graphentheoretischen Formulierung des Problems durch *Balas* [1970] aufbaut (vgl. Abschnitt 3.4.3.1). Weitere Lösungsalgorithmen, bei denen graphentheoretische Hilfsmittel benutzt werden, findet man bei *Hofstedt* [1972] und *Gorenstein* [1972].

Zu (f): Die Berücksichtigung von Kapazitätsgrenzen führt gegenüber dem Problemtyp (d) zu keinen zusätzlichen Schwierigkeiten. Im Abschnitt 3.4.4 wird das Problem für verschiedene Arten beschäftigungsabhängiger Kosten behandelt. Vereinfachungen sind bei linearem Verlauf der Projektverlängerungskosten möglich (vgl. Abschnitt 3.4.4.2). Auf der Grundlage der jeweils benutzten Stufen-Netze können auch Branch-and-bound-Verfahren entwickelt werden. Wie bei dem Verfahren von *Mason* und *Moodie* (vgl. zu (d)) besteht hierbei die Aufgabe darin, aus den vorliegenden Kostenfunktionen Kostenuntergrenzen für die enumerierten Teilpläne abzuleiten. Die Enumeration anhand eines Netzes ist im allgemeinen effizienter als die von *Mason* und *Moodie* benutzte Enumeration anhand eines Verzweigungsbaumes. Das Vorgehen wird ausführlich nur für den Problemtyp (e) beschrieben (vgl. die Modifikation des *Davis-Heidorn*-Verfahrens im Abschnitt 3.4.3.2.4).

Zu (g):   Für diesen Problemtyp liegen bisher nur Formulierungen als ganzzahlige lineare Programme vor. Die Berücksichtigung variabler Vorgangsdauern und eines hiervon abhängigen Kapazitätsbedarfs ist gegenüber dem Prolemtyp (e) durch die Einführung zusätzlicher Binärvariablen möglich. Einen umfassenden Ansatz zur Mehrprojektplanung findet man bei *Pritsker, Watters* und *Wolfe* [1969] [vgl. auch *Gewald, Kasper* und *Schelle*, 1972]. Es werden verschiedene Zielfunktionen betrachtet (Minimierung der Summe der Durchlaufzeiten der Projekte, Minimierung der Summe von Projektverzögerungen gegenüber vorgegebenen Planterminen, Minimierung von Strafkosten als Funktion der Projektverzögerungen). Außerdem wird der Fall des Vorgangssplitting bei Einbeziehung von Unterbrechungskosten behandelt. Der Ansatz ist durch eine besonders effiziente Problemformulierung gekennzeichnet, die mit weniger Binärvariablen auskommt als vergleichbare andere Ansätze.

Zu (h):   *Gewald, Kasper* und *Schelle* [1972] formulieren das Problem in Anlehnung an *Hadley* als ganzzahliges lineares Programm, wobei nur die zeitliche Anpassung (Überstunden) zur Verkürzung der Vorgangsdauern berücksichtigt wird. Für den Fall einer einzigen begrenzten Kapazität wurde ein spezielles enumeratives Verfahren von *Fey* [1963] entwickelt. Der Algorithmus ist eine Verallgemeinerung des *Kelley-Fulkerson*-Verfahrens (vgl. zu (b)).

Allgemein kann zu den genannten exakten Verfahren folgendes festgestellt werden:

— Mit den zu (a) und (b) angegebenen Fluß-Algorithmen lassen sich Lösungen auch für Projekte größeren Umfangs in akzeptabler Rechenzeit gewinnen.

— Soweit nur eine Formulierung als ganzzahliges lineares Programm vorliegt (vgl. zu (e) bis (h)), hängt die Lösungsmöglichkeit von der Effizienz der jeweils angewendeten Algorithmen der ganzzahligen Programmierung ab. Z.Z. können auch mit den effizientesten Verfahren nur Probleme sehr bescheidenen Umfangs exakt in angemessener Rechenzeit gelöst werden.

— Existiert für einen Problemtyp ein spezielles Lösungsverfahren, so ist dieses Verfahren in der Regel einem allgemein anwendbaren Verfahren der ganzzahligen Programmierung überlegen. Besonders „problemangepaßt" sind Verfahren, die unmittelbar von der graphentheoretischen Struktur des Problems Gebrauch machen. Nur solche Verfahren werden in den folgenden Abschnitten behandelt.

— Unter praktischen Gesichtspunkten sind im allgemeinen Branch-and-bound-Verfahren vorzuziehen, weil sie auch zur Gewinnung guter Näherungslösungen eingesetzt werden können.

— Obwohl man für die Problemtypen (c) bis (i) bei Projekten praktischer Größenordnung in der Regel auf Näherungsverfahren angewiesen ist, kann die Entwicklung exakter Verfahren keinesfalls als überflüssig bezeichnet werden. Sie vermitteln oft erst ein Verständnis für die spezielle Problemstruktur und erlauben eine Beurteilung der Güte von Näherungsverfahren. Außerdem läßt sich vielfach aus einem exakten Verfahren ein befriedigendes Näherungsverfahren ableiten (vgl. hierzu *Leifman* [1967,1969]).

3.4.1.4 Näherungsverfahren (Überblick)

Näherungsverfahren wurden bisher vor allem für die Problemtypen (a), (c), (e), (g), (h) und (i) entwickelt (vgl. Abb. 68). Solche Verfahren sind oft auch Bestandteil der von EDV-Herstellern und Beratungsfirmen angebotenen Rechnerprogramme zur Netzplantechnik.

Zu (a): Im Rahmen des PERT-Verfahrens wurde unter der Bezeichnung „PERT-Cost" ein System der Kostenplanung und Kostenkontrolle entworfen, das neben Anweisungen zur Ermittlung von Soll- und Istkosten auch eine Zeit-Kostenoptimierung vorsieht. Hierbei werden diskrete Zeit-Kosten-Punkte für die Vorgänge zugrunde gelegt. Kann ein vorgegebener Projekttermin bei Normaldauern der Vorgänge nicht eingehalten werden, so erfolgt eine Verkürzung kritischer Vorgänge analog dem *Kelley–Fulkerson*-Verfahren. Kriterium für die Auswahl des zu verkürzenden Vorgangs ist die minimale Kostensteigerung (in der folgenden Abbildung die Steigungen der stark ausgezogenen Geraden bei von D^1 bzw. D^2 ausgehenden Verkürzungen). Das Verfahren führt nicht notwendig zu einer optimalen Lösung. Ein ähnlicher Ansatz wird von *Moder* und *Phillips* [1970] beschrieben.

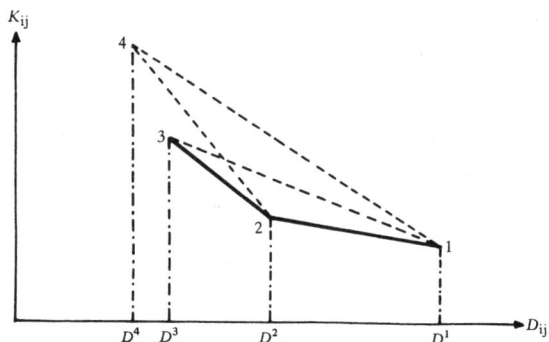

Abb. 70: Verkürzung kritischer Vorgänge beim Verfahren „PERT-Cost"
(vgl. DOD and NASA Guide,[1962,1963]; *Thumb* [1968] S. 223ff.)

Zu (c): Bei diesem Problemtyp (Beschäftigungsglättung, Kapazitätsabgleich, Resource Levelling, Manpower Smoothing) sind die Verfahren darauf gerichtet, durch eine systematische Verschiebung nicht-kritischer Vorgänge innerhalb ihrer Pufferzeiten eine möglichst ausgeglichene Beschäftigung zu erreichen (vgl. Abschnitt 3.4.5.3.2). Die Verfahren unterscheiden sich in den angewendeten Glättungskriterien und Verschiebungsregeln. Als zu minimierende Glättungskriterien werden in erster Linie die Summe der Beschäftigungsquadrate [*Suchowitzki* und *Radtschick*, 1969, S.92–96; *Burgess* und *Killebrew*, 1962; *Baker*, 1966] und das Beschäftigungsmaximum eines Ablaufplans benutzt [*Suchowitzki* und *Radtschick*, 1969, S.97–102; *Levy, Thompson* und *Wiest*, 1962]. Das Verfahren von *Levy, Thompson* und *Wiest* ist auf den Fall einer Mehrprojektplanung zugeschnitten. Da hierbei die Auswahl der zu verschiebenden Vorgänge durch Zufallsziehungen erfolgt, kann mit Hilfe eines Computer-Simulationsprogramms eine größere Anzahl von zulässigen Ablaufplänen erzeugt werden, aus denen der günstigste Plan ausgewählt wird.

Zu (e): Die meisten zu diesem Problemtyp entwickelten Verfahren (Resource Allocation, Resource Scheduling) beruhen auf der Anwendung einfacher Prioritätsregeln zur Festlegung der Reihenfolge von Vorgängen, die aufgrund der Kapazitätsgrenzen nicht parallel durchführbar sind [*Kelley*, 1963; *Verhines*, 1963; *Müller-Merbach*, 1967,1969,1970; *Pascoe*, 1966; *Bosman* und *Oosterhoff*, 1968; *Gonguet*, 1969; *McLead* und *Staffurth*, 1968]. Diese Prioritätsregel-Verfahren werden wegen ihrer praktischen Bedeutung im Abschnitt 3.4.3.3 im einzelnen dargestellt. Daneben existieren einige „suboptimierende" Verfahren, bei denen suboptimale Teilpläne jeweils unter der Voraussetzung bestimmt werden, daß für die noch nicht eingeplanten Vorgänge keine Kapazitätsgrenzen zu beachten sind (*Suchowitzki* und *Radtschick*, [1969], S.67–79; *Leifman* [1968]; *Fehler* [1969]; vgl. auch Abschnitt 3.4.3.3). Das Verfahren von *Leifman* wurde für den Fall der Mehrprojektplanung entwickelt, wobei als Zielfunktion die Minimierung der maximalen Abweichung zwischen vorgegebenen Soll-Terminen und den Ist-Terminen der Einzelprojekte dient. Einfachere Ansätze zur Mehrprojektplanung mit vorgegebenen Projekt-Prioritäten werden von *Frère, Peperstraete* und *Roba* [1969] und *Oshima* [1969] beschrieben. Simulative Lösungsansätze findet man bei *Riester* und *Schwinn* [1970], *Mize* [1964] und *Fendley* [1968]. Computerprogramme werden daneben von der Beratungsfirma SEMA [1968], von Bull-General Electric [vgl. *Combe*, 1969], Siemens [1970] und IBM [1966,1969] angeboten.

Zu (g): Verfahren mit einer Kapazitätsgrenze wurden von *Kelley* [1963] und *Moder* und *Phillips* [1970] entwickelt. Neben einer Variation der Vorgangsdauer kann hierbei auch die Möglichkeit des Vorgangssplitting berücksichtigt werden.

Suboptimierende Verfahren (vgl. zu (e)) mit beliebig vielen Kapazitäten liegen von *Suchowitzki* und *Radtschick* [1969, S.79–88] und *Leifman* [1968] vor.

Zu (h): Zu diesem Problemtyp existieren Ansätze der Mehrprojektplanung von *McGee* und *Markarian* [1962], *Wiest* [1963,1967] und *Fendley* [1968].

Zu (i): Von der Beratungsfirma CEIR Inc. wurde für den Fall der Mehrprojektplanung das Computerprogramm RAMPS entwickelt (Resource Allocation and Multi-Project Scheduling). Hierbei werden Kosten für Normalbeschäftigung und Kosten für Zusatzkapazitäten unterschieden. Außerdem können bei Vorgangssplitting Strafkosten berücksichtigt werden. Die Prioritäten der Einzelprojekte werden durch gewünschte Abschlußtermine und Konventionalstrafen bei Terminüberschreitung bestimmt [*Thumb*, 1968, S.165–173; *Lambourn*, 1963; *Moshman, Johnson* und *Larsen*, 1963; *Boss*, 1966].

Trotz der Vielzahl angebotener Näherungsverfahren zu den Problemen der Kosten- und Beschäftigungsplanung lassen sich z.Z. kaum Aussagen über die Effizienz der verschiedenen Verfahren machen. Ein Effizienzvergleich müßte neben der Güte der Näherungslösungen auch die erforderliche Rechenzeit und den Speicherbedarf umfassen. Allgemein läßt sich lediglich feststellen, daß suboptimierende Verfahren im Durchschnitt bessere Näherungslösungen liefern als einfache Prioritätsregel-Verfahren. Dieser Vorteil muß aber durch höhere Rechenzeiten und größeren Speicherbedarf erkauft werden. Bei simulativen Verfahren nimmt die Güte der Näherungslösung tendenziell mit der Anzahl der erzeugten Ablaufpläne, d.h. mit der Rechenzeit, zu. An Beispiel-Projekten durchgeführte Effizienz-Vergleiche zwischen verschiedenen Prioritätsregel-Verfahren zeigen, daß kein Verfahren eindeutig anderen Verfahren überlegen ist [*Müller-Merbach*, 1967,1970; *Pascoe*, 1966; *Bosman* und *Oosterhoff*, 1968; *Gonguet*, 1969]. Es kann deshalb zweckmäßig sein, unter Anwendung verschiedener Prioritäten mehrere Ablaufpläne zu bestimmen, um dann den jeweils besten Plan auszuwählen.

Zur Beurteilung der kommerziell verfügbaren Computerprogramme ist neben der Verfahrenseffizienz der in Verbindung mit bestimmten EDV-Konfigurationen maximal mögliche Problemumfang von Bedeutung (Anzahl der Vorgänge, Anzahl der Kapazitäten pro Vorgang und Projekt, Anzahl der Projekte bei Mehrprojektplanung, Länge des Planungszeitraums). Vergleichende Darstellungen und Übersichten findet man bei *Chambers* [1968], *Gewald, Kasper* und *Schelle* [1972], *Zimmermann* [1971], *Bubeck* [o.J.], *Pressmar* [1969] und in „Department of Civil Engineering" [1968].

3.4.2 Ermittlung der kostenminimalen Projektdauer bei variablen Vorgangsdauern

3.4.2.1 Problemstellung

Das Problem der Ermittlung einer kostenminimalen Projektdauer ergibt sich bei einem Netzplan, bei welchem

- Vorgänge gegenüber der ursprünglich geplanten Dauer (Normaldauer), z.B. durch Einsatz zusätzlicher Arbeitskräfte oder Betriebsmittel, beschleunigt werden können und dadurch die Projektdauer vermindert werden kann;
- durch die Beschleunigung von Vorgängen gegenüber der Normaldauer zusätzliche Kosten verursacht werden (Beschleunigungskosten der Vorgänge);
- für die normale Projektdauer Kosten bzw. Opportunitätskosten anfallen, die bei einer Verkürzung der Projektdauer abnehmen (Kosten für die Projektverlängerung).

Gesucht wird diejenige Projektdauer (und die zugehörigen Vorgangsdauern), bei der die Summe aus Projekt-Beschleunigungskosten und Kosten für die Projektverlängerung minimal ist. Gegeben sind die Kosten für die Projektverlängerung in Abhängigkeit von der Projektdauer, die Beschleunigungskosten der Vorgänge in Abhängigkeit von der Vorgangsdauer sowie die Mindest- und Normaldauern der Vorgänge. Berechnet werden muß die Projekt-Beschleunigungskostenkurve in Abhängigkeit von der Projektdauer. Verfahren zur Ermittlung der Projekt-Beschleunigungskostenkurve bilden deshalb auch den Kern der Verfahren zur Ermittlung einer kostenminimalen Projektdauer.

Will man ein Projekt gegenüber einer errechneten Dauer (z.B. der Normaldauer) beschleunigen, so müssen kritische Vorgänge verkürzbar sein. Eine Verkürzung der Projektdauer kann erreicht werden, wenn es im Netzwerk der kritischen Vorgänge mindestens einen Schnitt zwischen Quelle (V_s) und Senke (V_z) gibt, dessen Vorgänge veränderbar sind. Sie müssen verkürzbar sein, falls die zugehörigen Pfeile von Y nach $\overline{Y}$ verlaufen ($V_s \in Y$; $V_z \in \overline{Y}$) und verlängerbar, falls die zugehörigen Pfeile von $\overline{Y}$ nach Y verlaufen. Nun will man nicht lediglich eine Verkürzung, sondern eine Verkürzung mit möglichst geringen zusätzlichen Beschleunigungskosten erreichen. Man sucht deshalb jeweils denjenigen Schnitt im Netzwerk der kritischen Vorgänge, für den die Summe der Vorgangsbeschleunigungskosten je Zeiteinheit minimal ist. Die Projektdauer kann durch Veränderung der zu diesem Schnitt gehörenden Vorgänge verkürzt werden, bis entweder ein bisher nicht kritischer Vorgang kritisch wird oder bis ein zu verkürzender Vorgang seine Mindestdauer erreicht hat oder bis ein zu verlängernder Vorgang seine Normaldauer erreicht hat. Hat man einen kostenminimalen Schnitt im Netzwerk der kritischen Vorgänge und die durch Änderung der Vorgänge dieses Schnittes höchstmögliche Verkürzung der Projektdauer bestimmt, so hat man auch ein weiteres Stück der Projekt-Beschleunigungskostenkurve ermittelt. Das Verfahren wird fortgesetzt, bis man die kostenminimale Projektdauer gefunden hat. Sie ist gekennzeichnet durch die Gleichheit von Grenzkosten der Projektbeschleunigung und Grenzkosten der Projektverlängerung.

Zur Bestimmung einer kostenminimalen Projektdauer bei variablen Vorgangsdauern wurden mehrere Verfahren entwickelt. Das bekannteste geht auf *Fulkerson* [1961, S.167] zurück. Es verwendet zur Errechnung der Projekt-Beschleunigungskostenkurve den Markierungsalgorithmus von *Ford-Fulkerson* zur Bestimmung eines maximalen Flusses in einem Kapazitätsnetzwerk. Dieses Verfahren wird im nächsten Abschnitt ausführlich dargestellt.

Von *Müller-Merbach* [1967, S.33] wurde ein Verfahren auf der Grundlage der Linearen Programmierung angegeben. *Pack* [1972, S.499] hat gezeigt, daß man in bestimmten Fällen die Projekt-Beschleunigungskostenkurve auch mit Hilfe der Dynamischen Programmierung ermitteln kann.

3.4.2.2 Lösungsverfahren

Das hier beschriebene Verfahren zur Ermittlung einer kostenminimalen Projektdauer verwendet den Ford-Fulkerson-Algorithmus zur Bestimmung maximaler Flüsse. Es setzt einen linearen Verlauf der Beschleunigungskosten der Vorgänge und einen mit der Projektdauer monoton steigenden Verlauf der Kosten der Projektverlängerung voraus. Allerdings läßt sich durch geringfügige Modifikationen erreichen, daß das Verfahren auch im Falle eines stückweise-linearen, konvexen Verlaufs der Vorgangsbeschleunigungskosten angewendet werden kann [*Fulkerson*, 1961, S.178]. Die Verfahrensdarstellung erfolgt für Vorgangspfeil- bzw. Ereignisknotennetze (z.B. CPM, PERT). Bei Verwendung von Vorgangsknotennetzen (z.B. MPM) sind einige Abwandlungen erforderlich.

Das Verfahren läßt sich in vier Phasen untergliedern.

1. Phase: Es wird geprüft, ob eine Verkürzung der Projektdauer möglich ist. Eine Verkürzung ist nicht möglich, wenn es mindestens einen kritischen Weg zwischen der Quelle v_s und der Senke v_z des Netzes gibt, dessen sämtliche Vorgänge mit ihren Mindestdauern ausgeführt werden. Die Prüfung erfolgt durch Markierung (z-Markierung). Führt ein kritischer, nicht mehr verkürzbarer Weg von v_s zu einem Knoten v_i, so wird v_i markiert. Ist v_z markiert, dann kann die Projektdauer nicht mehr verkürzt werden.

2. Phase: Es werden die zu verkürzenden und die zu verlängernden Vorgänge mit Hilfe des Ford-Fulkerson-Algorithmus (Markierungsverfahren) zur Bestimmung eines maximalen Flusses ermittelt. Man sucht eine Verkürzung der Projektdauer mit minimalen Projekt-Beschleunigungskosten je Zeiteinheit. Die minimalen Projekt-Beschleunigungskosten je Zeiteinheit ergeben sich als Beschleunigungskosten je Zeiteinheit des minimalen Schnittes zwischen $Y(v_s \in Y)$ und $\overline{Y}(v_z \in \overline{Y})$ im Netzwerk der kritischen Vorgänge. Bestimmt man mit Hilfe des Ford-Fulkerson-Algorithmus den maximalen „Kostenfluß" zwischen v_s und v_z im Netzwerk der kritischen Vorgänge, so erhält man die zu verkürzenden und die zu verlängernden Vorgänge als den minimalen Schnitt. Zu verkürzen ist ein Vorgang, sofern sein Pfeil von Y nach $\overline{Y}$ verläuft. Verläuft ein Pfeil von $\overline{Y}$ nach Y, so ist der zugehörige Vorgang zu verlängern.

Bei diesem Vorgehen sind die Vorgangsbeschleunigungskosten je Zeiteinheit als Kapazitätsoberschranken anzusetzen. Ist ein Vorgang nicht verkürzbar, so erhält er die Oberschranke ∞. Da die Beschleunigungskosten je Zeiteinheit den Wert Null nicht unterschreiten können, bildet Null jeweils die Kapazitätsunterschranke.

3. Phase: Es wird errechnet, um wieviele Zeiteinheiten die Projektdauer verkürzt werden kann und wie die Dauern der zu verkürzenden bzw. zu verlängernden Vorgänge geändert werden müssen. Dies geschieht anhand der Gesamtpufferzeiten der Vorgänge. Die Projektdauer kann verkürzt werden, bis ein bisher nicht kritischer Vorgang kritisch wird oder bis bei einem zum minimalen Schnitt gehörenden Vorgang die Mindestdauer (bei Verkürzung) bzw. die Normaldauer (bei Verlängerung) erreicht ist.

4. Phase: Es wird geprüft, ob die kostenminimale Projektdauer bereits erreicht oder unterschritten ist. Die Prüfung erfolgt durch Vergleich der Grenzkosten für die Projektverlängerung bei der zuletzt ermittelten Projektdauer mit den beim letzten Verkürzungsschritt angefallenen Projekt-Beschleunigungskosten je Zeiteinheit. Übersteigen die Projekt-Beschleunigungskosten die Grenzkosten für die Projektverlängerung, so ist die kostenminimale Projektdauer bereits unterschritten. Man kann diese Dauer dann berechnen.

Das Verfahren kann durch sechs Schritte beschrieben werden.

Es seien v_s die Quelle eines Netzwerkes

v_z die Senke eines Netzwerkes

z_i die Verkürzungsmarke des Knotens v_i $(i=1,\ldots,n_v)$

M_i die Kostenmarke des Knotens v_i $(i=1,\ldots,n_v)$

D_{ij}^m die Mindestdauer des Vorganges x_{ij} $(i,j=1,\ldots,n_v)$

D_{ij}^n die Normaldauer des Vorganges $x_{ij}(i,j=1,\ldots,n_v)$

D_{ij}^r die Dauer des Vorgangs $x_{ij}(i,j=1,\ldots,n_v)$ nach Durchführung der r-ten Iteration

k_{ij}' die Kosten für die Verkürzung des Vorganges x_{ij} um eine Zeiteinheit $(i,j=1,\ldots,n_v)$

$f_s(x_{ij})=[0,b_{ij}=k_{ij}']$ die Kapazität des Vorganges $x_{ij}(i,j=1,\ldots,n_v)$

FZ_i^r der früheste Zeitpunkt für v_i nach der r-ten Iteration $(i=1,\ldots,n_v)$

SZ_i^r der späteste Zeitpunkt für v_i nach der r-ten Iteration $(i=1,\ldots,n_v)$

GP_{ij}^{nr} die gesamte Pufferzeit des Vorganges x_{ij} nach r Iterationen bei Normaldauer des Vorganges $(i,j=1,\ldots,n_v)$

GP_{ij}^{mr} die gesamte Pufferzeit des Vorganges x_{ij} nach r Iterationen bei Mindestdauer des Vorganges $(i,j=1,\ldots,n_v)$

GP_{ij}^r die gesamte Pufferzeit des Vorganges x_{ij} nach r Iterationen bei jeweiliger Dauer D_{ij}^r des Vorganges $(i,j=1,\ldots,n_v)$

A^r nach der Ermittlung eines maximalen Flusses in der zweiten Phase nach der r-ten Iteration. Die Menge aller Pfeile (Vorgänge), die von noch markierten zu nicht markierten Knoten führen und nicht kritisch sind.

B^r nach der Ermittlung eines maximalen Flusses in der zweiten Phase nach der r-ten Iteration. Die Menge aller Pfeile (Vorgänge), die von noch markierten zu nicht markierten Knoten führen und kritisch sind.

C^r nach der Ermittlung eines maximalen Flusses in der zweiten Phase nach der r-ten Iteration. Die Menge aller Pfeile (Vorgänge), die von nicht markierten zu markierten Knoten führen und noch verlängert werden können

R^r die Kosten für die Verkürzung der Projektdauer um eine Zeiteinheit nach der r-ten Iteration (Projekt-Beschleunigungskosten je Zeiteinheit).

$K'(FZ_z^r)$ die Grenzkosten für die Projektverlängerung bei der Projektdauer FZ_z^r.

Schritt 0:   a. Setze $r:=0$; $M_s:=[1^+, \infty]$; $z_s:=1$; $z_i:=0 \; \forall \; i \neq s$.

b. Ermittle einen Ausgangsfluß: z.B. $d_{ij}=0 \; \forall \; i,j$.

c. Berechne die FZ_i^0 und SZ_i^0 mit $FZ_s^0 = 0$ und $D_{ij}^n \; \forall \; i,j$.

d. Setze $r:=1$ und gehe nach Schritt 1.

Schritt 1: z-Markierung (1. Phase)[1]

a. Wähle einen markierten Knoten $v_h(z_h=1)$, dessen Nachfolger nicht alle markiert sind.

b. Setze bei allen noch nicht markierten Nachfolgern v_i mit $GP_{hi}^{m\,(r-1)}=0$ die Marke $z_i:=1$.

c. Kann der Endknoten v_z markiert werden, so ist das Verfahren beendet. Die in der $(r-1)$-ten Iteration ermittelte Projektdauer ist die kostenminimale Projektdauer.

---

1) Mit Hilfe der z-Markierung will man nicht weiter verkürzbare Wege zwischen v_s und v_z finden. Der Fluß auf einem solchen Weg hat den Wert ∞. Die M-Marke der Senke v_z ist $M_z:=[\cdot, \infty]$. Demnach kann man auch mit Hilfe der M-Markierung, unter Verzicht auf die z-Markierung, nicht mehr verkürzbare Wege finden [vgl. auch *Fulkerson*, [1961], S. 173].

Kann v_z nicht markiert werden, so fahre mit a. fort, falls es noch mindestens einen Knoten v_h der charakterisierten Art gibt. Sonst gehe nach Schritt 2.

Schritt 2: M-Markierung (2. Phase)

a. Wähle einen markierten Knoten $v_h(M_h = [\cdot, \epsilon_h]$, dessen Vorgänger und Nachfolger nicht alle markiert sind.

b. Setze bei allen noch nicht markierten Nachfolgern

(1) $M_i := [h^+, \epsilon_i := \text{Min}(\epsilon_h, b_{hi} - d_{hi})]$, falls $GP_{hi}^{n(r-1)} \leqslant 0$ (x_{hi} ist kritisch), $GP_{hi}^{m(r-1)} > 0$ (x_{hi} ist verkürzbar) und $b_{hi} > d_{hi}$ (d_{hi} kann nicht erhöht werden).

(2) $M_i := [h^+, \epsilon_h]$, falls $GP_{hi}^{m(r-1)} = 0$ (x_{hi} ist kritisch und nicht mehr verkürzbar).

(3) Keine Marke, falls $GP_{hi}^{(r-1)} > 0$ (x_{hi} ist nicht kritisch) oder $b_{hi} = d_{hi}$ (d_{hi} kann nicht erhöht werden).

c. Setze bei allen noch nicht markierten Vorgängern

(1) $M_i := [h^-, \epsilon_i := \text{Min}(\epsilon_h, d_{ih})]$, falls $GP_{ih}^{n(r-1)} \leqslant 0$ und $d_{ih} > 0$ (d_{ih} kann vermindert werden).

(2) $M_i := [h^-, \epsilon_i := \text{Min}(\epsilon_h, d_{ih} - b_{ih})]$, falls $GP_{ih}^{m(r-1)} = 0$ und $d_{ih} > b_{ih}$.

(3) Keine Marke, falls $GP_{ih}^{(r-1)} > 0$ oder $d_{ih} = 0$ (d_{ih} kann nicht vermindert werden).

d. Kann der Endknoten v_z markiert werden, so gehe nach Schritt 3. Kann der Endknoten v_z nicht markiert werden, so fahre mit a. fort, falls es noch mindestens einen Knoten v_h der charakterisierten Art gibt. Sonst gehe nach Schritt 4.

Schritt 3: Die Marke der Senke ist $M_z = [h^+, \epsilon_z]$. Erhöhe von v_z nach v_s rückwärtsschreitend anhand der M-Marken den Fluß um ϵ_z Einheiten [vgl. Markierungsverfahren S. 62]. Lösche alle M-Marken bis auf M_s und gehe nach Schritt 2.

Schritt 4: Verkürzung (3. Phase)

a. Ermittle A^r, B^r und C^r.

b. Berechne die Verkürzung der Projektdauer

$$\delta^r = \text{Min}\left(\min_{x_{hi} \in A^r} GP_{hi}^{n(r-1)}, \min_{x_{hi} \in B^r} GP_{hi}^{m(r-1)}, \min_{x_{hi} \in C^r} -GP_{hi}^{n(r-1)}\right)$$

c. Berechne die neuen Vorgangsdauern

$$D_{hi}^r = D_{hi}^{(r-1)} - \delta^r \; (x_{hi} \in B^r)$$
$$D_{hi}^r = D_{hi}^{(r-1)} + \delta^r \; (x_{hi} \in C^r)$$

d. Berechne die frühesten und spätesten Zeitpunkte

$FZ_i^r = FZ_i^{r-1}; SZ_i^r = SZ_i^{r-1}$, falls v_i kritisch und M-markiert ist.

$FZ_i^r = FZ_i^{r-1} - \delta^r \; ; SZ_i^r = SZ_i^{r-1} - \delta^r$, falls v_i kritisch und nicht M-markiert ist.

$FZ_i^r \; ; SZ_i^r$, falls v_i nicht kritisch ist (Neuberechnung).

Schritt 5: Optimalitätsprüfung (4. Phase)

a. Berechne die Projekt-Beschleunigungskosten je Zeiteinheit

$$R^r := \sum_{x_{ij} \in B^r} b_{ij} - \sum_{x_{ij} \in C^r} b_{ij} = \sum_{x_{ij} \in B^r} k_{ij}' - \sum_{x_{ij} \in C^r} k_{ij}'$$

b. Lösche alle M-Marken mit Ausnahme von M_s.

c. Berechne die Grenzkosten für die Projektverlängerung $K'(FZ_z^r)$.

d. Ist $K'(FZ_z^0) \leqslant R^1$, so ist FZ_z^0 die kostenminimale Projekt-dauer.

Ist $K'(FZ_z^r) \leqslant R^r$, dann berechne die kostenminimale Projekt-dauer. Ist $K'(FZ_z^r) = \text{const.}$, so ist $FZ_z^{(r-1)}$ die kostenminimale Projektdauer.

Ist $K'(FZ_z^r) > R^r$, dann setze $r := r+1$ und gehe nach Schritt 1.

Beispiel

Für das in Abb. 71 graphisch dargestellte Netzwerk sind die Normaldauern und die Minimaldauern der Vorgänge sowie die Beschleunigungskosten je Zeiteinheit gegeben. Die Kosten für die Projektverlängerung betragen $K = 35 \, FZ_z + 216$.

Gesucht ist die kostenminimale Projektdauer.

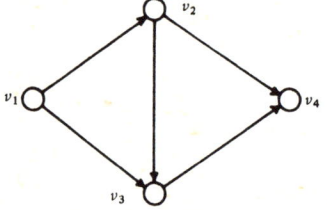

Vorgang	D_{ij}^n	D_{ij}^m	k_{ij}'
12	5	2	20
13	6	6	∞
23	3	0	10
24	5	5	∞
34	4	1	30

Abb. 71: Beispiel zur Ermittlung der kostenminimalen Projektdauer

Lösung:

Schritt 0: $r: = 0$; $M_1: = [1^+, \infty]$; $Z^0 = (1,0,0,0)$

Ereignis i	Vorgang ij	$f_{5_{ij}}$	d^0_{ij}	FZ^0_i	SZ^0_i
1	12	$[0,20]$	0	0	0
2	13	$[0,\infty]$	0	5	5
3	23	$[0,10]$	0	8	8
4	24	$[0,\infty]$	0	12	12
–	34	$[0,30]$	0	–	–

Projektdauer=$FZ^0_4=12$;   Projekt-Beschleunigungskosten   0

Kosten für die Pro-
jektverlängerung   636

Projekt-Gesamt-
kosten   636

$r: = 1$

Schritt 1: $v_h: = v_1$. Eine z-Markierung ist nicht möglich.
$Z^1 = Z^0 = (1,0,0,0)$. Gehe nach Schritt 2.

Schritt 2: $v_h: = v_1$
b.(1) $M_2: = [1^+,20]$

$v_h: = v_2$
b.(1) $M_3: = [2^+,10]$

$v_h: = v_3$
b.(1) $M_4: = [3^+,10]$ Gehe nach Schritt 3.

Schritt 3: $d(x_{34}) = 10$; $d(x_{23}) = 10$; $d(x_{12}) = 10$;
Lösche M_2, M_3, M_4 und gehe nach Schritt 2.

Schritt 2: $v_h: = v_1$
b.(1) $M_2: = [1^+,10]$

$v_h: = v_2$
Eine Markierung von v_2 aus ist nicht möglich.
Gehe nach Schritt 4.

Schritt 4: $A^1 = \{x_{13}, x_{24}\}$; $B^1 = \{x_{23}\}$

δ^1 = Min [Min(2,2); Min(3)] = 2

Ereignis i	Vorgang ij	d_{ij}^1	D_{ij}^1	FZ_i^1	SZ_i^1
1	12	10	5	0	0
2	13	0	6	5	5
3	23	10	1	6	6
4	24	0	5	10	10
–	34	10	4	–	–

Projektdauer $=FZ_4^1=10$;	Projekt-Beschleunigungs-kosten 10 · 2 = 20
	Kosten für die Projekt-verlängerung 566
	Projekt-Gesamtkosten 586

Schritt 5: $R^1 := 10 < 35 =: K'(FZ_4^1)$
Lösche M_2.

r:=2. Gehe nach Schritt 1.

Schritt 1: $v_h := v_1$; $z_3 := 1$

$v_h := v_3$. Eine z-Markierung ist nicht möglich.

Z^2 = (1,0,1,0). Gehe nach Schritt 2.

Schritt 2: $v_h := v_1$
b.(1) $M_2 := [1^+, 10]$
b.(2) $M_3 := [1^+, \infty]$

$v_h := v_2$
b.(2) $M_4 := [2^+, 10]$

Schritt 3: $d(x_{24})$ = 10 ; $d(x_{12})$ = 20.

Lösche M_2, M_3, M_4 und gehe nach Schritt 2.

Schritt 2: $v_h := v_1$
b.(2) $M_3 := [1^+, \infty]$

$v_n := v_3$
b.(1) $M_4 := [3^+, 20]$

Schritt 3: $\quad d(x_{34}) = 30$; $d(x_{13}) = 30$
Lösche M_3, M_4 und gehe nach Schritt 2.

Schritt 2: $\quad v_h := v_1$
b.(2) $\quad M_3 := [1^+, \infty]$

$v_h := v_3$
c.(1) $\quad M_2 := [3^-, 10]$

$v_h := v_2$
b.(2) $\quad M_4 := [2^+, 10]$

Schritt 3: $\quad d(x_{24}) = 20$; $d(x_{23}) = 0$; $d(x_{13}) = 40$
Lösche M_2, M_3, M_4 und gehe nach Schritt 2.

Schritt 2: $\quad v_h := v_1$
b.(2) $\quad M_3 := [1^+, \infty]$

$v_h := v_3$
Eine Markierung von v_3 aus ist nicht möglich.
Gehe nach Schritt 4.

Schritt 4: $\quad A^2 = \emptyset$; $B^2 = \{x_{12}, x_{34}\}$; $C^2 = \{x_{23}\}$

$\delta^2 = \text{Min} [\text{Min} (3,3) ; \text{Min} (2)] = 2$

Ereignis i	Vorgang ij	d_{ij}^2	D_{ij}^2	FZ_i^2	SZ_i^2
1	12	20	3	0	0
2	13	30	6	3	3
3	23	0	3	6	6
4	24	20	5	8	8
–	34	30	2	–	–

Projektdauer = $FZ_4^2 = 8$;	Projekt-Beschleunigungs-kosten $+ \begin{matrix} 2 \cdot 20 \\ 2 \cdot 30 \end{matrix}$	=	100
	Kosten für die Projekt-verlängerung		$\underline{496}$
	Projekt-Gesamtkosten		$\overline{596}$

Schritt 5: $\quad R^2 := 50{-}10 = 40 > 35 =: K'(FZ_4^2)$
Lösche M_3.
Die kostenminimale Projektdauer ist $FZ_4^1 = 10$.

Rechenerfahrungen mit dem dargestellten Verfahren zeigen, daß es bis zu „einigen 100" [*Rinnelt*, 1970, S.69] Vorgängen mit vertretbarem Rechenaufwand eingesetzt werden kann. Die benötigte Rechenzeit ist sehr stark abhängig von der Problemstruktur. Das LP-Verfahren von *Müller-Merbach* erwies sich bei der Untersuchung von *Rinnelt* als etwa gleich effizient.

3.4.3 Ermittlung eines projektdauer-minimalen Ablaufplans bei festen Vorgangsdauern und beschränkten Kapazitäten

3.4.3.1 Problemstellung

Die Minimierung der Projektdauer bei vorgegebenen Kapazitäten kann als ein graphentheoretisches Problem formuliert werden [vgl. *Balas*, 1970]. Zu diesem Zweck wird der Projektablauf durch einen *Vorgangsknoten-Netzplan* dargestellt (vgl. Abschnitt 3.2.3.3). Existiert von einem Knoten v_k zu einem Knoten v_l dieses Netzplans ein Pfeilweg, so können die Vorgänge v_k und v_l wegen logischer oder technologischer Beziehungen nicht zeitlich parallel durchgeführt werden. Eine parallele Einplanung muß aber auch für solche Vorgänge verhindert werden, die dieselbe Kapazitätsart beanspruchen und deren Kapazitätsbedarfssumme größer ist als die verfügbare Kapazität. Das kann durch zusätzliche Pfeile erreicht werden: Für zwei Vorgänge v_i und v_j, die nicht durch einen Pfeilweg verbunden sind, aber dieselbe Kapazitätsart beanspruchen, wird ein sogenanntes *disjunktives Pfeilpaar* eingeführt (vgl. die folgende Abbildung).

Abb. 72: Disjunktives Pfeilpaar

Die Pfeile sind gestrichelt gezeichnet, weil sie keine in jedem Fall notwendige, sondern nur eine mögliche Folgebeziehung zwischen den Vorgängen v_i und v_j herstellen. Da beide Pfeile nicht gleichzeitig existieren können, hat man folgende drei Alternativen:

(1)   Pfeil von v_i nach v_j, d.h. Vorgang v_i wird vor Vorgang v_j durchgeführt;

(2)   Pfeil von v_j nach v_i, d.h. Vorgang v_j wird vor Vorgang v_i durchgeführt;

(3)   kein Pfeil zwischen v_i und v_j, d.h. beide Vorgänge können gleichzeitig durchgeführt werden.

Alternative (3) kommt nur in Betracht, wenn die Kapazität zur gleichzeitigen Durchführung der beiden Vorgänge ausreicht. Ist das der Fall, so kann eine der Alternativen (1) oder (2) nur dann günstiger sein als (3), wenn mindestens noch ein weiterer Vorgang v_k existiert, der dieselbe Kapazität wie v_i und v_j beansprucht, und der Kapazitätsbedarf von v_i, v_j und v_k zusammen größer ist als die verfügbare Kapazität. Das wird in der folgenden Abbildung veranschaulicht.

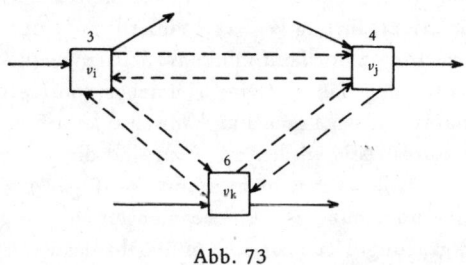

Abb. 73

Die Vorgänge v_i, v_j und v_k sollen 3, 4 bzw. 6 Einheiten derselben Kapazitätsart beanspruchen. Da für die drei Knotenpaare $\{v_i, v_j\}$, $\{v_j, v_k\}$ und $\{v_k, v_i\}$ je drei alternative Beziehungen möglich sind, hat man $3^3 = 27$ alternative Pfeil-Ergänzungen, wenn man die leere Ergänzung (kein zusätzlicher Pfeil) einbezieht. Zu jeder Ergänzung E gehören – u.U. leere – Mengen verbleibender unverbundener Knoten, d.h. Vorgänge, die auch nach der Ergänzung parallel durchführbar sind. Von Interesse sind nur die *maximalen unverbundenen Knotenmengen*, d.h. solche Knotenmengen, die nicht Teilmenge einer anderen unverbundenen Knotenmenge sind. Z.B. gehören zur Ein-Pfeil-Ergänzung $\{x_{ij}\}$ die maximalen unverbundenen Knotenmengen $\{v_i, v_k\}$ und $\{v_k, v_j\}$ und zur Zwei-Pfeil-Ergänzung $\{x_{ij}, x_{jk}\}$ die maximalen unverbundenen Knotenmengen $\{v_i\}$, $\{v_j\}$ und $\{v_k\}$.

Eine Ergänzung E ist *zulässig*, wenn folgende Voraussetzungen erfüllt sind:

1. Die Ergänzung E führt zu keinem Pfeil-Zykel (zykelfreie Ergänzung).

2. Die Summe des Kapazitätsbedarfs (N) für die Vorgangsknoten jeder zugehörigen maximalen unverbundenen Knotenmenge ist für jede Kapazitätsart nicht größer als die verfügbare Kapazität.

Z.B. ist die Drei-Pfeil-Ergänzung $\{x_{ij}, x_{jk}, x_{ki}\}$ nicht zykelfrei und deshalb unzulässig. Beträgt in dem Beispiel die verfügbare Kapazität etwa 14 Einheiten, so sind alle zykelfreien Ergänzungen zulässig, da bereits $N\{v_i, v_j, v_k\} = 3 + 4 + 6 = 13 < 14$ ist.

Da durch jeden zusätzlich in den ursprünglichen Netzplan G eingeführten Pfeil die Projektdauer bestenfalls gleichbleibt, nie aber verkürzt werden kann, sind nur solche zulässigen Ergänzungen von Interesse, die mit möglichst wenigen Pfeilen auskommen. Eine in diesem Sinne *minimal-zulässige Ergänzung* kann wie folgt definiert werden:

Es sei K_E die Menge der durch die Ergänzung E erzeugten zusätzlichen Knotenverbindungen. K_E enthält neben den Pfeilen von E auch indirekte Verbindungen, die durch einen Pfeilweg aus zwei oder mehr Pfeilen hergestellt werden, also z.B. für die Ergänzung $\{x_{ij}, x_{ki}\}$ außer (v_i, v_j) und (v_k, v_i) auch (v_k, v_j). Eine Ergänzung E ist dann minimal-zulässig, wenn keine zulässige Ergänzung E' existiert, so daß $K_{E'}$ eine Teilmenge von K_E ist $(K_{E'} \subset K_E)$. Aus einer minimal-zulässigen Ergänzung kann also kein Pfeil entfernt werden, ohne daß sie unzulässig wird. Außerdem sind die unverbundenen Knotenmengen einer zulässigen, aber nicht minimalen Ergänzung stets Teilmengen der maximalen unverbundenen Knotenmengen einer zugehörigen minimal-zulässigen Ergänzung. Hat man eine minimal-zulässige Ergänzung gefunden, so können also alle Ergänzungen mit zusätzlichen Pfeilen außer Betracht bleiben.

Bei einer Kapazitätsgrenze von 14 Einheiten kann somit der Netzplan G unverändert bleiben, da die leere Ergänzung bereits zulässig ist. Im folgenden sind für das Beispiel die minimal-zulässigen Ergänzungen für die Kapazitätsgrenzen 10, 11, 12 und 13 angegeben.

Kapazitätsgrenze	minimal-zulässige Ergänzungen		
13	1) $\emptyset$;	$\max N = N\{v_i, v_j, v_k\}$	$= 13$
12,11,10	2) x_{ij} ;	$\max N = N\{v_k, v_j\}$	$= 10$
	3) x_{ji} ;	$\max N = N\{v_k, v_j\}$	$= 10$
	4) x_{jk};	$\max N = N\{v_i, v_k\}$	$= 9$
	5) x_{kj};	$\max N = N\{v_i, v_k\}$	$= 9$
	6) x_{ki};	$\max N = N\{v_k, v_j\}$	$= 10$
	7) x_{ik};	$\max N = N\{v_k, v_j\}$	$= 10$
9	4) x_{jk} ;	$\max N = N\{v_i, v_k\}$	$= 9$
	5) x_{kj} ;	$\max N = N\{v_i, v_k\}$	$= 9$
8,7	8) x_{jk}, x_{ki} ;	$\max N = N\{v_k\}$	$= 6$
	9) x_{jk}, x_{ik} ;	$\max N = N\{v_i, v_j\}$	$= 7$
	10) x_{kj}, x_{ki} ;	$\max N = N\{v_i, v_j\}$	$= 7$
	11) x_{kj}, x_{ik} ;	$\max N = N\{v_k\}$	$= 6$

Kapazitätsgrenze	minimal-zulässige Ergänzungen
6	12) x_{ij}, x_{jk} ; max $N = N\{v_k\}$ = 6
	13) x_{ij}, x_{ki} ; max $N = N\{v_k\}$ = 6
	14) x_{ji}, x_{kj} ; max $N = N\{v_k\}$ = 6
	8) x_{jk}, x_{ki} ; max $N = N\{v_k\}$ = 6
	11) x_{kj}, x_{ik} ; max $N = N\{v_k\}$ = 6
	15) x_{ji}, x_{ik} ; max $N = N\{v_k\}$ = 6
5	keine zulässige Ergänzung

Damit überhaupt ein zulässiger Netzplan existiert, muß die verfügbare Kapazität mindestens so groß sein wie das Maximum der Kapazitätsbeanspruchungen der einzelnen Vorgänge. Das ist bei einer Kapazitätsgrenze von 5 Einheiten nicht der Fall.

Das Problem, einen zulässigen Ablaufplan des Projektes mit minimaler Projektdauer zu finden, kann jetzt wie folgt formuliert werden;

G_E bezeichne den Netzplan, der aus dem ursprünglichen Netzplan G durch die Ergänzung E erzeugt wird.

Ein Pfeil x_{ij} in G_E wird mit der Dauer D_i des Vorgangs v_i bewertet.

l_E sei die Länge des kritischen Weges (Projektdauer) in G_E und M_E die Menge minimal-zulässiger Ergänzungen.

Es ist dann eine Ergänzung $\widetilde{E} \in M_E$ zu finden, so daß

$$l_{\widetilde{E}} = \min_{E \in M_E} l_E \, .$$

Das Problem ist somit zurückgeführt auf eine Folge von Problemen der Ermittlung längster Wege in einem Graphen, wie noch an dem bisherigen Beispiel veranschaulicht werden soll.

Es sei angenommen, daß nur die für die Vorgänge v_i, v_j und v_k angegebene Kapazitätsgrenze wirksam ist. Die Dauer von v_i betrage $D_i = 2$, von v_j $D_j = 1$ und von v_k $D_k = 5$ Zeiteinheiten (vgl. die folgende Abbildung).

Um l_E leicht berechnen zu können, ist in jedem Knoten links unten die Länge des längsten Weges bis zu diesem Knoten (d.h. der früheste Anfangszeitpunkt FAZ des Vorgangs) und rechts unten die Länge des längsten Weges von diesem Knoten bis zum Projektende für den ursprünglichen Netzplan G angegeben.

Die Länge des kritischen Weges im Netzplan G betrage 20, so daß von den betrachteten Vorgängen nur v_i kritisch ist, wenn man keine Kapazitätsgrenze berücksichtigt.

Unter den bereits für verschiedene Kapazitätsgrenzen ermittelten minimal-zulässigen Ergänzungen sollen jeweils Ergänzungen gefunden werden, bei denen die Projektdauer minimal wird.

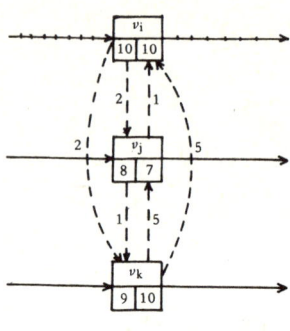

Abb. 74

Hierzu sind für jede geprüfte Ergänzung die Längen zusätzlich erzeugter Wege zu berechnen. In der folgenden Tabelle sind in den Klammern an erster Stelle die bisherige Projektdauer (20) und danach jeweils die Längen der zusätzlich erzeugten Wege angegeben. l_E ist dann das Maximum dieser Zahlen. Ergänzungen, die bei den verschiedenen Kapazitätsgrenzen eine optimale Lösung ergeben, sind mit einem Stern versehen.

Tabelle

Kapazitätsgrenze	geprüfte Ergänzungen E	Projektdauer l_E
13	1)*	$l_E = 20$
12,11,10	2)*	$l_E = \max(20,19) = 20$
	3)*	$l_E = \max(20,19) = 20$
	4)*	$l_E = \max(20,19) = 20$
	5)	$l_E = \max(20,21) = 21$
	6)	$l_E = \max(20,24) = 24$
	7)	$l_E = \max(20,22) = 22$
9	4)*	$l_E = \max(20,19) = 20$
	5)	$l_E = \max(20,21) = 21$
8,7	8)	$l_E = \max(20,19,24,24) = 24$
	9)*	$l_E = \max(20,19,22) = 22$
	10)	$l_E = \max(20,21,24) = 24$
	11)	$l_E = \max(20,22,21,24) = 24$

Kapazitätsgrenze	geprüfte Ergänzungen E	Projektdauer l_E
6	12)	l_E = max (20,19,19,23) = 23
	13)	l_E = max (20,24,19,23) = 24
	14)	l_E = max (20,21,19,25) = 25
	8)	l_E = max (20,19,24,24) = 24
	11)	l_E = max (20,22,21,24) = 24
	15)*	l_E = max (20,19,22,21) = 22

Man erkennt, daß selbst bei einer Beschränkung auf minimal-zulässige Ergänzungen mehrere optimale Lösungen existieren können. So sind bei einer Kapazitätsgrenze von 12, 11 oder 10 Einheiten die Ergänzungen 2) (Vorgang v_i vor Vorgang v_j), 3) (Vorgang v_j vor Vorgang v_i) und 4) (Vorgang v_j vor Vorgang v_k) optimal. In allen drei Fällen ändert sich der kritische Weg nicht, so daß auch die Projektdauer von 20 Zeiteinheiten auf Grund der Kapazitätsgrenzen nicht erhöht zu werden braucht. Die Ergänzung 4) bleibt auch optimal, wenn die Kapazitätsgrenze auf 9 Einheiten sinkt. Eine Änderung des kritischen Weges und eine Erhöhung der Projektdauer auf 22 Zeiteinheiten wird dagegen notwendig, wenn nur 8 oder 7 Kapazitätseinheiten verfügbar sind. Eine optimale Lösung (Ergänzung 9)) besteht in diesem Fall darin, die Vorgänge v_j und v_i vor Vorgang v_k durchzuführen. Die Projektdauer von 22 kann auch eingehalten werden, wenn sich die Kapazitätsgrenze auf 6 Einheiten vermindert. Die Vorgänge sind dann in der Reihenfolge v_j, v_i, v_k (Ergänzung 15)) einzuplanen. Diese Lösung ist auch bei Kapazitätsgrenzen von 8 oder 7 optimal. Die Ergänzung 15) ist dann aber nicht minimal, da die Hintereinanderschaltung der Vorgänge v_j und v_i in diesem Fall eine nicht notwendige Einschränkung darstellt. Hierdurch würden Pufferzeiten „verschenkt", die bei einer minimal-zulässigen Ergänzung so weit wie möglich erhalten bleiben (vgl. die folgenden Abbildungen).

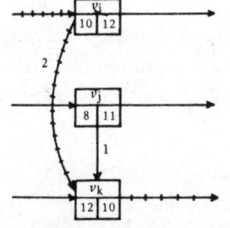

Abb. 75: Netzplan bei Ergänzung 9)

Pufferzeit von Vorgang
v_j : GP_j = 22 −(8+11)
= 3

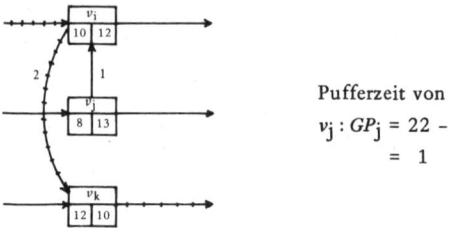

Pufferzeit von Vorgang

$v_j : GP_j = 22 - (8+13)$

$= 1$

Abb. 76:
Netzplan bei
Ergänzung 15)

Bei Ergänzung 9) verbleibt für Vorgang v_j eine Gesamtpufferzeit von 3, bei Ergänzung 15) dagegen nur von 1.

Das bisher nur beispielhaft mit einer Kapazitätsart veranschaulichte Optimierungsproblem soll nun allgemein für eine beliebige Anzahl begrenzter Kapazitätsarten formuliert werden. Jeder Vorgang kann dabei mehrere Kapazitätsarten beanspruchen. Die Kapazitätsgrenzen sind − wie bisher − im Zeitablauf konstant.

Es seien

$G = (V, X)$: der Vorgangsknoten-Netzplan des Projektes ohne Berücksichtigung von Kapazitätsgrenzen mit der Knotenmenge $V = \{v_a, v_1, \ldots, v_m, v_e\}$ (v_a: Anfangsknoten, v_e: Endknoten) und der Pfeilmenge $X \subset V \cdot V$ sowie der Pfeilbewertung (Entfernung) $e_{ij} = D_i$ für $x_{ij} \in X$ (D_i: Dauer des Vorgangs v_i), $D_a = D_e = 0$;

a_{ij} : die Anzahl der Einheiten der Kapazitätsart i, die bei Durchführung des Vorgangs v_j pro Zeiteinheit benötigt werden ($i = 1, \ldots, q; j = 1, \ldots, m$);

b_i : die Anzahl der während der Projektdauer pro Zeiteinheit verfügbaren Einheiten der Kapazitätsart i ($i = 1, \ldots, q$);

W_G : die Menge der geordneten Knotenpaare, die durch einen Pfeilweg in G verbunden sind, d.h.
$W_G := \{(v_j, v_k) : j \neq k; v_j, v_k \in V; v_k \text{ ist in } G \text{ von } v_j \text{ aus erreichbar}\}$;

$\overline{W}_G$: die Menge der in G unverbundenen Knotenpaare, d.h.
$\overline{W}_G := \{(v_j, v_k) : j \neq k; v_j, v_k \in V; (v_j, v_k), (v_k, v_j) \notin W_G$.

Eine Knotenmenge $Y \subset V$ heißt *unverbunden* in G, wenn für je zwei Knoten v_j, $v_k \in Y$ gilt: $(v_j, v_k) \in \overline{W}_G$. Eine Knotenmenge $Y \subset V$ heißt *maximal-unverbunden*, wenn keine unverbundene Knotenmenge $\hat{Y}$ existiert, so daß $Y \subset \hat{Y}$ und $Y \neq \hat{Y}$.

Ein *disjunktives Pfeilpaar* $\{(v_j, v_k), (v_r, v_s)\}$ ist dadurch definiert, daß $k = r$ und $j = s$ sowie (v_j, v_k), $(v_r, v_s) \in \overline{W}_G$.
$\overline{W}_G$ enthält also alle disjunktiven Pfeilpaare.

Eine *Ergänzung* E ist eine Teilmenge von $\overline{W}_G$, die von jedem disjunktiven Pfeilpaar höchstens einen Pfeil enthält, d.h. aus $(v_j, v_k) \in E$ folgt:
$(v_j, v_k) \in \overline{W}_G$ und $(v_k, v_j) \notin E$.
Durch die Ergänzung E wird aus dem Graphen G der Graph $G_E = (V, X_E)$ mit der ursprünglichen Knotenmenge V und der Pfeilmenge $X_E = X \cup E$ erzeugt. Zu jedem Graphen G_E gehören Subgraphen $G_E^i = (V^i, X_E^i)$ mit der Knotenmenge

$$V^i = \{v_j : v_j \in V \text{ und } a_{ij} > 0\} \text{ und der Pfeilmenge}$$

$$X_E^i = \{(v_j, v_k) : (v_j, v_k) \in V^i \cdot V^i, (v_j, v_k) \in X_E\}$$

$$(i = 1, \ldots, q).$$

V^i bezeichnet also die Menge der Knoten von Vorgängen, die die Kapazitätsart i beanspruchen, und X_E^i die Menge der Pfeile zwischen diesen Knoten im Graphen G_E.
Y_E^i sei die Klasse der maximal-unverbundenen Knotenmengen Y in G_E^i und N_E^i der bei einer Ergänzung E maximal mögliche Bedarf an Einheiten der Kapazitätsart i, d.h.

$$N_E^i = \max_{Y \in Y_E^i} \left\{ \sum_{v_j \in Y} a_{ij} \right\} \quad (i = 1, \ldots, q).$$

Eine Ergänzung E ist *zulässig*, wenn gilt:

a. G_E ist zykelfrei.

b. $N_E^i \leqq b_i \quad (i = 1, \ldots, q)$.

Eine Ergänzung E heißt *minimal-zulässig*, wenn gilt:

a. E ist zulässig.

b. $E' = E \setminus \{(v_j, v_k)\}$ ist unzulässig für alle $(v_j, v_k) \in E$.

Das Problem, die Projektdauer bei gegebenen Kapazitätsgrenzen zu minimieren, ist also äquivalent dem Problem, eine Ergänzung E aus der Menge M_E minimal-zulässiger Ergänzungen zu finden, für die gilt: [1]

$$l_E = \min_{E \in M_E} l_E \qquad (l_E : \text{Länge des kritischen Weges in } G_E).$$

3.4.3.2   Exakte Lösungsverfahren

3.4.3.2.1   Vorbemerkungen

Die Lösungsmöglichkeit des oben formulierten Problems hängt bei Netzplänen praktischer Größenordnung von der Anzahl minimal-zulässiger Ergänzungen ab. Es ist deshalb nach zusätzlichen Dominanz-Kriterien zu suchen, mit deren Hilfe die Anzahl der zu überprüfenden Ergänzungen weiter eingeschränkt werden kann. Ein solches Kriterium läßt sich aus den bisher nicht berücksichtigten zeitlichen Restriktionen des Netzplans ableiten. Hierzu sei in einem Graphen G_E ein unverbundenes Knotenpaar $\{v_i, v_j\}$ betrachtet, für das gelten soll: [2]

$$FEZ_i \leqq FAZ_j .$$

Bei Einplanung der Vorgänge v_i und v_j zum frühesten Zeitpunkt tritt eine zeitliche Überlappung nicht auf. Hieraus folgt, daß eine Kapazitätsbeschränkung für solche Vorgänge unbeachtet bleiben kann. Das ist in der folgenden Abbildung veranschaulicht.

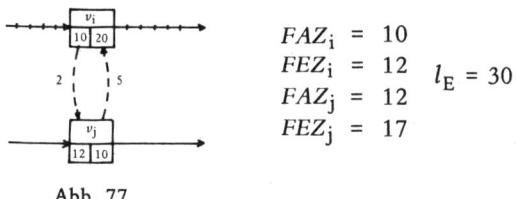

$$FAZ_i = 10$$
$$FEZ_i = 12$$
$$FAZ_j = 12 \qquad l_E = 30$$
$$FEZ_j = 17$$

Abb. 77

---

1) *Balas* nennt den längsten (kritischen) Weg in G_E einen „3-Zustand-minimaximal-Weg", weil für jedes disjunktive Pfeilpaar drei Beziehungen möglich sind [vgl. S. 220; *Balas*, 1970].

2) Die frühesten Endzeitpunkte *FEZ* und frühesten Anfangszeitpunkte *FAZ* beziehen sich im folgenden stets auf den ergänzten Graphen G_E, also nicht auf den ursprünglichen Graphen G.

Die Einführung eines Pfeils x_{ij} ist offenbar überflüssig, da sich hierdurch die frühesten Anfangszeitpunkte der Vorgänge nicht verändern. Dagegen würde sich durch einen Pfeil x_{ji} FAZ_i auf 17 und damit die Projektdauer von bisher 30 auf 37 erhöhen. Ein zusätzlicher Pfeil zwischen den Knoten v_i und v_j kann also nicht zu einer besseren Lösung führen. Hiermit ist natürlich nicht gesagt, daß keine Ergänzung E' mit $l_{E'} < 30$ existiert, für die (v_i, v_j) oder $(v_j, v_i) \in W_E$ ist. [1] Ist E eine minimal–zulässige Ergänzung, so muß aber eine solche Ergänzung E' gegenüber E Richtungsänderungen disjunktiver Pfeile aufweisen, die zu einer Verschiebung der Zeitrelationen zwischen den Vorgängen v_i und v_j führen.

In einer unverbundenen Knotenmenge $Y \{u_1, u_2, \ldots, u_l\}$ gibt es mindestens ein Knotenpaar $\{u_j, u_k\}$ mit $FEZ_i \leqq FAZ_k$, wenn gilt:

$$\min_{j=1,\ldots,l} FEZ_j \leqq \max_{j=1,\ldots,l} FAZ_j \, .$$

Zur Feststellung der Zulässigkeit eines Ablaufplans sind deshalb nur solche maximal-unverbundenen Knotenmengen einer Ergänzung in bezug auf die Kapazitätsgrenzen zu prüfen, die der Bindung $\min FEZ_j > FAZ_j$ genügen. Sind für diese Knotenmengen die Kapazitätsbedingungen erfüllt, so ist der zugehörige Ablaufplan zulässig, wenn der Anfangszeitpunkt AZ_j jedes Vorgangs v_j gleich FAZ_j gesetzt wird. Dagegen ist die Ergänzung nicht in jedem Fall nach der bisherigen Definition zulässig oder sogar minimal-zulässig. Man kann jedoch durch Hinzufügen und Entfernen einzelner Pfeile leicht minimal-zulässige Ergänzungen mit demselben zugehörigen Ablaufplan gewinnen. Die Konstruktion einer minimal-zulässigen Ergänzung E aus einem gegebenen zulässigen Ablaufplan mit $AZ_j = FAZ_j$ ist deshalb von Bedeutung, weil der Netzplan G_E zur Berechnung von Pufferzeiten herangezogen werden kann: Alle Ablaufpläne, die durch Verschiebung der Vorgänge innerhalb ihrer Pufferzeiten aus G_E erzeugt werden, sind zulässig.

Die Überprüfung der Zykelfreiheit kann dann vermieden werden, wenn man jede zusätzliche Ergänzung durch genau einen zusätzlichen Pfeil zwischen unverbundenen Knoten eines zykelfreien Graphen erzeugt. Allgemein gilt:

Ist G_E zykelfrei und $(v_i, v_k) \in \overline{W}_E$, so ist $G_{E'}$ zykelfrei sowohl für $E' = E \cup \{(v_j, v_k)\}$ als auch für $E' = E \cup \{(v_k, v_j)\}$.

---

1) $W_E := W_{G_E}$: Menge der in G_E verbundenen Knotenpaare;
$\overline{W}_E := \overline{W}_{G_E}$: Menge der in G_E unverbundenen Knotenpaare; vgl. S. 226.

Im folgenden wird zunächst ein Branch-and-bound-Verfahren dargestellt, bei dem man eine optimale Lösung mit Hilfe einer begrenzten Enumeration von Ergänzungen bestimmt. Anschließend wird ein Verfahren von *Davis* und *Heidorn* wiedergegeben, das auf sogenannten Stufen-Netzen aufbaut. Das Problem der Minimierung der Projektdauer wird hierbei auf das Problem zurückgeführt, im Stufen-Netz G_S einen vollständigen Weg vom Anfangs- zum Endknoten mit minimaler Länge zu finden. Die Menge aller zulässigen Ablaufpläne wird durch die Menge aller vollständigen Wege in G_S repräsentiert. Nach einem Vergleich der beiden Verfahren wird auf praktisch relevante Problemerweiterungen eingegangen. Hierbei zeigt sich, daß das Verfahren von *Davis* und *Heidorn* vor allem dann angewendet werden sollte, wenn die verfügbaren Kapazitäten im Zeitablauf nicht konstant sind. Bei konstanten Kapazitäten ist dagegen das Verfahren der begrenzten Enumeration von Ergänzungen vorzuziehen. Wie im Abschnitt 3.4.4 gezeigt wird, können Stufen-Netze auch zur Ermittlung kostenminimaler Ablaufpläne eingesetzt werden.

3.4.3.2.2 Verfahren der begrenzten Enumeration von Ergänzungen

Im folgenden Algorithmus wird aus unzulässigen Ablaufplänen durch stufenweises Einführen zusätzlicher Pfeile aus der Menge disjunktiver Pfeilpaare eine Folge zulässiger Ablaufpläne mit monoton abnehmender Projektdauer l_E erzeugt. Die Enumeration zulässiger Ablaufpläne wird dadurch begrenzt, daß die Projektdauer $\bar{l}$ jedes zuletzt erzeugten zulässigen Ablaufplans eine Obergrenze für die minimale Projektdauer $l_{\underset{E}{\sim}}$ darstellt ($l_{\underset{E}{\sim}} \leq \bar{l}$).

Der Algorithmus ist ein spezielles Branch-and-bound-Verfahren, bei dem in jedem Verzweigungspunkt z des Lösungsbaums eine unzulässige Ergänzung E mit $l_E < \bar{l}$ durch einen zusätzlichen Pfeil $x(z) = (v_i, v_j) \in \overline{W}_E$ zu einer Ergänzung $E(z) = E \cup \{x(z)\}$ erweitert wird. Zu Beginn des Verfahrens wird im ersten Verzweigungspunkt $E = \emptyset$, $l_E = l_\phi$ (Länge des kritischen Weges in G) und $\bar{l} = c$ gesetzt. c ist eine Obergrenze für die Projektdauer, z.B.

$$c = \sum_{i=1}^{m} D_i .$$

Die Menge der ergänzten Pfeile auf einem Weg vom ersten Verzweigungspunkt zu einem Punkt z des Lösungsbaums repräsentiert die Ergänzung $E(z) = E \cup \{x(z)\}$. Dann folgt:

1. Ist der zu $E(z)$ gehörende Ablaufplan mit $AZ_i = FAZ_i$ ($i = 1, \ldots, m$) unzulässig und $L_{ij} := l_{ai}^E + D_i + l_{je}^E < \bar{l}$, so erfolgt von $E(z)$ aus eine

weitere Verzweigung. Hierbei bezeichnet l_{ai}^E die Länge des längsten Weges vom Anfangsknoten v_a zum Vorgangsknoten v_i und l_{je}^E die Länge des längsten Weges vom Vorgangsknoten v_j zum Endknoten v_e in G_E. L_{ij} ist also die Länge eines längsten Weges, der über den zusätzlichen Pfeil $x(z) = (v_i, v_j)$ in G_E führt.

2. Liefert $E(z)$ einen zulässigen Ablaufplan mit $L_{ij} < \overline{l}$, so kann $\overline{l} = l_{E(z)}$ (neue Obergrenze) gesetzt werden, und z ist ein Endpunkt des Lösungsbaums.

3. Gilt dagegen $L_{ij} \geq \overline{l}$, so endet der Baum ohne Änderung von $\overline{l}$ mit $E(z)$, da in diesem Fall $E(z)$ keinen besseren Ablaufplan als die bisher beste Ergänzung liefern kann.

4. Von einem Baumende geht man zu dem nächstliegenden Verzweigungspunkt zurück, der noch ungeprüfte Verzweigungsmöglichkeiten enthält, und setzt von hier aus die Erzeugung von Ergänzungen mit zulässigen Ablaufplänen fort.

Das Verfahren wird beendet, wenn alle vom ersten Verzweigungspunkt ($E = \emptyset$) ausgehenden Verzweigungen geprüft sind. Die zuletzt unter 2. erzeugte Ergänzung $\widetilde{E}$ ergibt einen zulässigen Ablaufplan mit der minimalen Projektdauer $l_{\widetilde{E}} = \overline{l}$.

Die Punkte des Lösungsbaums werden im folgenden durch „lexikographisch" geordnete Vektoren $z = (0, z_1, \ldots, z_r)$, $z_i \in \{1, 2, \ldots\}$, mit dem Anfangspunkt $z = (0)$ gekennzeichnet. r entspricht dem Rang des Punktes z im Lösungsbaum. In z wird die Ergänzung E durch ein Knotenpaar $x(z) \in \overline{W}_E$ zu einer Ergänzung

$$E(z) = E \cup \{x(z)\} = \{x((0, z_1)), x((0, z_1, z_2)), \ldots, x((0, z_1, \ldots, z_r))\}$$

$$x((0, z_1, \ldots, z_r)) = x(z)$$

erweitert (vgl. die folgende Abbildung).

Dem Punkt z mit $x(z) = (v_i, v_j)$ wird jeweils der Wert $L(x(z)) = L_{ij}$ zugeordnet. Die Länge des kritischen Weges im Graphen $G_{E(z)}$ beträgt

$$L(z): = l_{E(z)} \equiv \max\{L(0), L(x((0, z_1))), \ldots, L(x((0, z_1, \ldots, z_r)))\}$$
$$= \max\{L((0, z_1, \ldots, z_{r-1})), L(x(z))\},$$

$$l_{E((0))} = l_\emptyset .$$

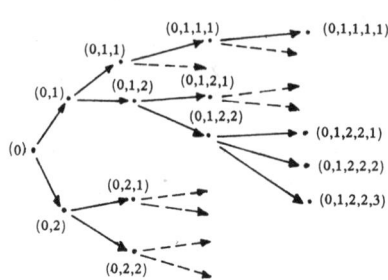

Für $z = (0,1,2,2,3)$ wird
$$E(z) = \{p((0,1)),p((0,1,2)),p((0,1,2,2)),$$
$$p((0,1,2,2,3))\}$$

Abb. 78: Beispiel eines Lösungsbaums

Für jede Ergänzung $E(z)$ mit zugehörigem unzulässigen Ablaufplan sei $\mathcal{L}(z) := [x(z;1),x(z;2),\ldots,x(z;n(z))]$ die Liste der Pfeile, durch die die Ergänzung $E(z)$ jeweils in den Punkten des Lösungsbaums erweitert wird, die auf den Verzweigungspunkt z folgen. Hierbei sei für $z = (0,z_1,\ldots,z_r)$ $x(z;n) := x((0,z_1,\ldots,z_r,n))$.

Zur eindeutigen Beschreibung des Algorithmus ist noch festzulegen, wie die Liste $\mathcal{L}(z)$ zu bestimmen ist; d.h. welche Verzweigungen (alternative Pfeile) in einem Knoten des Lösungsbaums betrachtet werden sollen und in welcher Reihenfolge diese Verzweigungen zu durchlaufen sind. Unter verschiedenen möglichen Varianten wird im folgenden ein Vorgehen gewählt, bei dem in der Regel bereits der zuerst erzeugte zulässige Ablaufplan eine gute Näherungslösung des Problems ergibt. Die Auswahl und Reihenfolge der Verzweigungen wird hierbei durch Prioritätsregeln gesteuert.

Zur Ergänzung $E(z)$ gehört eine Klasse $Y_{E(z)}$ maximal-unverbundener Knotenmengen mit der Eigenschaft, daß für jedes $Y \in Y_{E(z)}$ gilt:

a) Aus $\{v_i,v_j\} \subset Y$ folgt, daß $(v_i,v_j) \in \overline{W}_{E(z)}$.

b) Es gibt keine Menge $Y' \in Y_{E(z)}$ mit $Y \subset Y'$ und $Y' \neq Y$.

c) $N^i(Y) := \sum\limits_{v_j \in Y} a_{ij} > b_i$ für mindestens eine Kapazitätsart $i \in \{1,\ldots,q\}$.

d) $\min\limits_{v_j \in Y} FEZ_j > \max\limits_{v_j \in Y} FAZ_j$ in $G_{E(z)}$

$(FAZ_j := l_{aj}^{E(z)})$.

Aus $Y_{E(z)} = \{Y^1,\ldots,Y^l\}$ wird eine Knotenmenge Y^k mit folgender Eigenschaft ausgewählt:

Sind $y_1^i,y_2^i,\ldots,y_{n_i}^i$ die Elemente von $Y^i \in Y_{E(z)}$ mit $FAZ(y_1^i) \leqq FAZ(y_2^i) \leqq \ldots \leqq FAZ(y_{n_i}^i)$ $(i = 1,\ldots,l)$, so gilt:

a) $FAZ(y_1^k) \leqq FAZ(y_1^i)$ für alle $i = 1, \ldots, l$.

b) Falls für $i = 1, \ldots, l$ gilt $FAZ(y_j^k) = FAZ(y_j^i)$ $(j = 1, \ldots, m)$,

  so ist entweder $m = n_k$ oder $FAZ(y_{m+1}^k) \leqq FAZ(y_{m+1}^i)$.

Die Menge $Y^k \in Y_{E(z)}$ enthält also die Vorgangsknoten mit — nach „lexikographischer" Reihenfolge — minimalen frühesten Anfangszeitpunkten in $G_{E(z)}$.

Es sei X^k die Menge der geordneten Knotenpaare aus Knoten der Menge Y^k, d.h. $X^k = \{(v_i, v_j) : i \neq j; v_i, v_j \in Y^k\}$. Zur Bestimmung der Liste $\mathcal{L}(z)$ kann man dann zwei Fälle unterscheiden:

Fall 1: Es existiert ein Knotenpaar $(v_{\tilde{i}}, v_{\tilde{j}}) \in X^k$ und eine Kapazitätsart $s \in \{1, \ldots, q\}$ mit

$$N_{\tilde{i}\tilde{j}}^s := a_{s\tilde{i}} + a_{s\tilde{j}} > b_s \text{ und}$$

$$L_{\tilde{i}\tilde{j}} \leqq L_{ij} \text{ für alle } (v_i, v_j) \in X^k.$$

Dann sei $n(z) = 2$ (Anzahl der Elemente von $\mathcal{L}(z)$) und $x(z;1) = (v_i, v_j)$ sowie $x(z;2) = (v_j, v_i)$.

Beispiel

Für eine gegebene Ergänzung $E(z)$ sei $Y_{E(z)} = \{\{v_1, v_3, v_7\}, \{v_3, v_4, v_7\}\}$ mit den Daten

$FAZ_1 = 11,$ $\quad D_1 = 5,$ $\quad l_{1e}^{E(z)} = 40,$ $\quad a_{11} = 4,$ $\quad a_{21} = 6,$

$FAZ_3 = 8,$ $\quad D_3 = 8,$ $\quad l_{3e}^{E(z)} = 50,$ $\quad a_{13} = 5,$ $\quad a_{23} = 4,$

$FAZ_4 = 14,$ $\quad D_4 = 6,$ $\quad l_{4e}^{E(z)} = 47,$ $\quad a_{14} = 2,$ $\quad a_{24} = 3,$

$FAZ_7 = 12,$ $\quad D_7 = 4,$ $\quad l_{7e}^{E(z)} = 60,$ $\quad a_{17} = 3,$ $\quad a_{27} = 5,$

$b_1 = 8,$ $\;\; b_2 = 9.$

Nach dem *FAZ*-Kriterium wird zunächst $Y^k = \{v_1, v_3, v_7\}$ ausgewählt. Man bestimmt

$N_{13}^1 = 4 + 5 = 9 > 8; \quad L_{13} = FAZ_1 + D_1 + l_{3e}^{E(z)} = 11 + 5 + 50 = 66 ;$

$L_{31} = 8 + 8 + 40 = 56 \leqq L_{71} = 12 + 4 + 40 = 56 \leqq L_{17} = 11 + 5 + 60 = 76;$

$L_{31} \leqq L_{73} = 12 + 4 + 50 = 66 \leqq L_{37} = 8 + 8 + 60 = 76.$

Somit ist $\mathcal{L}(z) = [x(z;1) = (v_3, v_1), x(z;2) = (v_1, v_3)]$.

Fall 2:   Existiert kein Knotenpaar der im Fall 1 definierten Art, so wird
$\mathcal{L}(z) = X^k$ gesetzt, so daß $n(z) = |Y^k| \cdot (|Y^k| - 1)$. Die Knotenpaare $x(z;n) \in \mathcal{L}(z)$ $(n = 1, \ldots, n(z))$ werden so numeriert, daß
$L(x(z;n_1)) \leqq L(x(z;n_2))$, wenn $n_1 \leqq n_2$.

Beispiel

Bei sonst gleichen Daten wie im vorhergehenden Beispiel sei jetzt $b_1 = 9$
und $b_2 = 11$, so daß ein Knotenpaar (v_i, v_j) wie im Fall 1 nicht existiert.
Mit $Y^k = \{v_1, v_3, v_7\}$ erhält man die Liste

$$\mathcal{L}(z) = [x(z;1)=(v_3,v_1), \ x(z;2)=(v_7,v_1), \ x(z;3)=(v_1,v_3),$$
$$x(z;4)=(v_7,v_3), \ x(z;5)=(v_1,v_7), \ x(z;6)=(v_3,v_7)] \quad \text{mit}$$

$$L_{31} = L_{71} = 56, \quad L_{13} = L_{73} = 66, \quad L_{17} = L_{37} = 76.$$

Beträgt z.B. die Obergrenze $\overline{l} = 60$, so können die Verzweigungen $x(z;n)$,
$n = 3,4,5,6$, eliminiert werden (Baum-Ende). Als nächster Verzweigungspunkt
wird die Ergänzung $E' = E \cup \{(v_3, v_1)\}$ betrachtet.

Um zu gewährleisten, daß jede Ergänzung nur einmal erzeugt wird, kann
man für $z = (0, z_1, \ldots, z_r)$ statt der Menge X^k von Knotenpaaren eine Teilmenge $\hat{X}^k := X^k \setminus \hat{X}(z)$ verwenden, wobei

$$\hat{X}(z): \ = \ \{x((0, \hat{z}_1, \ldots, \hat{z}_{\hat{r}})): 1 \leqq \hat{r} \leqq r, \hat{z}_k \leqq z_k \ (k = 1, \ldots, \hat{r}-1), \hat{z}_{\hat{r}} < z_r\}$$

$$\equiv \ \{x((0,1)), \ldots, x((0, z_1-1)), x((0, z_1, 1)), \ldots, x((0, z_1, z_2-1)),$$

$$x((0, z_1, \ldots, z_{r-1}, 1)), \ldots, x((0, z_1, z_2, \ldots, z_{r-1}, z_r-1)),$$

Das erläuterte Verfahren kann exakt wie folgt beschrieben werden (vgl. das
Ablaufdiagramm der Abbildung 79):

Schritt 1:   Setze $\overline{l} := c \ (:= \sum_{i=1}^{m} D_i)$; $r := 0$; $z := (0)$; $E(z) := \emptyset$;
$$L(z) : \ = \ l_{E(z)} = l_{ae}^E .$$

Schritt 2:   Bestimme die Liste $\mathcal{L}(z) := [x(z;n), n = 1, \ldots, n(z)]$.
Falls $\mathcal{L}(z) = \emptyset$ $(n(z) = 0)$, so setze $\overline{l} := L(z)$, $r := r - 1$, und
gehe nach 4.
Setze $z_{r+1} := 1$.

Schritt 3:   Setze $r := r + 1$, $z := (0, z_1, \ldots, z_r)$, und bilde die Ergänzung
$E(z) := E((0, z_1, \ldots, z_{r-1})) \cup \{x(z)\}$.
Setze $L(z) := \max \{L((0, z_1, \ldots, z_{r-1})), L(x(z))\}$.

Falls $L(z) < \bar{l}$, so gehe nach 2.

Setze $r := r - 1$.

Schritt 4:   Setze $r := r - 1$.

Falls $r < 0$, so endet das Verfahren. Die zuletzt erzeugte Ergänzung $E(z)$ liefert einen optimalen Ablaufplan mit der Projektdauer $l_{E(z)}$.

Setze $z := (0, z_1, \ldots, z_r)$.

Schritt 5:   Falls $z_{r+1} = n(z)$, so gehe nach 4.

Setze $z_{r+1} := z_{r+1} + 1$ und gehe nach 3.

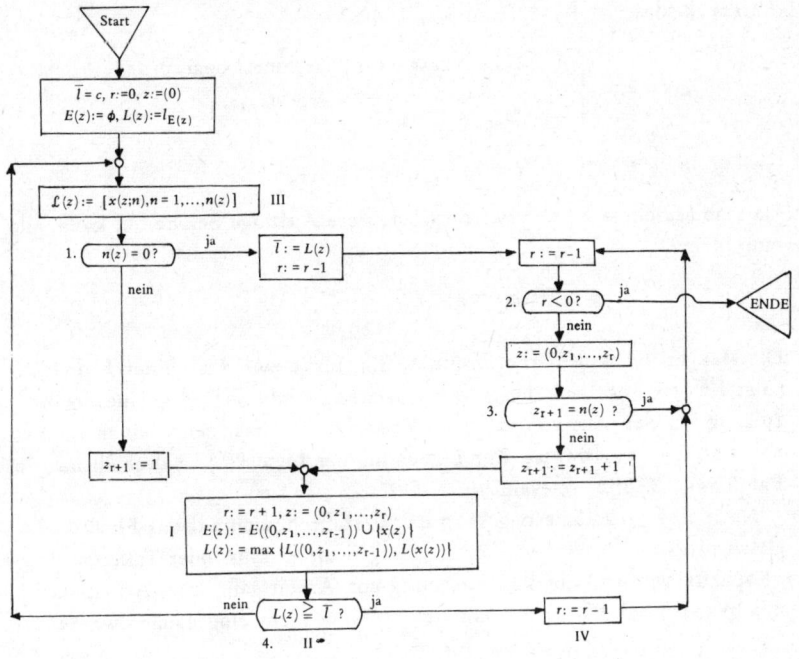

Abb. 79: Ablaufdiagramm des Algorithmus

Im Teil I des Ablaufdiagramms werden die Ergänzungen $E(z)$ konstruiert. Wenn durch die Abfrage II nicht ausgeschlossen wird, daß aus der Ergänzung $E(z)$ ein zulässiger Ablaufplan mit einer Projektdauer $< \bar{l}$ entwickelt werden kann ($L(z) < \bar{l}$), bestimmt man im Teil III die Liste $\mathcal{L}(z)$ der auf z folgenden Pfeile; es sei denn, der zu $E(z)$ gehörende Ablaufplan ist bereits zulässig. Falls in Abfrage II $L(z) \geqq \overline{l}$ festgestellt wird, können aufgrund der Reihenfolge der Pfeile $x(z;n)$ in der Liste $\mathcal{L}(z)$ die zu den restlichen Pfeilen $x(z;n)$ gehörigen Punkte des Lösungsbaums übersprungen werden (in Teil IV $r:= r - 1$).

Das Maschinenbelegungsproblem stellt einen Spezialfall des Netzplanproblems bei beschränkten Kapazitäten dar, so daß der dargestellte Algorithmus ohne weiteres hierauf anwendbar ist. Bei diesem Problem sind die Arbeitsgänge von n Aufträgen bei gegebener Maschinenfolge so auf q Maschinen einzuplanen, daß die gesamte Fertigstellungszeit der Aufträge (Durchlaufzeit) minimal wird. Ordnet man den Arbeitsgängen Knoten eines Graphen G zu, so entspricht jedem Auftrag ein Pfeilweg von v_a nach v_e in G. Die Spezialisierung gegenüber dem allgemeinen Netzplanproblem kommt darin zum Ausdruck, daß

$$a_{ij} = \begin{cases} 1 & \text{falls Auftrag } j \text{ die Maschine } i \text{ beansprucht} \\ 0 & \text{sonst} \end{cases}$$

$$b_i = 1 \qquad (i = 1,\ldots,q; j = 1,\ldots,n).$$

Da eine Maschine nicht gleichzeitig mehrere Aufträge bearbeiten kann, gilt außerdem

$$\sum_{i=1}^{q} a_{ij} = 1.$$

Die Mengen V^i sind hierbei disjunkt, d.h. für je zwei Maschinen k und j folgt $V^k \cap V^j = \emptyset$. Aus dieser Spezialisierung ergibt sich, daß eine Ergänzung zulässig ist, wenn sie von jedem disjunktiven Pfeilpaar genau einen Pfeil enthält und G_E zykelfrei ist. Zur Erzeugung der Liste $\mathcal{L}(z)$ ist deshalb nur der Fall 1 (vgl. S. 233) relevant.

Nach einer Modifizierung kann das Verfahren auch auf das Fließbandausgleichsproblem angewendet werden, wobei die Zyklus- oder Taktzeit als „Kapazitätsgrenze" für die Zuordnung von Arbeitsgängen zu Arbeitsstationen gedeutet wird. Auf Einzelheiten soll hier nicht eingegangen werden.

Beispiel

Formulierung des Problems:

Gegeben sei folgender Vorgangsknoten-Netzplan mit disjunktiven Pfeilpaaren zwischen kapazitätsbeanspruchenden Vorgängen:

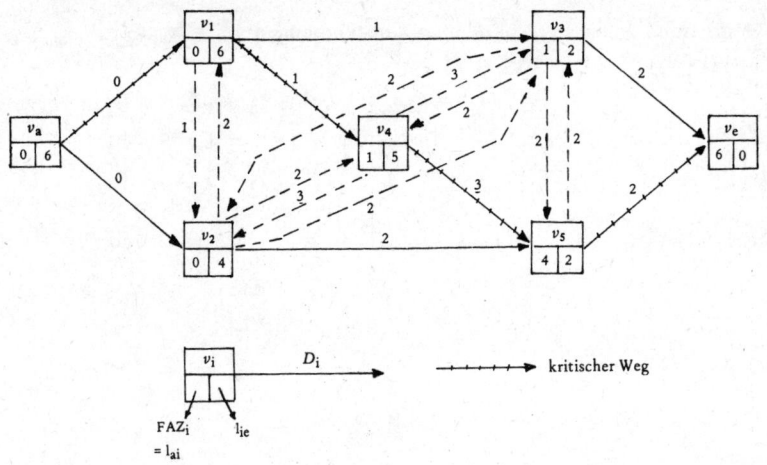

Abb. 80: Vorgangsknoten-Netzplan mit disjunktiven Pfeilpaaren

Der Kapazitätsbedarf (a_{ij}) und die verfügbaren Kapazitäten (b_i) sowie die Vorgangsdauern (D_j) betragen:

Vorgänge	Kapazitäten			Vorgangsdauern
v_j	1	2	3	D_j
v_1	2	2	1	1
v_2	–	2	1	2
v_3	3	3	3	2
v_4	2	1	3	3
v_5	1	1	–	2
verfügbare Kapazitäten b_i	5	5	3	

Es ist ein Ablaufplan des Projektes mit minimaler Projektdauer zu finden.

Lösung:
Nach dem Ablaufdiagramm der Abbildung 79 erhält man eine optimale Lösung in folgenden Schritten:

Start: $\bar{l} := c := \sum_{i=1}^{5} D_i = 10$; $r := 0$; $z := (0)$; $E((0)) := \emptyset$; $L((0)) := 6$.

Für die maximalen unverbundenen Knotenmengen $Y^1 = \{v_1, v_2\}$,
$Y^2 = \{v_2, v_3, v_4\}$, $Y^3 = \{v_3, v_5\}$ folgt:

$$N^1(Y^1) = 2 \leqq 5, \qquad N^1(Y^2) = 5 \leqq 5, \qquad N^1(Y^3) = 4 \leqq 5 = b_1$$
$$N^2(Y^1) = 4 \leqq 5, \qquad N^2(Y^2) = 6 > 5, \qquad N^2(Y^3) = 4 \leqq 5 = b_2$$
$$N^3(Y^1) = 2 \leqq 3, \qquad N^3(Y^2) = 7 > 3, \qquad N^3(Y^3) = 3 \leqq 3 = b_3.$$

Mit $FAZ_2 = 0$, $FAZ_3 = FAZ_4 = 1$, $FEZ_2 = 2$, $FEZ_3 = 3$ und $FEZ_4 = 4$

gilt: $\min\limits_{j=2,3,4} FEZ_j = 2 > \max\limits_{j=2,3,4} FAZ_j = 1$, so daß

$$Y_{E((0))} = \{\{v_2, v_3, v_4\}\}; \quad Y^k = \{v_2, v_3, v_4\};$$

$$X^k = \{(v_2, v_3), (v_3, v_2), (v_2, v_4), (v_4, v_2), (v_3, v_4), (v_4, v_3)\}.$$

Man bestimmt:

(i,j)	$(2,3)$	$(3,2)$	$(2,4)$	$(4,2)$	$(3,4)$	$(4,3)$
N_{ij}^1	3	3	2	2	5	5
N_{ij}^2	5	5	3	3	4	4
N_{ij}^3	4	4	4	4	6	6
L_{ij}	4	7	7	8	8	6

Somit hat man die Liste

$$\mathcal{L}((0)) = [x((0,1)) = (v_2, v_3), x((0,2)) = (v_3, v_2)].$$

Abfrage 1: $n((0)) = 2 > 0$.

$z_1 := 1$; $r := 1$; $z := (0,1)$; $E((0,1)) := E((0)) \cup \{x((0,1))\} = \{(v_2, v_3)\}$;
$L((0,1)) = \max \{L((0)), L(x((0,1)))\} = \max \{6,4\} = 6$.

Abfrage 4: $L((0,1)) = 6 < \bar{l} = 10$.

$Y_{E((0,1))} = \{\{v_2, v_4\}, \{v_3, v_4\}\}$; $FAZ_2 = 0 < FAZ_4 = 1 < FAZ_3 = 2$;
$Y^k = \{v_2, v_4\}$; $X^k = \{(v_2, v_4), (v_4, v_2)\}$; $L_{24} = 7 \leqq L_{42} = 8$.
Hiermit erhält man die Liste

$$\mathcal{L}((0,1)) = [x((0,1,1)) = (v_2, v_4), x((0,1,2)) = (v_4, v_2)].$$

Abfrage 1: $n((0,1)) = 2 > 0$.

$z_2 := 1$; $r := 2$; $z := (0,1,1)$; $E((0,1,1)) := \{(v_2,v_3),(v_2,v_4)\}$;

$L((0,1,1)) = 7$.

Abfrage 4: $L((0,1,1)) = 7 < \overline{l} = 10$.

$Y_{E((0,1,1))} = \{\{v_3,v_4\}\}$; $Y^k = \{v_3,v_4\}$; $X^k = \{(v_3,v_4),(v_4,v_3)\}$;

$L_{34} = 9 > L_{43} = 6$.

Es folgt die Liste

$\mathcal{L}((0,1,1)) = [x((0,1,1,1)) = (v_4,v_3), x((0,1,1,2)) = (v_3,v_4)]$

Abfrage 1: $n((0,1,1)) = 2 > 0$.

$z_3 := 1$; $r := 3$; $z := (0,1,1,1)$; $E((0,1,1,1)) := \{(v_2,v_3),(v_2,v_4),(v_4,v_3)\}$;

$L((0,1,1,1)) = 7$.

Abfrage 4: $L((0,1,1,1)) = 7 < \overline{l} = 10$.

$Y_{E((0,1,1,1))} = \emptyset$.

Abfrage 1: $n((0,1,1,1)) = 0$; $\overline{l} := L((0,1,1,1)) = 7$; $r := 2$; $r := 1$.

Abfrage 2: $r = 1 > 0$; $z := (0,1)$.

Abfrage 3: $z_2 = 1 < n((0,1)) = 2$.

$z_2 := 2$; $r := 2$; $z := (0,1,2)$; $E((0,1,2)) := \{(v_2,v_3),(v_4,v_2)\}$;

$L((0,1,2)) = 8$.

Abfrage 4: $L((0,1,2)) = 8 \geqq \overline{l} = 7$; $r := 1$; $r := 0$.

Abfrage 2: $r = 0 \geqq 0$; $z := (0)$.

Abfrage 3: $z_1 = 1 < n((0)) = 2$.

$z_1 := 2$; $r := 1$; $z := .(0,2)$; $E((0,2)) := \{(v_3,v_2)\}$; $L((0,2)) = 7$.

Abfrage 4: $L((0,2)) = 7 \geqq \overline{l} = 7$; $r := 0$; $r := -1$.

Abfrage 2: $r = -1 < 0$; **Ende.**

Die Ergänzung $E((0,1,1,1)) = \{(v_2,v_3),(v_2,v_4),(v_4,v_3)\}$ liefert somit einen optimalen Ablaufplan mit $FAZ_1 = FAZ_2 = 0$, $FAZ_4 = 2$, $FAZ_3 = FAZ_5 = 5$ und der minimalen Projektdauer $L((0,1,1,1)) = 7$ (vgl. auch den Lösungsbaum der folgenden Abbildung).

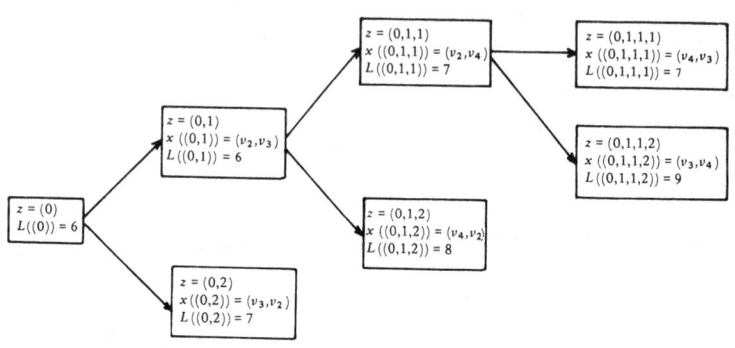

Abb. 81: Lösungsbaum des Beispiels

Der Pfeil (v_2,v_3) wird durch den Pfeil (v_4,v_3) offenbar überflüssig. Man überprüft leicht, daß die zur optimalen Lösung gehörende Ergänzung $\widetilde{E} = \{(v_2,v_4), (v_4,v_3)\}$ minimal-zulässig ist, also zur Berechnung von Pufferzeiten herangezogen werden kann (vgl. die folgende Abbildung).

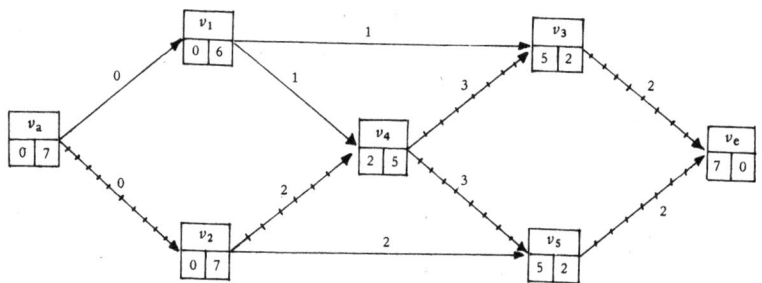

Abb. 82: Graph $G_{\widetilde{E}}$ für die optimale Lösung des Beispiels

Man erkennt, daß nur der Vorgang v_1 eine Pufferzeit größer als 0 besitzt ($GP_1 = 1$). In der folgenden Abbildung sind die Belastungsdiagramme für die beiden optimalen Ablaufpläne mit $AZ_1 = 0$ und $AZ_1 = 1$ wiedergegeben.

Im Graphen G_E existieren zwei kritische Vorgangsfolgen: (v_2,v_4,v_3) und (v_2,v_4,v_5). Die erste Folge enthält nur kapazitätsbedingte Pfeile, während die zweite Folge aus dem kapazitätsbedingten Pfeil (v_2,v_4) und dem „technologischen" Pfeil (v_4, v_5) besteht (vgl. zu Pufferzeiten und kritischen Vorgangsfolgen in kapazitätsbeschränkten Netzplänen auch *Wiest* [1964]).

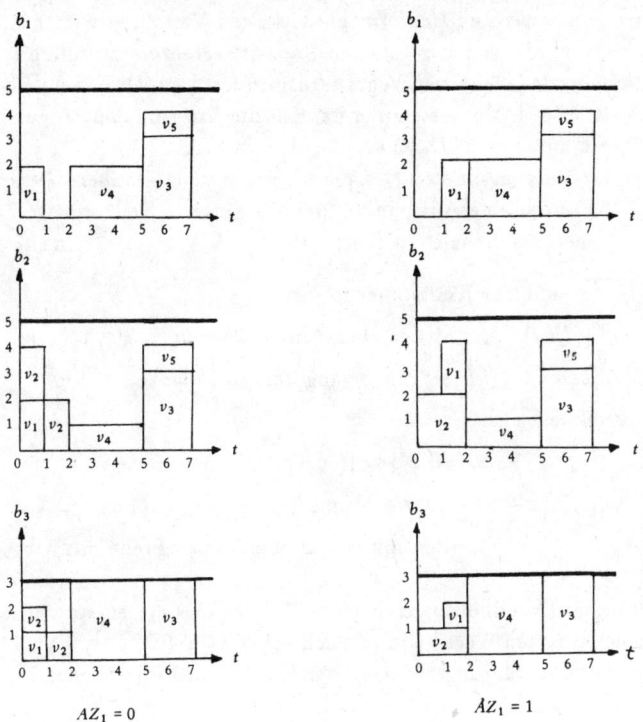

Abb. 83: Belastungsdiagramme für die optimalen Ablaufpläne des Beispiels

Es ist noch darauf hinzuweisen, daß das Problem im allgemeinen mehrere optimale Lösungen mit jeweils unterschiedlichen minimal-zulässigen Ergänzungen besitzt. Interessiert man sich für alle optimalen Lösungen, so ist in der Abfrage 4 des Ablaufdiagramms $(L(z) \gtreqless \bar{l})$ das Gleichheitszeichen wegzulassen. Es werden dann auch solche Ergänzungen erzeugt, die zu zulässigen Ablaufplänen mit der gleichen Projektdauer führen wie die beste zuvor erzeugte Ergänzung. Liegen mehrere optimale Netzpläne $G_{\widetilde{E}}$ vor, so können als zusätzliche Auswahlkriterien die Art der Belastungsverläufe und Pufferzeiten herangezogen werden.

3.4.3.2.3 Verfahren auf der Grundlage von Stufen-Netzen

a. Formulierung des Problems mit Hilfe von Stufen-Netzen

Bei einem von *Davis* und *Heidorn* entwickelten Verfahren wird das Problem, die Projektdauer bei gegebenen Kapazitätsgrenzen zu minimieren, in ein Problem des kürzesten Weges transformiert [vgl. *Davis* und *Heidorn*, 1971; *Davis*, 1968]. Voraussetzung ist, daß die Vorgangsdauern nur ganzzahlige Werte annehmen ($D_k \in \{1,2,\ldots\}$, $k = 1,\ldots,m$).

G^1 sei der Vorgangsknoten-Netzplan, der aus dem Graphen $G = (V,X)$ (vgl. S. 226) durch eine Aufspaltung der Vorgänge in Teilvorgänge mit der Dauer einer Zeiteinheit entsteht:

$G^1 = (\overline{V}, \overline{X})$ mit der Knotenmenge

$\overline{V} = M \cup \{v_a, v_e\}$, M : Menge aller Teilvorgänge v_{kl}, $k = 1,\ldots,m$,

$l = 1,\ldots,D_k$ (v_{kl}: l-ter Teilvorgang des Vorgangs v_k) ,

und der Pfeilmenge

$\overline{X} = \widetilde{X} \cup \{(v_a,v_{k1}) : x_{ak} \in X\} \cup \{(v_{k,D_k}, v_e) : x_{ke} \in X\}$,

$\widetilde{X} = \{(v_{kl},v_{rs}) : s = l+1$ für $r = k$ und $l < D_k$, $s = 1$ für $x_{kr} \in X$.

Alle Pfeile (v_{k,D_k},v_e) werden mit 0 und alle übrigen Pfeile mit 1 bewertet.

Die früheste Durchführungszeit eines Teilvorgangs v_{kl} entspricht der Länge eines längsten Weges von v_a nach v_{kl} in G^1 : $FDZ_{kl} = l_{a,kl}$. Für die späteste Durchführungszeit ergibt sich bei einer Projektdauer T: $SDZ_{kl} = T - l_{kl,e}$.

Das *Stufen-Netz* $G_{S_S} = (V_S, X_S)$ ist nun dadurch gekennzeichnet, daß seinen Knoten $v_j \in V_S$ partiell geordnete Teilmengen $S_j \subset M$ ($j = 0,1,\ldots,z$; $S_0 = \emptyset$, $S_z = M$) mit folgenden Eigenschaften zugeordnet sind:

a. S_i ist eine echte Teilmenge von S_j ($S_i \subset S_j$, $S_i \neq S_j$), wenn $i < j$.

b. Aus $v_{kl} \in S_j$ folgt, daß die Menge der Vorgänger von v_{kl} in G^1 eine Teilmenge von S_j ist.

Entfernt man in G^1 alle Knoten $v_{kl} \in S_j$ sowie die Eingangspfeile dieser Knoten, so erhält man einen zusammenhängenden Subgraphen G_j von G^1 mit dem Anfangsknoten v_a.

Es sei Γ_{kl} die Menge der Vorgänger von v_{kl} in $G^1, r(S_j)$ die Stufe von S_j (bzw. von $v_j^s \in V_S$) und $F(S_j)$ die Menge der (unmittelbaren) Nachfolger von S_j:

$$r(S_0) = 0, r(S_j) = \max_{v_{kl} \in S_j} l_{a,kl} \quad (j = 1, \dots, z),$$

$$F(S_j) = \{v_{kl} : v_{kl} \in M, v_{kl} \notin S_j, \Gamma_{kl} \subset S_j\}.$$

$r(S_j)$ gibt die Länge eines längsten Weges in G_j an (frühester Abschluß-zeitpunkt des Teil-Projektes, wenn alle Teilvorgänge aus S_j zur Zeit FDZ durchgeführt werden). $F(S_j)$ bezeichnet die Menge der Teilvorgänge, die unmittelbar nach Abschluß aller Teilvorgänge aus S_j durchführbar sind.

Die Gesamtheit der Mengen S_j (und damit die Menge V_S der Knoten von G_S) kann für aufeinanderfolgende Stufen $r = 1, 2, \dots, l_{ae}$ nach folgenden Verfahren bestimmt werden, wobei durch eine Markierung von Teilvorgängen (Teilvorgänge der Liste MA) gewährleistet ist, daß jede Menge S_j nur einmal erzeugt wird [*Held* und *Karp*, 1962; *Gutjahr* und *Nemhauser*, 1964]:

Schritt 1: Setze $k := 0$, $b := 0$, $j := 0$, $c := 0$;
$S_j := \emptyset$, $A := \emptyset$, $MA := \emptyset$, $r(S_j) := 0$.

Schritt 2: Setze $k := k + 1$.

Schritt 3: Bestimme die Menge der unmarkierten Nachfolger von S_b, d.h. $UF(S_b) := F(S_b) \setminus MA$.
Falls $UF(S_b) = \emptyset$, so gehe nach 4.
Bilde alle Teilmengen $U_i \subset UF(S_b)$, $i = 1, \dots, n(b)$,
mit $U_s \subset U_t$, wenn $s < t$. Setze für $i = 1, \dots, n(b)$
$S_{j+i} := S_b \cup U_i$, $r(S_{j+i}) := k$, $A := A \cup U_i$.
Setze $j := j + n(b)$.

Schritt 4: Falls $b < c - 1$, so setze $b := b + 1$ und gehe nach 3.
Falls $b < j$, so setze $b := c$, $c := j + 1$, $MA := A$
und gehe nach 2.
Ende.

Die Menge der Pfeile X_S von G_S wird sowohl durch die Vorgängerbeziehungen in G^1 als auch durch die Kapazitätsrestriktionen festgelegt.

Es sei $N(S_j) = (N^1(S_j), N^2(S_j), \dots, N^q(S_j))$; $N^i(S_j) = \sum_{v_{kl} \in S_j} a_{i,kl}$;

$a_{i,kl}$: Bedarf des Teilvorgangs v_{kl} an Einheiten der Kapazitätsart
i $(i = 1, \dots, q)$.

Die Pfeilmenge X_S von G_S ist dann wie folgt definiert:
$x^s_{hj} \in X_S$ mit $v^s_h, v^s_j \in V_S$, wenn gilt:

a1) $S_h \subset S_j$.

a2)   Aus $v_{kl} \in S_j$ und $v_{k'l'} \in \Gamma_{kl}$ folgt, daß $v_{k'l'} \in S_h$.

b)   Aus $v_{kl} \in S_h$ und $l < D_k$ folgt, daß $v_{k,l+1} \in S_j$.

c) $N(S_j) - N(S_h) \leqq b = (b_1, \ldots, b_q)$.

Jeder Pfeil $x^s_{hj} \in X_S$ wird mit 1 bewertet.

Ein Pfeil $x^s_{hj} \in X_S$ bedeutet, daß nach Abschluß aller Teilvorgänge aus S_h bis zur Zeiteinheit t die Teilvorgänge der Menge $S_j \setminus S_h$ in der Zeiteinheit $t + 1$ durchgeführt werden können. Die Bedingungen a) sichern die Einhaltung der Vorgänger-Relationen. Die Bedingung b) verhindert die Unterbrechung von Vorgängen. Die Bedingung c) garantiert die Einhaltung der Kapazitätsbeschränkungen.

Für das Stufen-Netz G_S lassen sich folgende Eigenschaften ableiten:

1. G_S besitzt genau einen Endknoten v^s_z mit $S_z = M$ und $r(S_z) = l_{ae}$ in G^1.

2. Sei für $v^s_b \in V_S$ $r(S_b) = k$ und v^s_1 der erste von v^s_b erzeugte Knoten mit $S_1 = S_b \cup U_1$ und $r(S_1) = k + 1$. Dann folgt aus $x^s_{bj} \in X_S$ entweder $r(S_j) = k, j > b$, oder $r(S_j) = k + 1, j \geqq l > b$. Pfeile in G_S können also nur zwischen Knoten derselben oder benachbarter Stufen existieren.

3. Sei $DZ(S_j)$ die Durchführungszeit der Teilvorgänge aus S_j und $(v^s_0, v^s_{j_1}, v^s_{j_2}, \ldots, v^s_{j_{t-1}}, v^s_{j_t} = v^s_z)$ ein vollständiger Weg in G_S von v^s_0 nach v^s_z. Dann erhält man mit $DZ(S_{j_1}) = 1, DZ(S_{j_2} \setminus S_{j_1}) = 2, \ldots, DZ(S_{j_{t-1}} \setminus S_{j_{t-2}}) = t-1$ und $DZ(S_z \setminus S_{j_{t-1}}) = t$ einen zulässigen Ablaufplan des Projektes mit der Projektdauer t.

4. Die Menge vollständiger Wege in G_S von v^s_0 nach v^s_z repräsentiert die Menge aller zulässigen Ablaufpläne ohne Leerzeiten.

Nach 3. und 4. ist somit das Problem der Minimierung der Projektdauer auf das Problem zurückgeführt, im Stufen-Netz G_S einen Weg von v^s_0 nach v^s_z mit minimaler Länge (minimaler Anzahl von Pfeilen) zu finden.

Beispiel
Die Konstruktion des Stufen-Netzes G_S soll an dem bisherigen Beispiel, (S. 236) veranschaulicht werden. Aus dem Netzplan G (vgl. Abbildung 80) erhält man zunächst den Vorgangsknoten-Netzplan G^1 der folgenden Abbildung, wobei $T = 7$ gesetzt wurde.

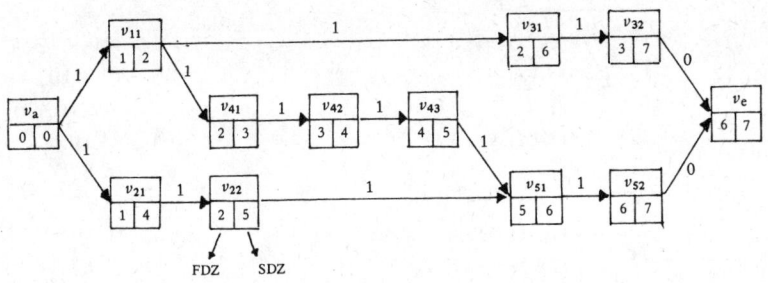

Abb. 84: Netzplan G^1 zum Netzplan G der Abbildung 80 mit $T = 7$

Die Erzeugung der Mengen S_j nach dem auf S.243 angegebenen Verfahren ist in der folgenden Tabelle angegeben.

Tabelle: Erzeugung der Mengen S_j für den Netzplan G^1

MA	r	j	S_j	$UF(S_j)$	$N(S_j)$
	0	0	$\emptyset$	v_{11},v_{21}	(0,0,0)
v_{11}	1	1	v_{11}	v_{31},v_{41}	(2,2,1)
v_{21}		2	v_{21}	v_{22}	(0,2,1)
		3	v_{11},v_{21}	v_{22},v_{31},v_{41}	(2,4,2)
v_{22}	2	4	v_{11},v_{31}	v_{32}	(5,5,4)
v_{31}		5	v_{11},v_{41}	v_{42}	(4,3,4)
v_{41}		6	v_{11},v_{31},v_{41}	v_{32},v_{42}	(7,6,7)
		7	v_{21},v_{22}	$\emptyset$	(0,4,2)
		8	v_{11},v_{21},v_{22}	$\emptyset$	(2,6,3)
		9	v_{11},v_{21},v_{31}	v_{32}	(5,7,5)
		10	v_{11},v_{21},v_{41}	v_{42}	(4,5,5)
		11	$v_{11},v_{21},v_{22},v_{31}$	v_{32}	(5,9,6)
		12	$v_{11},v_{21},v_{22},v_{41}$	v_{42}	(4,7,6)
		13	$v_{11},v_{21},v_{31},v_{41}$	v_{32},v_{42}	(7,8,8)
		14	$v_{11},v_{21},v_{22},v_{31},v_{41}$	v_{32},v_{42}	(7,10,9)
v_{32}	3	15	v_{11},v_{31},v_{32}	$\emptyset$	(8,8,7)
v_{42}		16	v_{11},v_{41},v_{21}	v_{43}	(6,4,7)

MA	r	j	S_j	$UF(S_j)$	$N(S_j)$
		17	$v_{11},v_{31},v_{32},v_{41}$	$\emptyset$	(10,9,10)
		18	$v_{11},v_{31},v_{41},v_{42}$	v_{43}	(9,7,10)
		19	$v_{11},v_{31},v_{32},v_{41},v_{42}$	v_{43}	(12,10,13)
		20	$v_{11},v_{21},v_{31},v_{32}$	$\emptyset$	(8,10,8)
		21	$v_{11},v_{21},v_{41},v_{42}$	v_{43}	(6,6,8)
		22	$v_{11},v_{21},v_{22},v_{31},v_{32}$	$\emptyset$	(8,12,9)
		23	$v_{11},v_{21},v_{22},v_{41},v_{42}$	v_{43}	(6,8,9)
		24	$v_{11},v_{21},v_{31},v_{32},v_{41}$	$\emptyset$	(10,11,11)
		25	$v_{11},v_{21},v_{31},v_{41},v_{42}$	v_{43}	(9,9,11)
		26	$v_{11},v_{21},v_{31},v_{32},v_{41},v_{42}$	v_{43}	(12,12,14)
		27	$v_{11},v_{21},v_{22},v_{31},v_{32},v_{41}$	$\emptyset$	(10,13,12)
		28	$v_{11},v_{21},v_{22},v_{31},v_{41},v_{42}$	v_{43}	(9,11,12)
		29	$v_{11},v_{21},v_{22},v_{31},v_{32},v_{41},v_{42}$	v_{43}	(12,14,15)
v_{43}	4	30	$v_{11},v_{41},v_{42},v_{43}$	$\emptyset$	(8,5,10)
		31	$v_{11},v_{31},v_{41},v_{42},v_{43}$	$\emptyset$	(11,8,13)
		32	$v_{11},v_{31},v_{32},v_{41},v_{42},v_{43}$	$\emptyset$	(14,11,16)
		33	$v_{11},v_{21},v_{41},v_{42},v_{43}$	$\emptyset$	(8,7,11)
		34	$v_{11},v_{21},v_{22},v_{41},v_{42},v_{43}$	v_{51}	(8,9,12)
		35	$v_{11},v_{21},v_{31},v_{41},v_{42},v_{43}$	$\emptyset$	(11,10,14)
		36	$v_{11},v_{21},v_{31},v_{32},v_{41},v_{42},v_{43}$	$\emptyset$	(14,13,17)
		37	$v_{11},v_{21},v_{22},v_{31},v_{41},v_{42},v_{43}$	v_{51}	(11,12.15)
		38	$v_{11},v_{21},v_{22},v_{31},v_{32},v_{41},v_{42},v_{43}$	v_{51}	(14,15,18)
v_{51}	5	39	$v_{11},v_{21},v_{22},v_{41},v_{42},v_{43},v_{51}$	v_{52}	(9,10,12)
		40	$v_{11},v_{21},v_{22},v_{31},v_{41},v_{42},v_{43},v_{51}$	v_{52}	(12,13,15)
		41	$v_{11},v_{21},v_{22},v_{31},v_{32},v_{41},v_{42},v_{43},v_{51}$	v_{52}	(15,16,18)
v_{52}	6	42	$v_{11},v_{21},v_{22},v_{41},v_{42},v_{43},v_{51},v_{52}$	$\emptyset$	(10,11,12)
		43	$v_{11},v_{21},v_{22},v_{31},v_{41},v_{42},v_{43},v_{51},v_{52}$	$\emptyset$	(13,14,15)
		44	$v_{11},v_{21},v_{22},v_{31},v_{32},v_{41},v_{42},v_{43},v_{51},v_{52}$	$\emptyset$	(16,17,18)

Das Stufen-Netz G_S besitzt somit bei 6 Stufen insgesamt $z = 44$ Knoten. Die Ermittlung der Pfeile erfolgt anhand der auf S. 244 angegebenen Bedingungen a) bis c). Hierbei werden von vornherein — bei verfügbaren Kapazitäten in Höhe von $b = (5,5,3)$ — nur Knotenpaare überprüft, zwischen denen aufgrund der Eigenschaft 2. von Stufen-Netzen ein Pfeil in Betracht kommt. Z.B. existiert zwischen v_{36}^s und v_{41}^s in G_S kein Pfeil, weil mit $v_{51} \in S_{41}$ und $v_{22} \in \Gamma_{51}$ *nicht* gilt: $v_{22} \in S_{36}$ (Verletzung der Bedingung a2)). Ein Pfeil zwischen v_{33}^s und v_{35}^s würde die Bedingung b) ($v_{22} \notin S_{35}$) und ein Pfeil von v_1^s nach v_6^s die Kapazitätsbedingung c) verletzen ($N^3(S_6) - N^3(S_1) = 7 - 1 = 6 > b_3 = 3$). Als Ergebnis erhält man schließlich das in der folgenden Abbildung dargestellte Stufen-Netz.

Bei jedem von v_0^s aus erreichbaren Knoten v_j^s ist die Länge eines kürzesten Weges von v_0^s nach v_j^s angegeben. So kann etwa das Teil-Projekt mit der Knotenmenge S_{34} frühestens nach 5 Zeiteinheiten abgeschlossen werden. Es existieren zwei kürzeste Wege vom Anfangsknoten v_0^s zum Endknoten v_{44}^s mit der Länge 7 (Anzahl von Pfeilen):

(1) $(v_0^s, v_2^s, v_8^s, v_{12}^s, v_{23}^s, v_{34}^s, v_{40}^s, v_{44}^s)$;

(2) $(v_0^s, v_3^s, v_8^s, v_{12}^s, v_{23}^s, v_{34}^s, v_{40}^s, v_{44}^s)$.

Hiermit ergeben sich die beiden in der Tabelle angegebenen optimalen Ablaufpläne mit der Projektdauer $T = 7$ (vgl. die Eigenschaft 3. von Stufen-Netzen) [1].

Tabelle   Optimale Ablaufpläne des Beispiels

Durchführungszeit DZ	Teilvorgänge v_{kl}	
	Plan (1)	Plan (2)
1	$S_2 = v_{21}$	$S_3 = v_{11}, v_{21}$
2	$S_8\ S_2 = v_{11}, v_{22}$	$S_8\ S_3 = v_{22}$
3	$S_{12}\ S_8 = v_{41}$	wie (1)
4	$S_{23}\ S_{12} = v_{42}$	,,
5	$S_{34}\ S_{23} = v_{43}$	,,
6	$S_{40}\ S_{34} = v_{31}, v_{51}$	,,
7	$S_{44}\ S_{40} = v_{32}, v_{52}$	,,

---

[1] Beim Verfahren der begrenzten Enumeration von Ergänzungen ist eine optimale Lösung zunächst nur durch die Vorgangsfolgen des Lösungsgraphen $G_{\widetilde{E}}$ gekennzeichnet, wobei $\widetilde{E}$ eine zur Lösung gehörende minimal-zulässige Ergänzung ist. Durch Verschiebungen der Vorgänge innerhalb ihrer in $G_{\widetilde{E}}$ gegebenen Pufferzeiten können verschiedene optimale Ablaufpläne erzeugt werden. Solche Planvarianten einer minimal-zulässigen Ergänzung erscheinen im Graphen G_S jeweils als unterschiedliche Wege (vgl. Beispiel S. 240).

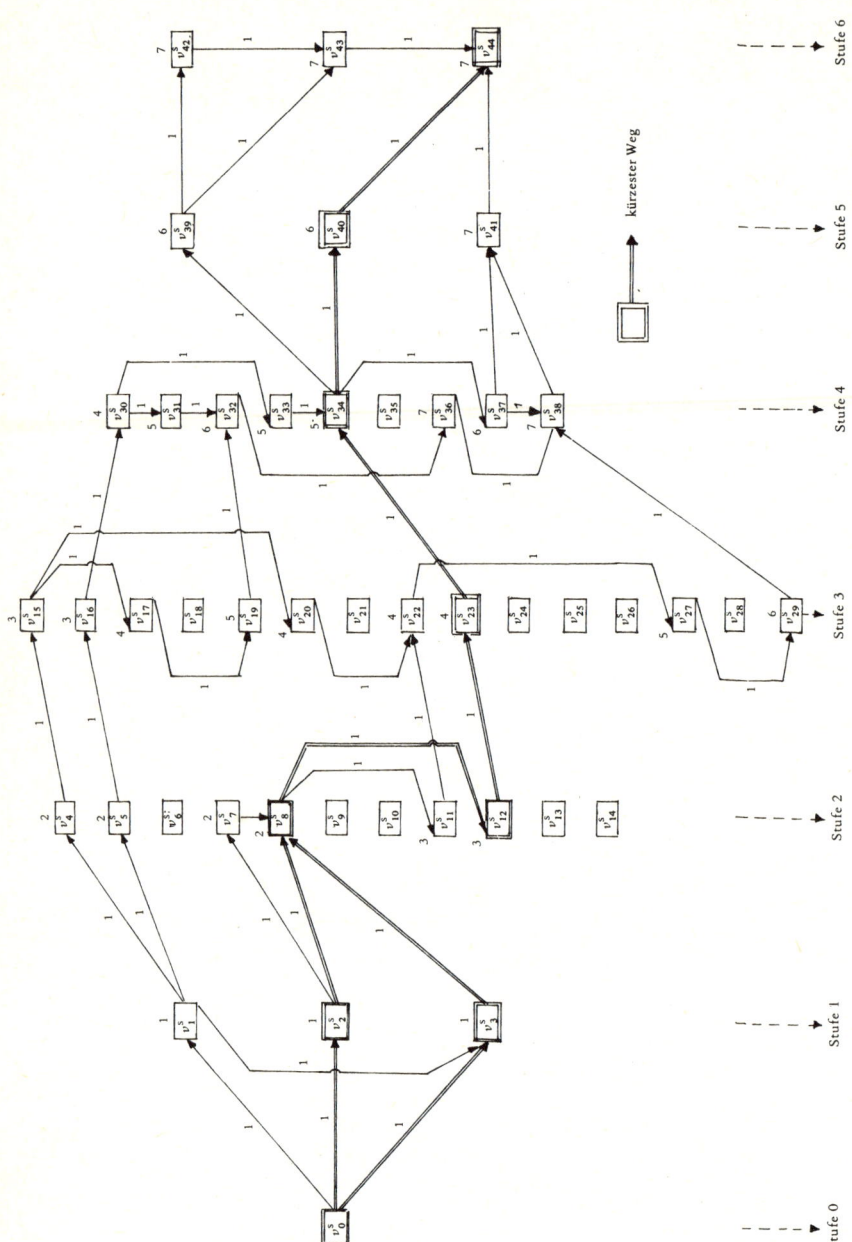

Abb. 85: Stufen-Netz G_S zum Netzplan G^1 der Abbildung 84 mit $b = (5,5,3)$ (vgl. Tabelle S. 245–246)

b. Verfahren von *Davis* und *Heidorn*

Die Rückführung des Ausgangsproblems auf das einfach zu lösende Problem des kürzesten Weges hat vor allem folgenden Nachteil: Mit wachsender Anzahl und Dauer der Vorgänge nimmt die Anzahl der zu erzeugenden Mengen S_j sehr schnell zu. So steigt etwa die Anzahl in dem angegebenen Beispiel von 44 auf 591, wenn die Dauer der Vorgänge (Anzahl der Teilvorgänge) auf 6 erhöht und eine weitere Tätigkeit mit der Dauer 6 hinzugefügt wird [vgl. *Davis* und *Heidorn*, 1971]. Bei einer praktischen Lösung reichen deshalb u.U. die verfügbaren Computer-Kapazitäten zur Speicherung der Mengen S_j bzw. der Pfeile x^s_{hj} des Stufen-Netzes G_S selbst für kleinere Projekte nicht aus. Zur Reduktion der benötigten Speicherkapazität und des Rechenaufwandes wird bei dem Verfahren von *Davis* und *Heidorn* die Anzahl der auf jeder Stufe zu erzeugenden Mengen S_j durch Anwendung von Eliminationskriterien vermindert. Unter Benutzung der Eigenschaft 2. von G_S (vgl. S. 244) werden unmittelbar nach Erzeugung der Mengen $S_j = S_b \cup U_i$ der Stufe k die kürzesten Wege von v^s_0 nach $v^s_j \in V_S$ bestimmt.

Zur Anwendung der Eliminationskriterien wird zunächst eine Schranke T' für die Projektdauer vorgegeben. Eine solche Schranke kann auf zwei Wegen ermittelt werden:

— Man benutzt als T' die Projektdauer einer zulässigen, mit einem heuristischen Verfahren gewonnenen Näherungslösung.

— Man erhöht die minimale Projektdauer ohne Berücksichtigung von Kapazitätsgrenzen um einen erfahrungsgemäßen Zuschlag.

Im ersten Fall wird während des Verfahrens die Existenz einer zulässigen Lösung mit kürzerer Projektdauer als T' getestet. Im zweiten Fall ist zusätzlich zu prüfen, ob überhaupt eine zulässige Lösung mit kürzerer Projektdauer als T' existiert. Ist das nicht der Fall, so wird T' solange jeweils um eine Zeiteinheit erhöht, bis man eine zulässige und zugleich optimale Lösung erhält.

Bei gegebener Schranke T' für die Projektdauer kann eine Menge S_j dann eliminiert werden, wenn weder v^s_j selbst noch von v^s_j erzeugte Knoten der nachfolgenden Stufe auf einem vollständigen Weg der Länge $\leqq T'$ in G_S erscheinen können.

Es bezeichne

L_k : die Menge von Knoten der Stufe k, die auf einem Weg von v^s_0 nach v^s_z in G_S mit der Länge $\leqq T'$ liegen können;

$M_t(T')$: die Menge der Teilvorgänge v_{kl}, deren späteste Durchführungszeit bei einer Projektdauer T' nicht größer als t ist, d.h.
$M_t(T') = \{v_{kl} : v_{kl} \in M, SDZ_{kl} \leqq t$ bei $T = T'\}$, $M_t(T') = M$
für $t = \infty$;

$A_t^i(T')$: die bei einer Projektdauer T' bis zur Zeiteinheit t mindestens erforderliche Zuordnung von Einheiten der Kapazitätsart i, $A_t(T') = (A_t^1(T'), \ldots, A_t^q(T'))$;

a_i : die Summe des Kapazitätsbedarfs der Kapazitätsart i, d.h.
$$a_i = \sum_{v_{kl} \in M} a_{i,kl}, \quad a = (a_1, \ldots, a_q) \; ;$$

$l(i)$: die Länge eines kürzesten Weges von v_0^s nach v_i^s in G_S ;

$j_1(k)$: Index des ersten Knotens der Stufe k in G_S ;

$b(j)$: Index des Knotens der Stufe $k - 1$, durch den der Knoten v_j^s in Stufe k erzeugt wird.

Für $A_t^i(T')$ können folgende Werte berechnet werden:

$$A_t^i(T') = \begin{cases} \max\{0, a_i - (T' - t) \cdot b_i\} & \text{für } t < \infty \\ a_i & \text{für } t = \infty \end{cases}$$

$(i = 1, \ldots, q)$.

Es gilt dann:

Ein Knoten v_j^s der Stufe k kann eliminiert werden, wenn mindestens eine der beiden folgenden Bedingungen nicht erfüllt wird:

a. $M_t(T') \subset S_j$,

b. $A_t(T') \leqq N(S_j)$,
$$\text{mit } t = t^* = \min_{\substack{j_1(k-1) \leqq i \leqq b(j) \\ i \in L_{k-1}}} (l(i) + 1) \; .$$

L_{k-1} entspricht der Menge aller Knoten v_i^s der Stufe $k - 1$, die die Bedingungen a. und b. mit $t = l(i)$ erfüllen.

Die Werte $l(j)$ für nicht eliminierte Werte der Stufe k bestimmt man mit folgender Rekursionsgleichung der dynamischen Optimierung:

$$l(j) \;=\; l(\widetilde{i},j) = \min_i l(i,j) = \min \begin{cases} \min\limits_{\substack{j_1(k-1)\,\leqq\, i\,\leqq\, b(j) \\ i\in L_{k-1}}} (\delta + l(i)) \\[2ex] \min\limits_{\substack{j_1(k)\,\leqq\, i\,<\, j \\ i\in L_k}} (\delta + l(i)) \end{cases}$$

$$\text{mit } \delta \;=\; \begin{cases} 1 & \text{falls } x^s_{ij} \in X_S \\ \infty & \text{sonst} \end{cases}.$$

Für Knoten $v^s_j \in L_k$ wird der Vorgänger $v^s_{\widetilde{i}}$ auf dem kürzesten Weg in eine Vorgängerliste $(\widetilde{\Gamma}(j) = v^s_{\widetilde{i}})$ aufgenommen, mit deren Hilfe man nach Erreichen des Endknotens v^s_z $(S_z = M)$ einen kürzesten Weg von v^s_0 nach v^s_z und damit einen zulässigen Ablaufplan mit der minimalen Projektdauer $T = l(z)$ bestimmt.

Das Verfahren verläuft exakt in folgenden Schritten:

Schritt 1: Setze $T' := c$ (Obergrenze für die Projektdauer).

Schritt 2: Setze $j := 0$, $k := 0$, $m := 0$, $j_1(0) := 0$, $b(0) := 0$,
$j_1(1) := 1$, $l(0) := 0$, $L_0 := \{v^s_0\}$, $S_0 := \emptyset$, $A := \emptyset$, $MA := \emptyset$.

Schritt 3: Setze $k := k + 1$, $L_k := \emptyset$.

Schritt 4: Bestimme $UF(S_{b(j)}) := F(S_{b(j)}) \setminus MA$.
Falls $UF(S_{b(j)}) = \emptyset$, so gehe nach 10.
Falls $t^* = \infty$, so gehe nach 10.
Bilde alle $U_i \subset UF(S_{b(j)})$ $(i = 1,\dots,n(b))$
mit $U_s \subset U_t$, wenn $s < t$.
Setze $j := j + 1$, $i := 1$.

Schritt 5: Setze $S_j := S_{b(j)} \cup U_i$, $A := A \cup U_i$.
Falls $M_{t^*}(T') \not\subset S_j$, so gehe nach 6.[1]
Falls $N(S_j) < A_{t^*}(T')$, so gehe nach 6.
Falls $i = n(b)$, so gehe nach 7.
Setze $j := j + 1$, $i := i + 1$ und wiederhole Schritt 5.

Schritt 6: Falls $i < n(b)$, so setze $i := i + 1$ und gehe nach 5.
Setze $j := j - 1$ und gehe nach 9.

Schritt 7: Setze $m := m + 1$. Falls $l(m) = \infty$, so gehe nach 9.
Setze $t' := l(m)$. Falls $t' \leqq t^*$, so gehe nach 8.
Falls $M_{t'}(T') \not\subset S_m$, so gehe nach 9.
Falls $N(S_m) < A_{t'}(T')$, so gehe nach 9.

---

1) $A \not\subset B$ soll bedeuten: A ist keine Teilmenge von B.

Schritt 8: Setze $L_k := L_k \cup \{v_m^s\}$, $\widetilde{\Gamma}(m) := v_{\widetilde{1}}^s$.

Schritt 9: Falls $m < j$, so gehe nach 7.

Schritt 10: Falls $b(j) < j_1(k) - 1$, so setze $b(j) := b(j) + 1$ und gehe nach 4.
Falls $b(j) < j$, so setze $j_1(k-1) := j_1(k)$, $b(j) := j_1(k)$,
$j_1(k) := j + 1$, $MA := A$, und gehe nach 3.
Falls $S_j \neq M$, so setze $T' := T' + 1$ und gehe nach 2.
Der Weg über die Knoten v_j^s, $\widetilde{\Gamma}(j) = v_{i_1}^s$, $\widetilde{\Gamma}(i_1) = v_{i_2}^s, \ldots$,
$\widetilde{\Gamma}(i_{l(j)-1}) = v_0^s$ liefert einen optimalen Ablaufplan mit der
Projektdauer $T = l(j)$.

In der Abbildung S.254–255 ist der Algorithmus in Form eines Ablaufdiagramms wiedergegeben. In jeder Stufe k werden aus den erzeugenden
Mengen $S_{b(j)}$ der Vorstufe und deren unmarkierten Nachfolgern $UF(S_{b(j)})$
die Mengen S_j erzeugt. Die Teilvorgänge aus $UF(S_{b(j)})$ werden markiert und
in die Liste A übernommen.[1] Nach Berechnung von t^* sind die Mengen S_j
zunächst den Eliminationskriterien $M_{t^*}(T')$ und $A_{t^*}(T')$ zu unterwerfen. S_j
wird entfernt, wenn es nicht beiden Kriterien genügt (vgl. im Ablaufdiagramm I).
Auf die verbleibenden Mengen S_m sind anschließend – nach Berechnung
von $t' = l(m)$ – die Kriterien $M_{t'}(T')$ und $A_{t'}(T')$ anzuwenden. Erfüllt
S_m beide Kriterien, so wird v_m^s in der Liste L_k eingestellt und der Vorgänger $v_{\widetilde{1}}^s$ von v_m^s auf dem kürzesten Weg von v_0^s notiert (vgl. II). Sind
alle Knoten der Stufe k erzeugt, $(b(j) = j_1(k) - 1)$, so wird vor Übergang
zur Stufe $k + 1$ MA gleich A gesetzt (MA: Liste der markierten Teilvorgänge). In folgenden Fällen werden von $S_{b(j)}$ keine Knoten der Stufe k
erzeugt:

– $S_{b(j)}$ besitzt keine unmarkierten Nachfolger ($UF(S_{b(j)}) = \emptyset$, vgl. III a).

– Die Liste L_{k-1} enthält keinen Knoten v_i^s mit $j_1(k-1) \leq i \leq b(j)$.
  In diesem Fall wird $t^* = \infty$ gesetzt (vgl. III b).

– Sämtliche Mengen $S_j = U_i \cup S_{b(j)}$, $i = 1, \ldots, n(b)$, erfüllen nicht die
  Kriterien $M_{t^*}(T')$ und $A_{t^*}(T')$ (vgl. III c).

Das Verfahren endet, wenn in einer Stufe keine neuen Knoten erzeugt
werden und für den letzten Knoten $v_{b(j)}^s = v_j^s$ der Vorstufe $S_j = M$ ist
(M: Menge aller Teilvorgänge). Der kürzeste Weg in G_S und damit eine
optimale Lösung kann dann unmittelbar mit Hilfe der Vorgänger $\widetilde{\Gamma}(m)$
bestimmt werden. Ist dagegen für $b(j) = j_1(k) - 1 = j$ $S_j \neq M$, so existiert

---

[1] vgl. das auf S. 243 angegebene Verfahren zur Erzeugung der Mengen S_j.

keine zulässige Lösung mit einer Projektdauer $T \leqq T'$. In diesem Fall erhöht man die Grenze um eine Zeiteinheit und beginnt von vorne (vgl. IV).

Beispiel

Formulierung des Problems:
Das Verfahren soll auf das bereits behandelte Beispiel (vgl. S. 244) angewendet werden, wobei als Obergrenze für die Projektdauer $T' = 7$ gesetzt wird (vgl. den Netzplan G^1 der Abb. 84).

Lösung:
Für die Teilvorgangsmengen $M_t(T'=7)$ und Kapazitätsvektoren $A_t(T'=7)$ erhält man:

t	1	2	3	4	5	6	7
$A_t(7)$	$(0,0,0)$	$(0,0,3)$	$(0,0,6)$	$(1,2,9)$	$(6,7,12)$	$(11,12,15)$	$(16,17,18)$
$M_t(7)$	$\emptyset$	$\{v_{11}\}$	$\{v_{11}, v_{41}\}$	$\{v_{11}, v_{21}, v_{41}, v_{42}\}$	$\{v_{11}, v_{21}, v_{22}, v_{41}, v_{42}, v_{43}\}$	$\{v_{11}, v_{21}, v_{22}, v_{31}, v_{41}, v_{42}, v_{43}, v_{51}\}$	$\{v_{11}, v_{21}, v_{22}, v_{31}, v_{32}, v_{41}, v_{42}, v_{43}, v_{51}, v_{52}\}$

Das Ergebnis der Berechnung für die aufeinanderfolgenden Stufen $r = k$ ist in der folgenden Tabelle wiedergegeben.

Tabelle

MA	r	j	S_j	$UF(S_j)$	$N(S_j)$	$l(j)$	t^*	L_k	$\widetilde{\Gamma}(m)$	$b(j)$	$[j]$
	0	0	$\emptyset$	v_{11}, v_{21}	$(0,0,0)$	0	0	v_0^s	—	—	0
v_{11} v_{21}	1	1	v_{11}	v_{31}, v_{41}	$(2,2,1)$	1	1	v_1^s	v_0^s	0	1
		2	v_{21}	v_{22}	$(0,2,1)$	1	1	v_2^s	v_0^s	0	2
		3	v_{11}, v_{21}	v_{22}, v_{31} v_{41}	$(2,4,2)$	1	1	v_3^s	v_0^s	0	3
v_{22} v_{31} v_{41}	2	4	v_{11}, v_{31}	v_{32}	$(5,5,4)$	2	2	v_4^s	v_1^s	1	4
		5	v_{11}, v_{41}	v_{42}	$(4,3,4)$	2	2	v_5^s	v_1^s	1	5
		6	v_{11}, v_{31}, v_{41}	v_{32}, v_{42}	$(7,6,7)$	∞	2			1	6

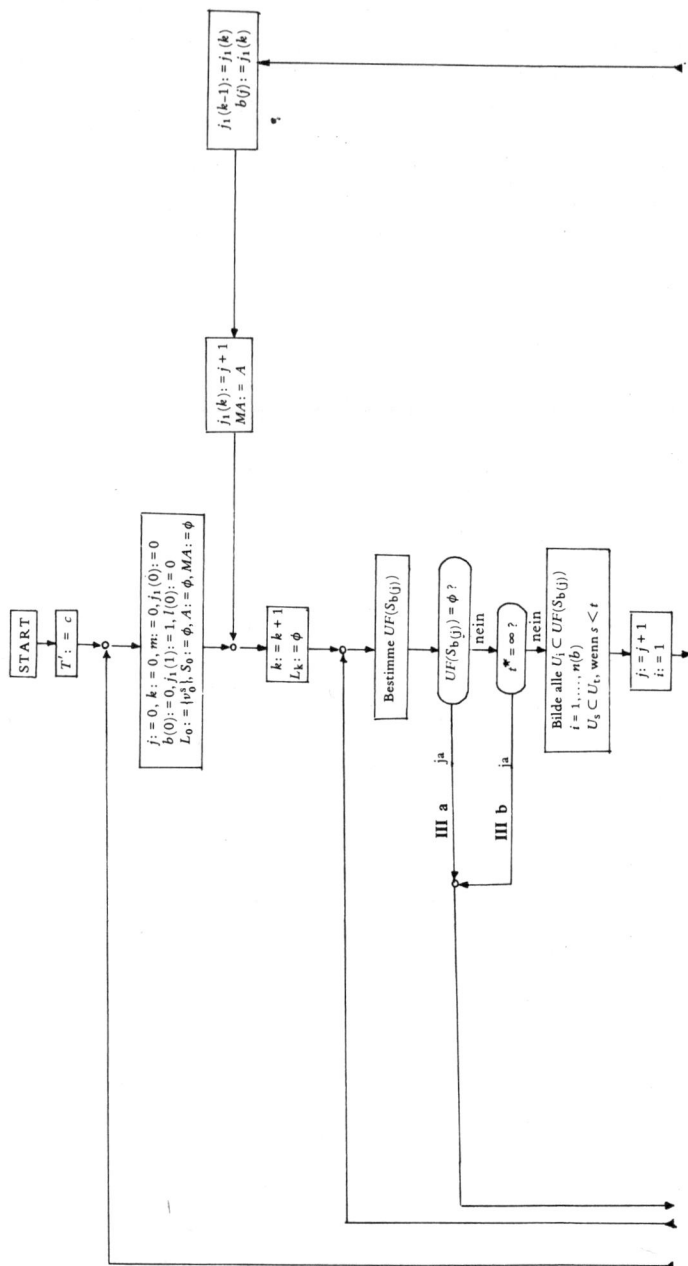

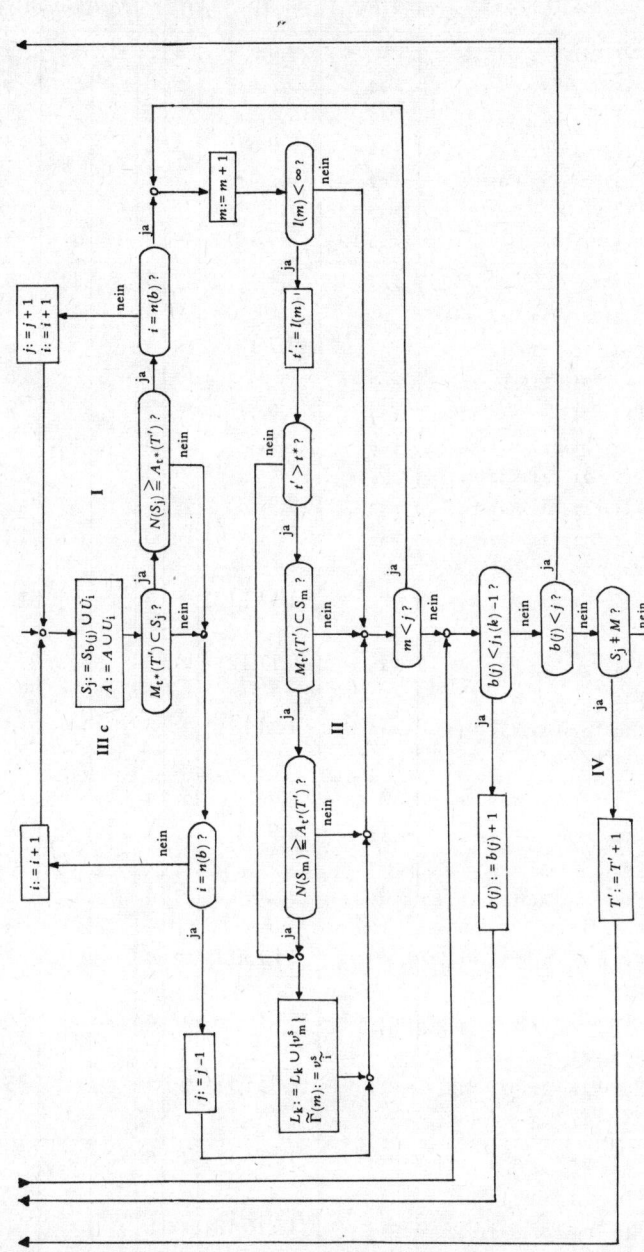

Abb. 86: Ablaufdiagramm des *Davis-Heidorn*-Verfahrens
(Version A)

MA	r	j	S_j	$UF(S_j)$	$N(S_j)$	$l(j)$	t^*	L_k	$\widetilde{\Gamma}(m)$	$b(j)$	$[j]$
		7	v_{11},v_{21},v_{22}	$\emptyset$	$(2,6,3)$	2	2	v_7^s	v_2^s	3	8
		8	v_{11},v_{21},v_{31}	v_{32}	$\cdot(5,7,5)$	∞	2			3	9
		9	v_{11},v_{21},v_{41}	v_{42}	$(4,5,5)$	∞	2			3	10
		10	$v_{11},v_{21},v_{22},v_{31}$	v_{32}	$(5,9,6)$	3	2			3	11
		11	$v_{11},v_{21},v_{22},v_{41}$	v_{42}	$(4,7,6)$	3	2	v_{11}^s	v_7^s	3	12
		12	$v_{11},v_{21},v_{31},v_{41}$	v_{32},v_{42}	$(7,8,8)$	∞	2			3	13
		13	$v_{11},v_{21},v_{22},v_{31},v_{41}$	v_{32},v_{42}	$(7,9,10)$	∞	2			3	14
v_{32}	3	14	v_{11},v_{41},v_{42}	v_{43}	$(6,4,7)$	3	3	v_{14}^s	v_5^s	5	16
v_{42}		15	$v_{11},v_{31},v_{32},v_{41}$	$\emptyset$	$(10,9,10)$	∞	3			6	17
		16	$v_{11},v_{31},v_{41},v_{42}$	v_{43}	$(9,7,10)$	∞	3			6	18
		17	$v_{11},v_{31},v_{32},v_{41},v_{42}$	v_{43}	$(12,10,13)$	∞	3			6	19
		18	$v_{11},v_{21},v_{41}\ v_{42}$	v_{43}	$(6,6,8)$	∞	3			9	21
		19	$v_{11},v_{21},v_{22},v_{41},v_{42}$	v_{43}	$(6,8,9)$	4	3	v_{19}^s	v_{11}^s	11	23
		20	$v_{11},v_{21},v_{31},v_{32},v_{41}$	$\emptyset$	$(10,11,11)$	∞	3			12	24
		21	$v_{11},v_{21},v_{31},v_{41},v_{42}$	v_{43}	$(9,9,11)$	∞	3			12	25
		22	$v_{11},v_{21},v_{31},v_{32},v_{41},$ v_{42}	v_{43}	$(12,12,14)$	∞	3			12	26
		23	$v_{11},v_{21},v_{22},v_{31},v_{32},$ v_{41}	$\emptyset$	$(10,13,12)$	∞	3			13	27
		24	$v_{11},v_{21},v_{22},v_{31},v_{41},$ v_{42}	v_{43}	$(9,11,12)$	∞	3			13	28
		25	$v_{11},v_{21},v_{22},v_{31},v_{32},$ v_{41},v_{42}	v_{43}	$(12,14,15)$	∞	3			13	29
v_{43}	4	26	$v_{11},v_{21},v_{41},v_{42},v_{43}$	$\emptyset$	$(8,7,11)$	∞	4			18	33
		27	$v_{11},v_{21},v_{22},v_{41},v_{42},$ v_{43}	v_{51}	$(8,9,12)$	5	4	v_{27}^s	v_{19}^s	19	34
		28	$v_{11},v_{21},v_{31},v_{41},v_{42},$ v_{43}	$\emptyset$	$(11,10,14)$	∞	4			21	35
		29	$v_{11},v_{21},v_{31},v_{32},v_{41},$ v_{42},v_{43}	$\emptyset$	$(14,13,17)$	∞	4			22	36
		30	$v_{11},v_{21},v_{22},v_{31},v_{41},$ v_{42},v_{43}	v_{51}	$(11,12,15)$	6	4			24	37
		31	$v_{11},v_{21},v_{22},v_{31},v_{32},$ v_{41},v_{42},v_{43}	v_{51}	$(14,15,18)$	∞	4			25	38
v_{51}	5	32	$v_{11},v_{21},v_{22},v_{31},v_{41},$ v_{42},v_{43},v_{51}	v_{52}	$(12,13,15)$	6	6	v_{32}^s	v_{27}^s	30	40
		33	$v_{11},v_{21},v_{22},v_{31},v_{32},$ $v_{41},v_{42},v_{43},v_{51}$	v_{52}	$(15,16,18)$	∞	6			31	41

MA	r	j	S_j	$UF(S_j)$	$N(S_j)$	$l(j)$	t^*	L_k	$\widetilde{\Gamma}(m)$	$b(j)$	$[j]$
v_{52}	6	34	$v_{11},v_{21},v_{22},v_{31},v_{32},$ $v_{41},v_{42},v_{43},v_{51},v_{52}$	$\emptyset$	$(16,17,18)$	7	7	v^s_{34}	v^s_{32}	33	44

Die folgende Abbildung zeigt das reduzierte Stufen-Netz G_S, das nur Pfeile zwischen Knoten der Listen L_k enthält.

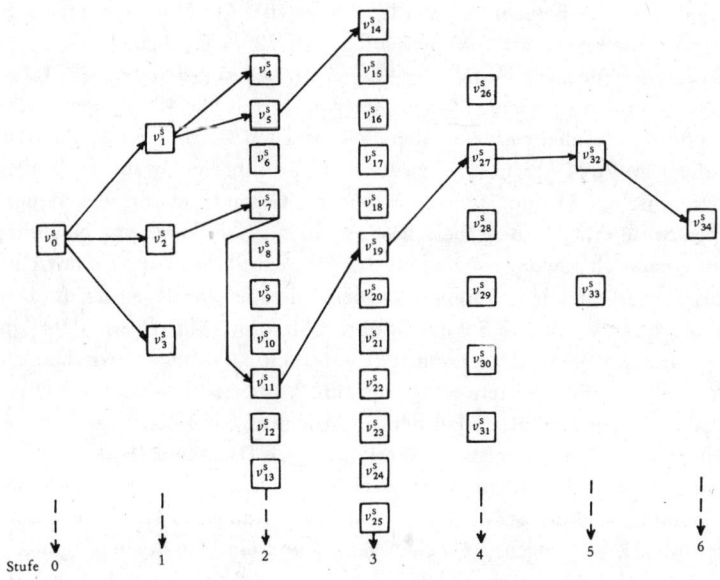

Abb. 87: Nach Anwendung von Eliminationskriterien reduziertes Stufen-Netz des Beispiels (vgl. Tabelle)

Man erhält den kürzesten Weg (vgl. Spalte $\widetilde{\Gamma}(m)$ der Tabelle): $(v^s_0, v^s_2, v^s_7,$ $v^s_{11}, v^s_{19}, v^s_{27}, v^s_{32}, v^s_{34})$ mit der Projektdauer $T = 7$ und folgendem Ablaufplan:

t	1	2	3	4	5	6	7
Teil-vorgänge v_{kl}	$S_2 =$ v_{21}	$S_7 \setminus S_2 =$ v_{11},v_{22}	$S_{11} \setminus S_7 =$ v_{41}	$S_{19} \setminus S_{11} =$ v_{42}	$S_{27} \setminus S_{19} =$ v_{43}	$S_{32} \setminus S_{27} =$ v_{31},v_{51}	$S_{34} \setminus S_{32} =$ v_{32},v_{52}

Ein Vergleich mit Tabelle S. 245 f. und Abbildung 85 des vorigen Abschnitts zeigt, daß durch die Anwendung der Eliminationskriterien die Anzahl der Knoten von 44 auf 34 und die Anzahl der Pfeile von 46 auf 12 reduziert wird.[1]

Bereits das kleine Beispiel läßt erkennen, daß auch nach einer Elimination die Anzahl der auf einer Stufe zu speichernden Teilvorgänge v_{kl} relativ groß sein kann. Eine Lösung für umfangreiche Projekte scheitert deshalb im allgemeinen weniger an der Rechenzeit als an der Speicherkapazität des Computers. *Davis* und *Heidorn* haben den Algorithmus an 65 Beispielen mit je 30 Vorgängen, 50 bis 95 Teilvorgängen und 3 Kapazitätsarten getestet. Die Berechnung wurde auf der IBM 7094 vorgenommen. Ein neues Programm für die IBM 360 soll bis zu 220 Teilvorgänge mit 5 Kapazitätsarten je Vorgang bewältigen können [*Davis* und *Heidorn*, 1971; *Davis*, 1969]. Von den 65 kleinen Testbeispielen führten nur 48 zu einer optimalen Lösung. Bei den verbleibenden 17 Beispielen wurde die Speicherkapazität der IBM 7094 bereits überschritten. Liegt z.B. die Anzahl der Teilvorgänge zwischen 71 und 105, so ist nur eine Gesamtzahl von 906 Mengen S_j pro Stufe erlaubt. Bei Überschreitung dieser Zahl kann eine Näherungslösung dadurch gewonnen werden, daß Mengen S_j der Vorstufe mit Hilfe heuristischer Kriterien eliminiert werden. Die Rechenzeit lag für die Optimallösungen zwischen 2 Sekunden und 3 Minuten (Mittelwert: 0,94 Minuten, Varianz: $(0,34)^2$ Min.) und für die Näherungslösungen zwischen 25 Sek. und 1,5 Min. (Mittelwert: 0,88 Min., Varianz: $(0,04)^2$ Min.). Diese Angaben lassen vermuten, daß der im Abschnitt 3.4.3.2.2 dargestellte Algorithmus effizienter ist als das Verfahren von *Davis* und *Heidorn*. Eine genaue Aussage ist allerdings erst nach einer noch nicht abgeschlossenen Programmierung dieses Algorithmus möglich. Immerhin konnte ein Beispiel mit 21 Vorgängen (94 Teilvorgänge) und ein Maschinenbelegungsproblem mit 13 Vorgängen (50 Teilvorgänge) durch Handrechnung gelöst werden.

Vergleicht man die beiden Verfahren, so sind im wesentlichen folgende Unterschiede festzustellen:

a) Bei der begrenzten Enumeration von Pfeil-Ergänzungen kann auf eine Zerlegung jedes Vorgangs in Teilvorgänge mit der Dauer einer Zeiteinheit verzichtet werden. Rechenaufwand und Speicherbedarf sind – anders als bei *Davis* und *Heidorn* – von den Vorgangsdauern unabhängig. Durch die Bildung von Teilvorgängen steigt die Anzahl der Knoten und Pfeile des Stufen-Netzes G_S erheblich an.

---

[1] In Tabelle S.253 ff. ist unter [j] der dem Knotenindex j entsprechende Knotenindex der Tabelle S. 245 f. angegeben.

b) Beim Verfahren von *Davis* und *Heidorn* werden zulässige Teilpläne enumeriert (repräsentiert durch kürzeste Wege zu Knoten v_j^s der Stufe k). Die Teilpläne einer Stufe werden erst erzeugt, nachdem sämtliche relevanten Teilpläne der Vorstufe erzeugt wurden. Hieraus folgt, daß der zuerst erzeugte zulässige Gesamtplan optimal ist. Dieser ausschließlich „vorwärtsschreitende" Aufbau des Stufen-Netzes G_S wurde als Version A im Ablaufdiagramm der Abbildung 86 dargestellt. Da in den Zwischenstufen kein zulässiger Gesamtplan erzeugt wird, können eine vorgegebene zulässige Grenze T' für die Projektdauer und die hieraus abgeleiteten Eliminationskriterien während des Verfahrensablaufs nicht verbessert werden. Ist T' unzulässig, so ist wieder von vorne zu beginnen.

c) Bei dem Verfahren der Pfeil-Ergänzungen werden dagegen in den Zwischenstufen unzulässige Gesamtpläne enumeriert. Vorwärtsschreitend wird jeweils ein „Ast" des Lösungsbaums bis zu einem zulässigen Gesamtplan aufgebaut (branching). Von einem solchen Endknoten geht man zu einer Verzweigung der Vorstufe zurück (backtracking). Jeder erzeugte zulässige Gesamtplan kann zu einer Verbesserung der Grenze (bound) für die Projektdauer führen. Das Verfahren gehört somit zum Typ „branch-and-bound" im engeren Sinne. Demgegenüber kann das Verfahren von *Davis* und *Heidorn* als Verfahren der dynamischen Programmierung interpretiert werden (vgl. die Rekursionsgleichung für $l(j)$ auf S. 251).

d) Zur Auswahl einer Verzweigung des Lösungsbaums können bei dem Verfahren der Pfeil-Ergänzungen ähnliche Prioritätsregeln verwendet werden wie bei Näherungsverfahren. Der erste zulässige Gesamtplan stellt eine Näherungslösung dar. Dagegen ist die dargestellte Version A des Verfahrens von *Davis* und *Heidorn* nicht zur schnellen Gewinnung von Näherungslösungen geeignet. *Davis* und *Heidorn* verwenden nur dann Prioritätsregeln, wenn die Speicherkapazität des Computers nicht zur Gewinnung einer optimalen Lösung ausreicht (vgl. weiter oben).

c. Modifiziertes *Davis–Heidorn*-Verfahren

Die zuvor unter b), c) und d) angesprochenen Nachteile des Verfahrens von *Davis* und *Heidorn* lassen sich durch eine Modifikation des Verfahrensablaufs beseitigen. Hierbei wird – analog dem Verfahren der Pfeil-Ergänzungen – jeweils nur ein einzelner Weg im Stufen-Netz G_S erzeugt. Auf einem solchen Weg wird sukzessive aus einer Folge zulässiger Teilpläne ein zulässiger Gesamtplan entwickelt. T' wird der Projektdauer dieses Plans gleichgesetzt, falls die Projektdauer kleiner ist als die bisherige Grenze T'. Als Verzweigungen in einer Stufe dienen alle unmittelbaren

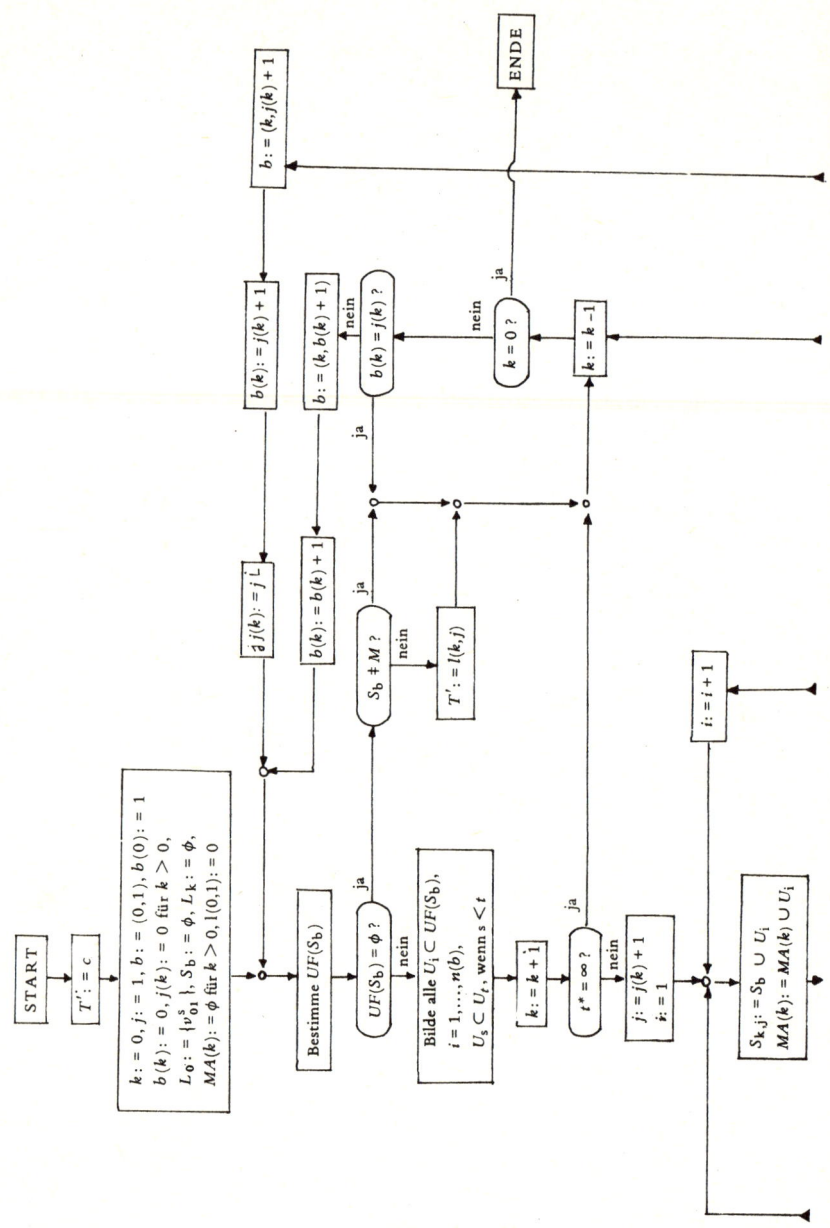

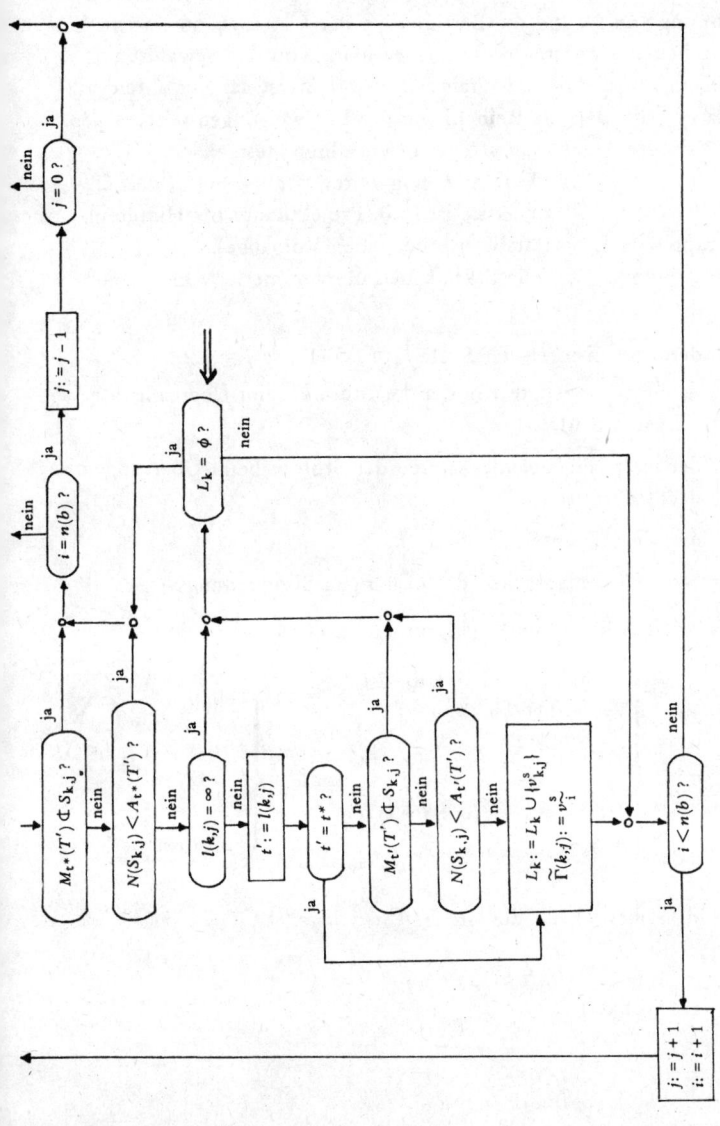

Abb. 88: Ablaufdiagramm des modifizierten *Davis-Heidorn*-Verfahrens
(Version B)

Nachfolger des in der Vorstufe ausgewählten erzeugenden Knotens, die den Kriterien $M_{t^*}(T')$ und $A_{t^*}(T')$ genügen. Zur Auswahl eines Zweigs (des erzeugenden Knotens der Folge-Stufe) können verschiedene Prioritätsregeln verwendet werden. Von einem Endknoten geht man zu einer Verzweigung zurück, die noch nicht zur Erzeugung von Knoten gedient hat. Die Berechnung von t^* und die Bestimmung der Listen L_k sowie von Pfeilen zwischen den Knoten dieser Listen hängt von den gewählten Prioritätsregeln ab. Im Ablaufdiagramm der Abb. 88 ist das Verfahren für den Fall dargestellt, daß die Reihenfolge der Verzweigungen wie bei der bisherigen Version A des *Davis–Heidorn*-Verfahrens festgelegt wird ($s < t$, falls $U_s \subset U_t$). Zur Vereinfachung wurde vorausgesetzt, daß die eingegebene Grenze $T' := c$ zulässig ist (z.B. Projektdauer bei Hintereinanderschaltung aller kapazitätsbeanspruchenden Vorgänge).

Die Knoten werden für jede Stufe k neu durchnumeriert. Es bezeichnet

v^s_{kj} : den j-ten Knoten der Stufe k, $k = 0,1,\ldots,j = 1,2,\ldots$;

$v^s_{j(k)}$: der letzte erzeugte Knoten der Stufe k beim Übergang zur nächsten Stufe;

$v^s_{b(k)}$: der letzte erzeugende Knoten der Stufe k beim Übergang zur nächsten Stufe;

$MA(k)$: markierte Knoten der Stufe k.

Die übrigen Symbole entsprechen der bisherigen Bezeichnungsweise.

Für die Länge eines kürzesten Weges von v^s_{01} nach v^s_{kj} gilt jetzt:

$$l(k,j) = \min \begin{cases} \min\limits_{\substack{1 \leq i \leq b(k-1) \\ i \in L_{k-1}}} (\delta + l(k-1,i)) \\[2em] \min\limits_{\substack{1 \leq i < j \\ i \in L_k}} (\delta + l(k,i)) \end{cases} \text{mit } \delta = \begin{cases} 1 \text{ falls } x^s_{ki,kj} \in X_S \\ \text{bzw. } x^s_{k-1i,kj} \in X_S \\[1em] \infty \text{ sonst} \end{cases}$$

Entsprechend ergibt sich für die Grenze t^*:

$$t^* = \min_{\substack{1 \leq i \leq b(k-1) \\ i \in L_{k-1}}} (l(k-1,i) + 1)$$

Da im reduzierten Stufen-Netz G_S der erste Knoten der Stufe k Element von L_k sein muß, können für $L_k = \emptyset$ auch solche Knoten eliminiert werden, die die Kriterien $M_{t*}(T')$ und $A_{t*}(T')$ erfüllen (vgl. im Ablaufdiagramm ⇒).

3.4.3.2.4 Problemerweiterungen – Vorgangssplitting, zeitabhängige Kapazitätsgrenzen, Mehrprojektplanung

Sowohl das Verfahren der Pfeil-Ergänzungen als auch die beiden Versionen des *Davis–Heidorn*-Verfahrens wurden bisher unter folgenden Prämissen dargestellt:

a) Begonnene Vorgänge, die bis zur Zeit t noch nicht abgeschlossen sind, müssen im Intervall $(t, t + 1]$ fortgeführt werden. Die Möglichkeit einer Unterbrechung von Vorgängen (job splitting) wurde noch nicht vorgesehen.

b) Die Kapazitätsbeanspruchung eines Vorgangs bleibt während der gesamten Vorgangsdauer konstant $(a_{i,k1} = a_{i,k2} = \ldots = a_{i,kD_k}$, $i = 1, \ldots, q)$. Von Teilvorgang zu Teilvorgang wechselnde Beanspruchungen knapper Produktionsfaktoren sind nicht berücksichtigt.

c) Die Anzahl der verfügbaren Kapazitätseinheiten bleibt während des Planungszeitraums konstant $(b_i(t) = b_i, i = 1, \ldots, q; b_i(t)$: im Intervall $[t - 1, t]$ verfügbare Einheiten der Kapazitätsart $i, t = 1, 2, \ldots, T)$.

Die Bedingung a) läßt sich bei allen behandelten Verfahren leicht aufheben. Sind für einen Vorgang n Unterbrechungsmöglichkeiten gegeben, so ist bei dem Verfahren der Pfeil-Ergänzungen der Vorgang lediglich in eine Folge von $n + 1$ Teilvorgängen aufzuspalten (vgl. die folgende Abbildung).

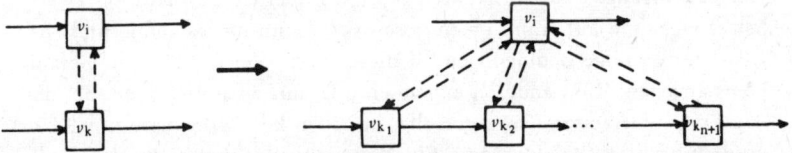

Abb. 89: Splitting eines Vorgangs v_k in einem disjunktiven Graphen

Da hierdurch die Anzahl disjunktiver Pfeilpaare ansteigt, nimmt der Rechenaufwand entsprechend zu. Bei dem Verfahren von *Davis* und *Heidorn* ist nur eine geringfügige Modifikation erforderlich, da hier ohnehin eine

Aufspaltung in Teilvorgänge vorgenommen wird: Ist nach dem Teilvorgang $v_{kl}^s \in S_j$, $l < D_k$, eine Unterbrechung des Vorgangs v_k möglich, so entfällt bei der Überprüfung der Existenz eines Pfeils $x_{hj}^s \in X_S$ die Bedingung b) auf S. 244. Hierdurch entstehen im Stufen-Netz G_S u.U. zusätzliche Pfeile und Pfeilwege, d.h. die Menge der zulässigen Ablaufpläne kann zunehmen. Ist etwa in dem behandelten Beispiel (vgl. Tabelle S. 245 f., Abbildung 85) eine Unterbrechung des Vorgangs v_3 nach Teilvorgang v_{31} zulässig, so sind in G_S folgende zusätzlichen Pfeile zu berücksichtigen: $x_{4,6}^s$, $x_{6,18}^s$, $x_{18,31}^s$, $x_{14,28}^s$, $x_{28,37}^s$, $x_{37,40}^s$ und $x_{40,43}^s$. Wie man leicht überprüft, kann in diesem Fall die optimale Lösung nicht verbessert werden. Der Rechenaufwand vergrößert sich durch solches Splitting – anders als beim Verfahren der Pfeil-Ergänzungen – meist nur unwesentlich. So wird im reduzierten Stufen-Netz G_S des Beispiels (vgl. S. 253 ff.) nur der zusätzliche Pfeil $x_{4,6}^s$ erzeugt (vgl. Abbildung 87). Eine durch Splitting hervorgerufene Verlängerung der Vorgangsdauern kann bei beiden Verfahrenstypen nicht berücksichtigt werden.

Die Aufhebung der Bedingung b) ist beim Verfahren der Pfeil-Ergänzungen nur möglich, wenn bei einer Änderung der Kapazitätsbeanspruchung während der Vorgangsdauer gleichzeitig ein Splitting des Vorgangs erlaubt ist. Dagegen ist die Bedingung b) für das Verfahren von *Davis* und *Heidorn* nicht erforderlich. Schwankende Kapazitätsbeanspruchungen können hier unabhängig von Splitting-Möglichkeiten ohne Verfahrensänderung und ohne zusätzlichen Rechenaufwand erfaßt werden.

Die Bedingung c) ist für das Verfahren der Pfeil-Ergänzungen unabdingbar. Sie stellt die wesentliche Bedingung dar, die einen Verzicht auf die Aufspaltung der Vorgänge in Teilvorgänge mit der Dauer einer Zeiteinheit erst ermöglicht. Dagegen lassen sich grundsätzlich beim *Davis–Heidorn*-Verfahren zeitabhängige Kapazitätsgrenzen berücksichtigen, da hier für jede Zeiteinheit des Planungszeitraums eine getrennte Zuordnung von Teilvorgängen zu Kapazitäten erfolgt. Dabei treten allerdings zwei Schwierigkeiten auf: Zum einen lassen sich kaum hinreichende und zugleich notwendige Bedingungen für die Existenz eines zulässigen Gesamtplans angeben. Zum anderen existieren u.U. nur zulässige Pläne, bei denen Projektleerzeiten (Zeitintervalle, in denen kein Vorgang durchgeführt wird) in Kauf zu nehmen sind. Eine hinreichende, aber nicht notwendige Bedingung für die Existenz eines optimalen Gesamtplans ohne Projektleerzeiten besteht z.B. darin, daß jeder Teilvorgang v_{kl} des Projekts in Zeiteinheiten $\leq FDZ_{kl}$ mit den verfügbaren Kapazitäten durchführbar ist. Gilt diese Bedingung, so sind lediglich folgende Modifizierungen vorzunehmen:

– Die Kapazitätsbedingung c) auf S. 244 bei der Prüfung der Existenz eines Pfeils x^s_{hj} ist zu ersetzen durch:

$N(S_j) - N(S_h) \leqq b(t)$, $b(t) = (b_1(t), b_2(t), \ldots, b_q(t))$, mit $t = l(h) + 1$.

– Anstelle der auf S. 250 angegebenen Formel ist für die Berechnung der Werte $A^i_t(T')$ folgende Gleichung zu verwenden:

$$A^i_t(T') = \max \{0, a_i - \sum_{\tau=t+1}^{T'} b_i(\tau)\}.$$

In der Abbildung 90 sind für das bisherige Beispiel (vgl. Abbildung 84) die Belastungsdiagramme optimaler Ablaufpläne für zwei Verläufe a) und b) verfügbarer Kapazitäten angegeben:

t	1		2		3		4		5		$\geqq 6$	
	a)	b)	a)	b)	a)	b)	a)	b)	a)	b)	a)	b)
$b_1(t)$	1	1	2	2	2	2	3	3	3	3	4	4
$b_2(t)$	2	2	3	3	3	3	4	4	4	4	4	4
$b_3(t)$	1	1	2	2	3	2	4	2	4	4	4	4

Die Kapazitätsverläufe unterscheiden sich nur bei der Kapazitätsart 3. Im Fall a) ist der optimale Plan mit einer Projektdauer $T = 8$ unterbrechungsfrei. Man sieht, daß die soeben angegebene Bedingung nur hinreichend ist: Sie wird bei den Vorgängen v_1, v_3 und v_4 nicht erfüllt. Der optimale Plan weist im Fall b) eine Projektleerzeit auf. Es existiert in diesem Fall kein unterbrechungsfreier Plan.

Auch wenn unterbrechungsfreie Pläne möglich sind, können beim optimalen Plan Projektleerzeiten notwendig sein. Ein Beispiel hierfür mit einer Kapazitätsgrenze ist im folgenden wiedergegeben (vgl. Abb. 91).

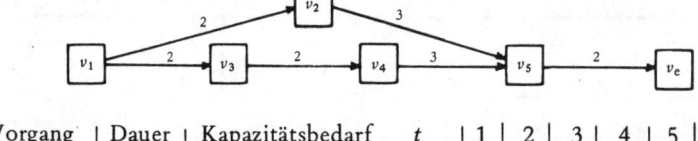

Vorgang Nr.	Dauer	Kapazitätsbedarf
1	2	2
2	3	1
3	2	3
4	3	2
5	2	2

t	1	2	3	4	5	$\geqq 6$
$b(t)$	2	2	1	3	3	3

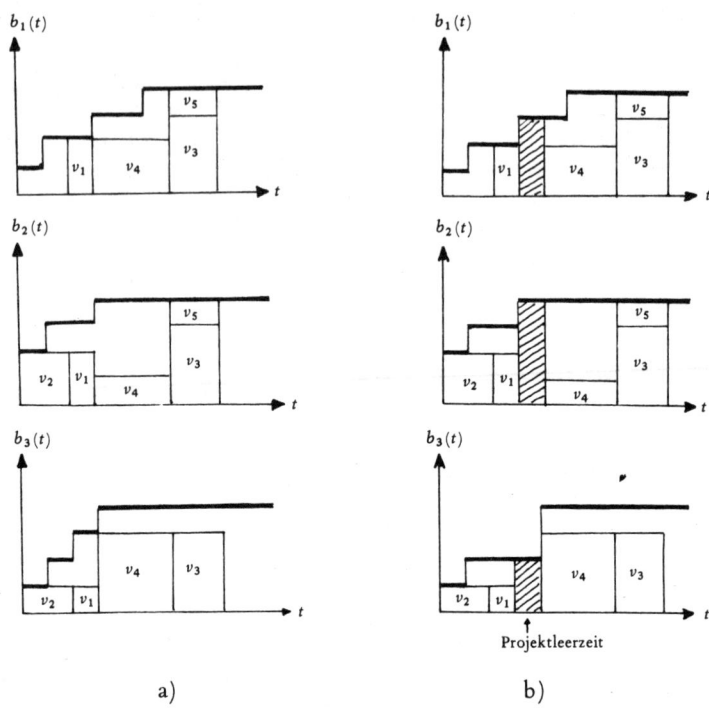

Abb. 90: Belastungsdiagramme optimaler Ablaufpläne bei zeitabhängiger Kapazitätsgrenze

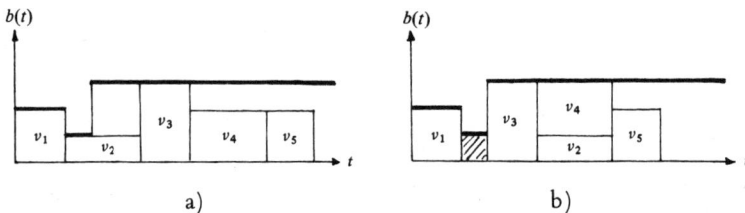

Abb. 91: Belastungsdiagramme von Plänen bei zeitabhängiger Kapazitätsgrenze

Der unter a) angegebene Plan ohne Projektleerzeiten ist nicht optimal ($T = 12$). Der optimale Plan mit einer Projektleerzeit im Zeitintervall (2,3) ist unter b) angegeben ($T = 10$). Die Projektleerzeit ließe sich bei diesem Plan nur durch ein Splitting des Vorgangs v_2 vermeiden. Die Projektdauer könnte hierdurch nicht vermindert werden.

Läßt sich nicht von vornherein ausschließen, daß kein unterbrechungsfreier optimaler Plan existiert, so sind bei Anwendung des *Davis-Heidorn*-Verfahrens in der vorliegenden Form — mit Berücksichtigung der weiter oben angegebenen Modifikation — folgende Ausgänge möglich:

— Es wird kein zulässiger Plan gefunden.

— Die gefundene (unterbrechungsfreie) Lösung ist nicht optimal.

Solche Ergebnisse können nur vermieden werden, wenn man Projektleerzeiten explizit berücksichtigt. Das ist durch die Einführung von Scheinvorgängen mit folgender Verfahrensänderung möglich:

Ist ein Pfeil x_{hj}^s, $v_h^s \in L_k$, nur deshalb unzulässig, weil mindestens einer der Teilvorgänge $v_{kl} \in S_j \setminus S_h$ im Intervall $(l(h), l(h)+1)$ aufgrund der Kapazitätsgrenzen undurchführbar ist $(a_{i,kl} > b_i(t), t = l(h)+1$, für mindestens ein $i \in \{1, 2, \ldots, q\})$, so wird als Nachfolger von S_h in der Stufe $k+1$ die zusätzliche Menge $S_{h'} := S_h \cup \{v_{s1}\}$ erzeugt. Hierbei ist v_{s1} ein Scheinvorgang ohne Kapazitätsbeanspruchung. Der Pfeil $x_{hh'}^s$ ist zulässig $(\delta = 1)$, wenn alle Vorgänge aus S_h abgeschlossen sind, d.h. wenn kein Teilvorgang $v_{kl} \in S_h$ mit $l < D_k$ existiert. Sonst ist $x_{hh'}^s \notin X_S$ $(\delta = \infty)$.

Zeitabhängige, variable Kapazitätsgrenzen haben vor allem im Falle der *Mehrprojektplanung* praktische Bedeutung [vgl. hierzu z.B. *Pritsker, Watters* und *Wolfe*, 1969; *Gewald, Kasper* und *Schelle*, 1972, S. 59 ff., 113 f., 152 ff.]. Bei Planung eines neuen Projektes können begrenzte Kapazitäten noch durch Projekte belegt sein, die in Vorperioden begonnen wurden. Diese Kapazitäten werden dann sukzessive während des Planungszeitraums freigesetzt. Sollen im Planungszeitraum mehrere Projekte begonnen werden, die dieselben begrenzten Kapazitäten beanspruchen, so sind verschiedene Vorgehensweisen denkbar:

a) Genießt kein Projekt in bezug auf den Fertigstellungstermin Vorrang, so kann als Ziel die Minimierung der Durchlaufzeiten aller Projekte (Zeit vom Beginn der ersten Tätigkeit bis zum Abschluß der letzten Tätigkeit aller Projekte) verwendet werden. Die Projekte sind in diesem Fall parallel zu schalten (d.h. die Anfangs- und Endknoten der Einzel-Netzpläne werden jeweils zu einem Knoten vereinigt) und wie ein Gesamtprojekt zu behandeln. Das Vorgehen entspricht der Behandlung des Maschinenbelegungsproblems, wobei jeder Auftrag ein „Einzelprojekt" darstellt (vgl. S. 236).

b) Sind für einzelne oder alle parallel einzuplanende Projekte späteste Abschlußzeitpunkte (z.b. Liefertermine) als Obergrenzen vorgegeben, so wird hierdurch lediglich die Menge der zulässigen Lösungen reduziert: Beim Verfahren der Pfeil-Ergänzungen ist im Schritt 4 (vgl. S.235 und die Abfrage 4. des Ablaufdiagramms der Abbildung 79) zusätzlich zu prüfen, ob mit $x(z) = x_{ij}$, v_i, $v_j \in V_k$, $L(x(z)) \leqq T'_k$ (V_k: Menge der Vorgangsknoten des Projekts k, $k = 1,\ldots,p$, p: Anzahl der Projekte; T'_k: vorgegebener spätester Abschlußzeitpunkt des Projekts k). Ist diese Bedingung nicht erfüllt, so scheidet die Ergänzung $E(z)$ als unzulässig aus.

Beim Verfahren von *Davis* und *Heidorn* werden die Werte T'_k unmittelbar zur Berechnung zusätzlicher Eliminationskriterien $M_t(T'_k)$ und $A_t(T'_k)$ benutzt.

Als Ziel kann hierbei neben der Minimierung der Durchlaufzeit aller Projekte auch die Minimierung der Projektdauer für ein ausgewähltes Projekt sinnvoll sein. Das Branch-and-bound-Verfahren (beim *Davis–Heidorn*-Verfahren die modifizierte Version B) gestattet außerdem, die Priorität für ein Projekt während des Verfahrensablaufs zu ändern: Zunächst wird die Projektdauer für das Projekt mit der ersten Priorität (Projekt 1) minimiert. Hat man eine zulässige Lösung mit $T_1 < T'_1$ gefunden, so wird $T'_1 := T_1$ gesetzt und im nächsten Durchlauf als Ziel die Minimierung der Projektdauer für das Projekt mit der zweiten Priorität verwendet, usw.

c) Ist für die Projekte eine feste Priorität vorgegeben, so ist eine Parallelschaltung der Projekte zu einem Gesamtprojekt nicht erforderlich: Zunächst wird die Projektdauer für das erste Projekt ohne Berücksichtigung der übrigen Projekte minimiert. Aus dem Belastungsdiagramm der Lösung und den verfügbaren Kapazitäten erhält man die verbleibenden Restkapazitäten. Diese Kapazitäten sind als Kapazitätsgrenzen bei der Minimierung der Projektdauer des zweiten Projektes zu benutzen, usw. Bei einem solchen Vorgehen ergeben sich in der Regel — zumindest für die Projekte 2 und folgende — variable, zeitabhängige Kapazitätsverläufe. Das Verfahren der Pfeil-Ergänzungen ist dann nicht anwendbar (vgl. weiter oben).

Die vorangehenden Ausführungen haben gezeigt, daß eine Aufspaltung des Planungszeitraums in aufeinanderfolgende Zeiteinheiten und eine Zuordnung von Teilvorgängen pro Zeiteinheit immer dann notwendig wird, wenn zeitabhängige Restriktionen zu berücksichtigen sind. Das gilt nun auch für den Fall, daß in der Zielfunktion nicht nur die Projektdauer, sondern auch die zeitabhängige Kapazitätsbeanspruchung (Belastungsverlauf) eines Ablaufplans bewertet wird. Im Kapitel 3.4.4 wird gezeigt, daß das Stufen-Netz G_S besonders geeignet ist, derartige Planungsprobleme zu veranschaulichen bzw. zu strukturieren und als Grundlage für Optimierungsrechnungen zu dienen.

3.4.3.3 Näherungsverfahren auf der Grundlage von Prioritätsregeln

Mit Hilfe von Prioritätsregel-Verfahren lassen sich selbst für Groß-Projekte in relativ kurzer Zeit zulässige Ablaufpläne gewinnen (vgl. Abschnitt 3.4.1.4 sowie *Gewald, Kasper* und *Schelle*, 1972, S.80–103). Sie können auch für die Mehrprojektplanung und für den Fall zeitabhängiger Kapazitätsgrenzen eingesetzt werden. Hierauf ist im wesentlichen ihre große Verbreitung bei der praktischen Anwendung der Netzplantechnik zurückzuführen. Das grundsätzliche Vorgehen besteht darin, einplanbare Vorgänge [1], die aufgrund der Kapazitätsgrenzen nicht parallel durchgeführt werden können, nach vorgegebenen Prioritäten in einer Prioritätsliste zu ordnen und in der Reihenfolge dieser Liste den knappen Kapazitäten zuzuweisen.

Zur Festlegung der Reihenfolge können folgende *Prioritäten* verwendet werden [2]:

a) *Nachfolgebedingungen:*

- Min r_j (r_j: Rang des Vorgangs v_j)

- Min j (j : Index des Vorgangs v_j bei einer Rangindizierung der Vorgänge, d.h. $k < j$, falls Vorgang v_k Vorgänger von Vorgang v_j ist);

b) *Zeitberechnung* ohne Berücksichtigung von Kapazitätsgrenzen:

- Min FAZ_j – Min SAZ_j – Min FEZ_j – Min SEZ_j – Min GP_j;

c) *Dauer* oder *Kapazitätsbedarf* der Vorgänge:

$$- \text{Min } D_j \ - \ \text{Max } D_j \ - \ \text{Min } \sum_{i=1}^{q} a_{ij} \ - \ \text{Max } \sum_{i=1}^{q} a_{ij}$$

$$- \text{Min } \sum_{i=1}^{q} (b_i - a_{ij}) \ - \ \text{Max } \sum_{i=1}^{q} (b_i - a_{ij}).$$

---

1) Vorgänge, deren sämtliche Vorgänger bereits eingeplant sind.
2) Einplanbare Vorgänge, bei denen die angegebene Größe minimal (Min) oder maximal (Max) ist, werden jeweils zuerst eingeplant.

Zur Festlegung einer *eindeutigen* Reihenfolge ist in der Regel die sukzessive Verwendung mehrerer Prioritäten notwendig (Anwendung eines *„Hauptsortierkriteriums"* und eines oder mehrerer *„Nebensortierkriterien")*.

Es können folgende *Verfahren* bei der Verwendung von Prioritätsregeln unterschieden werden:

1. *Statische Verfahren:* Hierbei werden die ursprünglichen nach b) ermittelten Prioritäten beibehalten, bis alle Vorgänge eingeplant sind.

2. *Dynamische Verfahren:* Hierbei erfolgt eine Neuberechnung der Prioritäten b) nach Einplanung jedes Vorgangs.

3. *Serielle Verfahren:* Hierbei werden die Vorgänge in der Reihenfolge der Prioritätsliste zu den bei Einhaltung der Kapazitätsbedingungen frühest-möglichen Zeitpunkten eingeplant, wobei zwei Fälle zu unterscheiden sind:

   3.1 Serielle Verfahren *mit Warteliste:* Vorgänge mit noch nicht eingeplanten Vorgängern werden solange in einer Warteliste geführt, bis alle Vorgänger eingeplant sind.

   3.2 Serielle Verfahren *ohne Warteliste:* Wartelisten entfallen, wenn als Hauptsortierkriterium eine der Prioritäten nach a) oder − bei dynamischen Verfahren − die Prioritäten Min FAZ_j und Min FEZ_j verwendet werden.

4. *Parallele Verfahren:* Hierbei werden die aufgrund der Nachfolge- und Kapazitätsbedingungen einplanbaren Vorgänge für aufeinanderfolgende Zeitpunkte $t = 0,1,2,\ldots$, ermittelt und jeweils in der Reihenfolge der Prioritätsliste eingeplant, solange die Kapazitätsbedingungen erfüllt sind.

Serielle und parallele Verfahren können jeweils sowohl statisch als auch dynamisch sein, so daß sich die in der folgenden Tabelle angegebenen sechs speziellen Prioritätsregel-Verfahren ergeben.

Prioritätsregel-Verfahren

	seriell		parallel
	mit Warteliste	ohne Warteliste	parallel
statisch	(1)	(2)	(3)
dynamisch	(4)	(5)	(6)

Bei einem parallelen Verfahren kann anstelle der Verwendung von Prioritätslisten die Reihenfolge der Vorgänge auch durch eine „Suboptimierung" („lokale Optimierung") bestimmt werden [vgl. *Fehler*, 1969].

Eine Vorgangsmenge $\hat{V}$ heiße einplanbar zum Zeitpunkt t, wenn

— sämtliche Vorgänger der Vorgänge dieser Menge bis zum Zeitpunkt t abgeschlossen sind und
— die Kapazitätsbedingungen erfüllt sind, wenn alle Vorgänge dieser Menge zum Zeitpunkt t eingeplant werden.

Eine Vorgangsmenge $\hat{V}$ heiße maximal-einplanbar zum Zeitpunkt t, wenn kein Vorgang v_j existiert, so daß $\hat{V} \cup \{v_j\}$ zum Zeitpunkt t einplanbar ist.

Ein *suboptimierendes paralleles Verfahren* läuft dann in folgenden Schritten ab:

Schritt 1: Ermittle jeweils für aufeinanderfolgende Zeitpunkte $t = 0,1,2,...$, die Klasse der maximal-einplanbaren Vorgangsmengen.

Schritt 2: Bestimme für jede zum Zeitpunkt t maximal-einplanbare Vorgangsmenge die minimale Projektdauer, die sich ergeben würde, wenn man die Vorgänge der jeweiligen Menge zum Zeitpunkt t einplant und den Kapazitätsbedarf noch nicht eingeplanter Vorgänge unberücksichtigt läßt.

Schritt 3: Plane die Vorgangsmenge zum Zeitpunkt t ein, bei der die im Schritt 2 bestimmte Projektdauer minimal ist.

Beispiel

Formulierung des Problems:
Für das auf S. 236 f. behandelte Beispiel sind zulässige Ablaufpläne des Projekts unter Verwendung folgender Prioritäten zu ermitteln:

a) Min r_j, b) Max $\sum_{i=1}^{3} (b_i - a_{ij})$, c) Min D_j, d) Min FAZ_j,

e) Min SEZ_j, f) Min GP_j, g) Min j.

Es sind folgende Verfahren anzuwenden (vgl. Tabelle S. 270):

(1) statisch-serielles Verfahren mit Warteliste und der ersten Priorität c) sowie der zweiten Priorität b),

(2) statisch-serielles Verfahren ohne Warteliste mit der ersten Priorität a) und der zweiten Priorität b),

(3) statisch-paralleles Verfahren mit der ersten Priorität e) und der zweiten Priorität f),

(4) dynamisch-serielles Verfahren mit Warteliste und der ersten Priorität f) sowie der zweiten Priorität g),

(5) dynamisch-serielles Verfahren ohne Warteliste mit der ersten Priorität d) und der zweiten Priorität b),

(6) dynamisch-paralleles Verfahren mit der ersten Priorität d) und der zweiten Priorität g),

(7) suboptimierendes paralleles Verfahren.

Lösung:
Für die ohne Berücksichtigung der Kapazitätsgrenzen berechneten Prioritätsgrößen ergibt sich:

Vorgang v_j	\multicolumn{7}{c}{Prioritätsgrößen}	Vorgänger Γ_j
	a)	b)	c)	d)	e)	f)	g)	
v_1	1	8	1	0	1	0	1	v_a
v_2	1	10	2	0	4	2	2	v_a
v_3	2	4	2	1	6	3	3	v_1
v_4	2	7	3	1	4	0	4	v_1
v_5	3	11	2	4	6	0	5	v_2, v_4
	Min	Max	Min	Min	Min	Min	Min	

zu (1):

Prioritätsliste: $(v_1, v_5, v_2, v_3, v_4)$

eingeplante Vorgänge v_j	v_1	v_2	v_3	v_4	v_5
Anfangszeitpunkt AZ_j	0	0	2	4	7
Wartelisten	—	v_5	v_5	v_5	—

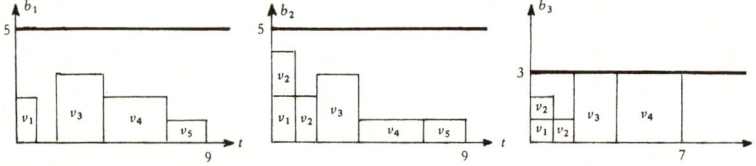

Abb. 92: Belastungsdiagramm des Ablaufplans nach (1)

zu (2):

Prioritätsliste: $(v_2, v_1, v_4, v_3, v_5)$

eingeplante Vorgänge v_j	v_2	v_1	v_4	v_3	v_5
Anfangszeitpunkt AZ_j	0	0	2	5	5

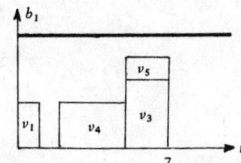 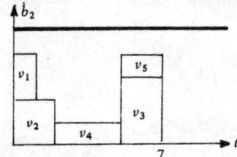 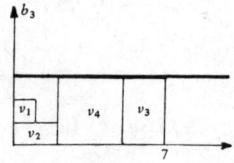

Abb. 93: Belastungsdiagramm des Ablaufplans nach (2)

zu (3):

Prioritätsliste: $(v_1, v_4, v_2, v_5, v_3)$

Planungszeitpunkt t	0	1	2	3	4	5
Vorgänge v_j	v_1^*, v_2^*	—	v_4^*, v_3	—	—	v_5^*, v_3^*

v_j^* : eingeplante Vorgänge

Ablaufplan und Belastungsdiagramm wie nach Verfahren (2).

zu (4):

1. Prioritätsliste: $(v_1, v_4, v_5, v_2, v_3)$

F: Vorgänge mit $AZ_j = FAZ_j(\text{alt})$
V: ”   ” $AZ_j > FAZ_j(\text{alt})$

Vorgänge v_j	AZ_j	F/V	Wartelisten
v_1	0	F	—
v_4	1	F	—
v_2	4	V	v_5

Neue Prioritätsgröße: $GP_3 = 5$

2. Prioritätsliste: (v_5, v_3)

Vorgänge v_j	AZ_j	F/V	Wartelisten
v_5	6	V	—
v_3	6	V	—

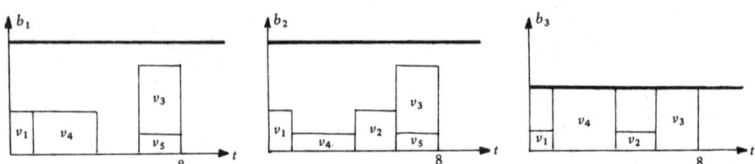

Abb. 94: Belastungsdiagramm des Ablaufplans nach (4)

zu (5):

1. Prioritätsliste: $(v_2, v_1, v_4, v_3, v_5)$

Vorgang v_j	AZ_j	F/V
v_2	0	F
v_1	0	F
v_4	2	V

Neue Prioritätsgröße: $FAZ_5 = 5$

2. Prioritätsliste: (v_3, v_5)

Vorgang v_j	AZ_j	F/V
v_3	5	V
v_5	5	V

Ablaufplan und Belastungsdiagramm wie nach Verfahren (2).

zu (6):

Planungs- zeitpunkt t	einplanbare Vorgänge v_j	Neue Werte für FAZ_j
0	v_1^*, v_2^*	
1	—	$FAZ_3 = FAZ_4 = 2$ $FAZ_5 = 5$
2	v_3^*, v_4	
3	—	$FAZ_4 = 4,\ FAZ_5 = 7$
4	v_4^*	
5	—	
6	—	
7	v_5^*	

Ablaufplan und Belastungsdiagramm wie nach Verfahren (1).

zu (7):

Planungs-zeitpunkt t	maximal-einplanbare Vorgangsmengen	Projekt-dauer $\tilde{T}$	eingeplante Vorgänge v_j
0	$\{v_1, v_2\}$	6	v_1, v_2
1	—		
2	$\{v_3\}$	6	v_3
	$\{v_4\}$	7	
3	—		
4	$\{v_4\}$	9	v_4
5,6	—		
7	$\{v_5\}$	9	v_5

$\tilde{T}$:   Projektdauer ohne Berücksichtigung des Kapazitätsbedarfs noch nicht eingeplanter Vorgänge,
Ablaufplan und Belastungsdiagramm wie nach Verfahren (1).

3.4.4   Ermittlung eines kostenminimalen Ablaufplans bei festen Vorgangsdauern und beschränkten Kapazitäten – Beschäftigungsglättung

3.4.4.1 Problemstellung

In Abschnitt 3.4.3 wurde zur Beurteilung alternativer Ablaufpläne ausschließlich die Projektdauer benutzt. Das Problem wird wesentlich komplizierter, wenn Kostengesichtspunkte in die Betrachtung einbezogen werden. Im folgenden wird vorausgesetzt, daß Kostenunterschiede zwischen alternativen Projektabläufen – bei Konstanz der Vorgangsdauern – ausschließlich durch unterschiedliche Projektdauern und unterschiedliche Verläufe der Kapazitätsbeanspruchung (Beschäftigungs- oder Belastungsverläufe) bedingt sind. Die Kosten der Kapazitätsbeanspruchung in der Zeiteinheit $[t\text{-}1,t]$ können sowohl von der absoluten Größe der Beschäftigung als auch von der Größe der Beschäftigungsänderung gegenüber der vorhergehenden Zeiteinheit abhängen.
Die Kostenfunktion ist also wie folgt aufgebaut:

$$c(T) = \sum_{t=1}^{T+1} \sum_{i=1}^{q} [c_1^i \, (f_i(t)) + c_2^i \, (f_i(t) - f_i(t\text{-}1))] + c_3(T) \qquad \text{mit}$$

$f_i(t)$: Anzahl der im Intervall $[t-1,t]$ beanspruchte Einheiten der Kapazitätsart i ($t = 1,\ldots,T$; $i = 1,\ldots,q$),

c_1^i : von der Höhe der Beschäftigung $f_i(t)$ abhängige Kosten, im folgenden *Belastungskosten* genannt ($i = 1,\ldots,q$),

c_2^i : von der Größe der Beschäftigungsänderung $f_i(t) - f_i(t-1)$ abhängige Kosten, im folgenden *Anpassungskosten* genannt,

c_3 : von der Projektdauer T abhängige Kosten *(Ausfallkosten)*.

Nach Projektabschluß treten keine Belastungskosten auf (c_1^i ($f_i(T+1)$)) = 0 für alle i). Dagegen verursacht möglicherweise der Abbau von Kapazitäten am Projektende Anpassungskosten c_2^i ($f_i(T+1) - f_i(T)$).

Beschäftigungsänderungen sind durch zeitliche, intensitätsmäßige und quantitative Anpassungen sowie durch eine Kombination dieser Anpassungsarten möglich. Da alternative Anpassungsmöglichkeiten nicht explizit berücksichtigt werden, ist davon auszugehen, daß c_1^i und c_2^i ($i = 1,\ldots,q$) bereits die Kosten der jeweils optimalen (kostenminimalen) Anpassungsform beinhalten. Die Anpassungsmaßnahmen werden „global" in bezug auf den Kapazitätsbedarf aller Teilvorgänge vorgenommen, die im Intervall $[t-1, t]$ durchzuführen sind. Sie dienen nicht dazu, einzelne Vorgänge zu verzögern oder zu beschleunigen. Stehen etwa an einem 8-stündigen Arbeitstag 3 gleichartige Maschinen zur Verfügung, so beträgt die verfügbare Kapazität bei normaler Arbeitszeit und Normalleistung $3 \cdot 8 = 24$ Stunden. Sollen nun an diesem Tag 3 Teilvorgänge mit einem auf die Normalleistung bezogenen Bedarf von 30 Maschinenstunden durchgeführt werden, so ist eine Erhöhung der Leistungsintensität oder der Arbeitszeit (Überstunden) erforderlich (z.B. Steigerung der Leistungsintensität um 25 % oder 2 Überstunden pro Maschine). Die im Rahmen des Gesamtprojekts vorgesehene Dauer jedes Teilvorgangs (1 Arbeitstag) bleibt von diesen Maßnahmen unberührt (vgl. zu einer Kritik dieser Annahmen *Gewald, Kasper* und *Schelle,* [1972] S. 43 ff.).

3.4.4.2 Lösung bei Vernachlässigung von Anpassungskosten

3.4.4.2.1 Beliebiger Verlauf der projektdauer-abhängigen Kosten

Zunächst soll angenommen werden, daß die Anpassungskosten c_2^i vernachlässigbar sind. Die Projektkosten betragen in diesem Fall:

$$c(T) = \sum_{t=1}^{T} \sum_{i=1}^{q} c_1^i(f_i(t)) + c_3(T).$$

Ist eine Beschäftigungsanpassung nur innerhalb vorgegebener Kapazitätsgrenzen möglich, so sind außerdem die Nebenbedingungen

$$f_i(t) \;\leqq\; b_i(t) \;,\quad i = 1, \ldots, q, \; t = 1, \ldots, T \,,$$

einzuhalten.

Ein über die Minimierung der Projektdauer hinausgehendes Optimierungsproblem ergibt sich nur dann, wenn mindestens eine der Funktionen $c_1^i (f_i(t))$ nichtlinear ist. Gilt nämlich

$$c_1^i (f_i(t)) \;=\; k_1^i \cdot f_i(t) \quad \text{für alle } i \; (k_1^i : \text{Konstante}), \;\; \text{so folgt}$$

$$\sum_{t=1}^{T} \sum_{i=1}^{q} k_1^i \cdot f_i(t) \;=\; \sum_{i=1}^{q} \left(k_1^i \cdot \sum_{t=1}^{T} f_i(t) \right) = \sum_{i=1}^{q} k_1^i \cdot a_i = \text{konstant}$$

(a_i: Summe des Kapazitätsbedarfs der Kapazitätsart i).

Bei nichtlinearen Funktionen $c_1^i (f_i(t))$ kann das Optimierungsproblem mit Hilfe des im Abschnitt 3.4.3.2.3 dargestellten Stufen-Netzes G_S wie folgt veranschaulicht werden:

Jeder Pfeilweg in G_S vom Anfangs- zum Endknoten stellt einen zulässigen Ablaufplan dar. Die Projektdauer entspricht der Anzahl der Pfeile auf einem solchen Pfeilweg. Durch einen Pfeil x_{hj}^s wird einer Zeiteinheit $(t-1, t)$ die Menge der Teilvorgänge $S_j \setminus S_h$ zugeordnet. Es entsteht ein Kapazitätsbedarf $N^i(S_j) - N^i(S_h)$, $i = 1, \ldots, q$, und die beschäftigungsabhängigen Belastungskosten betragen

$$\sum_{i=1}^{q} c_1^i (N^i(S_j) - N^i(S_h)).$$

Führt man für jeden Pfeil $x_{hj}^s \in X_S$ eine derartige Kostenbewertung durch, so erhält man den „Kostengraphen" G_S^c. Die Summe der Pfeilbewertungen (die „Kostenlänge") eines Pfeilweges in G_S^c vom Anfangs- zum Endknoten gibt die beschäftigungsabhängigen Kosten des zugehörigen Ablaufplans an.

Der zu einem kürzesten Weg in G_S^c (Pfeilweg mit minimaler Kostenlänge) gehörende Ablaufplan mit der Projektdauer (Pfeilanzahl) $T = T_{max}$ wäre optimal, wenn keine von der Projektdauer abhängigen Kosten $c_3(T)$ aufträten. Sind solche Kosten zu berücksichtigen, so kommen von vornherein nur Ablaufpläne mit einer Projektdauer $T \leqq T_{max}$ als mögliche optimale Ablaufpläne in Betracht. Zur Ermittlung eines optimalen Ablaufplans benötigt man somit kürzeste Wege in G_S^c, deren Pfeilanzahl durch

$$k \in \{T_{min}, T_{min} + 1, \ldots, T_{max}\}$$

$$(T_{min}: \text{ minimale Projektdauer})$$

nach oben begrenzt ist.

Die Bestimmung dieser „k-effizienten" kürzesten Wege [1] in G_S^c ist mit Hilfe eines modifizierten und erweiterten *Dijkstra*-Verfahrens möglich (vgl. Abschnitt 2., S. 31 ff.). Hierbei wird anstelle des Vorgängervektors P_i eine Vorgängermatrix $P_0 = (p_{kj})$ und anstelle des Längenvektors L_i eine Längenmatrix $L_0 = (l_{kj})$ eingeführt:

p_{kj} : Knotenindex des Vorgängers von v_j^s auf einem Weg von v_0^s nach v_j^s mit der Pfeilanzahl k,

l_{kj} : Kostenlänge eines Weges von v_0^s nach v_j^s mit der Pfeilanzahl k, $j = 0, 1, \ldots, z; \quad k = 1, \ldots, T_{max}$.

Außerdem sei

$$e_{hj} = \sum_{i=1}^{q} c_1^i \left(N(S_j) - N(S_h) \right)$$

die Kostenbewertung eines Pfeils x_{hj}^s in G_S^c. Zu jedem Knoten v_j^s gehört also ein Spaltenvektor p_j von Vorgängern und ein Spaltenvektor l_j von Kostenlängen, deren k-te Komponente den Vorgänger von v_j^s bzw. die beschäftigungsabhängigen Kosten eines Weges mit k Pfeilen vom Anfangsknoten v_0^s zum Knoten v_j^s angibt.

Das Verfahren, bei dem von der Stufenindizierung des Graphen G_S^c Gebrauch gemacht wird, läuft analog dem *Dijkstra*-Verfahren in folgenden Schritten ab:

Schritt 0: $K := \{0\}$, $p_{kj} := \infty$ $(k = 1, \ldots, T_{max}; \; j = 0, \ldots, z)$;

$$l_{kj} := \begin{cases} 0 & \text{für } k = 0 \text{ und } j = 0 \\ \infty & \text{sonst} \end{cases} .$$

Liste die Pfeile des Netzwerks G_S^c nach Ausgangsknoten.

Schritt 1: Wähle aus K den Knoten v_h^s mit dem kleinsten Knotenindex, d.h. $h = \min_{j \in K} j$.

---

[1] Ein Weg von v_0^s nach v_j^s mit k Pfeilen heißt k-effizient, wenn kein Weg mit geringerer Kostenlänge und der Pfeilanzahl $\bar{k} \leqq k$ existiert.

Führe für alle von v_h^s ausgehenden Pfeile x_{hj}^s folgende Operationen durch:

a) Ermittle $l_{k+1,j}^h := l_{kh} + e_{hj}$ $(k = 0, \ldots, T_{max})$.

b) Ist $l_{k+1,j}^h < l_{k+1,j}$ und außerdem

$l_{k+1,j}^h < l_{rj}$ für für alle $r = 1, \ldots, k$,

dann ersetze $l_{k+1,j}$ durch $l_{k+1,j}^h$ und $p_{k+1,j}$ durch h $(k = 0,1, \ldots, T_{max})$.

Ist $j \notin K$, dann erweitere K um j also $K := K \cup \{j\}$.

Schritt 2: Vermindere K um h, also $K := K \setminus \{h\}$.

Ist K leer, so gibt das Element p_{kj} der Matrix P_0 den Vorgänger von v_j^s auf einem kürzesten Weg der Pfeilanzahl k von v_0^s nach v_j^s an, und l_{kj} entspricht der Kostenlänge dieses Weges.

Ist K nicht leer, dann gehe nach Schritt 1.

Durch die Prüfung der Bedingung $l_{k+1,j}^h < l_{rj}$ im Schritt 1 b) wird sichergestellt, daß ein kürzester Weg mit k Pfeilen nur dann bestimmt wird, wenn kein kürzerer Weg mit weniger als k Pfeilen existiert. Das Verfahren liefert also nur die gewünschten k-effizienten Wege.

Unter Einbeziehung der projektdauer-abhängigen Kosten $c_3(T)$ erhält man schließlich einen optimalen Ablaufplan wie folgt:

Es sei $\widetilde{T}$ die Pfeilanzahl, für die

$$l_{\widetilde{T}z} + c_3(\widetilde{T}) = \min_{T=1, \ldots, T_{max}} (l_{Tz} + c_3(T)) \quad (z: \text{Endknoten von } G_S^c).$$

Dann liefert

$$p_{\widetilde{T}z} = j_1, p_{\widetilde{T}-1,j_1} = j_2, \ldots, p_{2,j_{\widetilde{T}-2}} = j_{\widetilde{T}-1} p_{1,j_{\widetilde{T}-1}} = 0$$

einen Weg in G_S^c, dessen zugehöriger Ablaufplan minimale Projektkosten $c(\widetilde{T})$ aufweist.

Beispiel

Formulierung des Problems:

In der folgenden Abbildung ist ein zum Stufen-Netz G_S der Abbildung 85 (S. 248) gehörender Kostengraph G_S^c wiedergegeben. Die Beschäftigung

der Kapazitäten $q = 1,2,3$ innerhalb der Kapazitätsgrenzen $b = (5,5,3)$
wurde mit folgenden Kosten bewertet:

$$c_1^1 (1) = 1, \quad c_1^1 (2) = 2, \quad c_1^1 (3) = 3, \quad c_1^1 (4) = 5, \quad c_1^1 (5) = 8,$$
$$c_1^2 (1) = 2, \quad c_1^2 (2) = 4, \quad c_1^2 (3) = 6, \quad c_1^2 (4) = 10, \quad c_1^2 (5) = 15,$$
$$c_1^3 (1) = 3, \quad c_1^3 (2) = 6, \quad c_1^3 (3) = 9.$$

Bei jedem Pfeil ist die Kapazitätsbeanspruchung (f_1, f_2, f_3) und der zugehörige Kostenwert $c_1^1 (f_1) + c_1^2 (f_2) + c_1^3 (f_3)$ angegeben.
Auf die Bedeutung der in eckige Klammern gesetzten Werte wird erst im nächsten Abschnitt eingegangen.

Ein mit Hilfe des einfachen *Dijkstra*-Verfahrens ermittelter kürzester Weg in G_S^c (stark ausgezogene Linie) besitzt 10 Pfeile und eine Kostenlänge von 104.

Für die projektdauer-abhängigen Kosten seien folgende Werte angenommen:

$$c_3 (7) = 0, \quad c_3 (8) = 2, \quad c_3 (9) = 4, \quad c_3 (10) = 8.$$

Es sind alle k-effizienten Wege in G_S^c mit zugehörigen Ablaufplänen $(k \leqq T_{max} = 10)$ sowie ein kostenminimaler Ablaufplan zu bestimmen.

Lösung:

Wendet man das soeben beschriebene Verfahren zur Bestimmung k-effizienter Wege für $T_{max} = 10$ an, so erhält man die in der folgenden Tabelle (S.282) angegebenen Matrizen L_0 und P_0. Aus der letzten Spalte von L_0 wird ersichtlich, daß effiziente Wege für $k = 7, 8, 9$ und 10 mit Kostenlängen von 112, 109, 106 und 104 existieren. Aus P_0 ermittelt man die Wege:

$$k = 7: \quad (v_0^s, v_2^s, v_8^s, v_{12}^s, v_{23}^s, v_{34}^s, v_{40}^s, v_{44}^s);$$
$$k = 8: \quad (v_0^s, v_2^s, v_8^s, v_{12}^s, v_{23}^s, v_{34}^s, v_{37}^s, v_{41}^s, v_{44}^s);$$
$$k = 9: \quad (v_0^s, v_2^s, v_8^s, v_{11}^s, v_{22}^s, v_{27}^s, v_{29}^s, v_{38}^s, v_{41}^s, v_{44}^s);$$
$$k = 10: \quad (v_0^s, v_1^s, v_3^s, v_8^s, v_{11}^s, v_{22}^s, v_{27}^s, v_{29}^s, v_{38}^s, v_{41}^s, v_{44}^s).$$

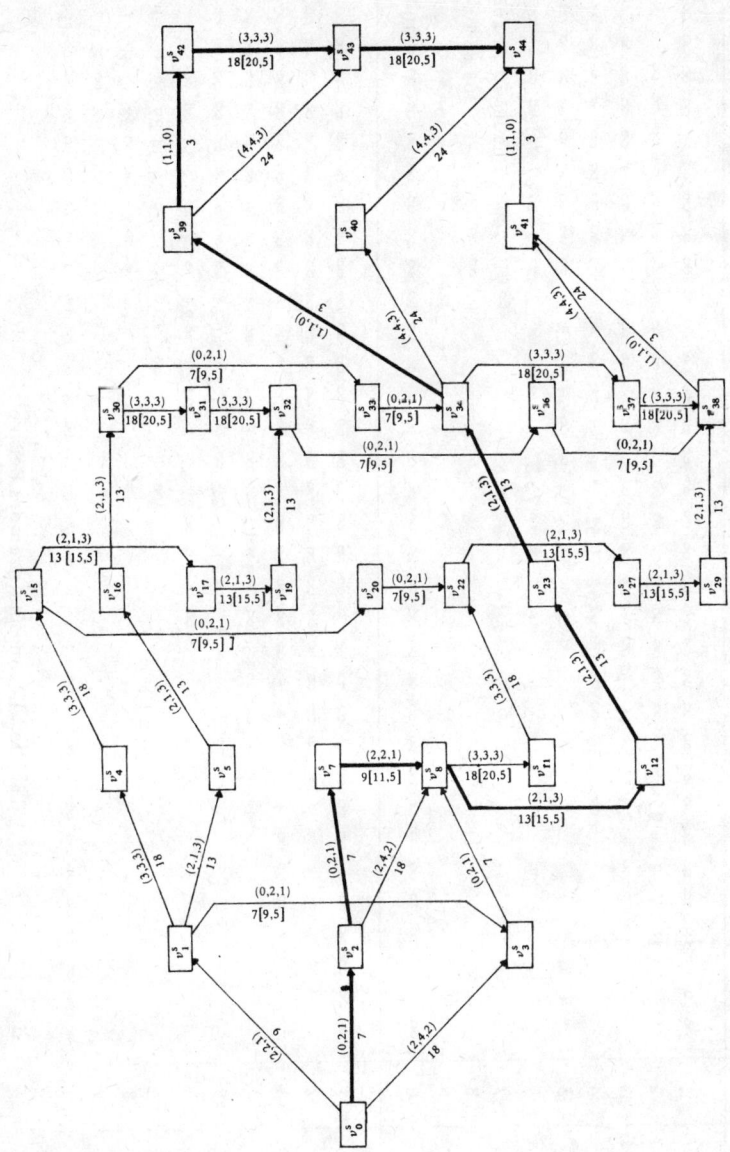

Abb. 95: Kostengraph G_S^c zum Stufen-Netz G_S der Abbildung 85

j

$L_0 = (l_{kj})$

K	0	1	2	3	4	5	7	8	11	12	15	16	17	19	20	22	23	27	29	30	31	32	33	34	36	37	38	39	40	41	42	43	44
1	∞	9	7	18	∞	∞	∞	∞	∞	∞	∞	∞	∞	∞	∞	∞	∞	∞	∞	∞	∞	∞	∞	∞	∞	∞	∞	∞	∞	∞	∞	∞	∞
2	∞	∞	16	27	∞	∞	∞	∞	∞	∞	∞	∞	∞	∞	∞	∞	∞	∞	∞	∞	∞	∞	∞	∞	∞	∞	∞	∞	∞	∞	∞	∞	∞
3	∞	∞	14	25	∞	∞	∞	∞	∞	∞	∞	∞	∞	∞	∞	∞	∞	∞	∞	∞	∞	∞	∞	∞	∞	∞	∞	∞	∞	∞	∞	∞	∞
4	∞	∞	∞	∞	23	43	38	41	36	45	35	∞	58	∞	52	61	51	48	∞	∞	66	∞	55	64	∞	∞	∞	∞	∞	∞	∞	∞	∞
5	∞	∞	∞	∞	∞	∞	∞	∞	∞	∞	∞	71	∞	59	49	74	72	87	48	66	∞	84	∞	62	∞	∞	88	67	88	∞	∞	∞	∞
6	∞	∞	∞	∞	∞	∞	∞	∞	∞	∞	∞	∞	∞	∞	∞	∞	∞	85	∞	∞	∞	∞	∞	∞	91	82	80	100	65	86	70	91	112
7	∞	∞	∞	∞	∞	∞	∞	∞	∞	∞	∞	∞	∞	∞	∞	∞	∞	∞	∞	∞	∞	∞	∞	∞	∞	∞	∞	∞	∞	∞	68	88	109
8	∞	∞	∞	∞	∞	∞	∞	∞	∞	∞	∞	∞	∞	∞	∞	∞	∞	∞	∞	∞	∞	∞	∞	∞	∞	98	∞	∞	∞	∞	∞	86	106
9	∞	∞	∞	∞	∞	∞	∞	∞	∞	∞	∞	∞	∞	∞	∞	∞	∞	∞	∞	∞	∞	∞	∞	∞	∞	∞	∞	101	∞	∞	103	∞	∞
10	∞	∞	∞	∞	∞	∞	∞	∞	∞	∞	∞	∞	∞	∞	∞	∞	∞	∞	∞	∞	∞	∞	∞	∞	∞	∞	∞	∞	∞	104	106	∞	104

$P_0 = (p_{kj})$

K	0	1	2	3	4	5	7	8	11	12	15	16	17	19	20	22	23	27	29	30	31	32	33	34	36	37	38	39	40	41	42	43	44
1	∞	1	1	1	∞	∞	∞	∞	∞	∞	∞	∞	∞	∞	∞	∞	∞	∞	∞	∞	∞	∞	∞	∞	∞	∞	∞	∞	∞	∞	∞	∞	∞
2	∞	∞	2	2	∞	∞	∞	∞	∞	∞	∞	∞	∞	∞	∞	∞	∞	∞	∞	∞	∞	∞	∞	∞	∞	∞	∞	∞	∞	∞	∞	∞	∞
3	∞	∞	3	3	∞	∞	∞	∞	∞	∞	∞	∞	∞	∞	∞	∞	∞	∞	∞	∞	∞	∞	∞	∞	∞	∞	∞	∞	∞	∞	∞	∞	∞
4	∞	∞	∞	∞	4	8	∞	∞	∞	5	15	∞	17	∞	15	11	12	16	∞	30	∞	19	∞	23	∞	∞	∞	∞	∞	∞	∞	∞	∞
5	∞	∞	∞	∞	∞	∞	∞	∞	∞	∞	∞	∞	∞	∞	11	12	22	27	30	∞	∞	34	29	34	34	∞	38	39	39	∞	∞	∞	∞
6	∞	∞	∞	∞	∞	∞	∞	∞	∞	∞	∞	∞	∞	∞	∞	∞	∞	27	∞	∞	∞	∞	∞	∞	32	34	34	37	38	42	38	39	40
7	∞	∞	∞	∞	∞	∞	∞	∞	∞	∞	∞	∞	∞	∞	∞	∞	∞	∞	∞	∞	∞	∞	∞	∞	∞	∞	∞	∞	∞	∞	∞	42	41
8	∞	∞	∞	∞	∞	∞	∞	∞	∞	∞	∞	∞	∞	∞	∞	∞	∞	∞	∞	∞	∞	∞	∞	∞	∞	29	∞	∞	∞	∞	∞	42	41
9	∞	∞	∞	∞	∞	∞	∞	∞	∞	∞	∞	∞	∞	∞	∞	∞	∞	∞	∞	∞	∞	∞	∞	∞	∞	∞	∞	38	∞	∞	38	∞	∞
10	∞	∞	∞	∞	∞	∞	∞	∞	∞	∞	∞	∞	∞	∞	∞	∞	∞	∞	∞	∞	∞	∞	∞	∞	∞	∞	∞	∞	∞	41	41	∞	41

Tabelle: Lösungsmatrizen des Beispiels

Diesen Wegen entsprechen folgende Ablaufpläne (vgl. Tabelle S. 245 f.):

$k=T$	Teilvorgänge v_{kl} in $t =$										$l_{T,44}$	$c_3(T)$
	1	2	3	4	5	6	7	8	9	10		
7	v_{21} v_{22}	v_{11}	v_{41}	v_{42}	v_{43}	v_{31} v_{51}	v_{32} v_{52}	—	—	—	112	0
8	v_{21} v_{22}	v_{11}	v_{41}	v_{42}	v_{43}	v_{31}	v_{32} v_{51}	v_{52}	—	—	109	2
9	v_{21} v_{22}	v_{11}	v_{31}	v_{32}	v_{41}	v_{42}	v_{43}	v_{51}	v_{52}	—	106	4
10	v_{11}	v_{21}	v_{22}	v_{31}	v_{32}	v_{41}	v_{42}	v_{43}	v_{51}	v_{52}	104	8

Für die gesamten Projektkosten $c(T) = l_{T,44} + c_3(T)$ folgt:

$c(7) = 112, \ c(8) = 111, \ c(9) = 110, \ c(10) = 112.$

Damit ist der Ablaufplan mit der Projektdauer $k = T = 9$ optimal. Die Belastungsdiagramme und der Verlauf der kumulierten Projektkosten

$$c(t) = \sum_{\tau=1}^{t} \sum_{i=1}^{q} c_1^i \left(f_i(\tau)\right) + c_3(t) , \ t = 1, \ldots, T,$$

für diesen Plan sind in der folgenden Abbildung wiedergegeben (S.284).

3.4.4.2.2 Linearer Verlauf der projektdauer-abhängigen Kosten

Bei linearem Verlauf der projektdauer-abhängigen Kosten, d.h. für

$$c_3(T) = k_3 \cdot (T - T') \qquad (T \geqq T'),$$

ist u.U. eine einfachere Lösung des Planungsproblems möglich. Bezeichnet T_u die minimale Projektdauer bei unbegrenzten Kapazitäten, so läßt sich $c_3(T)$ auch wie folgt schreiben:

$$c_3(T) = \begin{cases} k_3 \cdot (T_u - T') + k_3 \cdot (T - T_u) & \text{für } T \geqq T' \\ 0 & \text{sonst} \end{cases}$$

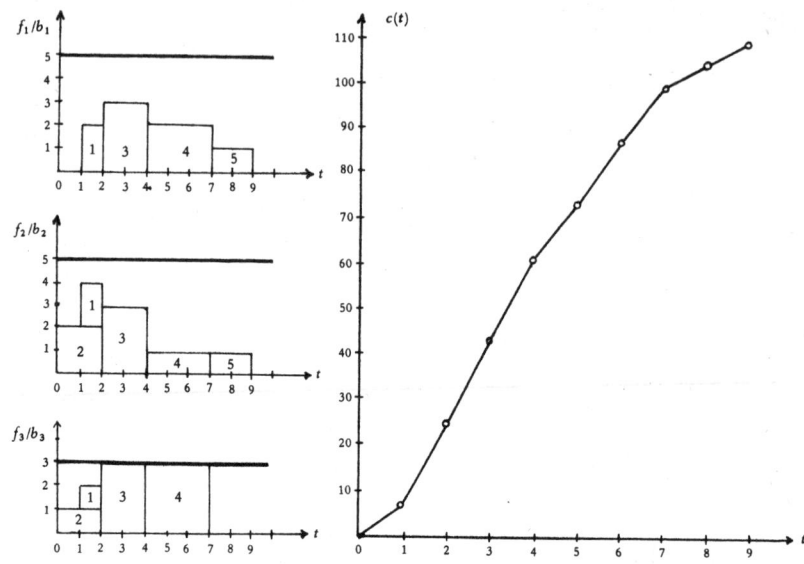

Abb. 96: Belastungs- und Kostenverlauf des optimalen Ablaufplans

Der konstante Kostenanteil $k_3 \cdot (T_u - T')$ kann unberücksichtigt bleiben. Zur Erfassung der Kosten $k_3(T - T_u)$ wird von der Tatsache Gebrauch gemacht, daß jeder Pfeil in G_S zwischen Knoten derselben Stufe eine Verlängerung der Projektdauer um eine Zeiteinheit über T_u hinaus bewirkt. Bewertet man somit jeden Pfeil in G_S^c zusätzlich zu den beschäftigungsabhängigen Kosten mit k_3, so werden bei einem Pfeilweg in G_S^c mit T Pfeilen gerade projektdauer-abhängige Kosten in Höhe von $k_3 \cdot (T-T_u)$ berücksichtigt. Setzt man also voraus, daß die Projektdauer des optimalen Ablaufplans nicht kleiner als T' ist $(T \geqq T')$, so liefert ein kürzester Weg in G_S^c bereits einen optimalen Ablaufplan mit minimalen Projektkosten $c(T)$.

Die Bedingung $T \geqq T'$ ist erfüllt, falls gilt: $T' \leqq T_u$, also z.B. für $c_3(T) = k_3 \cdot T, (T \geqq 0)$. Ist dagegen $T' > T_u$, so kann nicht von vornherein vorausgesetzt werden, daß die Projektdauer eines optimalen Ablaufplans größer oder gleich T' ist. In diesem Fall ist folgender Verfahrensablauf zu empfehlen, wobei G_S^c bzw. $\overline{G}_S^c$ den Kostengraph ohne bzw. mit Berücksichtigung der Kosten k_3 für Pfeile zwischen Knoten derselben Stufe bezeichnet:

Schritt 1:   Ermittle einen kürzesten Weg in $\overline{G}_S^c$. Ist die Anzahl der Pfeile
dieses Weges größer oder gleich T', so ist der zugehörige Ablaufplan optimal. Ist das nicht der Fall, so gehe nach Schritt 2.

Schritt 2:   Ermittle einen kürzesten Weg in G_S^c. Ist die Anzahl der Pfeile
(T_{max}) dieses Weges kleiner oder gleich T', so ist der zugehörige Ablaufplan optimal. Ist das nicht der Fall, so gehe nach
Schritt 3.

Schritt 3:   Ermittle einen optimalen Ablaufplan mit Hilfe des auf S.278 f.
angegebenen Verfahrens.

Beispiel

Formulierung des Problems:
In dem bisherigen Beispiel (vgl. S.279) sei

$$c_3(T) = 2,5 \cdot (T - 7) \quad (T \geqq 7)$$
$$= 2,5 \cdot T - 17,5 .$$

Die Pfeilbewertung bei Berücksichtigung von $k_3 = 2,5$ zwischen Knoten
derselben Stufe ist im Kostengraphen der Abbildung 95 in eckigen Klammern angegeben. Es ist ein kostenminimaler Ablaufplan zu bestimmen.

Lösung:
Die Anwendung des modifizierten *Dijkstra*-Verfahrens (Berücksichtigung
der Stufenindizierung der Knoten) liefert in $\overline{G}_S^c$ den kürzesten Weg:

$$(v_0^s, v_2^s, v_8^s, v_{11}^s, v_{22}^s, v_{27}^s, v_{29}^s, v_{38}^s, v_{41}^s, v_{44}^s)$$

mit $T = 9$ und der Kostenlänge 113,5. Da $T = 9 \geqq T' = 7$, ist der zu diesem
Weg gehörende Ablaufplan optimal (vgl. die Tabelle auf S. 283). Wegen
$T_u = 6$ betragen die Projektkosten des optimalen Ablaufplans $c(T) =$
$113,5 + 2,5 \ (T_u - T') = 113,5 - 2,5 = 111$.

3.4.4.3 Lösung unter Berücksichtigung von Anpassungskosten

Sollen ausschließlich oder zusätzlich zu den Belastungskosten von der Beschäftigungsänderung abhängige Anpassungskosten bei der Bewertung
eines Ablaufplans berücksichtigt werden (z.B. Transportkosten für zusätzlich bereitzustellende Betriebsmittel, sprungfixe Kosten bei Zuschaltung

von Aggregaten), so reicht der Graph G_S^c zur Erfassung beschäftigungsabhängiger Kosten nicht aus. Übergänge zwischen verschiedenen Beschäftigungsniveaus in aufeinanderfolgenden Zeiteinheiten entsprechen im Stufen-Netz G_S einer Pfeilfolge (x_{hj}^s, x_{jl}^s). Je nach der Anzahl der aus- und eingehenden Pfeile treffen in einem Knoten v_j^s mehrere solche Pfeilfolgen zusammen. Eine eindeutige Erfassung der Anpassungskosten ist also auch durch eine Knotenbewertung in G_S nicht zu erreichen. Das Problem kann aber wie folgt gelöst werden:

Deutet man G_S als „Vorgangspfeilnetz", so wird dieses Netz in ein „Vorgangsknotennetz" G_S' transformiert. Mit Ausnahme des Anfangsund Endknotens entspricht jeder Knoten in G_S' einem Pfeil x_{hj}^s in G_S, d.h. einer Menge von Teilvorgängen, die einer Zeiteinheit zuzuordnen sind. Eine Pfeilfolge in G_S wird in G_S' durch einen einzigen Pfeil wiedergegeben. G_S' besitzt somit die Knotenmenge

$$V_{S'} = \{v_{hj}^{s'} : x_{hj}^s \in X_S \cup \{x_{00}^s, x_{zz}^s\}\}, \quad v_{00}^{s'} \text{ bzw. } v_{zz}^{s'} : \text{Anfangs- bzw.}$$
Endknoten ,

und die Pfeilmenge

$$X_{S'} = \{x_{hj,jl}^{s'} : v_{hj}^{s'}, v_{jl}^{s'} \in V_{S'}\}.$$

Da die Anzahl der Pfeile in G_S selbst bei Berücksichtigung von Kapazitätsschranken meist erheblich größer ist als die Anzahl der Knoten, wird das transformierte Stufen-Netz G_S' entsprechend umfangreicher als G_S (vgl. das folgende Beispiel). Die Anzahl der Pfeilwege stimmt in beiden Stufen-Netzen notwendigerweise überein. Die Menge der Pfeilwege repräsentiert in beiden Fällen die Menge zulässiger Ablaufpläne ohne Projektleerzeiten. [1]

Die Knoten in G_S' sind wieder aufeinanderfolgenden Stufen zugeordnet, wobei die Stufe $r(v_{hj}^{s'}) = r(S_j)$ eines Knotens $v_{hj}^{s'}$ angibt, in welcher Zeiteinheit die zugehörigen Teilvorgänge $S_j \setminus S_h$ frühestens durchgeführt werden können, wenn keine Kapazitätsgrenzen existieren. Bewertet man die Endpfeile $x_{hz,zz}^s$ mit 0 und alle übrigen Pfeile mit 1, so gibt die Länge eines Pfeilweges in G_S' vom Anfangs- zum Endknoten wieder die Projektdauer des zugehörigen Ablaufplans an. Die einem Pfeil $x_{hj,jl}^{s'}$ zuzuordnenden Anpassungskosten betragen

---

1) Ablaufpläne mit Projektleerzeiten können bei ausreichenden Kapazitäten von vornherein als nicht optimal ausscheiden, wenn die Belastungskosten mit zunehmender Beschäftigung und die Anpassungskosten mit zunehmender Beschäftigungsänderung nicht fallen. Eine solche sinnvolle Einschränkung der Kostenverläufe wird vorausgesetzt.

$$\sum_{i=1}^{q} c_2^i \left((N^i(S_l) - N^i(S_j)) - (N^i(S_j) - N^i(S_h)) \right) =$$

$$\sum_{i=1}^{q} c_2^i \left(N^i(S_l) + N^i(S_h) - 2 \cdot N^i(S_j) \right) .$$

Die Ausgangspfeile des Anfangsknotens $x_{00,01}^{s'}$ ($N^i(S_0) = 0$) und die Eingangspfeile des Endknotens $x_{hz,zz}^{s'}$ sind nur dann zu bewerten, wenn mit der Bereitstellung von Kapazitäten zu Beginn des Projektes und mit dem Kapazitätsabbau am Projektende Anpassungskosten entstehen. Die Belastungskosten sind den Knoten des Stufen-Netzes $G_{S'}$ zuzuordnen. Der Kostengraph $G_{S'}^c$ enthält dann sowohl bewertete Pfeile als auch bewertete Knoten. Die Kostenlänge eines Pfeilweges in $G_{S'}^c$ entspricht der Summe der Kosten aller Pfeile und Knoten dieses Weges. Eine äquivalente reine Pfeilbewertung erhält man, wenn man den Kostenwert jedes Knotens auf alle Ausgangspfeile oder auf alle Eingangspfeile des Knotens überträgt. Bei Übertragung auf die Eingangspfeile ergibt sich für einen Pfeil $x_{hj,jl}^{s'}$ folgende Bewertung mit Belastungs- und Anpassungskosten:

$$\sum_{i=1}^{q} \left[c_1^i (N^i(S_l) - N^i(S_j)) + c_2^i (N^i(S_l) + N^i(S_h) - 2 \cdot N^i(S_j)) \right].$$

Die Ermittlung optimaler Ablaufpläne durch die Bestimmung k-effizienter und kürzester Wege in $G_{S'}^c$ ist dem Vorgehen bei Verwendung des Graphen G_S^c völlig analog (vgl. 3.4.4.2).

Beispiel

Formulierung des Problems:
In dem bisherigen Beispiel (vgl. S. 279) sind zusätzlich zu den Belastungskosten folgende Anpassungskosten zu berücksichtigen:

$$c_2^i(s_i) = \begin{cases} 2s_i & \text{für } s_i \geqq 0 \\ \\ -s_i & \text{für } s_i < 0 \end{cases} \qquad \text{für alle } i = 1,2,3$$

mit $s_i = N^i(S_l) + N^i(S_h) - 2 \cdot N^i(S_j)$

für einen Pfeil $x_{hj,jl}^{s'} \in X_{S'}$.

a) Zunächst ist ein optimaler Ablaufplan bei Vernachlässigung der Belastungskosten und Berücksichtigung von projektdauer-abhängigen Kosten in Höhe von $c_3(7) = 0$ und $c_3(8) = 5$ zu bestimmen.

b) Anschließend soll ein optimaler Ablaufplan unter Einbeziehung von Belastungs- und Anpassungskosten sowie den projektdauer-abhängigen Kosten $c_3(T) = 2,5(T-7)$, $T \geqq 7$, ermittelt werden.

Lösung:
In der folgenden Abbildung ist der Kostengraph $G_S^{c\prime}$ angegeben. Oberhalb jedes Pfeils stehen der Vektor der Beschäftigungsänderungen und darunter die hiervon abhängigen Anpassungskosten. Z.B. ergibt sich die Kostenbewertung für den Pfeil $x_{19,32;32,36}^{s\prime}$ wie folgt (vgl. Tabelle S. 245 f. und Abbildung 95):

$i = 1$: $s_1 = N^1(S_{36}) + N^1(S_{19}) - 2 \cdot N^1(S_{32}) = 14 + 12 - 2 \cdot 14 = -2,$

$\qquad c_2^1(s_1) = 2 ,$

$i = 2$: $s_2 = N^2(S_{36}) + N^2(S_{19}) - 2 \cdot N^2(S_{32}) = 13 + 10 - 2 \cdot 11 = 1,$

$\qquad c_2^2(s_2) = 2,$

$i = 3$: $s_3 = N^3(S_{36}) + N^3(S_{19}) - 2 \cdot N^3(S_{32}) = 17 + 13 - 2 \cdot 16 = -2,$

$\qquad c_2^3(s_3) = 2,$

also $\sum\limits_{i=1}^{3} c_2^i(s_i) = 6.$

Die Knoten von $G_S^{c\prime}$ sind mit den Belastungskosten bewertet (vgl. die entsprechende Pfeilbewertung im Graphen G_S^c der Abbildung 95). Für die weitere Berechnung wurde eine neue Rangnumerierung der Knoten durchgeführt (vgl. die oberhalb der Knoten angegebenen Indizes). Zusätzlich ist bei Pfeilen zwischen Knoten derselben Stufe in eckigen Klammern eine Kostenbewertung angegeben, die neben Anpassungskosten projektdauer-abhängige Kosten in Höhe von 2,5 Einheiten pro Zeiteinheit umfaßt (vgl. b)).

zu a):   Bei Vernachlässigung der Knotenbewertung liefert die Anwendung des auf S. 278 f. beschriebenen erweiterten *Dijkstra*-Verfahrens auf $G_S^{c\prime}$ folgende k-effiziente Wege:

$k = 7$: $(v_0^{s\prime}, v_2^{s\prime}, v_8^{s\prime}, v_{12}^{s\prime}, v_{20}^{s\prime}, v_{28}^{s\prime}, v_{36}^{s\prime}, v_{42}^{s\prime}, v_{45}^{s\prime}) \, ;$

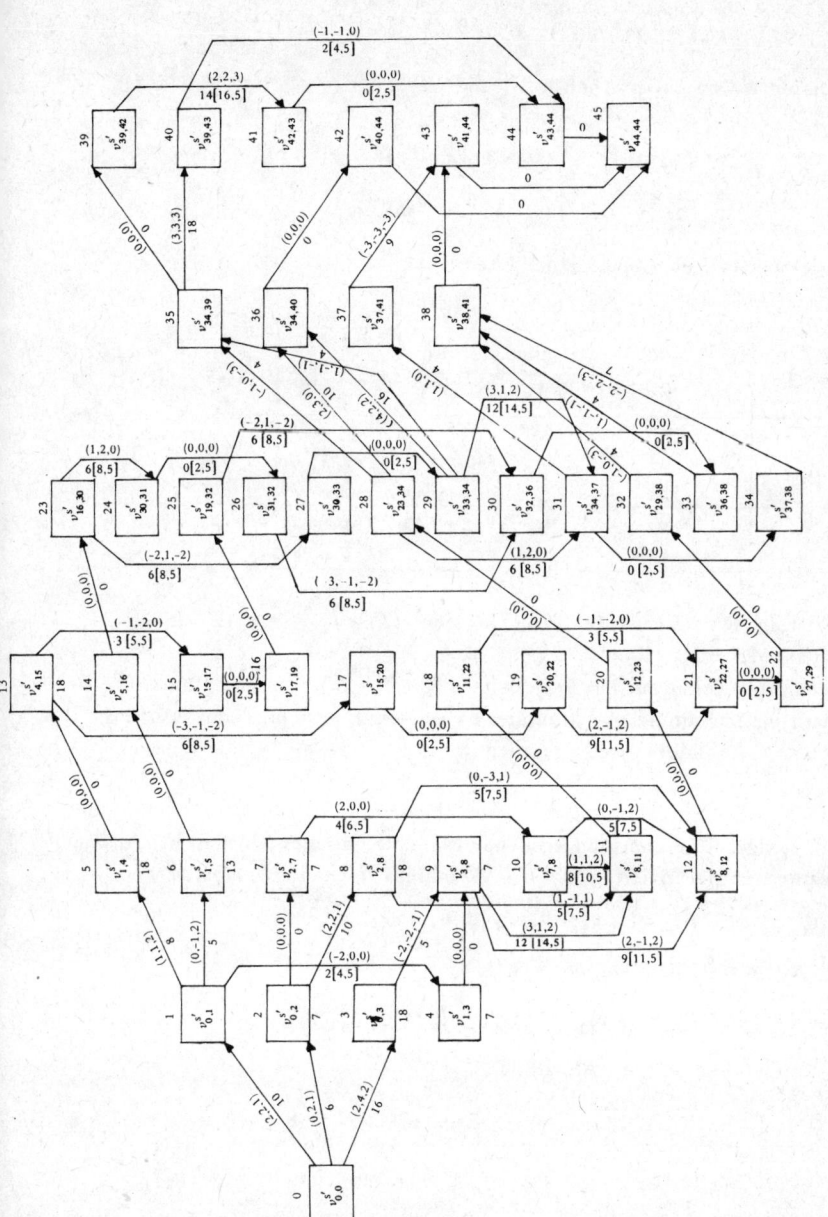

Abb. 97: Kostengraph G_S^C zum Stufen-Netz G_S der Abbildung 85

$k = 8$: $(v_0^{s'}, v_2^{s'}, v_7^{s'}, v_{10}^{s'}, v_{12}^{s'}, v_{20}^{s'}, v_{28}^{s'}, v_{36}^{s'}, v_{42}^{s'}, v_{45}^{s'})$.

Diesen Wegen entsprechen in G_S^c die Wege:

$$(v_0^s, v_2^s, v_8^s, v_{12}^s, v_{23}^s, v_{34}^s, v_{40}^s, v_{44}^s) \quad \text{und}$$
$$(v_0^s, v_2^s, v_7^s, v_8^s, v_{12}^s, v_{23}^s, v_{34}^s, v_{40}^s, v_{44}^s) \ .$$

Die zugehörigen Ablaufpläne lauten:

$k = T$	Teilvorgänge v_{kl} in $t =$								$l_{T,45}$	$c_3(T)$
	1	2	3	4	5	6	7	8		
7	v_{21}	v_{11}	v_{41}	v_{42}	v_{43}	v_{31}	v_{32}	–	31	0
		v_{22}				v_{51}	v_{52}			
8	v_{21}	v_{22}	v_{11}	v_{41}	v_{42}	v_{43}	v_{31}	v_{32}	25	5
							v_{51}	v_{52}		

Es folgt für die gesamten Projektkosten $c(T) = l_{T,45} + c_3(T)$: $c(7) = 31$, $c(8) = 25 + 5 = 30$.

Der Ablaufplan mit der Projektdauer $k = T = 8$ ist somit optimal. Die Belastungsdiagramme und kumulierten Kosten dieses Plans sind in der folgenden Abbildung wiedergegeben (S. 291).

zu b): Bei Einbeziehung der Knotenbewertung und unter Benutzung der in eckigen Klammern angegebenen Pfeilbewertung erhält man bei Anwendung des modifizierten *Dijkstra*-Verfahrens folgenden kürzesten Weg:

$(v_0^{s'}, v_2^{s'}, v_7^{s'}, v_{10}^{s'}, v_{11}^{s'}, v_{18}^{s'}, v_{21}^{s'}, v_{22}^{s'}, v_{32}^{s'}, v_{38}^{s'}, v_{43}^{s'}, v_{45}^{s'})$.

Dem entspricht in G_S^c der Weg

$(v_0^s, v_2^s, v_7^s, v_8^s, v_{11}^s, v_{22}^s, v_{27}^s, v_{29}^s, v_{38}^s, v_{41}^s, v_{44}^s)$

mit dem zugehörigen Ablaufplan

$t =$	1	2	3	4	5	6	7	8	9	10
v_{kl}	v_{21}	v_{22}	v_{11}	v_{31}	v_{32}	v_{41}	v_{42}	v_{43}	v_{51}	v_{52}

und einer Kostenlänge von 139. Da $T = 10 > T' = 7$, ist dieser Ablaufplan optimal (vgl. S. 284). Die Projektkosten betragen

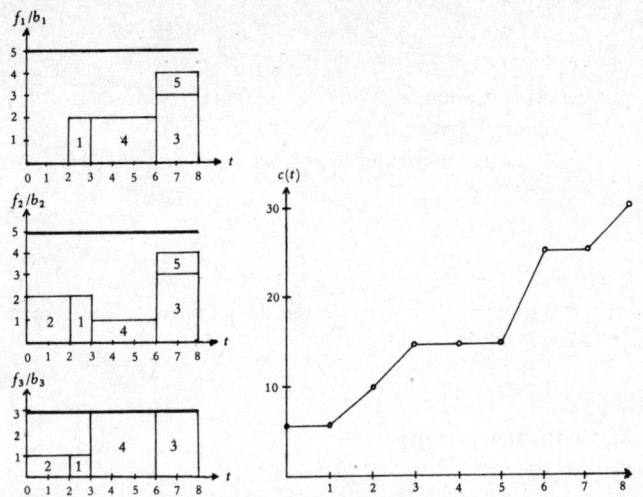

Abb. 98: Belastungsdiagramme und kumulierte Projektkosten eines optimalen Ablaufplans (Beispiel a))

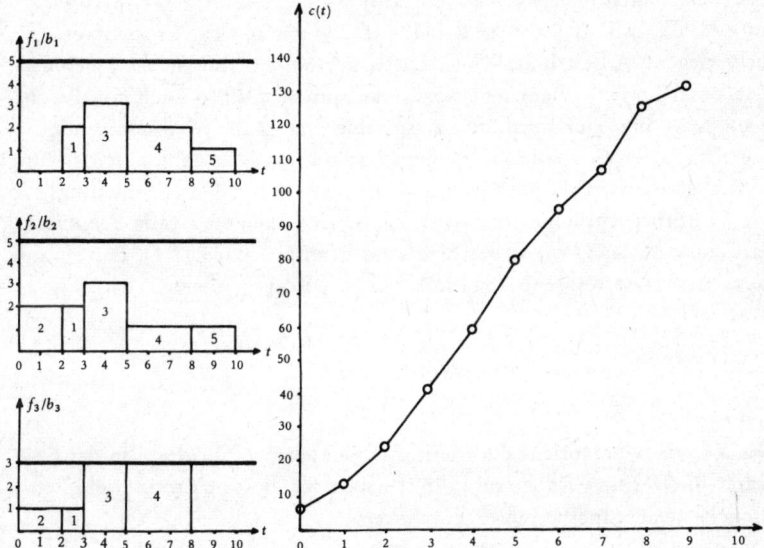

Abb. 99: Belastungsdiagramme und kumulierte Projektkosten eines optimalen Ablaufplans (Beispiel b))

$c(T) = 139 + 2,5 \; (T_u - T') = 139 -2,5 = 136,5$. Sie setzen sich wie folgt zusammen:

Belastungskosten	104,0
Anpassungskosten	25,0
projektdauer-abhängige Kosten	7,5
Projektkosten	136,5

Die Belastungsdiagramme und kumulierten Projektkosten findet man in Abbildung 99 (S. 291).

3.4.4.4 Beschäftigungsglättung

In der Literatur wird das Problem der Minimierung beschäftigungsabhängiger Kosten meist nicht in der vorliegenden allgemeinen Form behandelt. Man geht von einer vorgegebenen Grenze (z.B. T_u) für die Projektdauer aus und versucht, innerhalb dieser Grenze einen günstigen Beschäftigungsablauf zu finden [vgl. z.B. *Gewald, Kasper* und *Schelle*, 1972, S.104 ff.; *Kern*, 1969, S.51 ff.]. In der Regel wird nur ein einziger Engpaßfaktor (überwiegend Arbeitskräfte) betrachtet, für den eine möglichst gleichmäßige Beschäftigung angestrebt wird. Man spricht deshalb auch von Beschäftigungsglättung oder Beschäftigungsnivellierung (manpower smoothing). Kapazitätsgrenzen werden nicht berücksichtigt, und anstelle beschäftigungsabhängiger Kosten verwendet man Hilfskriterien, die den Nivellierungsgrad der Faktorbeanspruchung messen sollen. Ein besonders häufig benutztes Kriterium ist das Quadrat der Kapazitätsbeanspruchung $f^2(t)$. Die Summe dieser Quadrate während der Projektdauer wird minimiert:

$$\sum_{t=1}^{T} f^2(t) \; = \; \min!$$

Das Vorgehen entspricht der Methode der kleinsten Quadrate in der Statistik. *Burgess* und *Killebrew* [1962] haben für dieses Kriterium ein heuristisches Näherungsverfahren entwickelt.

Eine exakte Lösung des Glättungsproblems ist mit Hilfe der Graphen G_S^c oder $G_S^{c'}$ möglich, je nachdem, ob das Glättungskriterium vom Beschäftigungsniveau (wie im soeben genannten Fall) oder von der Beschäftigungsänderung abhängt. Anstelle einer Kostenbewertung sind die Pfeile bzw. Knoten mit der jeweiligen Größe des Glättungskriteriums zu bewerten. Bei Anwendung des erweiterten *Dijkstra*-Verfahrens zur Ermittlung k-effizienter Wege ist T_{max} der vorgegebenen Grenze für die Projektdauer gleichzusetzen. Hierbei können in G_S^c bzw. $G_S^{c'}$ zuvor alle Knoten eliminiert werden, die nicht auf einem Weg mit der Pfeilanzahl T_{max} liegen können [vgl. das Eliminationskriterium $M_{t*}(T') \subset S_j$ beim Verfahren von *Davis–Heidorn*, S. 250]. Wird — bei fehlenden Kapazitätsgrenzen — die Projektdauergrenze der minimalen Projektdauer T_u gleichgesetzt, so lassen sich außerdem alle Pfeile zwischen Knoten derselben Stufe entfernen. Der reduzierte Graph G_S^c bzw. $G_S^{c'}$ enthält dann nur noch Wege mit genau T_u Pfeilen. Die Menge dieser Wege gibt die Menge aller Ablaufpläne wieder, die durch eine Verschiebung der Vorgänge innerhalb ihrer Pufferzeiten erzeugt werden können.

Beispiel

Formulierung des Problems:

In dem bisher behandelten Beispiel seien keine Kapazitätsgrenzen vorgegeben. Anhand des Kriteriums $f_i^2(t)$ soll — jeweils für eine Faktorart $i = 1,2,3$ — eine Beschäftigungsglättung durchgeführt werden, wobei die Projektdauer der minimalen Projektdauer $T_u = 6$ gleichgesetzt wird.

Lösung:

Die Mengen von Teilvorgängen $M_t(T' = 6)$ betragen:

t	1	2	3	4	5	6
$M_t(6)$	$\{v_{11}\}$	$\{v_{11},$ $v_{41}\}$	$\{v_{11},$ $v_{21},$ $v_{41},$ $v_{42}\}$	$\{v_{11},$ $v_{21},$ $v_{22},$ $v_{41},$ $v_{42},$ $v_{43}\}$	$\{v_{11},$ $v_{21},$ $v_{22},$ $v_{41},$ $v_{42},$ $v_{43},$ $v_{31},$ $v_{51}\}$	$\{v_{11},$ $v_{21},$ $v_{22},$ $v_{41},$ $v_{42},$ $v_{43},$ $v_{31},$ $v_{32};$ $v_{51},$ $v_{52}\}$

In Stufe t können also alle Knoten v_j^s des Graphen G_S^c eliminiert werden, die die Bedingung $M_t(6) \subset S_j$ nicht erfüllen. Berücksichtigt man außerdem in G_S^c nur Pfeile zwischen Knoten aufeinanderfolgender Stufen, so erhält man mit Hilfe der Tabelle S. 245 f. den in der folgenden Abbildung angegebenen reduzierten Graphen.

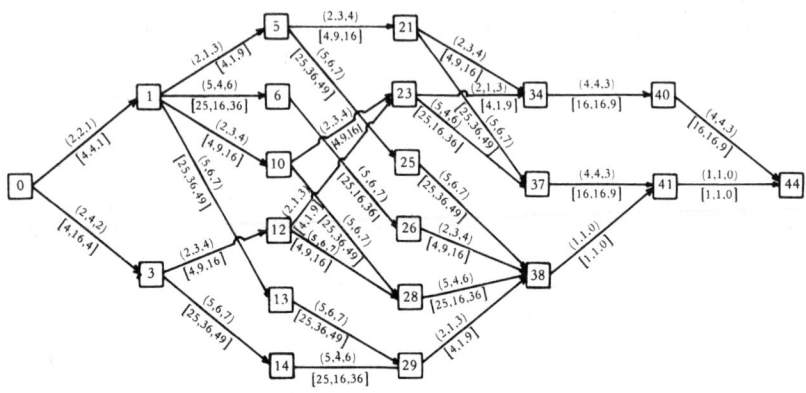

Abb. 100: Reduzierter Graph G_S^c (Glättungsproblem)

Oberhalb jedes Pfeils steht der Vektor der Beschäftigung, unterhalb jedes Pfeils der Vektor der Beschäftigungsquadrate. Als kürzesten Weg in bezug auf das Beschäftigungsquadrat der Faktorart 1 erhält man:

(1) $\quad (v_0^s, v_1^s\ v_5^s, v_{21}^s, v_{34}^s, v_{40}^s, v_{44}^s)$ mit $\sum\limits_{t=1}^{6} f_1^2(t) = 48$

und dem zugehörigen Ablaufplan

t	1	2	3	4	5	6
v_{kl}	v_{11}	v_{41}	v_{21}	v_{22}	v_{31}	v_{32}
			v_{42}	v_{43}	v_{51}	v_{52}

Dieser Ablaufplan ist auch in bezug auf eine Beschäftigungsglättung der Faktorart 2 optimal, wobei

$$\sum\limits_{t=1}^{6} f_2^2(t) = 55 .$$

Als kürzesten Weg in bezug auf das Beschäftigungsquadrat der Faktorart 3 erhält man dagegen:

(2) $\quad (v_0^s, v_3^s, v_{12}^s, v_{23}^s, v_{34}^s, v_{40}^s, v_{44}^s)$ mit $\sum\limits_{t=1}^{6} f_3^2(t) = 56$

und dem zugehörigen Ablaufplan

t	1	2	3	4	5	6
v_{kl}	v_{11}	v_{22}	v_{42}	v_{43}	v_{31}	v_{32}
	v_{21}	v_{41}			v_{51}	v_{52}

Dieser Plan ist ebenfalls optimal in bezug auf die Faktorart 1, d.h.

$$\sum_{t=1}^{6} f_1^2(t) = 48.$$

Die Belastungsdiagramme der Ablaufpläne (1) und (2) findet man in der folgenden Abbildung.

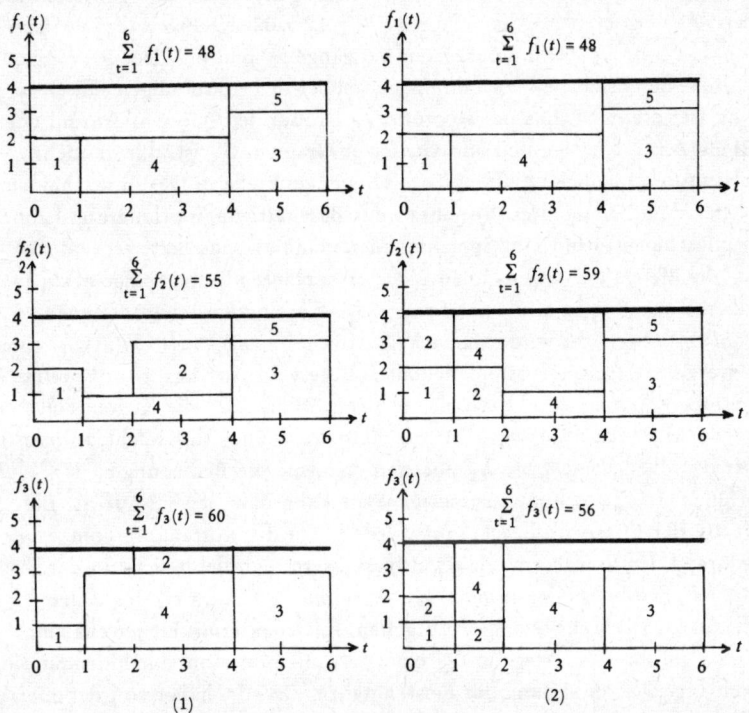

(1)   (2)

Abb. 101: Ablaufpläne bei optimaler Beschäftigungsglättung der Faktorarten 1 und 2 (Plan (1)) sowie 1 und 3 (Plan (2))

Wie der Leser selbst leicht nachprüfen kann, sind beide ermittelten Pläne auch optimal, wenn z.B. als Glättungskriterium das Minimum des Beschäf-

tigungsmaximums für die Faktorart 1,2 oder 3
(Min $\{\ \underset{t=1,\ldots,6}{\text{Max}}\ (f_i(t))\} = 4$ für alle $i = 1,2,3$) oder das Minimum des Maximums der von allen Faktorarten jeweils maximalen Beschäftigung
(Min $\{\ \underset{t=1,\ldots,6}{\text{Max}}\ (\ \underset{i=1,2,3}{\text{Max}}\ f_i(t))\} = 4$) verwendet wird.

Bei Benutzung des *Dijkstra*-Verfahrens ist in diesem Fall im Schritt 1 a) (vgl. S. 33) die Summenbildung $l_{0j}^h = l_{0h} + e_{hj}$ durch die Maximumbildung Max (l_{0h}, e_{hj}) zu ersetzen, wobei e_{hj} entweder mit $N^i(S_j) - N^i(S_h)$ für $i \in \{1,2,\ldots,q\}$ oder mit $\underset{i=1,\ldots,q}{\text{Max}}\ \{N^i(S_j) - N^i(S_h)\}$ gleichzusetzen ist.

Im vorliegenden Beispiel hätte man optimale Lösungen auch schnell durch eine vollständige Enumeration zulässiger Ablaufpläne gewinnen können: Es existieren insgesamt nur $3 \cdot 4 = 12$ zulässige Pläne (bei Pufferzeiten von 3 und 4 für die parallelen Vorgänge v_2 und v_3). Der Rechenvorteil des beschriebenen Verfahrens gegenüber der vollständigen Enumeration ist ceteris paribus um so größer, je größer der Quotient Anzahl der Pfeile/Anzahl der Knoten im reduzierten Graphen G_S^c ist, d.h. je mehr sich unterschiedliche Pläne nur durch wenige Pfeile in G_S^c unterscheiden.

Bei allen behandelten Verfahren der Beschäftigungsoptimierung kann der Rechenaufwand und Speicherbedarf dadurch reduziert werden, daß für die Menge der jeweils noch nicht eingeplanten Teilvorgänge $M \backslash S_j$ für einen Knoten v_j^s bzw. $v_j^{s'}$ der Stufe $r(S_j) = k$ eine Kostenuntergrenze $\overline{c}(M \backslash S_j)$ abgeleitet wird. Man erhält dann mit $c_u(j) = l(j) + \overline{c}(M \backslash S_j)$ eine Untergrenze für die Kostenlänge aller Wege vom Anfangs- zum Endknoten, die den Knoten v_j^s bzw. $v_j^{s'}$ enthalten. Sind $c'(T)$ die Kosten eines zuvor ermittelten zulässigen Ablaufplans, so werden nur solche Knoten der Stufe k in eine Liste L_k^c übernommen, die die Bedingung $c_u(j) < c'(T)$ erfüllen. Die Berechnung kürzester Wege kann dann jeweils auf die Elemente der Listen L_k^c beschränkt werden. Um die Kostenuntergrenze $c'(T)$ während des Verfahrensablaufs zu verbessern, empfiehlt sich ein der Branch- and-bound-Version B (vgl. Abschnitt 3.4.3.2.3 c.) des *Davis–Heidorn*-Verfahrens analoges Vorgehen; d.h. man ermittelt jeweils eine Folge vollständiger Wege in G_S^c bzw. $G_{S'}^c$ mit monoton abnehmender Kostenlänge. Die Ableitung der Kostengrenze $\overline{c}(M \backslash S_j)$ hängt von der speziellen Form der angenommenen Kostenverläufe ab. Für den Fall eines linearen Verlaufs der Anpassungskosten sowie der projektdauer-abhängigen Kosten wurde eine solche Grenze (bei Vernachlässigung von Belastungskosten) von *Mason* und *Moodie* [1971] abgeleitet.

Bei dem vorliegenden Fall der Beschäftigungsglättung für eine Kapazitätsart i erhält man $\overline{c}\,(M\backslash S_j)$ unter der Annahme, daß der noch nicht eingeplante Kapazitätsbedarf $a_i - N^i(S_j) = \overline{a}_i(j)$ möglichst gleichmäßig auf die verbleibenden $t'(j) = T' - k$ Zeiteinheiten verteilt werden kann (T': Obergrenze für die Projektdauer). Bezeichnet $[r] = \max\,\{z : z$ ganzzahlig, $z \leqq r\}$, so ergibt sich mit $g(j) = [\,\overline{a}_i(j)/t'(j)\,]$ bei Benutzung des Kriteriums der Beschäftigungsquadrate

$$\overline{c}\,(M\backslash S_j) \;=\; \overline{a}_i(j) \,\cdot\, (1 + 2 \cdot g(j)) \,-\, t'(j)g(j) \cdot (1 + g(j)).$$

4. Netzplantechnik bei stochastischer Vorgangsfolge

4.1 Vorbemerkungen

Die bisher behandelten Netzpläne sind dadurch gekennzeichnet, daß zur Realisierung des Projektes sämtliche Vorgänge in der durch die Anordnungsbeziehungen vorgeschriebenen Folge durchgeführt werden müssen. Jeder Vorgang und jedes Ereignis wird bis zum Projektabschluß genau einmal realisiert. Aufgrund der „konjunktiven" Anordnungsbeziehungen wird jede Vorgangsfolge und damit auch jeder Weg des Netzplans mit Sicherheit durchlaufen. Das gilt auch dann, wenn die Vorgangsdauern Zufallsvariable sind.

Nun besteht aber häufig nicht nur Unsicherheit in bezug auf die Vorgangsdauern, sondern auch darüber, ob ein Vorgang überhaupt durchzuführen ist. Das kann z.B. dann der Fall sein, wenn die Realisierung oder Nicht-Realisierung eines Vorgangs erst zu einem späteren Zeitpunkt in Abhängigkeit von den zu diesem Zeitpunkt verfügbaren Informationen entschieden werden kann. So werden etwa zukünftige absatzpolitische Maßnahmen (Produktgestaltung, Werbeaktionen) bei der Einführung eines neuen Produkts erst durch die Ergebnisse von Marktanalysen oder die Aufnahme des Produkts in Testmärkten bestimmt.

Besonders typisch ist eine solche Abhängigkeit des zukünftigen Projektablaufs von den sich in der Realisierungsphase ansammelnden Informationen bei Forschungs- und Entwicklungsprojekten. Die für den Projektfortschritt wesentlichen Vorgänge haben hierbei den Charakter von Problemlösungen. Zu Beginn des Projekts besteht Unsicherheit darüber, ob und in welcher Form Lösungen für die jeweils spezifizierten Teilaufgaben zu finden sind. Zufriedenstellende, in angemessener Zeit erreichte Teillösungen (z.B. funktions-, fertigungs- und kostengerechte Gestaltung von Komponenten für ein neu zu entwickelndes Produkt) sind Voraussetzung dafür, daß übergeordnete nachfolgende Aufgaben (z.B. die Konstruktion von Teilsystemen oder Aggregaten) in Angriff genommen werden können. Zur Projektbeschleunigung und zur Erhöhung der Erfolgswahrscheinlichkeit können in parallel eingesetzten Forschungsgruppen alternative Lösungsvorschläge erarbeitet werden. Hierbei ist folgendes Vorgehen denkbar: Sobald die Lösung einer Forschungsgruppe vorliegt, wird der Vorschlag getestet. Ist das Testergebnis zufriedenstellend, so wird das Projekt auf der Basis dieser Lösung fortgesetzt und die Arbeit an Alternativ-Lösungen in den übrigen Forschungsgruppen abgebrochen. Ist das Testergebnis mangelhaft, so kann entweder eine Verbesserung der Lösung versucht oder die Lösung zurückgewiesen und die nächste Alternativ-Lösung der übrigen Forschungsgruppen abgewartet werden. Eine verbesserte Lösung wird erneut einem Test unterworfen, usw. Die Besonderheit eines solchen Ablaufs besteht darin, daß der weitere Projektfortschritt nicht den erfolgreichen Abschluß aller vorangehenden Vorgänge (hier die Erarbeitung von Alternativ-Lösungen) voraussetzt.

Für Netzpläne mit stochastischer Vorgangsfolge wurde von *Pritsker* die Bezeichnung GERT (Graphical Evaluation and Review Technique; *Pritsker* und *Happ* [1966]) und von *Elmaghraby* die Bezeichnung GAN (Generalized Activity Networks; *Elmaghraby* [1964]) eingeführt.

4.2 Strukturplanung

4.2.1 Beispiel

Die wesentlichen Elemente und Eigenschaften von Netzplänen mit stochastischer Vorgangsfolge (GERT-Netzplänen) werden zunächst anhand des in Abbildung 102 dargestellten Beispiels erläutert.

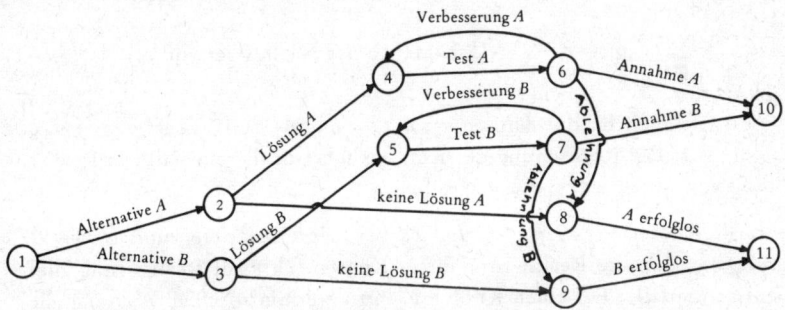

Abb. 102: Vorgangsfolgen in einem Forschungsprojekt
[vgl. *Völzgen*, 1971, S. 68 ff.; *Erlen*, 1972]

Es werden parallel zwei Lösungswege beschritten (Vorgänge $x_{1,2}$ und $x_{1,3}$). Am Ende der Vorgänge wird entweder der Lösungsvorschlag vorgelegt (Pfeile $x_{2,4}$ bzw. $x_{3,5}$), oder der Lösungsversuch mißlingt (Pfeile $x_{2,8}$ bzw. $x_{3,9}$). Nach einem Test der Lösungsvorschläge (Vorgänge $x_{4,6}$ bzw. $x_{5,7}$) wird entschieden, ob die Lösungen weiter verbessert (Vorgänge $x_{6,4}$ bzw. $x_{7,5}$), angenommen (Pfeile $x_{6,10}$ bzw. $x_{7,10}$) oder abgelehnt werden sollen (Pfeile $x_{6,8}$ bzw. $x_{7,9}$). Die Projektphase ist erfolgreich abgeschlossen (Ereignis v_{10}), sobald ein Lösungsvorschlag angenommen wird; sie muß erfolglos abgebrochen werden (Ereignis v_{11}), wenn keine Lösung gelingt oder alle getesteten Lösungen abgelehnt werden.

Eine Analyse des Netzplans führt zu folgenden Unterscheidungen:

a) Vorgänge im engeren Sinne werden nur durch die Pfeile $x_{1,2}$ und $x_{1,3}$ (Erarbeitung von Lösungen), $x_{4,6}$ und $x_{5,7}$ (Testen von Lösungen) sowie $x_{6,4}$ und $x_{7,5}$ (Verbesserung von Lösungen) repräsentiert. Die übrigen Pfeile stellen alternative Ergebnisse oder Entscheidungen dar, die erst nach Abschluß der vorausgehenden Vorgänge vorliegen.

b) Die Knoten v_2, v_3, v_6 und v_7 besitzen einen *stochastischen Ausgang*, d.h. die Ausgangspfeile dieser Knoten werden nur mit bestimmten Wahrscheinlichkeiten realisiert. Es bezeichne

p_{ij} die Wahrscheinlichkeit dafür, daß der Pfeil x_{ij} immer dann realisiert wird, wenn der Knoten v_i realisiert wird (*bedingte Realisationswahrscheinlichkeit* des Pfeils x_{ij}, *Übergangswahrscheinlichkeit* vom Knoten v_i zum Knoten v_j).

Für einen Knoten v_i mit stochastischem Ausgang gilt $0 < p_{ij} < 1$ für mindestens einen Nachfolger v_j. Außerdem wird meist vorausgesetzt, daß

$$\sum_{v_j \in \Gamma_i} p_{ij} = 1 \qquad (\Gamma_i: \text{Menge der Nachfolger von } v_i) \,.$$

Das trifft auch für die Knoten v_2, v_3, v_6 und v_7 zu. Z.B. ist $p_{6,4} + p_{6,8} + p_{6,10} = 1$. Die Realisierung des Knotens führt in diesem Fall zur Realisierung von genau einem Ausgangspfeil.

c) Die Knoten v_1, v_4, v_5, v_8 und v_9 besitzen einen *deterministischen Ausgang*, d.h. die Realisierung dieser Knoten führt zur Realisierung aller Ausgangspfeile. Für einen Knoten v_i mit deterministischem Ausgang gilt also $p_{ij} = 1$ für jeden Nachfolger v_j. Z.B. ist $p_{1,2} = p_{1,3} = 1$.

d) Grundsätzlich sind auch Knoten denkbar, die neben alternativen Ausgangspfeilen mit $0 < p_{ij} < 1$ Ausgangspfeile mit $p_{ij} = 1$ besitzen. Dieser Fall kann dadurch vermieden werden, daß man anstelle eines solchen Knotens zwei Knoten einführt: einen Knoten mit deterministischem Ausgang und einen Knoten mit stochastischen alternativen Ausgängen (vgl. Abbildung 103).

e) Als Folge der stochastischen Knotenausgänge kann auch die Eingangsseite der Knoten (die Realisierung der Ereignisse) durch unterschiedliche Bedingungen charakterisiert sein. Der Knoten v_8 wird z.B. realisiert, wenn

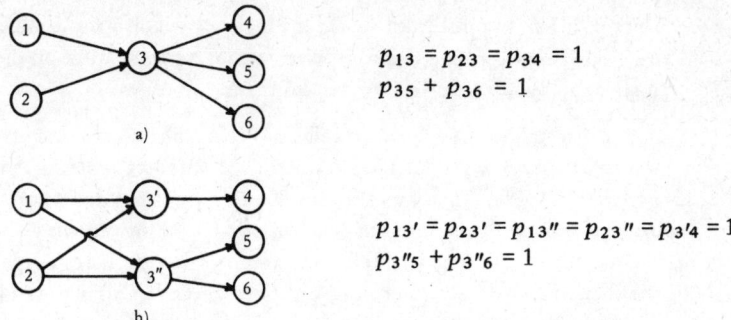

$$p_{13} = p_{23} = p_{34} = 1$$
$$p_{35} + p_{36} = 1$$

$$p_{13'} = p_{23'} = p_{13''} = p_{23''} = p_{3'4} = 1$$
$$p_{3''5} + p_{3''6} = 1$$

a)

b)

Abb. 103: Aufspaltung eines Knotens mit deterministisch-stochastischem Ausgang (Knoten v_3 in a)) in einen Knoten mit deterministischem (Knoten $v_{3'}$ in b)) und einen Knoten mit stochastischem Ausgang (Knoten $v_{3''}$ in b))

entweder der Pfeil $x_{2,8}$ oder der Pfeil $x_{6,8}$ realisiert wird. Bei diesen Pfeilen handelt es sich um Endpfeile auf alternativen Wegen zum Knoten v_8, die durch den stochastischen Ausgang des Knotens v_2 entstehen. Während des Projektablaufs kann aber jeweils nur einer der Eingangspfeile zur Auslösung des Knotens v_8 führen. Man spricht in diesem Fall von einem *Knoten mit Exklusiv-Oder-Eingang*. Solche Eingänge besitzen auch die Knoten v_9, v_4 und v_5.

Bei den Knoten v_4 und v_5 tritt eine Besonderheit auf. Diese Knoten können während der Projektphase, d.h. bis zum Erreichen des Knotens v_{10} oder v_{11}, mehrfach realisiert werden. Die Exklusiv-Oder-Bedingung der Eingangspfeile gilt in diesem Fall jeweils nur für eine Realisation des Knotens. Z.B. kann der Knoten v_4 zum erstenmal nur durch den Pfeil $x_{2,4}$ ausgelöst werden. Danach ist dieser Knoten nur noch über den Pfeil $x_{6,4}$ erreichbar. Ein Knoten mit Exklusiv-Oder-Eingang liegt also allgemein dann vor, wenn er über mehrere Wege erreichbar ist, aber zu gegebener Zeit höchstens einer dieser Wege durchlaufen wird. Ein paralleler Fortschritt auf diesen Wegen ist also ausgeschlossen.

f) Der Knoten v_{10} kann sowohl durch die Realisierung des Pfeils $x_{6,10}$ als auch durch die Realisierung des Pfeils $x_{7,10}$ ausgelöst werden. Diese Eingangspfeile sind Endpfeile von Wegen, die parallel durchlaufen werden können (Suche nach alternativen Lösungen). Möglich ist auch, daß die Pfeile $x_{6,10}$ und $x_{7,10}$ gleichzeitig realisiert werden. In diesem Fall wird in v_{10} eine Entscheidung zwischen den beiden befriedigenden Lösungen A und B notwendig. Die Eingangsseite des Knotens v_{10} wird als *Inklusiv-Oder-Eingang* bezeichnet. Ein Knoten mit Inklusiv-Oder-Eingang wird also realisiert, sobald einer der Eingangspfeile realisiert wird, wobei mehrere Wege zu diesem Knoten gleichzeitig durchlaufen werden können.

g) Das zum Knoten v_{11} gehörende Ereignis (Projektphase erfolglos) tritt erst dann ein, wenn sowohl der Lösungsversuch A (Pfeil $x_{8,11}$) als auch der Lösungsversuch B (Pfeil $x_{9,11}$) mißlingen. Die Eingangsseite des Knotens v_{11} wird *Und-Eingang* genannt. Ein Knoten mit Und-Eingang wird also realisiert, nachdem alle Eingangspfeile realisiert worden sind. In Vorgangspfeil-Netzplänen mit determinierter Vorgangsfolge treten als Knoten-Eingänge ausschließlich Und-Eingänge auf.

h) Besitzt ein Knoten nur einen Eingangspfeil (v_2, v_3, v_6, v_7) bzw. nur einen Ausgangspfeil (v_4, v_5, v_8, v_9), so ist offenbar gleichgültig, wie die Eingangs- bzw. Ausgangsseite gekennzeichnet wird. Im folgenden wird in solchen Fällen der Eingangsseite ein Exklusiv-Oder-Eingang und der Ausgangsseite ein stochastischer Ausgang zugeordnet.

i) Im Beispiel wurde vorausgesetzt, daß bei Realisation des Knotens v_{10} die jeweils noch nicht abgeschlossene Vorgangsfolge zu diesem Knoten gestoppt wird. Eine solche Stoppbedingung geht aus der Kennzeichnung eines Knoteneingangs als Inklusiv-Oder-Eingang nicht unmittelbar hervor. Sie braucht auch nicht in allen Fällen möglich oder zweckmäßig zu sein. Wird allgemein der Ablauf in einer Vorgangsfolge vom Ergebnis einer parallel durchlaufenen Vorgangsfolge abhängig gemacht, so kann in Anlehnung an *Elmaghraby* [1966] von einem *bedingten parallelen Fortschritt* (conditional parallel progress) gesprochen werden. Eine andere Bedingung dieser Art könnte für das vorliegende Beispiel etwa folgendermaßen lauten: Befindet sich bei Annahme eines Lösungsvorschlags die Alternativ-Lösung gerade in der Testphase, so ist zunächst das Testergebnis abzuwarten. Wird dann auch die Alternativ-Lösung akzeptiert, so ist die bessere der beiden Alternativen endgültig anzunehmen.

j) In Netzplänen mit stochastischer Vorgangsfolge sind grundsätzlich auch Vorgangszykel zugelassen (im Beispiel die Zykel ($x_{4,6}$, $x_{6,4}$) und ($x_{5,7}$, $x_{7,5}$)). Alle Pfeile und Knoten eines solchen Zykels können während des Projektablaufs mehrfach realisiert werden (vgl. e)). Hierbei ist allerdings zu beachten, daß die Darstellung einer Vorgangsfolge als Vorgangszykel nur dann eindeutig ist, wenn folgende Bedingungen erfüllt sind:

– Die Übergangswahrscheinlichkeiten der von den Knoten des Zykels ausgehenden Pfeile sind von der Anzahl der Wiederholungen des Zykels unabhängig.

– Die für die Planung relevanten Parameter der Vorgänge des Zykels (Vorgangsdauern, Kosten, benötigte Kapazitäten) sind unabhängig davon, wie oft die Vorgänge wiederholt werden.

Diese Bedingungen sind in der Praxis oft deshalb nicht erfüllt, weil die Anzahl der Zykeldurchläufe von vornherein begrenzt wird (Verletzung der ersten Bedingung) oder weil sich die Übergangswahrscheinlichkeiten und Vorgangsparameter als Folge von Lernprozessen mit jedem erneuten Zykeldurchlauf verändern. Können solche Änderungen bereits im Planungsstadium abgeschätzt werden, so sind die wiederholbaren Vorgänge und Vorgangsfolgen zeitlich nacheinander im Netzplan anzuordnen.
Bei der Bildung von Vorgangszykel ist außerdem folgendes zu beachten: Für Knoten des Zykels mit mehreren Eingangspfeilen ist nur ein Exklusiv-Oder-Eingang sinnvoll (vgl. e)). Da bei nur einem Eingangspfeil der Typ des Knoteneingangs beliebig ist (vgl. h)), kann deshalb allgemein gefordert werden, daß alle wiederholbaren Pfeile eines Zykels in einem Knoten mit Exklusiv-Oder-Eingang münden müssen. Diese Bedingung kann am Beispiel des Knotens v_4 verdeutlicht werden: Ein Und-Eingang für diesen Knoten würde bedeuten, daß eine Lösung erst getestet werden kann, nachdem sie verbessert wurde. Das führt aber zu einem logischen Widerspruch, da eine Lösung erst verbessert werden kann, wenn sie vorher getestet wurde. Ein Inklusiv-Oder-Eingang für diesen Knoten ist nicht sinnvoll, weil eine Realisierung des Knotens über den Pfeil $x_{6,4}$ nur möglich ist, wenn zuvor der Pfeil $x_{2,4}$ realisiert wurde.
Die Exklusiv-Oder-Bedingung für Zykelknoten ist u.U. durch Einführung zusätzlicher Knoten und Pfeile sicherzustellen. Z.B. ist in der folgenden Abbildung 104a) vorausgesetzt, daß zur erstmaligen Realisation des Knotens v_3 sowohl der Pfeil x_{13} als auch der Pfeil x_{23} realisiert werden muß. Da v_3 Knoten eines Zykels ist, wäre die Exklusiv-Oder-Bedingung verletzt. Die Bedingung kann aber durch Einführung des zusätzlichen Knotens $v_{3'}$ und Pfeils $x_{33'}$ erfüllt werden. In Abbildung 104 b) besitzt v_3 einen Und-Eingang und der Zykelknoten $v_{3'}$ einen Exklusiv-Oder-Eingang.

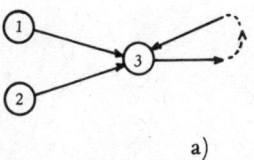   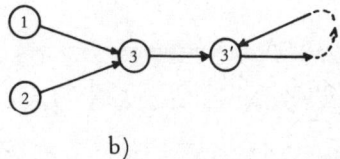

a)   b)

Abb. 104: Exklusiv-Oder-Bedingung für Knoten eines Zykels

4.2.2 Knotentypen in GERT-Netzplänen

Zur graphischen Unterscheidung der verschiedenen Knotentypen wurde von *Elmaghraby* [1964] und *Pritsker* und *Happ* [1966] eine spezielle Symbolik eingeführt, die sich allgemein durchgesetzt hat. Diese Symbole sind in der folgenden Übersicht wiedergegeben.

a. *Knoteneingänge*

1. Exklusiv-Oder-Eingang

    Symbol:

    Kennzeichnung: Der Knoten wird realisiert, wenn genau ein Eingangspfeil realisiert wird. Zu gegebener Zeit kann jeweils nur ein Eingangspfeil realisiert werden. Der Realisationszeitpunkt des Knotens entspricht dem Endzeitpunkt des realisierten Eingangspfeils.

2. Inklusiv-Oder-Eingang

    Symbol:

    Kennzeichnung: Der Knoten wird realisiert, sobald mindestens ein Eingangspfeil realisiert wird. Der Realisationszeitpunkt des Knotens entspricht dem Minimum der Endzeitpunkte aller Eingangspfeile.

3. Und-Eingang

    Symbol:

    Kennzeichnung: Der Knoten wird realisiert, nachdem alle Eingangspfeile realisiert wurden. Der Realisationszeitpunkt des Knotens entspricht dem Maximum der Endzeitpunkte aller Eingangspfeile.

b. *Knotenausgänge*

1. Deterministischer Ausgang

    Symbol:

Kennzeichnung: Wenn der Knoten realisiert wird, dann werden alle Ausgangspfeile des Knotens realisiert. Die bedingte Realisationswahrscheinlichkeit jedes Ausgangspfeils beträgt 1.

2. Stochastischer Ausgang

Symbol:

Kennzeichnung: Wenn der Knoten realisiert wird, dann wird genau ein Ausgangspfeil des Knotens realisiert. Die Summe der bedingten Realisationswahrscheinlichkeiten aller Ausgangspfeile beträgt 1.

Durch Kombination der verschiedenen Knotenein- und -ausgänge erhält man die in der folgenden Tabelle angegebenen sechs Knotentypen.

Tabelle: Knotentypen stochastischer Netzpläne (GERT/GAN)

Eingang / Ausgang	Exklusiv-Oder	Inklusiv-Oder	Und
Deterministisch	▷	◁	○
Stochachstisch	▷	◇	◠

Interessiert nur die Eingangsseite, so wird im folgenden vereinfacht von Exklusiv-Oder-, Inklusiv-Oder- sowie Und-Knoten gesprochen.

Verwendet man diese Knotensymbole bei der Darstellung der Struktur des obigen Beispiels, so ergibt sich folgender Netzplan:

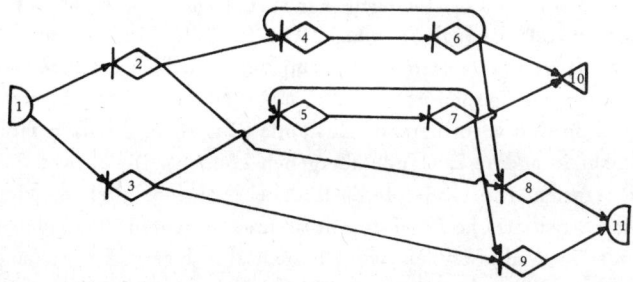

Abb. 105: Netzplan der Abbildung 102 bei Verwendung der GERT-Symbolik

4.2.3 Exklusiv-Oder-Netzpläne

Die rechnerische Auswertung von GERT-Netzplänen mit Hilfe exakter
analytischer Rechenmethoden bereitet im allgemeinen erhebliche Schwierigkeiten. Diese Schwierigkeiten traten zum Teil bereits bei der Zeitplanung von Projekten mit determinierter Vorgangsfolge, aber stochastischen
Vorgangsdauern auf (vgl. Kapitel 3.3.3). Ein Sonderfall liegt vor, wenn
der GERT—Netzplan ausschließlich Knoten mit Exklusiv-Oder-Eingängen
und stochastischen Ausgängen enthält. Der Projektablauf besitzt dann die
Eigenschaften eines stochastischen Prozesses (Semi-Markoff-Prozeß). In
diesem Fall ist eine rechnerische Auswertung mit Hilfe der für solche Prozesse vorliegenden Ergebnisse möglich. Außerdem kann die Mason-Formel
der Flußgraphentheorie angewendet werden. GERT-Netzpläne der genannten Art werden im folgenden als Exklusiv-Oder-Netzpläne bezeichnet.
Einen solchen Netzplan erhält man etwa, wenn man in dem bisher behandelten Beispiel nur einen Lösungsweg betrachtet. Für die Lösungsalternative A (vgl. Abbildungen 102 und 105) ergibt sich der Exklusiv-Oder-Netzplan der folgenden Abbildung.

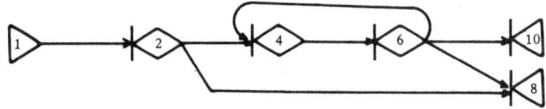

Abb. 106: Exklusiv-Oder-Netzplan (Lösungsalternative A der Abbildung 105)

Die Interpretation als endlicher stochastischer Prozeß wird deutlich, wenn
man die Ereignisse (Knoten) v_i als Zustände, die bedingte Realisationswahrscheinlichkeit eines Vorgangs (Pfeils) x_{ij} als Übergangswahrscheinlichkeit vom Zustand v_i zum Zustand v_j und die Dauer d_{ij} als bedingte
Verweilzeit des Zustands v_i bei Übergang in den Zustand v_j deutet. Sind
die Verweilzeiten d_{ij} Zufallsvariable, deren Verteilung — wie hier vorausgesetzt — nur von v_i und v_j abhängen kann, so liegt ein sogenannter
Semi-Markoff-Prozeß vor [vgl. *Störmer*, 1970, S. 29 ff.]. Der Prozeß wird
endlich genannt, weil die erwartete Prozeßdauer (Zeit bis zum Erreichen
der Endzustände, im Beispiel v_8 und v_{10}) einen endlichen Wert besitzt.
Die Endzustände sind absorbierende Zustände (Zustände, die nach ihrem
Erreichen nicht in andere Zustände übergehen können). Die übrigen Zustände sind transient (Zustände, deren Rückkehrwahrscheinlichkeit kleiner als 1 ist). Stochastische Prozesse, die außer transienten Zuständen nur
absorbierende Zustände besitzen, werden auch absorbierende Prozesse genannt [*Barlow* und *Proschan*, 1965, S. 125 ff.; *Parzen*, 1962, S. 140 ff.].
Zur formalen Äquivalenz mit einem stochastischen Prozeß sind die absor-

bierenden Zustände mit einer Schleife zu versehen, wobei die Übergangswahrscheinlichkeit den Wert 1 erhält ($p_{10,10} = p_{8,8} = 1$; vgl. die folgende
Abbildung).

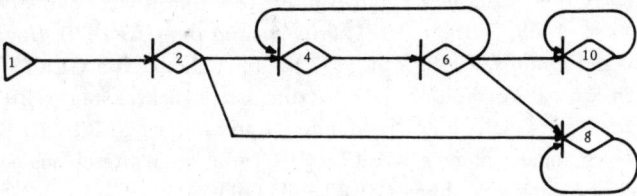

Abb. 107:   Exklusiv-Oder-Netzplan als absorbierender Semi-Markoff-Prozeß
(transiente Zustände: v_1, v_2, v_4, v_6; absorbierende Zustände:
v_{10}, v_8)

Analytische Verfahren zur Behandlung beliebiger GERT-Netzpläne liegen
bisher nicht vor. Die Schwierigkeiten resultieren daraus, daß durch deterministische Knotenausgänge parallele stochastische Prozesse entstehen, die
bestimmte Knoten gemeinsam haben. Betrachtet man im Beispiel den Lösungsweg B als zweiten stochastischen Prozeß, so enthalten die Prozesse
die gemeinsamen Zustände v_1, v_{10} und v_{11} (vgl. Abbildung 105). Zur
Kennzeichnung des „Projektzustandes" in einem bestimmten Zeitpunkt
ist die Angabe der jeweiligen Zustände in beiden parallel ablaufenden
Prozessen erforderlich.

Der Anwendungsbereich von GERT-Netzplänen geht über den Rahmen
der Projektplanung im engeren Sinne hinaus. So können z.B. mit Hilfe
von Exklusiv-Oder-Netzplänen alle stochastischen Abläufe behandelt werden, die sich als Markoff-Ketten oder Semi-Markoff-Prozesse darstellen lassen (z.B. Reparatur- und Ersatzprozesse, Warteschlangenprozesse, Prüf-
pläne bei der statistischen Qualitätskontrolle). Anwendungsbeispiele aus
verschiedenen Bereichen findet man bei *Pritsker* und *Whitehouse* [1966],
Pritsker [1968], *Elmaghraby* [1970] und *Völzgen* [1971].

Die im folgenden dargestellte Zeit- und Kostenplanung ist auf exakte
analytische Verfahren für Exklusiv-Oder-Netzpläne beschränkt. In bestimmten Fällen können durch eine Kombination dieser Verfahren mit den Reduktionsverfahren bei determinierter Vorgangsfolge auch allgemeinere
GERT-Netzpläne berechnet werden. Ein erster Ansatz in dieser Richtung
liegt von *Neumann* [1973] vor. Berechnungsformeln zur Kostenprognose
für verschiedene Grundtypen von GERT-Netzplänen findet man bei *Erlen*
[1972].

Eine näherungsweise Lösung für beliebige GERT-Netzpläne ist mit Hilfe simulativer Verfahren möglich. Von *Pritsker* u.a. wurden verschiedene Simulationsprogramme (GERTS: GERT Simulation) entwickelt, deren neuere Versionen (GERTS II und III) in der Simulationssprache GASP II (FORTRAN IV) geschrieben sind [vgl. *Pritsker* und *Kiviat*, 1969; *Pritsker* und *Ishmael*, 1969; *Pritsker*, 1971; *Pritsker* und *Burgess*, 1970; *Hogg*, *Maggard* und *Phillips*, 1972; *Raju*, 1970]. Im Rahmen von GERTS III existieren Spezialprogramme zur Schätzung der Projektkosten (GERTS III C), zur Berücksichtigung beschränkter Kapazitäten (GERTS III R), für Warteschlangenprobleme (GERTS III Q) und für Warteschlangenprozesse bei Kapazitätsschranken (GERTS III QR).

Die Behandlung von Optimierungsproblemen der Kosten- und Beschäftigungsplanung für GERT-Netzpläne steckt erst in den Anfängen. Von *Arisawa* und *Elmaghraby* [1972] liegt ein Ansatz zur Zeit-Kosten-Optimierung vor (vgl. Abschnitt 3.4.2).

Üblicherweise werden GERT-Netzpläne — wie auch im vorliegenden Kapitel — als Vorgangspfeil-Netzpläne dargestellt. Grundsätzlich ist aber auch eine Darstellung als Vorgangsknoten-Netzplan möglich [vgl. *Pritsker*, 1971].

4.3   Zeit- und Kostenplanung

4.3.1 Problemstellung

In GERT-Netzplänen besteht in der Regel nicht nur Unsicherheit in bezug auf die Vorgangsfolgen ($p_{ij} < 1$), sondern auch in bezug auf die Vorgangsparameter. Die hauptsächlich interessierenden Parameter — Vorgangsdauern und Vorgangskosten — sind deshalb im allgemeinen stochastische Größen (Zufallsvariable). Im folgenden bezeichne

$F_{ij}^{d}(t)$ die Verteilungsfunktion für die Dauer d_{ij} des Vorgangs x_{ij},

$F_{ij}^{c}(t)$ die Verteilungsfunktion für die Kosten c_{ij} des Vorgangs x_{ij}.

Bei stetigen Verteilungen gehören hierzu die Dichtefunktionen $f_{ij}^{d}(t)$ und $f_{ij}^{c}(t)$. Stellt x_{ij} kein zeit- und kostenbeanspruchender Vorgang, sondern lediglich eine logische Verknüpfung („Scheinvorgang") dar (vgl. in Abbildung 102 die Pfeile $x_{2,4}$ und $x_{2,8}$), so wird $d_{ij} = c_{ij} \equiv 0$ gesetzt.

Eine rechnerische Auswertung von GERT-Netzplänen dient hauptsächlich der Gewinnung folgender Informationen:

1. Wie groß ist die Wahrscheinlichkeit dafür, daß ein bestimmtes Ereignis (Knoten) des Projekts realisiert wird? (*Realisationswahrscheinlichkeit* P_i für den Knoten v_i des Netzplans). In erster Linie interessiert man sich für die Realisationswahrscheinlichkeiten der Endknoten des Projekts (in Abbildung 105 P_{10} und P_{11}: Wahrscheinlichkeit für den erfolgreichen bzw. erfolglosen Abschluß der Projektphase).

2. Wie groß ist unter der Bedingung, daß ein bestimmtes Ereignis des Projekts realisiert wird, der zeitliche Abstand vom Projektbeginn bis zum Erreichen des Ereignisses? (*bedingte Realisationszeit* t_i des Knotens v_i des Netzplans). Da diese Zeit bei stochastischen Vorgangsdauern d_{ij} eine Zufallsvariable ist, benötigt man allgemein die bedingte Verteilungsfunktion $G_i(t)$ der Größe t_i. (Für Abbildung 105 ist $G_{10}(t)$ die Verteilungsfunktion der Dauer der Projektphase bei erfolgreichem Abschluß und $G_{11}(t)$ die entsprechende Verteilungsfunktion bei erfolglosem Abschluß der Projektphase.)

3. Wie groß sind unter der Bedingung, daß ein bestimmtes Ereignis des Projekts realisiert wird, die bis zum Erreichen des Ereignisses anfallenden Kosten? (*bedingte Kosten* c_i bis zum Knoten v_i des Netzplans). Sind die Vorgangskosten c_{ij} Zufallsvariable, so benötigt man die Verteilungsfunktion $H_i(t)$ der Größe c_i. (Für Abbildung 105 gibt $H_{10}(t)$ bzw. $H_{11}(t)$ die Verteilungsfunktion der Projektkosten bei erfolgreichem bzw. erfolglosem Abschluß der Projektphase an.)

4. Sind für alle Endknoten des Netzplans die Realisationswahrscheinlichkeiten P_i und die Verteilungsfunktionen $G_i(t)$ sowie $H_i(t)$ bestimmt, so läßt sich hiermit die Verteilungsfunktion $F_T(t)$ der Projektdauer T und die Verteilungsfunktion $H_C(t)$ der Projektkosten C ableiten.

5. Da Vorgänge und Ereignisse eines Zykels mehrfach realisiert werden können, benötigt man neben der Realisationswahrscheinlichkeit und Realisationszeit für die erstmalige Realisation Angaben über die Häufigkeit, mit der Zykel-Vorgänge oder Zykel-Ereignisse während des Projektablaufs realisiert werden (*Rückkehr- oder Rekurrenzhäufigkeit*). Da in diesem Fall die Anzahl n_i bzw. n_{ij} der Durchläufe eines Knotens v_i bzw. eines Pfeils x_{ij} Zufallsvariable sind, bestimmt man allgemein die Verteilungsfunktionen $F_{n_i}(n)$ und $F_{n_{ij}}(n)$, $n = 0,1,\ldots$, dieser Zufallsvariablen (für den Netzplan der Abbildung 105 z.B. $F_{n_6}(n)$ oder $F_{n_{7,5}}(n)$: Verteilung der Häufigkeit des Testabschlusses der Lösung A oder einer Verbesserung der Lösung B).

6. Für Zykel-Ereignisse und -Vorgänge kann daneben nach der Zeit $t_{i,n}$ bzw. $t_{ij,n}$ bis zur n-maligen Realisation des Knotens v_i bzw. Pfeils x_{ij} gefragt werden (*n-te Rekurrenz- oder Rückkehrzeit* unter der Bedingung, daß der Knoten v_i bzw. Pfeil x_{ij} n-mal durchlaufen wird). Allgemein sind wieder die Verteilungsfunktionen $F_{t_{i,n}}(t)$ bzw. $F_{t_{ij,n}}(t)$ zu ermitteln.

7. Oft ist eine genaue Kenntnis der unter 2. bis 6. angegebenen Verteilungsfunktionen nicht erforderlich. Man begnügt sich mit Informationen über einzelne Parameter dieser Verteilungen, z.B. den Erwartungswerten und Varianzen.

4.3.2 Exakte Verfahren bei Exklusiv-Oder-Netzplänen

4.3.2.1 Anwendung der Mason-Formel

4.3.2.1.1 Ermittlung von Realisationswahrscheinlichkeit, bedingter Realisationszeit und bedingten Realisationskosten

Mit Hilfe der Mason-Formel der Flußgraphentheorie lassen sich die Realisationswahrscheinlichkeiten P_i sowie die momenterzeugenden Funktionen der bedingten Realisationszeiten t_i und Kosten c_i zunächst für solche Ereignisse v_i des Netzplans berechnen, die während des Projektablaufs höchstens einmal realisiert werden. Aus den momenterzeugenden Funktionen können sämtliche Momente von t_i und c_i, also z.B. die Erwartungswerte $E(t_i)$ und $E(c_i)$ sowie die Varianzen $V(t_i)$ und $V(c_i)$, bestimmt werden.

Die momenterzeugende Funktion $M_y(s)$ einer Zufallsvariablen y ist wie folgt definiert:

$$M_y(s) = E\left\{e^{sy}\right\}.$$

Für eine stetige Zufallsvariable y mit der Dichtefunktion $f_y(t)$ folgt:

$$M_y(s) = \int_t e^{st} \cdot f_y(t)dt.$$

Im Falle einer diskreten Zufallsvariablen y gilt:

$$M_y(s) = \sum_t e^{st} \cdot W\{y = t\}.$$

Ist y eine Konstante, so ergibt sich als Sonderfall

$$M_y(s) = e^{sy}:$$

Eine normalverteilte Zufallsvariable y mit $E(y) = \mu$ und $V(y) = \sigma^2$ besitzt die momenterzeugende Funktion

$$M_y(s) = \exp\left\{ s\mu + \tfrac{1}{2}\, s^2\sigma^2 \right\}$$

und eine exponentialverteilte Zufallsvariable y mit der Dichtefunktion $f_y(t) = \lambda e^{-\lambda t}$ die momenterzeugende Funktion

$$M_y(s) = \left(1 - \tfrac{s}{\lambda}\right)^{-1} = \frac{\lambda}{\lambda - s} \ .$$

Das k-te gewöhnliche Moment $E(y^k) = m_k$, $k = 1,2,\ldots$, entspricht der k-ten Ableitung von $M_y(s)$ an der Stelle $s = 0$:

$$m_k = \frac{\partial^k}{\partial s^k}\, [M_y(s)]_{s=0} \quad k = 1,2,\ldots$$

$$(m_1 = E(y)).$$

Für die Varianz $V(y)$ und das dritte zentrale Moment $\mu_3 = E\{(y - E(y))\}^3$ gilt:

$$V(y) = m_2 - m_1^2\ ,$$

$$\mu_3 = m_3 - 3m_1 m_2 + 2m_1^3\ .$$

Als *Inputdaten* des Verfahrens sind zunächst die momenterzeugenden Funktionen $M_{ij}^d(s)$ bzw. $M_{ij}^c(s)$ der Vorgangsdauern d_{ij} bzw. der Vorgangskosten c_{ij} zu bestimmen. Jeder Pfeil x_{ij} wird mit der sogenannten *w-Funktion* der Dauer bzw. Kosten bewertet:

$$w_{ij}^d(s) = p_{ij} \cdot M_{ij}^d(s)\ ; \quad w_{ij}^c(s) = p_{ij} \cdot M_{ij}^c(s)\ .$$

Die Mason-Formel liefert dann die w-Funktionen für die Realisationszeiten t_i $(W_i^t(s))$ und Kosten c_i $(W_i^c(s))$. Die Realisationswahrscheinlichkeiten entsprechen den Werten dieser Funktionen an der Stelle $s = 0$:

$$P_i = W_i^t(s=0) = W_i^c(s=0).$$

Für die momenterzeugenden Funktionen der Zufallsvariablen t_i $(M_i^t(s))$ und c_i $(M_i^c(s))$ folgt schließlich:

$$M_i^t(s) = \frac{W_i^t(s)}{P_i}\ ; \quad M_i^c(s) = \frac{W_i^c(s)}{P_i}\ .$$

Zur Beschreibung des Verfahrens werden noch folgende Begriffe benötigt:

Ein *elementarer Weg* zum Knoten v_i ist ein Weg vom Anfangsknoten v_0 zum Knoten v_i, bei dem jeder Knoten nur einmal durchlaufen wird. L_l^i sei die Menge der Pfeile des l-ten elementaren Weges zum Knoten v_i $(l = 1, \ldots, l')$. Zum l-ten elementaren Weg nach v_i gehören die w-Funktionen

$$W_l^{i,t}(s) = \prod_{x_{jk} \in L_l^i} w_{jk}^d(s) \; ; \quad W_l^{i,c}(s) = \prod_{x_{jk} \in L_l^i} w_{jk}^c(s) \; .$$

Ein *Zykel erster Ordnung (einfacher Zykel)* des Netzplans ist ein Zykel, bei dem jeder Pfeil nur einmal durchlaufen wird. $L_{z,1}$ sei die Menge der Pfeile des z-ten einfachen Zykels $(z = 1, \ldots, z'(1))$. Hierzu gehören die w-Funktionen

$$W_{z,1}^t(s) = \prod_{x_{jk} \in L_{z,1}} w_{jk}^d(s) \; ; \quad W_{z,1}^c(s) = \prod_{x_{jk} \in L_{z,1}} w_{jk}^c(s) \; .$$

Ein *Zykel k-ter Ordnung* $(k \geqq 2)$ ist eine Menge von k einfachen Zykel, wobei je zwei Zykel dieser Menge keinen gemeinsamen Knoten besitzen. Sind $L_{z_1}, L_{z_2}, \ldots, L_{z_k}$ die Pfeilmengen der k einfachen Zykel, so gehören zum z-ten Zykel k-ter Ordnung die Pfeilmengen

$$L_{zk} = \bigcup_{i=1}^k L_{z_i} \quad (z = 1, \ldots, z'(k)) \quad \text{und die } w\text{-Funktionen}$$

$$W_{zk}^t(s) = \prod_{x_{ij} \in L_{zk}} w_{ij}^d(s) = \prod_{i=1}^k W_{z_i,1}^t(s) \; ;$$

$$W_{zk}^c(s) = \prod_{x_{ij} \in L_{zk}} w_{ij}^c(s) = \prod_{i=1}^k W_{z_i,1}^c(s) \; .$$

Das Verfahren zur Bestimmung der Realisationswahrscheinlichkeit P_i sowie der momenterzeugenden Funktionen $M_i^t(s)$ und $M_i^c(s)$ verläuft in folgenden Schritten [vgl. *Pritsker* und *Happ*, 1966; *Pritsker*, 1968; *Thumb*, 1968, S. 301 ff.; *Völzgen*, 1971, S. 12 ff.; *Zimmermann*, 1971, S. 116 ff.]:

Schritt 1:   Bestimme alle elementaren Wege zum Knoten v_i und berechne die zugehörigen Funktionen $W_l^{i,t}(s)$ und $W_l^{i,c}(s)$, $l = 1, \ldots, l'$.

Schritt 2:   Bestimme im Netzplan alle einfachen Zykel, für deren Knoten ein Weg nach v_i existiert, und berechne die zugehörigen Funktionen $W_{z,1}^t(s)$ sowie $W_{z,1}^c(s)$, $z = 1, \ldots, z'(1)$.

Schritt 3: Bestimme aus den einfachen Zykel alle Zykel k-ter Ordnung $(k = 2, \ldots, k')$ und berechne die zugehörigen Funktionen $W_{zk}^t(s)$ sowie $W_{zk}^c(s)$, $z = 1, \ldots, z(k)$.

Schritt 4: Setze

$$\delta_{zk}^{li} = \begin{cases} 1, \text{ falls der } z\text{-te Zykel } k\text{-ter Ordnung keinen} \\ \quad \text{Knoten des } l\text{-ten elementaren Weges} \\ \quad \text{zum Knoten } v_i \text{ enthält,} \\ 0 \text{ sonst.} \end{cases}$$

Schritt 5: Berechne die Funktionen $W_i^t(s)$ und $W_i^c(s)$ nach folgenden *Mason-Formeln*:

$$W_i^t(s) = \frac{\sum\limits_{l=1}^{l'} W_l^{i,t}(s) \cdot \left\{ 1 + \sum\limits_{k=1}^{k'} \sum\limits_{z=1}^{z(k)} (-1)^k \delta_{zk}^{li} \cdot W_{zk}^t(s) \right\}}{1 + \sum\limits_{k=1}^{k'} \sum\limits_{z=1}^{z(k)} (-1)^k W_{zk}^t(s)} \quad ;$$

$$W_i^c(s) = \frac{\sum\limits_{l=1}^{l'} W_l^{i,c}(s) \cdot \left\{ 1 + \sum\limits_{k=1}^{k'} \sum\limits_{z=1}^{z(k)} (-1)^k \delta_{zk}^{li} \cdot W_{zk}^c(s) \right\}}{1 + \sum\limits_{k=1}^{k'} \sum\limits_{z=1}^{z(k)} (-1)^k W_{zk}^c(s)}$$

Schritt 6: Berechne $P_i = W_i^t(s{=}0)$ und

$$M_i^t(s) = W_i^t(s)/P_i \; ; \; M_i^c(s) = W_i^c(s)/P_i \,.$$

In Exklusiv-Oder-Netzplänen sind Kosten und Dauern additive Parameter, für die die gleiche Berechnungsmethode anzuwenden ist (vgl. die Mason-Formel in Schritt 5). Man kann deshalb auch beide Parameter wie folgt in einer einzigen w-Funktion zusammenfassen:

$$w_{ij}(s_1, s_2) = p_{ij} M_{ij}^d(s_1) \cdot M_{ij}^c(s_2) \,.$$

Man erhält dann in Schritt 5 die w-Funktion

$$W_i(s_1, s_2) = \frac{\sum\limits_{l=1}^{l'} W_l^i(s_1, s_2) \cdot \left\{ 1 + \sum\limits_{k=1}^{k'} \sum\limits_{z=1}^{z(k)} (-1)^k \delta_{zk}^{li} \cdot W_{zk}(s_1, s_2) \right\}}{1 + \sum\limits_{k=1}^{k'} \sum\limits_{z=1}^{z(k)} (-1)^k W_{zk}(s_1, s_2)}$$

mit $\quad W_l^i(s_1, s_2) = \prod\limits_{x_{jk} \in L_l^i} w_{jk}(s_1, s_2) \quad$ und

$$W_{zk}(s_1,s_2) = \prod_{x_{ij} \in L_{zk}} w_{ij}(s_1,s_2) ,$$

und in Schritt 6

$$P_i = W_i(s_1=0,s_2=0) ; \quad M_i(s_1,s_2) = W_i(s_1,s_2) / P_i .$$

Für die Momente $m_k(t_i)$ bzw. $m_k(c_i)$ von t_i bzw. c_i folgt hieraus

$$m_k(t_i) = \frac{\partial^k}{\partial s_1^k} [M_i(s_1,s_2)]_{s_1=s_2=0} ;$$

$$m_k(c_i) = \frac{\partial^k}{\partial s_2^k} [M_i(s_1,s_2)]_{s_1=s_2=0} .$$

Das Verfahren soll zunächst an einfachen *Spezialfällen* veranschaulicht werden:

1. Existiert vom Anfangsknoten v_0 zum Knoten v_i nur ein elementarer Weg, der von keinem Zykel des Netzplans berührt wird, so folgt (vgl. Abbildung 108):

$$W_i(s_1,s_2) = W_1^i(s_1,s_2) = \prod_{x_{jk} \in L_1^i} w_{jk}(s_1,s_2)$$

$$= \prod_{x_{jk} \in L_1^i} p_{jk} M_{jk}^d(s_1) \cdot M_{jk}^c(s_2) ;$$

$$P_i = W_i(s_1=0,s_2=0) = \prod_{x_{jk} \in L_1^i} p_{jk} ;$$

$$M_i(s_1,s_2) = \prod_{x_{jk} \in L_1^i} M_{jk}^d(s_1) \cdot M_{jk}^c(s_2) .$$

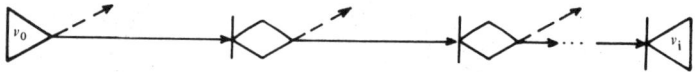

Abb. 108: Serienschaltung in Exklusiv-Oder-Netzplänen

Die Multiplikation der momenterzeugenden Funktionen entspricht der Faltungsoperation für die hintereinandergeschalteten Vorgänge des Weges (vgl. Abschnitt 3.3.3.2.2).

Enthält der Netzplan keine Zykel und führt zu jedem Endknoten nur ein elementarer Weg, so liegt ein einfacher Verzweigungsprozeß vor (vgl. die folgende Abbildung).

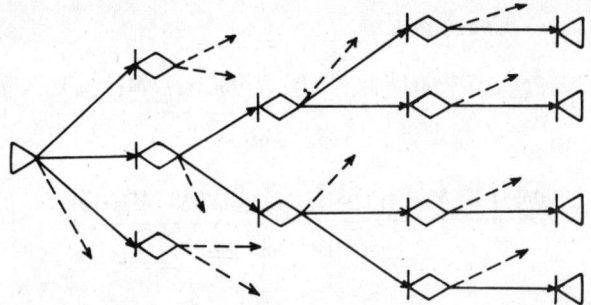

Abb. 109:   Exklusiv-Oder-Netzplan eines einfachen Verzweigungsprozesses
(Zustandsbaum)

Der Graph repräsentiert dann einen Zustands- oder Ereignisbaum. Dieser Baum ist nicht zu verwechseln mit dem sogenannten Entscheidungsbaum, der neben Ereignisknoten auch Entscheidungsknoten zur Kennzeichnung von Entscheidungsalternativen enthält [vgl. *Blohm* und *Lüder*, 1974, S.124 ff.]. Mit Hilfe der Entscheidungsbaumanalyse kann eine Folge von Entscheidungen in Abhängigkeit vom Eintritt zufallsabhängiger Ereignisse *optimiert* werden. Das ist mit einem GERT-Netzplan nicht unmittelbar möglich. Insofern ist die häufig verwendete Bezeichnung „Entscheidungsnetzplan" irreführend (z.B. bei *Zimmermann*, 1971, S.112). Allerdings besteht ein Zusammenhang derart, daß jeder *gegebenen* Entscheidungsfolge genau ein Exklusiv-Oder-Netzplan entspricht.

2. Besitzt der Netzplan keine Zykel, und führen zum Knoten v_i $l' > 1$ elementare Wege, so folgt:

$$W_i(s_1,s_2) = \sum_{l=1}^{l'} W_l^i(s_1,s_2) = \sum_{l=1}^{l'} \prod_{x_{jk} \in L_l^i} w_{jk}(s_1,s_2)$$

$$= \sum_{l=1}^{l'} \prod_{x_{jk} \in L_l^i} p_{jk} M_{jk}^d(s_1) \cdot M_{jk}^c(s_2) \ ;$$

$$P_i = W_i(s_1=0,s_2=0) = \sum_{l=1}^{l'} \prod_{x_{jk} \in L_l^i} p_{jk} \ ; \quad M_i(s_1,s_2) = W_i(s_1,s_2)/P_i \ .$$

Für zwei parallele Wege mit je zwei Vorgängen erhält man z.B. (vgl. Abbildung 110):

$$P_3 = p_{01} \cdot p_{13} + p_{02} \cdot p_{23}$$

$$M_3(s_1,s_2) = \frac{p_{01} \cdot p_{13} \cdot M_{01}^d(s_1) \cdot M_{13}^d(s_1) \cdot M_{01}^c(s_2) \cdot M_{13}^c(s_2)}{p_{01} \cdot p_{13} + p_{02} \cdot p_{23}} +$$

$$\frac{p_{02} \cdot p_{23} \cdot M_{02}^d(s_1) \cdot M_{23}^d(s_1) \cdot M_{02}^c(s_2) \cdot M_{23}^c(s_2)}{p_{01} \cdot p_{13} + p_{02} \cdot p_{23}} .$$

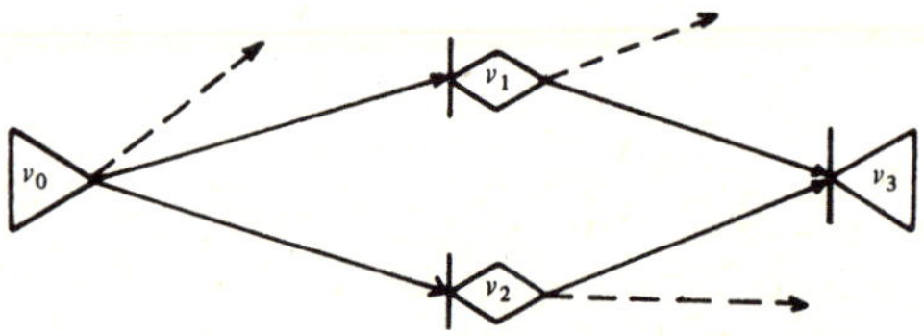

Abb. 110: Parallelschaltung in Exklusiv-Oder-Netzplänen

Sind die Vorgangsdauern Konstante mit $d_{jk} = D_{jk}$, so folgt etwa für die momenterzeugende Funktion der bedingten Realisationszeit t_3:

$$M_3^t(s) = M_3(s_1=s, s_2=0) = \frac{p_{01}p_{13} \cdot e^{s(D_{01}+D_{13})} + p_{02}p_{23} \cdot e^{s(D_{02}+D_{23})}}{p_{01}p_{13} + p_{02}p_{23}} .$$

Das ist die momenterzeugende Funktion folgender diskreten Zweipunktverteilung (vgl. S. 310):

$$W\{t_3 = D_{01}+D_{13}\} = \frac{p_{01}p_{13}}{p_{01}p_{13}+p_{02}p_{23}} , \quad W\{t_3 = D_{02}+D_{23}\} = \frac{p_{02}p_{23}}{p_{01}p_{13}+p_{02}p_{23}} .$$

3. Führt von v_0 nach v_i nur ein elementarer Weg, und geht von diesem Weg genau ein Zykel aus, so folgt (vgl. Abbildung 111):

$$W_i(s_1,s_2) = \frac{W_1^i(s_1,s_2)}{1 - W_{1,1}(s_1,s_2)} = \frac{\prod\limits_{x_{jk} \in L_1^i} p_{jk} M_{jk}^d(s_1) M_{jk}^c(s_2)}{1 - \prod\limits_{x_{jk} \in L_{1,1}} p_{jk} M_{jk}^d(s_1) M_{jk}^c(s_2)} ;$$

$$P_i = \frac{\underset{x_{jk} \in L_1^i}{\Pi} p_{jk}}{1 - \underset{x_{jk} \in L_{1,1}}{\Pi} p_{jk}} \quad ; \quad M_i(s_1, s_2) = W_i(s_1, s_2) / P_i \ .$$

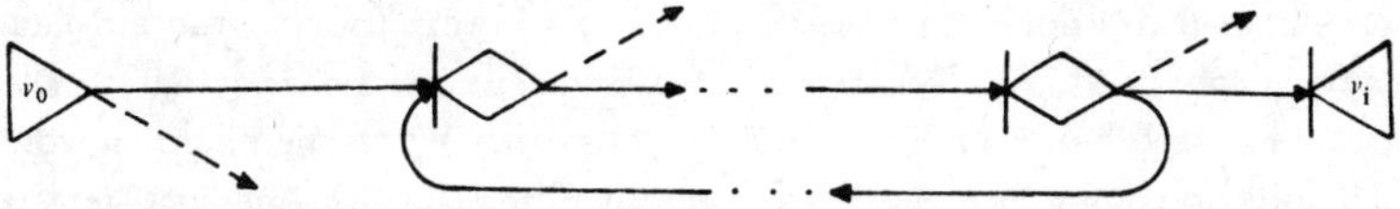

Abb. 111: Exklusiv-Oder-Netzplan mit einfachem Zykel

Die Mason-Formal kann in analoger Weise benutzt werden, um die w-Funktion $W_{ji}(s)$ zwischen einem beliebigen Knoten v_j und einem Nicht-Zykel-Knoten v_i des Netzplans zu berechnen. Man betrachtet in diesem Fall v_j als Anfangsknoten. Zur Ermittlung der momenterzeugenden Funktionen $M_T(s)$ bzw. $M_C(s)$ der Projektdauer T bzw. Projektkosten C sind mehrere Endknoten des Netzplans zu einem Knoten zusammenzufassen. Anstelle einer unmittelbaren Anwendung der Mason-Formel auf den gesamten Netzplan ist auch eine sukzessive Reduktion möglich, wobei man in der Regel nur die unter 1. bis 3. angegebenen Formeln benötigt [vgl. *Neumann*, 1973].

Beispiel:

Formulierung des Problems:
Ein Fertigungsaggregat besitze zwei Verschleißteile mit folgenden exponentiellen Ausfallverteilungen[1]:

Teil I: $F_1(t) = 1 - e^{-0,005\,t}$,   Teil II: $F_2(t) = 1 - e^{-0,05\,t}$.

Die zugehörigen Dichtefunktionen lauten:

$$f_1(t) = 0,005\,t \cdot e^{-0,005\,t}, \quad f_2(t) = 0,05\,t \cdot e^{-0,05\,t}.$$

Ein Ausfall des Aggregats tritt ein, sobald eines der beiden Verschleißteile ausfällt. Die Ausfallursache kann nur durch eine Inspektion der beiden Teile festgestellt werden, wobei zunächst das Teil mit der höheren Ausfallwahrscheinlichkeit überprüft wird. Der Test soll so geartet sein,

---

1) Die Ausfallverteilung ist die Verteilung der Laufzeit t_L vom Einsatzbeginn eines neuwertigen Teils bis zu seinem Ausfall: $F(t) = W\{t_L \leqq t\}$. (Zu Laufzeit- und Reparaturprozessen von mehrteiligen Anlagen vgl. *Küpper* [1974]).

daß man nur mit einer Wahrscheinlichkeit von 0,9 einen Fehler entdeckt. Stellt man nach Prüfung beider Teile keinen Fehler fest, so ist der Test zu wiederholen. Für Teil I sind keine Ersatzteile verfügbar. Einer Statistik ist zu entnehmen, daß bei Ausfall dieses Teils nur in 20% der Fälle eine ausbessernde Reparatur möglich ist. In den übrigen Fällen wird das Aggregat nach Ausbau des noch funktionsfähigen Teils II verschrottet und ein neues Aggregat beschafft. Für Teil II werden Ersatzteile auf Lager gehalten. Diese Ersatzteile sind bei ihrer Entnahme nur mit einer Wahrscheinlichkeit von 0,75 funktionsfähig. Sie werden vor ihrem Einbau in das Aggregat getestet, wobei ein Fehler auch hier nur in 90% der Fälle entdeckt wird. Unentdeckte Fehler werden erst bei einem Testlauf des Aggregats festgestellt. Bei fehlerhaften Ersatzteilen wird unmittelbar ein weiteres Teil dem Ersatzteillager entnommen, getestet und eventuell eingebaut.

Für *Test-, Reparatur- und Einbauzeiten* wurden folgende Verteilungen geschätzt:

a. Testzeit t_p^1 von Teil I bei Ausfall des Aggregats:
   Normalverteilung mit $\mu = 0,5$ und $\sigma = 0,1$;

b. Testzeit t_p^2 von Teil II bei Ausfall des Aggregats sowie für Ersatzteile:
   Normalverteilung mit $\mu = 0,4$ und $\sigma = 0,1$;

c. Überprüfung eines ausgefallenen Teils I auf Reparaturfähigkeit ($t_{\ddot{u}}$):
   Normalverteilung mit $\mu = 0,6$ und $\sigma = 0,2$;

d. ausbessernde Reparatur für Teil I (t_r):
   Normalverteilung mit $\mu = 1$ und $\sigma = 0,3$;

e. Beschaffung eines neuen Aggregats (t_b):
   konstante Zeit $t_b = 2$;

f. Einbau des Ersatzteils II und Probelauf (t_e):
   konstante Zeit $t_e = 0,2$.

Die übrigen Zeiten (z.B. Ausbau von Teil I und II, Lagerentnahme) werden als vernachlässigbar klein angesehen.

Test und Reparatur des Aggregats verursachen folgende *Kosten:*

g. Testkosten (c_p): 20 DM pro ZE von t_p^1 oder t_p^2;

h. Prüfkosten für Teil I ($c_{\ddot{u}}$): 10 DM pro ZE von $t_{\ddot{u}}$;

i. Reparaturkosten für Teil I (c_r): 50 DM pro ZE von t_r und 200 DM fixe Kosten;

j. Kosten für Einbau von Ersatzteil II und Probelauf (c_e):
   10 DM pro ZE von t_e;

k. Kosten eines neuen Aggregats abzüglich Schrottwert und Restwert von Teil II: $\dot{c}_A$ = 1000 DM;

l. Kosten eines Ersatzteils II abzüglich Restwert des ausgefallenen Teils: c_E = 100 DM.

Für den Laufzeit- und Reparaturprozeß des Aggregats ist ein Exklusiv-Oder-Netzplan zu entwickeln, wobei angenommen werden soll, daß beliebig viele Ersatzteile II verfügbar sind (vgl. bei beschränktem Ersatzteilbestand das Beispiel im nächsten Abschnitt). Mit Hilfe des angegebenen Verfahrens sind folgende Verteilungen und Parameter zu berechnen:

1. die Verteilung sowie der Erwartungswert und die Varianz der gesamten Reparaturdauer t_R vom Ausfall des Aggregats bis zur Wiederinbetriebnahme;

2. die Verteilung sowie der Erwartungswert und die Varianz der gesamten Reparatur- und Ersatzkosten c_R während der Zeit t_R;

3. der durchschnittliche Anteil der Laufzeit t_L und der Reparaturzeit t_R des Aggregats an der Gesamtzeit $t_L + t_R$;

4. die Wahrscheinlichkeit, daß bei einem Aggregatausfall ein neues Aggregat beschafft werden muß;

5. der Erwartungswert und die Varianz des zeitlichen Abstands t_A zwischen aufeinanderfolgenden Beschaffungszeitpunkten eines neuen Aggregats;

6. der Erwartungswert und die Varianz des Abstandes t_E zwischen den Einbauzeitpunkten eines funktionsfähigen Ersatzteils II.

Problemlösung:
Der Netzplan ist in der folgenden Abbildung wiedergegeben.
In der folgenden Tabelle sind für jeden Pfeil x_{ij} die Übergangswahrscheinlichkeit p_{ij} sowie die momenterzeugenden Funktionen der Dauern d_{ij} und Kosten c_{ij} angegeben.

Erläuterungen:
Bei Teilen mit exponentiellen Ausfallverteilungen bleibt die Ausfallwahrscheinlichkeit im Zeitablauf konstant (kein Alterungsverschleiß). Die Ausfallwahrscheinlichkeit in einem Zeitintervall $(t, t + \Delta t)$ beträgt in diesem Fall $1 - \exp(- \lambda \Delta t)$, ist also von t unabhängig. Ein noch funktionsfähiges Teil befindet sich also stets im „Neuzustand". Besitzt eine Anlage nur

Teile mit den exponentiellen Ausfallverteilungen $F_i(t) = 1 - \exp(-\lambda_i t)$, $i = 1, \ldots, n$, so ist die Ausfallverteilung der Anlage ebenfalls eine Exponentialverteilung $F(t) = 1 - \exp(-\lambda t)$ mit dem Parameter

$$\lambda = \sum_{i=1}^{n} \lambda_i.$$

Im Beispiel hat man somit für das Aggregat die Ausfallverteilung $F(t) = 1 - \exp(-0,055t)$. Die erwartete Laufzeit des Aggregats beträgt $E(t_L) = 1/\lambda = 1/0,055 \approx 18,18$ ZE.

Tabelle: Übergangswahrscheinlichkeiten und momenterzeugende Funktionen der Vorgänge des Netzplans

x_{ij}	p_{ij}	$M_{ij}^d(s)$	$M_{ij}^c(s)$
$x_{0,1}$	1/11	1	1
$x_{0,4}$	10/11	1	1
$x_{1,2}$	1	$\exp(0,5s + 0,005s^2)$	$\exp(10s + 2s^2)$
$x_{2,3}$	1/10	$\exp(0,4s + 0,005s^2)$	$\exp(8s + 2s^2)$
$x_{2,7}$	9/10	$\exp(0,6s + 0,02s^2)$	$\exp(6s + 2s^2)$
$x_{3,1}$	1	1	1
$x_{4,5}$	1	$\exp(0,5s + 0,005s^2)$	$\exp(10s + 2s^2)$
$x_{5,6}$	1	$\exp(0,4s + 0,005s^2)$	$\exp(8s + 2s^2)$
$x_{6,4}$	1/10	1	1
$x_{6,10}$	9/10	1	1
$x_{7,8}$	8/10	$\exp(2s)$	$\exp(1000s)$
$x_{7,9}$	2/10	$\exp(s + 0,045s^2)$	$\exp(250s + 112,5s^2)$
$x_{8,16}$	1	1	1
$x_{9,16}$	1	1	1
$x_{10,11}$	1	1	$\exp(100s)$
$x_{11,12}$	3/4	1	1
$x_{11,14}$	1/4	1	1
$x_{12,13}$	1	$\exp(0,4s + 0,005s^2)$	$\exp(8s + 2s^2)$
$x_{13,16}$	1	$\exp(0,2s)$	$\exp(2s)$
$x_{14,15}$	1	$\exp(0,4s + 0,005s^2)$	$\exp(8s + 2s^2)$
$x_{15,10}$	9/10	1	1
$x_{15,17}$	1/10	1	1
$x_{17,10}$	1	$\exp(0,2s)$	$\exp(2s)$
$x_{16,0}$	1	$0,055/(0,055 - s)$	1

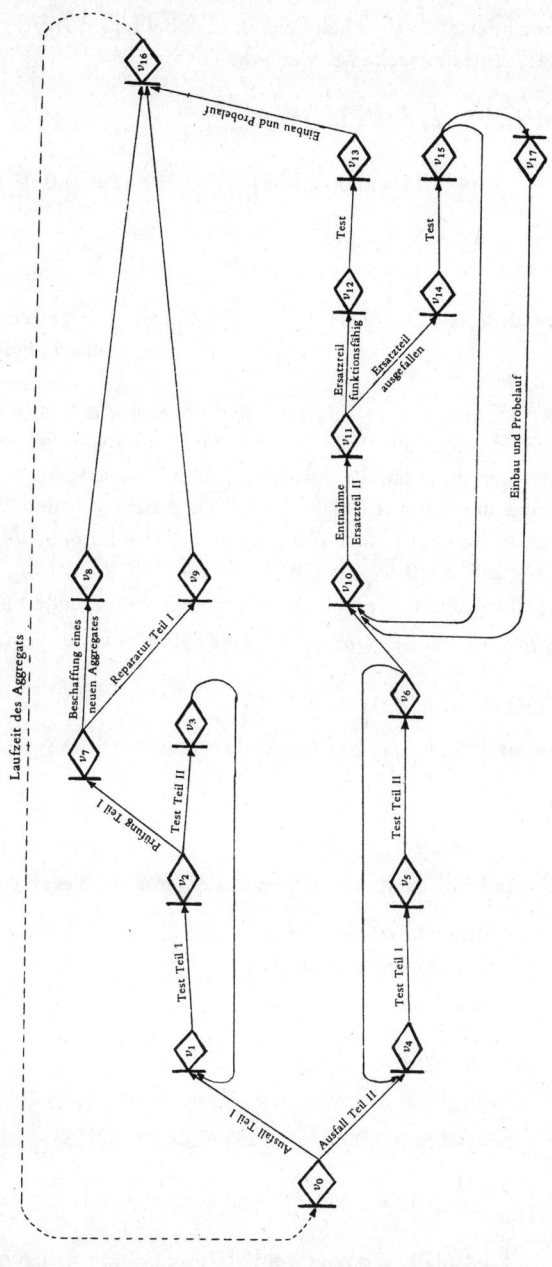

Abb. 112: Exklusiv-Oder-Netzplan eines Laufzeit- und Reparaturprozesses für ein zweiteiliges Aggregat

$p_{0,1}$ $(p_{0,4})$ bezeichnet die Wahrscheinlichkeit, daß bei einem Aggregatausfall das Teil I (II) Ausfallursache ist. Man erhält:

$$p_{0,1} = W\{t_L^1 \leq t_L^2\} = \int_0^\infty F_1(t_L^2) \cdot f_2(t_L^2) dt_L^2$$

$$= \int_0^\infty \{1 - \exp(-0{,}005 t_L^2)\} \cdot 0{,}05 \cdot \exp(-0{,}05 t_L^2) dt_L^2$$

$$= \lambda_1/(\lambda_1 + \lambda_2) = \frac{0{,}005}{0{,}055} = \frac{1}{11}$$

und entsprechend $p_{0,4} = \lambda_2/(\lambda_1 + \lambda_2) = \frac{10}{11}$ (t_L^1, t_L^2: Laufzeiten der Teile I und II).

Sind die Kosten c_{ij} eine lineare Funktion der Vorgangsdauer d_{ij} ($c_{ij} = a + bd_{ij}$), und ist d_{ij} normalverteilt mit dem Erwartungswert μ_{ij}^d und der Varianz $(\sigma_{ij}^d)^2$, so ist c_{ij} ebenfalls normalverteilt mit dem Erwartungswert $\mu_{ij}^c = a + b\mu_{ij}^d$ und der Varianz $(\sigma_{ij}^c)^2 = b^2(\sigma_{ij}^d)^2$. Z.B. ist für den Vorgang $x_{7,9}$ (ausbessernde Reparatur von Teil I) $c_{7,9} = 200 + 50d_{7,9}$ ($d_{7,9} = t_r$) und somit $\mu_{7,9}^c = 200 + 50 \, \mu_{7,9}^d = 200 + 50 \cdot 1 = 250$ sowie $(\sigma_{7,9}^c)^2 = 2500(\sigma_{7,9}^d)^2 = 2500 \cdot 0{,}09$. Man erhält also als momenterzeugende Funktion von t_r:
$$M_{7,9}^c(s) = \exp(\mu_{7,9}^c \cdot s + \frac{1}{2} \cdot s^2 \cdot (\sigma_{7,9}^c)^2) = \exp(250s + 112{,}5s^2) \quad (\text{vgl. S. 310f.}).$$

Lösung zu 1. und 2. (vgl. S. 319):

Es ist $t_R = t_{16}$ und $c_R = c_{16}$. Bei Anwendung des Verfahrens auf S. 312 f. folgt:

Schritt 1:

Zwischen v_0 und v_{16} existieren folgende elementaren Wege:
$$L_1^{16} = \{x_{0,1}, x_{1,2}, x_{2,7}, x_{7,8}, x_{8,16}\},$$
$$L_2^{16} = \{x_{0,1}, x_{1,2}, x_{2,7}, x_{7,9}, x_{9,16}\},$$
$$L_3^{16} = \{x_{0,4}, x_{4,5}, x_{5,6}, x_{6,10}, x_{10,11}, x_{11,12}, x_{12,13}, x_{13,16}\}$$

mit (vgl. Tabelle S. 320)

$$W_1^{16,t}(s) = \frac{1}{11} \cdot \exp(0{,}5s + 0{,}005s^2) \cdot \frac{9}{10} \exp(0{,}6s + 0{,}02s^2) \cdot \frac{8}{10} \exp(2s)$$

$$= \frac{72}{1100} \exp(3{,}1s + 0{,}025s^2), \text{ und entsprechend}$$

$$W_2^{16,t}(s) = \frac{18}{1100} \exp(2{,}1s + 0{,}07s^2), \quad W_3^{16,t}(s) = \frac{27}{44} \exp(1{,}5s + 0{,}015s^2),$$

$$W_1^{16,c}(s) = \frac{72}{1100} \exp(1016s + 4s^2), \quad W_2^{16,c}(s) = \frac{18}{1100} \exp(266s + 116,5s^2),$$

$$W_3^{16,c}(s) = \frac{27}{44} \exp(126s + 6s^2).$$

Schritt 2:

Als einfache Zykel (Zykel erster Ordnung) findet man:

$$L_{1,1} = \{x_{1,2}, x_{2,3}, x_{3,1}\}, \quad L_{2,1} = \{x_{4,5}, x_{5,6}, x_{6,4}\},$$

$$L_{3,1} = \{x_{10,11}, x_{11,14}, x_{14,15}, x_{15,10}\},$$

$$L_{4,1} = \{x_{10,11}, x_{11,14}, x_{14,15}, x_{15,17}, x_{17,10}\} \text{ mit}$$

$$W_{1,1}^t(s) = \exp(0,5s + 0,005s^2)\, \frac{1}{10} \exp(0,4s + 0,005s^2)$$

$$= \frac{1}{10}\exp(0,9s + 0,01s^2) \text{ und entsprechend}$$

$$W_{2,1}^t(s) = \frac{1}{10} \exp(0,9s + 0,01s^2), \quad W_{3,1}^t(s) = \frac{9}{40} \exp(0,4s + 0,005s^2),$$

$$W_{4,1}^t(s) = \frac{1}{40} \exp(0,6s + 0,005s^2); \quad W_{1,1}^c(s) = \frac{1}{10} \exp(18s + 4s^2),$$

$$W_{2,1}^c(s) = \frac{1}{10} \exp(18s + 4s^2), \quad W_{3,1}^c(s) = \frac{9}{40} \exp(108s + 2s^2),$$

$$W_{4,1}^c(s) = \frac{1}{40} \exp(110s + 2s^2).$$

Schritt 3:

Hieraus ergeben sich folgende Zykel k-ter Ordnung ($k = 2,3$):

$$L_{1,2} = L_{1,1} \cup L_{2,1}, \quad L_{2,2} = L_{1,1} \cup L_{3,1}, \quad L_{3,2} = L_{1,1} \cup L_{4,1},$$

$$L_{4,2} = L_{2,1} \cup L_{3,1}, \quad L_{5,2} = L_{2,1} \cup L_{4,1}; \quad L_{1,3} = L_{1,1} \cup L_{2,1} \cup L_{3,1},$$

$$L_{2,3} = L_{1,1} \cup L_{2,1} \cup L_{4,1} \text{ mit}$$

$$W_{1,2}^t(s) = W_{1,1}^t(s) \cdot W_{2,1}^t(s) = \frac{1}{100} \exp(1,8s + 0,02s^2) \text{ und entsprechend}$$

$$W_{2,2}^t(s) = \frac{9}{400} \exp(1,3s + 0,015s^2), \quad W_{3,2}^t(s) = \frac{1}{400} \exp(1,5s + 0,015s^2),$$

$$W_{4,2}^t(s) = \frac{9}{400} \exp(1,3s + 0,015s^2), \quad W_{5,2}^t(s) = \frac{1}{400} \exp(1,5s + 0,015s^2);$$

$$W_{1,2}^c(s) = \frac{1}{100} \exp(36s + 8s^2), \quad W_{2,2}^c(s) = \frac{9}{400} \exp(126s + 6s^2),$$

$$W_{3,2}^c(s) = \frac{1}{400} \exp(128s + 6s^2), \quad W_{4,2}^c(s) = \frac{9}{400} \exp(126s + 6s^2),$$

$$W_{5,2}^c(s) = \frac{1}{400}\exp(128s + 6s^2); \quad W_{1,3}^t(s) = \frac{9}{4000}\exp(2,2s + 0,025s^2),$$

$$W_{2,3}^t(s) = \frac{1}{4000}\exp(2,4s + 0,025s^2); \quad W_{1,3}^c(s) = \frac{9}{4000}\exp(144s + 10s^2),$$

$$W_{2,3}^c(s) = \frac{1}{4000}\exp(146s + 10s^2).$$

Schritt 4:

$$\delta_{1,1}^{1,16} = 0, \quad \delta_{2,1}^{1,16} = \delta_{3,1}^{1,16} = \delta_{4,1}^{1,16} = 1; \quad \delta_{1,2}^{1,16} = \delta_{2,2}^{1,16} = \delta_{3,2}^{1,16} = 0,$$

$$\delta_{4,2}^{1,16} = \delta_{5,2}^{1,16} = 1; \quad \delta_{1,3}^{1,16} = \delta_{2,3}^{1,16} = 0;$$

$$\delta_{1,1}^{2,16} = 0; \quad \delta_{2,1}^{2,16} = \delta_{3,1}^{2,16} = \delta_{4,1}^{2,16} = 1; \quad \delta_{1,2}^{2,16} = \delta_{2,2}^{2,16} = \delta_{3,2}^{2,16} = 0,$$

$$\delta_{4,2}^{2,16} = \delta_{5,2}^{2,16} = 1; \quad \delta_{1,3}^{2,16} = \delta_{2,3}^{2,16} = 0;$$

$$\delta_{1,1}^{3,16} = 1, \quad \delta_{2,1}^{3,16} = \delta_{3,1}^{3,16} = \delta_{4,1}^{3,16} = 0;$$

$$\delta_{1,2}^{3,16} = \delta_{2,2}^{3,16} = \delta_{3,2}^{3,16} = \delta_{4,2}^{3,16} = \delta_{5,2}^{3,16} = 0; \quad \delta_{1,3}^{3,16} = \delta_{2,3}^{3,16} = 0.$$

Schritt 5:

$$W_{16}^t(s) =$$

$$\{W_1^{16,t}(s) \cdot [1 - (W_{2,1}^t(s) + W_{3,1}^t(s) + W_{4,1}^t(s)) + (W_{4,2}^t(s) + W_{5,2}^t(s))]$$

$$+ W_2^{16,t}(s) \cdot [1 - (W_{2,1}^t(s) + W_{3,1}^t(s) + W_{4,1}^t(s)) + (W_{4,2}^t(s) + W_{5,2}^t(s))]$$

$$+ W_3^{16,t}(s) \cdot [1 - W_{1,1}^t(s)]\} / \{1 - [W_{1,1}^t(s) + W_{2,1}^t(s) + W_{3,1}^t(s) + W_{4,1}^t(s)]$$

$$+ [W_{1,2}^t(s) + W_{2,2}^t(s) + W_{3,2}^t(s) + W_{4,2}^t(s) + W_{5,2}^t(s)] - [W_{1,3}^t(s) + W_{2,3}^t(s)]\} =$$

$$\{\frac{72}{1100}\exp(3,1s + 0,025s^2) \cdot [1 - (\frac{1}{10}\exp(0,9s + 0,01s^2) +$$

$$\frac{9}{40}\exp(0,4s + 0,005s^2) + \frac{1}{40}\exp(0,6s + 0,005s^2)) +$$

$$(\frac{9}{400}\exp(1,3s + 0,015s^2) + \frac{1}{400}\exp(1,5s + 0,015s^2))] +$$

$$\frac{18}{1100}\exp(2,1s + 0,07s^2) \cdot [1 - (\frac{1}{10}\exp(0,9s + 0,01s^2) +$$

$$\frac{9}{40}\exp(0,4s + 0,005s^2) + \frac{1}{40}\exp(0,6s + 0,005s^2)) +$$

$$(\frac{9}{400}\exp(1,3s + 0,015s^2) + \frac{1}{400}\exp(1,5s + 0,015s^2))] +$$

$$\frac{27}{44} \exp(1,5s + 0,015s^2) \cdot [1 - \frac{1}{10} \exp(0,9s + 0,01s^2)]\} /$$

$$\{1 - [\frac{1}{10} \exp(0,9s + 0,01s^2) + \frac{1}{10} \exp(0,9s + 0,01s^2) +$$

$$\frac{9}{40} \exp(0,4s + 0,005s^2) + \frac{1}{40} \exp(0,6s + 0,005s^2)] +$$

$$[\frac{1}{100} \exp(1,8s + 0,02s^2) + \frac{9}{400} \exp(1,3s + 0,015s^2) +$$

$$\frac{1}{400} \exp(1,5s + 0,015s^2) + \frac{9}{400} \exp(1,3s + 0,015s^2) +$$

$$\frac{1}{400} \exp(1,5s + 0,015s^2) - [\frac{9}{4000} \exp(2,2s + 0,025s^2) +$$

$$\frac{1}{4000} \exp(2,4s + 0,025s^2)]]\} .$$

Nach Auflösung der Klammern kann der Quotient als geometrische Reihe geschrieben werden:

$$W^t_{16}(s) = \frac{A(s)}{1 - B(s)} = A(s) + A(s)B(s) + A(s)B^2(s) + \ldots + A(s)B^n(s) + \ldots$$

mit $A(s) \approx 0,065\exp(3,1s + 0,025s^2) + 0,016\exp(2,1s + 0,07s^2) +$
$0,613\exp(1,5s + 0,015s^2) - 0,0613\exp(2,4s + 0,025s^2)$

und $B(s) \approx 0,2\exp(0,9s + 0,01s^2) + 0,225\exp(0,4s + 0,005s^2) +$
$0,025\exp(0,6s + 0,005s^2) - 0,01\exp(1,8s + 0,02s^2) -$
$0,045\exp(1,3s + 0,015s^2) .$

Nach Berechnung der Produkte $A(s)B^n(s)$, $n = 0,1,2,\ldots$, ergibt sich:

$$W^t_{16}(s) \approx 0,61\exp(1,5s + 0,015s^2) + 0,14\exp(1,9s + 0,02s^2) +$$
$$0,07\exp(3,1s + 0,025s^2) + 0,06\exp(2,4s + 0,025s^2) +$$
$$0,03\exp(2,8s + 0,03s^2) + 0,03\exp(2,3s + 0,025s^2) +$$
$$0,02\exp(2,1s + 0,07s^2) + 0,02\exp(2,1s + 0,02s^2) +$$
$$0,01\exp(3,5s + 0,03s^2) + 0,01\exp(5,4s + 0,035s^2) .$$

Da $P_{16} = W^t_{16}(s=0) = 1$ (Realisationswahrscheinlichkeit des Knotens v_{16}), folgt $M^t_{16}(s) = W^t_{16}(s)$.

Als Verteilungsfunktion der Reparaturdauer $F_{tR}(t)$ erhält man somit eine Summe gewichteter Normalverteilungen $N(\mu;\sigma)$: [1]

$$F_{tR}(t) = 0,61N(1,5;\ 0,173) + 0,14N(1,9;\ 0,2) + 0,07N(3,1;\ 0,224) +$$
$$0,06N(2,4;\ 0,224) + 0,03N(2,8;0,243) + 0,03N(2,3;\ 0,224) +$$
$$0,02N(2,1;\ 0,374) + 0,02N(2,1;\ 0,2) + 0,01N(3,5;\ 0,243) +$$
$$0,01N(5,4;\ 0,264)\ .$$

In der folgenden Tabelle sind einige Werte der Dichtefunktion $f_{tR}(t)$ angegeben und in Abbildung 113 ist das Bild der Verteilung skizziert. Die Verteilung ist linksschief und besitzt mehrere kleine lokale Maxima. Sie läßt sich gut durch eine logarithmische Normalverteilung approximieren.

Tabelle der Reparaturzeitverteilung

t	1,0	1,2	1,4	1,6	1,8	2,0	2,2	2,4	2,6	2,8
$f_{tR}(t)$	0,003	0,054	0,209	0,227	0,110	0,074	0,058	0,045	0,033	0,027

t	3,0	3,2	3,4	3,6	3,8	3,9 – 4,9	5,1	5,3	5,5
$f_{tR}(t)$	0,033	0,029	0,014	0,005	0,001	0	0,002	0,003	0,003

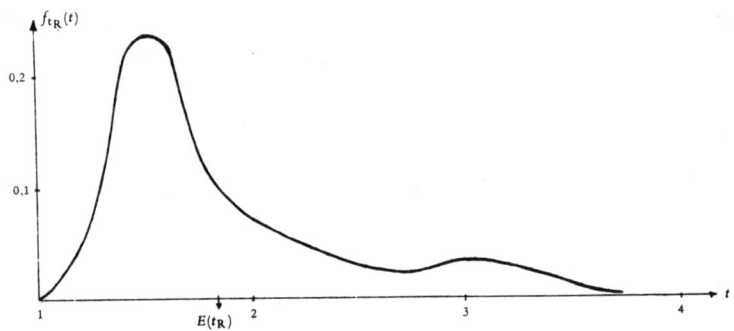

Abb. 113: Reparaturzeitverteilung des Beispiels

---

[1] Sind $f_x(t)$ und $f_y(t)$ die Dichtefunktionen von zwei Zufallsvariablen x und y mit den momenterzeugenden Funktionen $M_x(t)$ und $M_y(t)$, so gehört zur momenterzeugenden Funktion $M_z(s) = aM_x(t) + bM_y(t)$ der Zufallsvariablen z die Dichtefunktion $f_z(t) = af_x(t) + bf_y(t)$. Außerdem war $M(s) = \exp(s\mu + \frac{1}{2}s^2\sigma^2)$ die momenterzeugende Funktion der Normalverteilung (vgl. S. 310f.).

Für den Erwartungswert und die Varianz von t_R ergibt sich

$$E(t_R) \;=\; \frac{dM_{16}^t(s)}{ds}\bigg|_{s=0} \;=\; 1{,}86\;;$$

$$V(t_R) \;=\; \frac{d^2 M_{16}^t(s)}{ds^2}\bigg|_{s=0} - E^2(t_R) = 3{,}88 - 1{,}86^2 = 0{,}42.$$

Für die Reparaturkosten c_R erhält man nach entsprechender Rechnung folgende momenterzeugende Funktion:

$$M_{16}^c(s) = W_{16}^c(s) =$$

$$0{,}61\exp(126s + 6s^2) + 0{,}14\exp(234s + 8s^2) +$$

$$0{,}07\exp(1016s + 4s^2) + 0{,}06\exp(144s + 10s^2) +$$

$$0{,}03\exp(252s + 12s^2) + 0{,}03\exp(342s + 10s^2) +$$

$$0{,}02\exp(236s + 8s^2) + 0{,}02\exp(266s + 116{,}5s^2) +$$

$$0{,}01\exp(162s + 14s^2) + 0{,}01\exp(1034s + 8s^2)\;.$$

Hierzu gehört folgende Verteilungsfunktion der Reparaturkosten:

$$H_{16}(t) \;=\; 0{,}61N(126\,;\,3{,}47) + 0{,}14N(234\,;\,4) + 0{,}07N(1016\,;\,2{,}83) +$$

$$0{,}06N(144\,;\,4{,}47) + 0{,}03N(252\,;\,4{,}9) + 0{,}03N(342\,;\,4{,}47) +$$

$$0{,}02N(236\,;\,4) + 0{,}02N(266\,;\,15{,}27) + 0{,}01N(162\,;\,5{,}29) +$$

$$0{,}01N(1034\,;\,4)\;.$$

Der Erwartungswert und die Varianz der Reparaturkosten betragen:

$$E(c_R) \;=\; \frac{dM_{16}^c(s)}{ds}\bigg|_{s=0} \;\approx\; 230\;;$$

$$V(c_R) \;=\; \frac{d^2 M_{16}^c(s)}{ds^2}\bigg|_{s=0} - E^2(c_R) \approx 110000 - 52900 = 57100.$$

Am Beispiel der Reparaturzeiten soll noch gezeigt werden, wie bei sukzessiver Reduktion des Netzplans vorzugehen ist. Hierzu werden nur die auf S. 314–317 angegebenen einfachen Formeln benötigt. Man bestimmt zunächst die w-Funktionen für die Übergänge (v_0, v_8), (v_0, v_9), (v_0, v_{10}) und (v_{10}, v_{16}') (vgl. die folgende Abbildung):

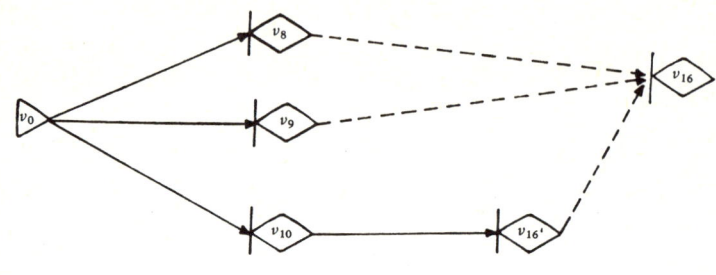

Abb. 114

$$W_8^t(s) = \frac{72}{1100} \exp(3{,}1s + 0{,}025s^2)/(1 - \frac{1}{10}\exp(0{,}9s + 0{,}01s^2)) ,$$

$$P_8 = W_8^t(s{=}0) = 8/110 ,$$

$$W_9^t(s) = \frac{18}{1100}\exp(2{,}1s + 0{,}07s^2)/(1 - \frac{1}{10}\exp(0{,}9s + 0{,}01s^2)) ,$$

$$P_9 = W_9^t(s{=}0) = 2/110 ,$$

$$W_{10}^t(s) = \frac{9}{11}\exp(0{,}9s + 0{,}01s^2)/(1 - \frac{1}{10}\exp(0{,}9s + 0{,}01s^2)) ,$$

$$P_{10}(s) = W_{10}^t(s) = \frac{10}{11} ,$$

$$W_{10,16'}^t(s) = \frac{3}{4}\exp(0{,}6s + 0{,}005s^2)/(1 - \frac{9}{40}\exp(0{,}4s + 0{,}005s^2)$$
$$- \frac{1}{40}\exp(0{,}6s + 0{,}005s^2)) .$$

Man erhält dann

$$W_{16'}^t(s) = \frac{27}{44}\exp(1{,}5s + 0{,}015s^2)/[(1 - \frac{1}{10}\exp(0{,}9s + 0{,}01s^2)) \cdot$$
$$(1 - \frac{9}{40}\exp(0{,}4s + 0{,}005s^2) - \frac{1}{40}\exp(0{,}6s + 0{,}005s^2))],$$

$$P_{16'}(s) = W_{16'}^t(s) = 10/11 ; \text{ und schließlich}$$

$$M_{16}^t(s) = W_{16}^t(s) = \frac{72}{1100}\exp(3{,}1s + 0{,}025s^2)/(1 - \frac{1}{10}\exp(0{,}9s + 0{,}01s^2))$$
$$+ \frac{18}{1100}\exp(2{,}1s + 0{,}07s^2)/(1 - \frac{1}{10}\exp(0{,}9s + 0{,}01s^2))$$

$$+ \frac{27}{44} \exp(1,5s + 0,015s^2) / [(1 - \frac{1}{10} \exp(0,9s + 0,01s^2)) \cdot$$

$$(1 - \frac{9}{40} \exp(0,4s + 0,005s^2) - \frac{1}{40} \exp(0,6s + 0,005s^2))].$$

(vgl. die auf S. 324f. angegebene Formel, die durch Umformungen hierauf zurückgeführt werden kann).

Lösung zu 3. (vgl. S. 319):
Mit der erwarteten Laufzeit $E(t_L) = 18,18$ (vgl. Erläuterungen S. 319f.) erhält man den Laufzeitanteil

$$\frac{E(t_L)}{E(t_L) + E(t_R)} = \frac{18,18}{18,18 + 1,86} = \frac{18,18}{20,04} \approx 0,91$$

und den Reparaturzeitanteil

$$\frac{E(t_R)}{E(t_L) + E(t_R)} = 1 - 0,91 = 0,09 .$$

Lösung zu 4. (vgl. S. 319):
Die gesuchte Wahrscheinlichkeit entspricht P_8. Hierfür wurde auf S. 328 bereits der Wert

$$P_8 = 8/110 \approx 0,073$$

ermittelt.

Lösung zu 5. (vgl. S. 319):
Zur Bestimmung der momenterzeugenden Funktion von t_A betrachtet man v_{16} als Anfangs- und v_8 als Endknoten (vgl. die folgende Abbildung).

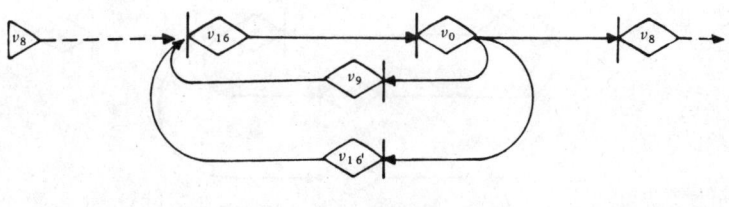

Abb. 115

Mit Hilfe der bereits auf S. 328 bestimmten Funktionen $W_9^t(s)$ und $W_{16'}^t(s)$ erhält man:

$$W_{16,8}^t(s) = \frac{72}{1100} \cdot \frac{\exp(3,1s + 0,025s^2)}{1 - \frac{1}{10}\exp(0,9s + 0,01s^2)} \Big/ \Big\{ \frac{0,055 - s}{0,055} -$$

$$\frac{18}{1100} \frac{\exp(2,1s + 0,07s^2)}{1 - \frac{1}{10}\exp(0,9s + 0,01s^2)} -$$

$$\frac{27}{44}\exp(1,5s + 0,015s^2)\Big/\Big[(1 - \frac{1}{10}\exp(0,9s + 0,01s^2)) \cdot$$

$$(1 - \frac{9}{40}\exp(0,4s + 0,005s^2) - \frac{1}{40}\exp(0,6s + 0,005s^2))\Big]\Big\}.$$

Hiermit bestimmt man mit $M_{16,8}^t(s) = W_{16,8}^t(s)$ (wegen $P_{16,8} = 1$):

$$E(t_A) \quad = \quad \frac{dM_{16,8}^t(s)}{ds}\bigg|_{s=0} \approx 275 \quad \text{und}$$

$$V(t_a) \quad = \quad \frac{d^2 M_{16,8}^t(s)}{ds^2}\bigg|_{s=0} - E^2(t_A) \approx 15 \cdot 10^4 - 75625 \approx 74000.$$

$E(t_A)$ kann einfacher als Quotient aus der erwarteten Dauer eines Gesamt-zykel und der Realisationswahrscheinlichkeit P_8 bestimmt werden:

$$E(t_A) \quad = \quad \frac{E(t_L) + E(t_R)}{P_8} = \frac{20,04}{0,073} = 274,52 .$$

Lösung zu 6. (vgl. S. 319):
Hierzu bestimmt man die momenterzeugende Funktion für den Übergang von v_{16} nach $v_{16'}$ (vgl. die folgende Abbildung):

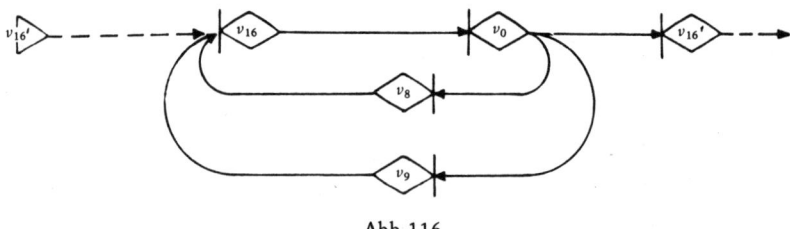

Abb.116

$$M_{16,16'}^t(s) = W_{16,16'}^t(s) = \{\frac{27}{44}\exp(1,5s + 0,015s^2)/$$

$$[(1 - \frac{1}{10}\exp(0,9s + 0,01s^2))\cdot(1 - \frac{9}{40}\exp(0,4s + 0,005s^2)) -$$

$$\frac{1}{40}\exp(0,6s + 0,005s^2))]\}/\{\frac{0,055 - s}{0,055} - \frac{72}{1100}\exp(3,1s + 0,025s^2)/$$

$$(1 - \frac{1}{10}\exp(0,9s + 0,01s^2)) - \frac{18}{1100}\exp(2,1s + 0,07s^2)/$$

$$(1 - \frac{1}{10}\exp(0,9s + 0,01s^2))\} .$$

Man erhält:

$$E(t_E) = \left.\frac{dM_{16,16'}^t(s)}{ds}\right|_{s=0} \approx 22 \quad \text{und}$$

$$V(t_E) = \left.\frac{d^2 M_{16,16'}^t(s)}{ds^2}\right|_{s=0} - E^2(t_E) \approx 900 - 484 \approx 416 .$$

$E(t_E)$ erhält man auch wie folgt (vgl. Lösung zu 6.):

$$E(t_E) = \frac{E(t_L) + E(t_R)}{P_{16'}} = \frac{20,04}{0,909} \approx 22 .$$

4.3.2.1.2   Ermittlung von Rekurrenzhäufigkeit und Rekurrenzzeit

Für Vorgänge und Ereignisse eines Zykels ist die Häufigkeit von Interesse, mit der diese Vorgänge oder Ereignisse während des Projektablaufs realisiert werden (Rückkehr- oder Rekurrenzhäufigkeit). Die Anzahl der Durchläufe eines Knotens v_i ($n_i = 0,1,2,\ldots$) oder eines Pfeils x_{ij} ($n_{ij} = 0,1,2,\ldots$) sind in diesem Fall Zufallsvariable, deren momenterzeugende Funktionen $M_{n_i}(s)$ bzw. $M_{n_{ij}}(s)$ wie folgt bestimmt werden können [vgl. *Whitehouse* und *Pritsker,* 1969]:

Schritt 1:   Besitzt der Netzplan mehrere Endknoten, so vereinige diese Knoten zu einem einzigen Endknoten v_m.

Schritt 2:   Ordne allen Eingangspfeilen x_{ki} des Knotens v_i bzw.

dem Pfeil x_{ij} die momenterzeugende Funktion

$M_{ki}(s) = e^s$ bzw. $M_{ij}(s) = e^s$ (momenterzeugende Funktion
der Konstanten 1)

und allen übrigen Pfeilen des Netzplans die momenterzeugende
Funktion $M(s) = 1$ zu (momenterzeugende Funktion der Konstanten 0).

Schritt 3: Bestimme mit dem im Abschnitt 4.3.2.1.1 angegebenen Verfahren

$$M_{n_i}(s) \;\widehat{=}\; M_m(s) \;=\; W_m(s) \quad \text{bzw.}$$

$$M_{n_{ij}}(s) \;\widehat{=}\; M_m(s) \;=\; W_m(s)$$

$(W_m(s) = M_m(s)$ wegen $P_m = 1)$.

Geht es um die Häufigkeit, mit der ein bestimmter an verschiedenen Stellen des Netzplans vorhandener Vorgangstyp realisiert wird, so ist entsprechend in Schritt 2 allen Vorgängen dieses Typs die momenterzeugende Funktion $M(s) = e^s$ zuzuordnen.

Neben der Häufigkeit von Vorgangs- oder Ereignisrealisationen kann nach der Zeit $t_{i,n}$ (bzw. $t_{ij,n}$)bis zur n-maligen Realisation des Ereignisses v_i (bzw. Vorgangs x_{ij}) gefragt werden (die n-te Rekurrenz- oder Rückkehrzeit). Die momenterzeugenden Funktionen dieser bedingten Zufallsvariablen $(M_i^t(s/n)$ bzw. $M_{ij}^t(s/n))$ erhält man in folgenden Schritten [vgl. *Whitehouse* und *Pritsker*, 1969]:

Schritt 1: Ordne allen Eingangspfeilen x_{ki} des Knotens v_i bzw. dem Pfeil x_{ij} die w-Funktion

$$w_{ki}^d(s,z) \;=\; p_{ki} M_{ki}^d(s) z \quad \text{bzw.}$$

$$w_{ij}^d(s,z) \;=\; p_{ij} M_{ij}^d(s) z \quad \text{(Markierung der Pfeile mit der Zählgröße } z)$$

und allen übrigen Pfeilen x_{rl} die w-Funktion

$$w_{rl}^d(s) \;\;=\; p_{rl} M_{rl}^d(s) \quad \text{zu.}$$

Schritt 2: Bestimme mit dem im Abschnitt 4.3.2.1.1 angegebenen Verfahren die w-Funktion zwischen dem Anfangsknoten v_0 und dem

Knoten v_i bzw. v_j:

$$W_i(s,z) \;\triangleq\; W_i(s) \quad \text{bzw.} \quad W_{ij}(s,z) \;\triangleq\; W_j(s) \,.$$

Schritt 3: Berechne mit Hilfe von $W_i(s,z)$ bzw. $W_{ij}(s,z)$ die bedingte
w-Funktion $W_i(s/n)$ bzw. $W_{ij}(s/n)$:

$$W_i(s/n) \;=\; \frac{1}{n!} \;\cdot\; \left.\frac{\partial^n W_i(s,z)}{\partial z^n}\right|_{z=0} \quad \text{bzw.}$$

$$W_{ij}(s/n) \;=\; \frac{1}{n!} \;\cdot\; \left.\frac{\partial^n W_{ij}(s,z)}{\partial z^n}\right|_{z=0}$$

(w-Funktionen unter der Bedingung, daß die mit z markierten Pfeile n-mal durchlaufen werden).

Schritt 4: Ermittle die momenterzeugende Funktion

$$M_i^t(s/n) \;=\; W_i(s/n)/P_{i,n} \quad \text{bzw.}$$

$$M_{ij}^t(s/n) \;=\; W_{ij}(s/n)/P_{ij,n} \quad \text{mit}$$

$$P_{i,n} \;=\; W_i(s{=}0/n) \quad \text{bzw.} \quad P_{ij,n} \;=\; W_{ij}(s{=}0/n)$$

($P_{i,n}$ bzw. $P_{ij,n}$: Wahrscheinlichkeit, daß der Knoten v_i bzw.
Pfeil x_{ij} n-mal durchlaufen wird).

Die im Schritt 2 bestimmte Funktion $W_i(s,z)$ bzw. $W_{ij}(s,z)$ ist die sogenannte *erzeugende Funktion* der bedingten w-Funktion $W_i(s/n)$ bzw.
$W_{ij}(s/n)$, die wie folgt definiert ist:

$$W_i(s,z) \;=\; \sum_{k=0}^{\infty} W_i(s/k)z^k \quad \text{bzw.}$$

$$W_{ij}(s,z) \;=\; \sum_{k=0}^{\infty} W_{ij}(s/k)z^k \,.$$

Kann somit die Funktion $W_i(s,z)$ bzw. $W_{ij}(s,z)$ als geometrische Reihe geschrieben werden, so läßt sich die bedingte w-Funktion $W^i(s/n)$ bzw.
$W_{ij}(s/n)$ unmittelbar als Koeffizient von z^n ablesen.

Ersetzt man im ersten Schritt $M_{ki}^d(s)$ bzw. $M_{ij}^d(s)$ durch $M_{ki}^c(s)$ bzw.
$M_{ij}^c(s)$, so erhält man in Schritt 4 entsprechend die momenterzeugende

Funktion $M_i^c(s/n)$ bzw. $M_{ij}^c(s/n)$ der Kosten bis zur n-maligen Realisation des Ereignisses v_i bzw. Vorgangs x_{ij}.

Außerdem kann man mit dem Verfahren folgende weitere Informationen gewinnen:

1. Bestimmt man mit der in Schritt 1 vorgenommenen z-Markierung von Pfeilen in Schritt 2 die w-Funktion $W_k(s,z)$ zwischen dem Anfangsknoten v_0 und einem Nicht-Zykel-Knoten v_k (vgl. 4.3.2.1.1), so erhält man in Schritt 4 die momenterzeugende Funktion $M_k^t(s/n)$ der Realisationszeit t_k unter der Bedingung, daß der Knoten v_i bzw. Pfeil x_{ij} n-mal realisiert wird. $P_{k,n}$ gibt dann entsprechend die Realisationswahrscheinlichkeit des Knotens v_k bei n-maliger Realisation des Knotens v_i bzw. Pfeils x_{ij} an. Setzt man in $W_k(s,z)$ $z = 1$, so ergibt sich (wegen $W_k(s,z=1) = W_k^t(s)$) die nicht-bedingte momenterzeugende Funktion $M_k^t(s)$. Mit $z = 0$ folgt dagegen die momenterzeugende Funktion $M_k^t(s/0)$ der Realisationszeit t_k unter der Bedingung, daß der Knoten v_i bzw. Pfeil x_{ij} nicht realisiert wird (Sperrung von Knoten oder Pfeilen des Netzplans).

2. $W_i(s,z)$ bzw. $W_{ij}(s,z)$ an der Stelle $s = 0$ gibt die erzeugende Funktion der Zählgröße z an, wobei der Exponent von z der Zufallsvariablen $n_i = 0,1,2,\ldots$, bzw. $n_{ij} = 0,1,2,\ldots$, entspricht. Die Momente $m_k(n_i)$ bzw. $m_k(n_{ij})$ von n_i bzw. n_{ij} können deshalb auch durch Ableitungen von $W_i(s=0,z)$ bzw. $W_{ij}(s=0,z)$ an der Stelle $z = 1$ gewonnen werden:

$$m_k(n_i) = \frac{d^k W_i(0,z)}{dz^k}\bigg|_{z=1} \quad \text{bzw.} \quad m_k(n_{ij}) = \frac{d^k W_{ij}(0,z)}{dz^k}\bigg|_{z=1} .$$

3. Ordnet man in Schritt 1 den Eingangspfeilen x_{ki} des Knotens v_i bzw. dem Pfeil x_{ij} die w-Funktion $w_{ki}(z) = p_{ki} \cdot z$ bzw. $w_{ij}(z) = p_{ij} \cdot z$ und einem weiteren Pfeil x_{uv} eines Zykels die w-Funktion $w_{uv}(s) = p_{uv} \cdot e^s$ zu und setzt für die w-Funktionen der übrigen Pfeile x_{rl} $w_{rl}(s) = p_{rl} \cdot e^0 = p_{rl}$, so erhält man in Schritt 4 die momenterzeugende Funktion von n_i bzw. n_{ij} unter der Bedingung, daß der Pfeil x_{uv} n-mal durchlaufen wird (Kombination von Zählgrößen).

4. Markiert man in Schritt 1 h Zykel-Pfeile des Netzplans mit z_i ($i = 1,\ldots,h$) und bestimmt in Schritt 2 die w-erzeugende Funktion

$$W_k(s,z_1,z_2,\ldots,z_h) =$$

$$\sum_{n_1=0}^{\infty} \sum_{n_2=0}^{\infty} \ldots \sum_{n_h=0}^{\infty} W_k(s/n_1,\ldots,n_h) z_1^{n_1} \cdot z_2^{n_2} \cdot \ldots \cdot z_h^{n_h}$$

vom Anfangsknoten v_0 zu einem Nicht-Zykel-Knoten v_k, so erhält man in

Schritt 3 die bedingte w-Funktion

$$W_k(s/n_1,\ldots,n_h) = \frac{\partial\left(\sum\limits_{j=1}^{h} n_j\right)\cdot W_k(s,z_1,z_2,\ldots,z_h)}{(\partial^{n_1} z_1)\cdot(\partial^{n_2} z_2)\ldots\cdot(\partial^{n_h} z_h)}\bigg|z_j=0 \quad (j=1,\ldots,h)$$

In Schritt 4 folgt dann mit

$$P_{k,n_1,n_2,\ldots,n_h} = W_k(s=0/n_1,n_2,\ldots,n_h)$$

die Realisationswahrscheinlichkeit des Knotens v_k unter der Bedingung, daß der i-te markierte Pfeil n_i-mal durchlaufen wird ($i = 1,\ldots,h$), und mit

$$M_k^t(s/n_1,n_2,\ldots,n_h) = \frac{W_k(s/n_1,n_2,\ldots,n_h)}{P_{k,n_1,n_2,\ldots,n_h}}$$

die zugehörige momenterzeugende Funktion der bedingten Realisationszeit t_k.

Beispiel

Formulierung des Problems:
Für das vorhergehende Beispiel (vgl. S. 317 ff.) sind folgende weitere Verteilungen bzw. Parameter zu berechnen:

1. die Verteilung sowie der Erwartungswert und die Varianz der Häufigkeit $n_{10,11}$, mit der ein Ersatzteil II während einer Reparatur dem Lager entnommen wird;

2. der durchschnittliche Ersatzteilbedarf pro Zeiteinheit,

3. die Wahrscheinlichkeit dafür, daß eine Reparatur des Aggregates ohne Neubeschaffung eines Ersatzteils II erfolgreich abgeschlossen werden kann, wenn der Ersatzteilbestand auf 2 beschränkt ist;

4. der Erwartungswert und die Varianz der Häufigkeit, mit der während einer Reparatur Teile des Typs II (einschließlich Ersatzteile) getestet werden müssen.

Lösung zu 1.:

Nach einer Reduktion erhält man im Schritt 2 des auf S. 331 f. angegebenen Verfahrens den Netzplan der folgenden Abbildung.

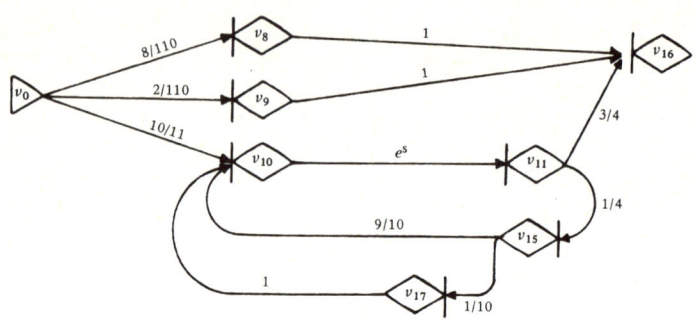

Abb. 117

Die Pfeile sind mit den entsprechenden w-Funktionen bewertet. Im Schritt 3 ergibt sich die momenterzeugende Funktion

$$M_{n_{10,11}}(s) = \frac{1}{11} + \frac{30}{11} \cdot \frac{(1/4)e^s}{1-(1/4)e^s}$$

$$= \frac{1}{11}e^{s \cdot 0} + \frac{30}{11} \sum_{n=1}^{\infty} (1/4)^n e^{sn} .$$

Hierzu gehört eine diskrete Verteilung, wobei der Koeffizient von e^{sn} die Wahrscheinlichkeit für eine n-malige Realisation des Pfeils $x_{10,11}$ angibt (vgl. S. 310). Man erhält somit

$$W\{n_{10,11} = 0\} = 1/11 = 0,0909 ; \qquad W\{n_{10,11} = 1\} = \frac{30}{11}(1/4) = 0,6818 ;$$

$$W\{n_{10,11} = 2\} = \frac{30}{11}(1/4)^2 = 0,1704 ; \quad W\{n_{10,11} = 3\} = \frac{30}{11}(1/4)^3 = 0,0426 ;$$

$$W\{n_{10,11} = 4\} = \frac{30}{11}(1/4)^4 = 0,0107 ; \quad W\{n_{10,11} = 5\} = \frac{30}{11}(1/4)^5 = 0,0027 ;$$

$$W\{n_{10,11} = 6\} = \frac{30}{11}(1/4)^6 = 0,0007 ; \quad W\{n_{10,11} = 7\} = \frac{30}{11}(1/4)^7 = 0,0002 ;$$

$$W\{n_{10,11} = n\} \approx 0 \text{ für } n > 7 .$$

Für den Erwartungswert und die Varianz von $n_{10,11}$ folgt:

$$E(n_{10,11}) = \left.\frac{dM_{n_{10,11}}(s)}{ds}\right|_{s=0} = 4/3 ,$$

$$V(n_{10,11}) = \left.\frac{d^2 M_{n_{10,11}}(s)}{ds^2}\right|_{s=0} - E^2(n_{10,11}) \approx 2{,}02 - 1{,}78 \approx 0{,}24 \ .$$

Lösung zu 2.:

Als durchschnittlichen Ersatzteilbedarf pro Zeiteinheit erhält man

$$\frac{E(n_{10,11})}{E(t_L) + E(t_R)} = \frac{4}{20{,}04 \cdot 3} = 0{,}0665 \ .$$

Lösung zu 3.:

Die zu berechnende Wahrscheinlichkeit entspricht der Summe der Wahrscheinlichkeiten dafür, daß bei einer Reparatur des Aggregats 0, 1 oder 2 Ersatzteile benötigt werden. Man erhält (vgl. Lösung zu 1.):

$$W\{n_{10,11} = 0\} + W\{n_{10,11} = 1\} + W\{n_{10,11} = 2\} = 0{,}943 \ .$$

Lösung zu 4.:

In diesem Fall erhalten im Schritt 2 des Verfahrens (S.331 f.) die Pfeile $x_{2,3}, x_{5,6}, x_{12,13}$ und $x_{14,14}$ die momenterzeugende Funktion e^s und alle übrigen Pfeile die momenterzeugende Funktion 1. Nach einer Reduktion erhält man den Netzplan der folgenden Abbildung.

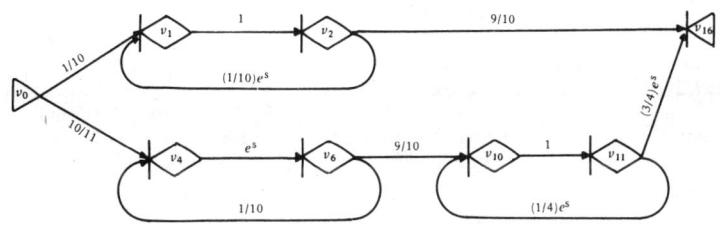

Abb. 118

Für die Häufigkeit $n(t_p^2)$ des Tests von Teil II folgt im Schritt 3 die momenterzeugende Funktion:

$$M_{n(t_p^2)}(s) = \frac{(9/110)}{1 - (1/10)e^s} + \frac{(27/44)e^{2s}}{1 - (14/40)e^s + (1/40)e^{2s}}$$

Damit ergibt sich als Erwartungswert und Varianz von $n\,(t_p^2)$:

$$E(n(t_p^2)) \;=\; \left.\frac{dM_{n(t_p^2)}(s)}{ds}\right|_{s=0} \;\approx\; 2{,}23\;,$$

$$V(n(t_p^2)) \;=\; \left.\frac{d^2 M_{n(t_p^2)}(s)}{ds^2}\right|_{s=0} - E^2\,(n(t_p^2)) \;\approx\; 5{,}948 - 4{,}973 = 0{,}975\;.$$

4.3.2.2 Anwendung der Theorie der Semi-Markoff-Prozesse

Bei Anwendung der Theorie der Semi-Markoff-Prozesse (vgl. S.306) lassen sich die Realisationswahrscheinlichkeiten und -häufigkeiten sowie die momenterzeugenden Funktionen der Realisationszeiten und -kosten unmittelbar durch die Lösung linearer Gleichungssysteme gewinnen.[1] Eine Bestimmung elementarer Wege und einfacher Zykel des Netzplans ist hierzu nicht erforderlich.[2]

Die Berechnung wird im folgenden nur für Zeiten durchgeführt; für Kosten erhält man analoge Ergebnisse (vgl. die vorhergehenden Abschnitte).

Sind v_i $(i = 1,2,\ldots,l)$ die Knoten des Exklusiv-Oder-Netzplans mit Ausnahme der Endknoten (v_i: transiente Zustände des zugehörigen Semi-Markoff-Prozesses) und v_k $(k = l+1,\ldots,m)$ die Endknoten (v_k: absorbierende Zustände des Semi-Markoff-Prozesses), so erhält man die w-Funk-

---

1) Die rechnerische Behandlung von Semi-Markoff-Prozessen erfolgt in der Regel mit Hilfe sogenannter Laplace-Transformationen. Zur besseren Vergleichbarkeit mit dem vorhergehenden Kapitel soll die Verwendung von momenterzeugenden Funktionen beibehalten werden. Da die Laplace-Transformation einer Zufallsvariablen y definiert ist als $L_y(s) = E(\exp(-ys))$, gilt $M_y(s) = L_y(-s)$.

2) Bei *Völzgen* [1971, S.43] findet man die Aussage, daß „ein wesentlicher Vorteil von GERT (gemeint ist die Anwendung der Mason-Formel, d.Verf.) gegenüber den üblichen Methoden der Markov-Theorie darin besteht, daß man die momenterzeugende Funktion und damit eine genauere Aussagemöglichkeit über die Verteilung erhält während die Markov-Methoden die mittlere Anzahl von Übergängen oder deren Varianz liefern." Wenn man überhaupt von „üblichen Methoden" der Markov-Theorie spricht, so bestehen diese Methoden in der Lösung von linearen Gleichungssystemen. Hiermit kann man dieselben Informationen wie bei Anwendung der Mason-Formel ableiten. Die Anwendung der Mason-Formel läßt sich daneben als eine spezielle Methode zur Lösung linearer Gleichungssysteme interpretieren. Außerdem ist darauf hinzuweisen, daß sich die Verteilungsfunktion durch eine Rücktransformation aus der momenterzeugenden Funktion berechnen läßt (vgl. Beispiel S. 326).

tion der Realisationszeit t_{ik} ($W^t_{ik}(s)$) zwischen einem Knoten v_i und einem Knoten v_k durch Lösung des folgenden linearen Gleichungssystems [vgl. *Störmer*, 1970, S. 41 ff.]:

$$W^t_{ik}(s) = \sum_{j=1}^{l} w^d_{ij}(s) \cdot W^t_{jk}(s) + w^d_{ik}(s) \qquad (i = 1, \ldots, l)$$

mit $\qquad w^d_{ij}(s) = p_{ij} \cdot M^d_{ij}(s)$.

Definiert man die Vektoren $\gamma_k(s)$ und $\beta_k(s)$, $k = l+1, \ldots, m$, und die $l \times l$-Matrix $Q(s)$ wie folgt:

$$\gamma_k(s) = \begin{bmatrix} W^t_{1k}(s) \\ W^t_{2k}(s) \\ \cdot \\ \cdot \\ \cdot \\ W^t_{lk}(s) \end{bmatrix}, \quad \beta_k(s) = \begin{bmatrix} w^d_{1k}(s) \\ w^d_{2k}(s) \\ \cdot \\ \cdot \\ \cdot \\ w^d_{lk}(s) \end{bmatrix} \qquad (k = l+1, \ldots, m)$$

$$Q(s) = \begin{bmatrix} w^d_{11}(s) & w^d_{12}(s) & \ldots & w^d_{1l}(s) \\ w^d_{21}(s) & w^d_{22}(s) & \ldots & w^d_{2l}(s) \\ \cdot & \cdot & \ldots & \cdot \\ w^d_{l1}(s) & w^d_{l2}(s) & \ldots & w^d_{ll}(s) \end{bmatrix},$$

so läßt sich das Gleichungssystem folgendermaßen als Matrizengleichung schreiben:

$$\gamma_k(s) = Q(s) \cdot \gamma_k(s) + \beta_k(s) \qquad (k = l+1, \ldots, m).$$

Bezeichnet $\mathfrak{E}$ die $l \times l$-Einheitsmatrix, so ergibt sich als Lösung nach $\gamma_k(s)$:

$$\gamma_k(s) = [\mathfrak{E} - Q(s)]^{-1} \cdot \beta_k(s) \qquad (k = l+1, \ldots, m).$$

Die Elemente $\widetilde{W}^t_{ij}(s)$ der Inversen $Z = [\mathfrak{E} - Q(s)]^{-1}$ geben die w-Funktionen der Zeit vom Eintritt des Ereignisses v_i bis zum Eintritt des Ereignisses v_j unter der Bedingung an, daß das Ereignis v_j anschließend zu einem der Zielereignisse v_k übergeht. Somit gilt $\widetilde{W}^t_{ij}(s) = 0$, falls $p_{jk} = 0$. Ist v_1 das einzige Startereignis des Netzplans, so folgt für die w-Funktion $W^t_{1k}(s) = W^t_k(s)$ der bedingten Realisationszeit $t_{1k} = t_k$:

$$W^t_k(s) \quad = \quad \sum_{j=1}^{l} \widetilde{W}^t_{1j}(s) \cdot w^d_{jk}(s) \qquad (k = l+1, \ldots, m) \ .$$

Wie bisher (vgl. S. 311) ist

$P_k = W^t_k(s{=}0)$ die Realisationswahrscheinlichkeit des Endknotens v_k und

$M^t_k(s) = W^t_k(s)/P_k$ die momenterzeugende Funktion der bedingten Realisationszeit t_k.

$\widetilde{W}^t_{1j}(s{=}0)$ gibt die Wahrscheinlichkeit dafür an, daß das Ereignis v_j realisiert wird und anschließend zu einem Endknoten v_k, $k = l+1, \ldots, m$, übergeht. Mit $\widetilde{W}^t_{1j}(s{=}0) \cdot w^d_{jk}(s{=}0) = p_{jk} \widetilde{W}^t_{1j}(s{=}0)$ erhält man somit die Wahrscheinlichkeit dafür, daß der Endknoten v_k über den Pfeil x_{jk} realisiert wird.

Für die momenterzeugende Funktion der Projektdauer T folgt:

$$M_T(s) \quad = \quad \sum_{k=l+1}^{m} P_k \cdot M^t_k(s) \ .$$

Die momenterzeugenden Funktionen $M_{n_i}(s)$ bzw. $M_{n_{ij}}(s)$ für die Anzahl n_i bzw. n_{ij} der Realisationen des Knotens v_i bzw. Pfeils x_{ij} können analog bestimmt werden wie bei dem auf S. 331 f. angegebenen Verfahren: Im Falle von n_{ij} setzt man in der Matrix $Q(s)$ $w^d_{ij}(s) = p_{ij} \cdot e^s$ und alle übrigen Elemente $w^d_{uv}(s) = p_{uv}(u \neq i, v \neq j)$.

Im Falle von n_i setzt man in $Q(s)$ $w^d_{ji}(s) = p_{ji} e^s$ für $j = 1, \ldots, l$ und $w^d_{uv}(s) = p_{uv}$ für $v \neq i$ und $u = 1, \ldots l$. Man erhält dann

$$M_{n_{ij}}(s) \quad \triangleq \quad \widetilde{W}^t_{1j}(s) \quad \text{bzw.} \quad M_{n_i}(s) \quad \triangleq \quad \widetilde{W}^t_{1i}(s)$$

unmittelbar als Elemente der Inversen Z.

Die Erwartungswerte $E(n_i)$ und zweiten Momente $E(n_i^2)$ lassen sich auch wie folgt ermitteln [vgl. *Barlow* und *Hunter*, 1965, S. 125 ff.]: Bezeichnet

$$\overline{Q} = \begin{bmatrix} p_{11} & p_{12} & \cdots & p_{1l} \\ p_{21} & p_{22} & \cdots & p_{2l} \\ \cdot & \cdot & \cdots & \cdot \\ p_{l1} & p_{l2} & & p_{ll} \end{bmatrix}$$

die Matrix der Übergangswahrscheinlichkeiten für die transienten Zustände v_i, $i = 1, \ldots, l$, so erhält man $E(n_i)$ als Element der ersten Zeile und i-ten Spalte der Inversen

$$N_1 = (\mathfrak{z} - \overline{Q})^{-1} .$$

Ersetzt man in N_1 alle Elemente, die nicht in der Hauptdiagonalen stehen, durch Null, und bezeichnet die verbleibende Matrix mit N_d, so erhält man $E(n_i^2)$ als Element der ersten Zeile und i-ten Spalte der Matrix

$$N_2 = N_1 \cdot [2N_d - \mathfrak{z}] .$$

Die Wahrscheinlichkeit dafür, daß der transiente Zustand v_i erreicht wird, steht in der ersten Zeile und i-ten Spalte der Matrix

$$H = (N_1 - \mathfrak{z})N_d^{-1} .$$

Ein Vorteil der angegebenen Berechnungsmethoden besteht vor allen Dingen darin, daß man nach Lösung des jeweiligen Gleichungssystems, d.h. nach Bildung der Inversen Z bzw. N_1 die Realisationswahrscheinlichkeiten, -zeiten und -häufigkeiten für alle Übergänge zwischen jedem transienten Zustand v_i ($i = 1, \ldots, l$) und jedem absorbierenden Zustand (Endzustand) v_k ($k = l+1, \ldots, m$) zur Verfügung hat. Während der Projektrealisierung ist deshalb keine Neuberechnung für den noch nicht abgeschlossenen Projektteil (Vorgänge und Ereignisse, die von dem zuletzt realisierten Ereignis aus erreichbar sind) erforderlich, falls die Übergangswahrscheinlichkeiten p_{ij} und Verteilungsfunktionen $F_{ij}^d(t)$ nicht revidiert werden müssen. Das zuletzt realisierte Ereignis v_i wird jeweils zum neuen Startereignis, so daß man die entsprechenden Daten mit Hilfe der i-ten Zeile von Z, N_1, N_2 oder H bestimmen kann.

Allerdings kann der Rechenaufwand zur Lösung der Gleichungssysteme in größeren Netzplänen den Rechenaufwand bei Anwendung der Mason-Formel übersteigen. In der Regel ist eine sukzessive Reduktion des Netzplans die schnellste Methode, wenn ein leistungsfähiges Verfahren zur Bestimmung von Zykel verfügbar ist.

Abkürzungsverzeichnis

EDV	:	Elektronische Datenverarbeitung
JIE	:	The Journal of Industrial Engineering
MOS	:	Mathematische Operationsforschung und Statistik
MS	:	Management Science
NRLQ	:	Naval Research Logistics Quarterly
OR	:	Operations Research
ORQ	:	Operational Research Quarterly
RFRO	:	Revue Française de Recherche opérationelle
ZfB	:	Zeitschrift für Betriebswirtschaft

Literaturverzeichnis

ANTILL, J.M., and R.W. WOODHEAD: Critical Path Methods in Construction Practice, New York–London–Sydney 1965.

ARISAWA, S., and S.E. ELMAGHRABY: Optimal Time-Cost Trade Offs in GERT Networks, MS 18, S. 589–599, 1972.

BAKER, C.W.: Spred and Level – CPM, Stanford University, Stanford 1966.

BALAS, E.: Project Scheduling with Resource Constraints, in: Beale, E.M.L., (Hrsg.), Applications of Mathematical Programming Techniques, S. 187–200, London 1970.

BARLOW, R.E., and F. PROSCHAN: Mathematical Theory of Rehability, New York–London–Sydney 1965.

BELLMAN, R.: On a routing problem. Quarterly of Applied Mathematics, 16, S.87–90, 1958.

BERMAN, E.B.: Resource Allocation in a PERT Network under Continuous Activity Time-Cost Functions, MS 10, S. 734–745, 1964.

BILDSON, R.A., and J.R. GILLESPIE: Critical Path Planning – PERT Integration, OR 10, S. 909–912, 1962.

BLOHM, H., und K. LÜDER: Investition, 3. Aufl., München 1974.

BOSMAN, A., and W. OOSTERHOFF: Allocation of Production-Factors in Project-Planning, Paper presented at the European Meeting IMS, TIMS, ES, IASPS, Amsterdam 1968.

BOSS, J.F.: Prise en considération des constraintes pesant sur la disponibilité des moyens dans les méthods de chemin critiqué, RFRO 38, S. 3 ff, 1966

BRANDENBERGER, J., und R. KONRAD: Netzplantechnik, 5. Auflage, Zürich 1970.

BUBECK, P.: PERT und PERT/Cost, VDI Bildungswerk, BW 702.

BUBECK, P.: Netzplantechnik unter Berücksichtigung von Kapazitätsgrenzen, VDI Bildungswerk, BW 703.

Bull-General Electric: GE-400 ASTRA-Programm, Automatische Terminplanung und zeitlich integrierte Produktionsmittelzuordnung, o.J.

BURGESS, A.R., and J.B. KILLEBREW: Variation in Activity Level on a Cyclical Arrow Diagram, JIE 13, S. 76 ff, 1962.

BURT, J.M.: Stochastic PERT Networks, Ph.D. Dissertation, Carnegie-Mellon University 1969.

BURT, J.M., Jr., and M.B. GARMAN: Conditional Monte Carlo: A Simulation Technique for Stochastic Network Analysis, MS 18, S. 207–217, 1971.

BUTTLER, G.: Netzwerkplanung, Würzburg–Wien 1968.

CHAMBERS, M.H.: Survey of CPA Programs, in: Thornley, G., (Hrsg.), Critical Path Analysis in Practice, Appendix 3, London 1968.

CHAPMAN, C.B., and J. DEL HOYO: Progressive Basic Decision CPM, ORQ 23, S. 345–359, 1972.

CLARK, Ch.E.: The Greatest of a Finite Set of Random Variables, OR 9, S.145–162, 1961.

CLINGEN, C.T.: A Modification of Fulkerson's PERT Algorithm, OR 12, S.629–632, 1964.

COMBE, B.: Description of a Resource Allocation Program ASTRA-DISC, in: Lombaers, H.J.M. (Hrsg.), a.a.O., S. 243 ff.

CROWSTON, W.B., and G.L.THOMPSON: Decision CPM: A Method of Simultaneous Planning, Scheduling, and Control of Projects, OR 15, S. 407 ff, 1967.

CROWSTON, W.B.: Decision CPM: Network Reduction and Solution, ORQ 21, S. 435 ff, 1970.

DANTZIG, G.B.: On the shortes route through a network. Management Science, 6, S.187–190, 1960.

DANTZIG, G.B.: All shortest routes in a graph, in: Rosenstiehl, V. (Ed.), Théorie des graphes, journées internationales d'éditude, Rome, juillet 1966; S. 91–92, Paris–New York 1967.

DAVIS, E.W.: Resource Allocation in Project Network Models – A Survey, JIE 17, S.177–188, 1966.

DAVIS, E.W.: An Exact Algorithm for the Multiple-Constrained-Resource Project Scheduling Problem, Ph. D. Dissertation, Yale University 1968.

DAVIS, E.W.: Computational Experience with a New Multi-Resource Algorithm, in: Lombaers, H.J.M., (Hrsg.), a.a.O., S. 256–260.

DAVIS, E.W., and G.E. HEIDORN: An Algorithm for Optimal Project Scheduling under Multiple Resource Constraints, MS 17, S. B 803–B 816, 1971.

Department of Civil Engineering, Computer Programme Users Report No.5, A Comparison of Commercially Available Programmes for Network Analysis, Loughborough University of Technology 1968.

DIJKSTRA, E.W.: A Note on Two Problems in Convexion with Graphs, Numerische Mathematik 1, S. 269–271, 1959.

DOD and NASA Guide, PERT/Cost, U.S. Government Printing Office, Washington 1962.

DOD and NASA Guide, PERT/Cost, Supplement No.1, U.S. Government Printing Office, Washington 1963.

DOMSCHKE, W.: Kürzeste Wege in Graphen: Algorithmen, Verfahrensvergleiche. (Mathematical Systems in Economics, Heft 2.) Meisenheim/Glan 1972.

EISNER, H.: A Generalized Network Approach to the Planning and Scheduling of a Research Project, OR 10, S. 115–125, 1962.

ELMAGHRABY, S.E.: An Algebra for the Analysis of Generalized Activity Networks, MS 10, S. 494–515, 1964.

ELMAGHRABY, S.E.: On Generalized Activity Networks, JIE 17, S. 621 ff, 1966.

ELMAGHRABY, S.E.: Some Network Models in Management Science, Bd. 29 der Lecture Notes in Operations Research and Mathematical Systems, Berlin-Heidelberg-New York 1970.

ERLEN, H.: Kostenprognose für F&E-Projekte, München-Wien 1972.

FALK, J.E., and J.L.HOROWITZ: Critical Path Problems with Concave Cost-Time Curves, MS 19, S. 446–455, 1972

FALKENHAUSEN, H.v.: Prinzipien und Rechenverfahren der Netzplantechnik, (ADL-Schriftenreihe, Bd.2), 2.Aufl., Arbeitsgemeinschaft für elektronische Datenverarbeitung und Lochkartentechnik e.V., Kiel 1968.

FARBEY, B.A., A.H. LAND, and J.D. MURCHLAND: The Cascade algorithm for finding all shortest distances in a direct graph. MS 14, S. 19–28, 1967.

FEHLER, D.: Die Variationen-Enumeration, Ein Näherungsverfahren zur Planung des optimalen Betriebsmitteleinsatzes bei der Terminierung von Projekten, EDV 10, S. 479–483, 1969.

FENDLEY, L.G.: The Development of a Complete Multi-Project Scheduling System Using a Forecasting and Sequencing Technique, Diss. Arizona 1959.

FENDLEY, L.G.: Toward the Development of a Complete Multiproject Scheduling System, JIE 19, S. 505 ff, 1968.

FEY, C.F.: Least Cost Estimating and Scheduling with Limited Resources, in: Graves, R.L., and Ph. Wolfe: Recent Advances in Mathematical Programming, New York–San Francisco–Toronto–London 1963.

FISHMAN, G.S.: Concepts and Methods in Discrete Event Digital Simulation, New York–London–Sydney–Toronto 1973.

FLORIAN, M., P. TREPANT, and G. McMAHON: An Implicit Enumeration Algorithm for the Machine Sequencing Problem, MS 17, S. B 782– B 792, 1971.

FLOYD, R.: Algorithm 97, shortes path. Communications of the Association for Computing Machinery, 5, S. 345, 1962.

FORD, L.R. Jr., and D.R. FULKERSON: Maximal Flow Through a Network, in: Canadian J.Math. 8, S. 399-404, 1956.

FORD, L.R. Jr., and D.R. FULKERSON: Flows in Networks, Princeton 1962.

FRERE, F., G. PEPERSTRAETE, and E. ROBA: Computer Program for Allocation of Resources, in: Lombaers, H.J.M. (Hrsg.), a.a.O., S. 324 ff.

FULKERSON, D.R.: A Network Flow Computation for Project Cost Curves, MS 7, S. 167–178, 1961.

FULKERSON, D.R.: Expected Critical Path Lengths in PERT Networks, OR 10, S. 808–812, 1962.

GARMAN, M.B.: More on Conditioned Sampling in the Simulation of Stochastic Networks, MS 19, S. 90–95, 1972.

GAVER, D.P., and J.M. BURT: Simple Stochastic Networks: Some Problems and Procedures, Management Science Research Report No. 142, Graduate School of Industrial Administration, Carnegie-Mellon University 1968.

GEWALD, K., K. KASPER und H. SCHELLE: Netzplantechnik, Bd.2: Kapazitätsoptimierung, München–Wien 1972.

GOLENKO, D.I.: Statistische Methoden der Netzplantechnik, Stuttgart–Leipzig 1972.

GONGUET, L.: Comparison of three Heuristic Procedures for Allocating Resources and Producing Schedule, in: Lombaers, H.J.M. (Hrsg.), a.a.O., S. 249ff.

GORENSTEIN, S.: An Algorithm for Project (Job) Sequencing with Resource Constraints, OR 20, S. 835–850, 1972.

GRINOLD, R.C.: The Payment Scheduling Problem, NRLQ 19, S. 123–136, 1972.

GUTJAHR, A.L., and G.L. NEMHAUSER: An Algorithm for the Line Balancing Problem, MS 11, S. 308–315, 1964.

HAMMERSLEY, J., and D.C. HANDSCOMB: Monte Carlo Methods, London 1967.

HARTLEY, H.O., and A.W. WORTHAM: A Statistical Theory for PERT Critical Path Analysis, MS 12, S. B 469 – B 481, 1966.

HASSE, M.: Über die Behandlung graphentheoretischer Probleme unter Verwendung der Matrizenrechnung. Wissenschaftliche Zeitschrift der Technischen Universität Dresden, 10, S. 1313–1316, 1961.

HEEG, W.: Die Planungsmethode ,Kritischer Weg' (CPM), Karl-Marx-Stadt 1965.

HELD, M., and R.M. KARP: A Dynamic Programming Approach to Sequencing Problems, Journal of the Society for Industrial and Applied Mathematics, März 1962.

HENN, R., und H.P. KÜNZI: Einführung in die Unternehmensforschung II. Berlin–Heidelberg–New York 1968.

HERROELEN, W.S.: Resource-Constrained Project Scheduling – the State of the Art, ORQ 23, S. 261–275, 1972.

HÖHER, W.: Einführung in die Netzplantechnik, in: Jacob, H. (Hrsg.), a.a.O., S. 5–28.

HOFSTEDT, K.: Ein Verfahren für die exakte Behandlung von Problemen der Ablaufsplanung mit Hilfsmittelbeschränkungen, MOS 3, S. 239–253, 1972.

HOGG, G.L., M.J. MAGGARD, and D.T. PHILLIPS: A GERT Simulation Model for the Analysis of Labor Limited Queuing Systems, 41. ORSA-Meeting, New Orleans 1972.

HU, T.C.: Integer Programming and Network Flows, Reading (Mass.) 1969.

IBM, World Trade Corporation, IBM Systems/360, Project Management System, 360A - CP - 04X, Application Description, 1966.

IBM, World Trade Corporation, IBM Systems/360, Resource Allocation (Real/360) for Project Control System, 360A - CP - 08X, Application Description Manual, 1969.

IBM, Grasp, Anwenderbeschreibung, IBM Form 71 445 – 0, o.J.

JACOB, H. (Hrsg.): Anwendung der Netzplantechnik im Betrieb, Schriften zur Unternehmensführung, Band 9, Wiesbaden 1969.

JEWELL, W.S.: Risk-Taking in Critical Path Analysis, MS 11, S. 438–443, 1965.

JOHNSON, T.J.R.: An Algorithm for the Resource Constrained Project Scheduling Problem, Ph.D. Thesis, Sloan School of Management, MIT 1967.

KAUFMANN, A.: Graphs, Dynamic Programming, and Finite Games, New York–London 1967.

KELLEY, J.E., Jr.: Critical–Path Planning and Scheduling: Mathematical Basis, OR 9, S.296–320, 1961.

KELLEY, J.E.: The Critical Path Method: Resources Planning and Scheduling, in: Muth, J.F., and G.L. Thompson (Hrsg.), Industrial Scheduling, Englewood Cliffs 1963.

KERN, N.: Netzplantechnik, Wiesbaden 1969.

KERN, W.: Die Netzplantechnik als ein Instrument betrieblicher Ablaufplanung, in: Jacob, H. (Hrsg.), a.a.O., S. 53–80.

KÜPPER, W.: Planung der Instandhaltung, Wiesbaden 1974.

LAMBERSON, L.R., and R.R. HOCKING: Optimum Time Compression in Project Scheduling, MS 16, S. 597–606, 1970.

LAMBOURN, S.: Resource Allocation and Multiproject Scheduling (RAMPS) — A New Tool on Planning and Control, The Computer Journal 5, S. 300 ff, 1963.

LAUE, H.J.: Efficient Methods for the Allocation of Resources in Project Networks, Unternehmensforschung 12, S. 133 ff, 1968.

LEIFMAN, L.J.: Heuristic Methods in Network Planning Problems, XII. Internationales Wissenschaftliches Kolloquium TH Ilmenau, „Wirtschaftsmathematik", 1967.

LEIFMAN, L.J.:Netzplantechnik bei begrenzten Ressourcen, Köln–Opladen 1968.

LEIFMAN, L.J.: The Main Principles for Optimal Allocation of Capacities, in: Lombaers, H.J.M. (Hrsg.), a.a.O., S. 235 ff.

LEVY, F.E., G. THOMPSON, and J. WIEST: Multiship, Multishop, Workload-Smoothing Program, NRLQ 9, S. 37–44, 1962.

LINDSEY II, J.H.: An Estimate of Expected Critical-Path Length in PERT Networks, OR 20, S. 800–812, 1972.

LOMBAERS, H.J.M. (Hrsg.): Project Planning by Network Analysis, Proceedings of the Second International Congress, Amsterdam–London 1969.

MacCRIMMON, K.R., and Ch.A. RYAVEC: An Analytic Study of the PERT Assumptions, OR 12, S. 16–37, 1964.

MARTIN, J.J.: Distribution of the Time Through a Directed, Acyclic Network, OR 13, S. 46–66, 1965.

MASON, Th.A., and C.L. MOODIE: A Branch and Bound Algorithm for Minimizing Cost in Project Scheduling, MS 18, S. B 158–B 173, 1971.

McGEE, A.A., and M.D. MAKARIAN: Optimum Allocation of Research/Engineering Manpower within a Multiproject Organizational Structure, IRE Transaction on Engineering Management, S. 104–108, 1962.

McGOWAN, L.L.: Monte Carlo Techniques Applied to PERT Networks, M.Sc. Thesis in Statistics, Texas A & M University 1964.

McLEAD, D.J., and C.STAFFURTH: Resource Allocation, in: Thornley, G., (Hrsg.), Critical Path Analysis in Practice, London 1968.

MEYER, W.L., and L.R. SHAFFER: Extensions of the Critical Path Method Through the Application of Integer Programming, Department of Civil Engineering, University of Illinois 1963.

MILLER, R.W.: Zeitplanung und Kostenkontrolle durch PERT. Ein Leitfaden für die Anwendung in Entwicklung und Fertigung, Berlin-Hamburg 1965.

MIZE, J.H.: A Heuristic Scheduling Model for Multi-Project Organizations, Diss., Purdue University 1964.

MODER, J.J., and C.R. PHILLIPS: Project Management with CPM and PERT, 2.Aufl., New York–London 1970.

MOORE, E.F.: The shortest path through a maze, in: Proceedings of the international symposium on the theory of switching, part II, The Annals of the Computation Laboratory of Harvard University, Vol. 30, S. 285–292, Cambridge 1959.

MORLOCK, M., und K. NEUMANN: Ein Verfahren zur Minimierung der Kosten eines Projektes bei vorgegebener Projektdauer, Angewandte Informatik 4, S. 135–140, 1973.

MOSHMAN, J., J. JOHNSON, and M. LARSEN: RAMPS — A Technique for Resource Allocation and Multiproject Scheduling, AFIPS Conference Proceeding 23, S. 17 ff, 1963.

MÜLLER-MERBACH, H.: Die Behandlung von Kapazitätsrestriktionen in der Netzplantechnik, in: Jacob, H. (Hrsg.), a.a.O., S. 41-52.

MÜLLER-MERBACH, H.: Ein Verfahren zur Planung des optimalen Betriebsmitteleinsatzes bei der Terminierung von Großprojekten, Zeitschrift für wirtschaftliche Fertigung 62, S. 83-88, S. 135-140, 1967.

MÜLLER-MERBACH, H.: Optimale Projektbeschleunigung durch parametrische lineare Planungsrechnung, EDV 9, S. 33-39, 1967.

MÜLLER-MERBACH, H.: Die Behandlung von Kapazitätsrestriktionen in der Netzplantechnik, Forschungsbericht Nr.17 des Lehrstuhls für Betriebswirtschaftslehre, Mainz 1969.

MÜLLER-MERBACH, H.: Optimale Reihenfolgen, Berlin 1970.

NEUMANN, K.: Ein neues Verfahren zur Auswertung von Entscheidungsnetzplänen, Discussion Paper Nr.13, Institut für Wirtschaftstheorie und Operations Research, Universität Karlsruhe. 1973.

NICHOLSON, T.A.J.: Finding the shortest route between two points in a network, The Computer Journal, 9, S. 275-280, 1966.

OSHIMA, A.: NHK-SMART, Scheduling Management and Allocating Resources Techniques, in: Lombaers, H.J.M. (Hrsg.), a.a.O., S. 324 ff.

PACK, L.: Netzplantechnik, in: Jacob, H. (Hrsg.): Industriebetriebslehre in programmierter Form, Band II: Planung und Planungsrechnungen, Wiesbaden 1972, S. 499-553.

PAPE, U.: Kürzeste Wege in Netzwerken zwischen festen Knoten. (Veröffentlichungen des Instituts für Stadtbauwesen der TU Braunschweig, Bd.7), Braunschweig 1971.

PARZEN, E.: Stochastic Processes, San Francisco-Cambridge-London-Amsterdam 1962.

PASCOE, T.L.: Heuristic Methods for Allocating Resources, Ph.D. Thesis, University of Cambridge 1965.

PASCOE, T.L.: Allocation of Resources CPM, RFRO 38, S. 31 ff, 1966.

PETROVIĆ, R.: Optimization of Resource Allocation in Project Planning, OR 16, S. 559-568, 1968.

POLLACK, M., and W. WIEBENSON: Solutions of the shortest route problem — a review, OR 8, S. 224-230, 1960.

PRESSMAR, D. B.: Programmsysteme der elektronischen Datenverarbeitung zur Netzplananalyse, in: Jacob, H. (Hrsg.), a.a.O., S. 81-90.

PRITSKER, A.A.B., and W.W. HAPP: GERT: Graphical Evaluation and Review Technique, PART I, Fundamentals, JIE 17, S. 267-274, 1966.

PRITSKER, A.A.B., and G.E. WHITEHOUSE: GERT: Graphical Evaluation and Review Technique, PART II, Probabilistic and Industrial Engineering Applications, JIE 17, S. 293-301, 1966.

PRITSKER, A.A.B.: GERT Networks, The Production Engineer, S. 499-506, 1968.

PRITSKER, A.A.B., and P.C. ISHMAEL: GERT Simulation Program II, NASA/ ERC Contract NAS 12-2035, Arizona State University 1969.

PRITSKER, A.A.B., and P.J. KIVIAT: GASP II, A FORTRAN-Based Simulation Language, Englewood Cliffs (N.J.) 1969, S. 93—108.

PRITSKER, A.A.B., L.J. WATTERS, and Ph.D.WOLFE: Multiproject Scheduling with Limited Resources: A Zero-One-Programming Approach, MS 16, S. 93—108, 1969.

PRITSKER, A.A.B., and R.R. BURGESS: The GERT Simulation Programs: GERTS III, GERTS III Q, GERTS III C, and GERTS III R, NASA/ERC Contract NAS-12-2113, Virginia Polytechnic Institute, Mai 1970.

PRITSKER, A.A.B.: New GERT Concepts and a GERT Network Simulation Program, Research Memorandum No. 71—8, Purdue University 1971 a.

PRITSKER, A.A.B.: Precedence GERT, Research Memorandum No.71—14, Purdue University 1971 b.

RAJU, G.V.S.: Sensitivity Analysis of GERT Networks, NASA/ERC Contract NAS-12-2082, Ohio University 1970.

RIEPE, W., und A. SCHUB: Testnetzplan — Programmvergleich für Vorgangsknotennetze, (DGOR-Schrift No. 10), Frankfurt/Main 1974.

RIESTER, W.F., und R. SCHWINN: Projektplanungsmodelle, Würzburg-Wien 1970.

RINGER, L.J.: Numerical Operators for Statistical PERT Critical Path Analysis, MS 16, S. B 136—B 143, 1969.

RINGER, L.J.: A Statistical Theory for PERT in which Completion Times of Activities are Interdependent, MS 17, S. 717—723, 1971.

RINNELT, P.: Rechenbeispiele zur Ermittlung der kostenoptimalen Projektverkürzung unter Benutzung der von Ford und Fulkerson und von Müller-Merbach beschriebenen Verfahren, unveröffentlichtes Manuskript, München 1970.

ROY, B.: Cheminement et connexité dans les graphes. Applications aux problèmes d'ordonnancement. Sonderheft No. 1 der Zeitschrift METRA, 1962.

RUSSEL, A.H.: Cash Flows in Networks, MS 16, S. 357—373, 1970.

SCHELLE, H.: Kosten- und Finanzplanung mit Methoden der Netzplantechnik, in: Jacob, H. (Hrsg.), a.a.O., S. 29—40.

SCHWARZE, J.: Netzplantechnik für Praktiker, 2. Aufl., Herne/Berlin 1970.

SCHWARZE, J.: Zwei Bemerkungen zur Bestimmung von Pufferzeiten in Netzplänen, Zeitschrift für Operations Research 17, S. B 111 – B 118, 1973.

SEMA, MILORD: Programme d'ordannancement avec limitation des resources, Manuel du référence, Phase A und B, Paris 1967.

Senatsamt für den Verwaltungsdienst der Freien und Hansestadt Hamburg (Hrsg.), Netzplantechnik, Hamburg 1972.

SHRIEDER, Y.A. (Hrsg.): The Monte Carlo Method, Oxford 1966.

Siemens, SINETIK (CPM), Betriebsmittelplanung, Beschreibung, München 1970.

STÖRMER, H.: Semi-Markoff-Prozesse mit endlich vielen Zuständen, Bd. 34 der Lecture Notes in Operations Research and Mathematical Systems, Berlin-Heidelberg-New York 1970.

STREITFERDT, L.: Eine Bemerkung zur Programmierung des Dijkstra-Verfahrens, Zeitschrift für Operations Research 16, S. B 253 – B 256, 1972.

SUCHOWITZKI, S.I., und I.A. RADTSCHICK: Mathematische Methoden der Netzplantechnik, Leipzig 1969.

THORNLEY, G. (Hrsg.): Critical Path Analysis in Practice, London 1968.

THUMB, N.: Grundlagen und Praxis der Netzplantechnik, München 1968.

VAN SLYKE, R.M.: Monte Carlo Methods and the PERT Problem, OR 11, S. 839–860, 1963.

VERHINES, D.R.: Optimum Scheduling with Limited Resources, Chemical Engineering Progress 59, S. 65–67, 1963.

VÖLZGEN, H.: Stochastische Netzwerkverfahren und deren Anwendungen, Berlin-New York 1971.

WEBER, H., H.: Einführung in die Netzplantechnik (Vorlesungen von Prof. Weber), 2.Aufl., Studienhilfe der Studentenschaft e.V., TU Berlin 1970.

WEBER, H.H.: Zur Berechnung von μ und σ^2 bei PERT, ZfB 41, S. 623 ff, 1971.

WERNER, M.: Ein stochastisches Modell zur kostenoptimalen Terminplanung, ZfB 43, S. 643–662, 1973.

WETZEL, W., M.-D. JÖHNK und P. NAEVE: Statistische Tabellen, Berlin 1967.

WHITEHOUSE, G.E., and A.A.B. PRITSKER: GERT: PART III — Further Statistical Results, Renewal Times and Correlations, AIIE Transactions, Industrial Engineering Research and Development 1, S. 45–50, 1969.

WIEST, J.D.: The Scheduling of Large Projects with Limited Resources, Ph.D. Thesis, Graduate School of Industrial Administration, Carnegie Institute of Technology 1963.

WIEST, J.D.: Some Properties of Schedules for Large Projects with Limited Resources, OR 12, S. 395–418, 1964.

WIEST, J.D.: A Heuristic Model for Scheduling Large Projects with Limited Resources, MS 13, S. B 359 – B 377, 1967.

WIEST, J.D., and F.K. LEVY: A Management Guide to PERT/CPM, Englewood Cliffs (N.J.) 1969.

WILLE, H., K. GEWALD und H.D. WEBER: Netzplantechnik, Bd.1: Zeitplanung, 3. Aufl., München-Wien 1972.

WOLFF, L.: Netzplantechnik (CPM) in Beispielen, Aufgaben, Lösungen; Einführung in die Praxis, Köln–Braunsfeld 1967.

YEN, J.Y.: Finding All Shortest Paths from a Fixed Node in Non-Negative-Distance Networks. Research Report, Graduate School of Business, University of Santa Clara (California) 1970.

ZIMMERMANN, H.-J.: Netzplantechnik, Berlin-New York 1971.